水泥窑协同处置固体废物实用技术丛书

水泥窑协同处置
生活垃圾实用技术

李春萍　编著

U0212403

中国建材工业出版社

图书在版编目（CIP）数据

水泥窑协同处置生活垃圾实用技术/李春萍编著．
--北京：中国建材工业出版社，2020.1
（水泥窑协同处置固体废物实用技术丛书）
ISBN 978-7-5160-2743-1

Ⅰ.①水…　Ⅱ.①李…　Ⅲ.①水泥工业－固体废物处
理－研究　Ⅳ.①X783

中国版本图书馆 CIP 数据核字（2019）第 269266 号

水泥窑协同处置生活垃圾实用技术

Shuiniyao Xietong Chuzhi Shenghuo Laji Shiyong Jishu

李春萍　编著

出版发行：中国建材工业出版社
地　　址：北京市海淀区三里河路 1 号
邮　　编：100044
经　　销：全国各地新华书店
印　　刷：北京雁林吉兆印刷有限公司
开　　本：787mm×1092mm　1/16
印　　张：25
字　　数：510 千字
版　　次：2020 年 1 月第 1 版
印　　次：2020 年 1 月第 1 次
定　　价：**138.00 元**

前　言

随着城镇化建设不断加快，我国每年产生近 2 亿吨生活垃圾，城市生活垃圾清运量约 1.8 亿吨，垃圾存量高达 60 亿吨，无害化处置率 84.8%。住房城乡建设部最新数据显示，我国三分之一以上的城市被垃圾包围，城市生活垃圾堆存累计侵占超过 75 万亩的土地。

在我国一些位于主要河流的上游和农村附近的中、小县城，由于缺乏较大规模和比较标准的生活垃圾处置设施，只好采用简单的生活垃圾焚烧或简易填埋、露天堆放等办法，造成臭气外溢、二噁英超标、灰渣和渗滤液泛滥等二次污染，给周边环境带来极大的影响。据统计，近几年来，被新闻媒体曝光的垃圾污染事件高达 1500 余起。大量生活垃圾的处置已经成为众多城市和农村面临的共同难题。

水泥窑协同处置生活垃圾与水泥生产工艺有机结合，可充分利用垃圾自身的热量和燃烧后的灰渣，大大减少了传统垃圾焚烧发电项目的环保运营成本，最大限度地实现垃圾处理的减量化、无害化、资源化、能源化，使垃圾"变废为宝"，而且为垃圾填埋场的生态恢复、节约土地资源打下基础。利用新型干法水泥窑协同处置生活垃圾对水泥线影响风险可控，产品不会对环境的安全性造成危害，与其他处置方法相比，具有投资少、效果好、利用残渣、无二次污染等优点，是解决我国"生活垃圾围城"困局的一条新路。

本书从生活垃圾的特性出发，针对生活垃圾的组成和理化特性，全面系统地介绍了水泥窑协同处置生活垃圾的关键技术环节，并列举了相关案例。本书旨在通过对生活垃圾的理化特性、干化技术、RDF 制备技术、入窑影响等关键技术环节与典型案例的阐述，为水泥窑协同处置生活垃圾的企业提供一些理论知识和指导意见，使其安全环保地处置生活垃圾，减少垃圾处置对水泥窑产生的影响。

本书共分十章。第一章、第二章综述了生活垃圾概况及生活垃圾常规处理方法；第三章介绍了水泥生产工艺及协同处置的优势；第四章分析了生活垃圾的理化特性；第五章、第六章分别对生活垃圾的生物干化和热干化技术进行了探讨；第七章、第八章为垃圾衍生燃料制备技术及 RDF 热处理特性；第九章为处置垃圾 RDF 对水泥窑的影响；第十章总结了国内外协同处置垃圾的案例。全书内容全面，技术实用，案例丰富。

在本书编著过程中，参考了大量的相关文献资料，并汲取了近年来同行研究者们成果的精华，承蒙众多企业和学者们给予的大力支持，以及各位读者的赐教，在此一并感谢。

限于编者的经验与水平，书中难免存在不足之处，敬请广大读者和有关专家批评指正。

作　者
2019 年 8 月于杭州

目　录

第一章 生活垃圾概况及危害

第一节 固体废物分类

一、固体废物的定义

《中华人民共和国固体废物污染环境防治法》中对"固体废物"的法律定义是：固体废物是指在生产、生活和其他活动中产生的丧失原有利用价值或者虽未丧失利用价值但被抛弃或者放弃的固态、半固态和置于容器中的气态的物品、物质以及法律、行政法规规定纳入固体废物管理的物品、物质。

美国对固体废物的法定定义不是基于物质的物理形态（无论是否是固态、液态或气态），而是基于物质是废物这一事实。例如，美国《资源保护和回收法》（RCRA）对固体废物的定义如下：任何来自废水处理厂、水供给处理厂或者污染大气控制设施产生的垃圾、废渣、污泥，以及来自工业、商业、矿业和农业生产以及团体活动产生的其他丢弃的物质，包括固态、液态、半固态或装在容器内的气态物质。

《日本促进建立循环型社会基本法》中的"废物"是指使用过的物品，没有使用过的废料（目前正在使用中的除外），或在产品的生产、加工、维修和销售过程中，能源供应，民用工程和建筑业，农业和畜牧业产品的生产和其他人类活动中产生的残次品。

二、固体废物的特点

固体废物至少应该包括以下基本点：

（1）固体废物是已经失去原有使用价值的、被消费者或拥有者丢弃的物品（材料），这个特点意味着废物不再具有原来物品的使用价值，只能被用来再循环、处置、填埋、燃烧或焚化、贮存或作为其他用途；

（2）在生产、生活过程中产生的、无法直接被用作其他产品原料的副产物，这个特点意味着废物来自社会的各个方面，不能直接作为其他产品的原料来使用，如果是间接地作为其他产品的原料来使用，那么，没有使用或无法使用的部分不能产生二次环境污染；

（3）固体废物包含多种形态、多种特征和多种特性，表现出复杂性；

（4）固体废物具有错位性，意味着在特定的范围、时间和技术条件下，固体废物在丢弃或最终处置前有可能成为其他产品的资源或被其他消费者进行利用，也就具有了废物利用的价值；

（5）固体废物具有经济性，其经济性取决于废物利用价值的大小和对废物利用的经济鼓励政策，当固体废物能获得价值时，就比较容易进行利用，经济性是固体废物利用的主要动力；

（6）固体废物具有危害性，不论是什么形式和种类的固体废物，总会对人们的生产和生活以及环境产生或多或少的不利影响，尤其是危害性大的废物就属于危险废物。

固体废物具有鲜明的时间和空间特征，它同时具有"废物"和"资源"的双重特性。从时间角度看，固体废物仅指相对于目前的科学技术和经济条件而无法利用的物质或物品，随着科学技术的飞速发展，矿物资源的日趋枯竭，自然资源滞后于人类需求，昨天的废物势必又将成为明天的资源。从空间角度看，废物仅仅相对于某一过程或某一方面没有使用价值，而并非在一切过程或一切方面都没有使用价值，某一过程的废物，往往是另一过程的原料。如高炉渣可以作为水泥生产的原料、电镀污泥可以回收高附加值的重金属产品、城市生活垃圾中的可燃性部分经过焚烧后可以发电、废旧塑料通过热解可以制造柴油、有机垃圾经过厌氧发酵可以生产甲烷气体进行再利用等。故固体废物有"放错地方的资源"之称。

三、固体废物产生的现状

1981 年，中国工业固体废弃物总产量为 3.37 亿 t，1995 年增长到 6.45 亿 t，1996 年为 6.59 亿 t。自 1981 年到 1988 年，中国经历了一个工业固体废弃物产生量以年增长率 8%～15% 高速增长的时期。1989 年起，我国工业固体废弃物增长率降为 2%～5%。

国家统计局统计数据显示，2017 年，我国一般工业固体废物产生量为 331592 万 t，综合利用量为 181187 万 t，处置量为 79798 万 t。一般工业固体废物贮存量有 78397 万 t，还有 73.04 万 t 一般工业固体废物被倾倒丢弃。2017 年，我国危险废物产生量为 6936.89 万 t，其中综合利用 4043.42 万 t，处置 2551.56 万 t，870.87 万 t 堆存，危险废物处理处置利用率达 95% 以上，相比 2016 年的 82.8% 有了长足的发展。据《2018 年全国大、中城市固体废物污染环境防治年报》统计，截至 2017 年年底，全国各省（区、市）颁发的危险废物（含医疗废物）经营许可证共 2722 份；相比 2006 年，2017 年危险废物实际收集和利用处置量增长 657%。2017 年，202 个大、中城市生活垃圾产生量 20194.4 万 t，处置量 20084.3 万 t，处置率达 99.5%。生活垃圾处理处置行业整体发展迅速，但仍旧存在诸多问题。比如，城乡生活垃圾处理水平差距过大，2017 年，202 个大、中城市生活垃圾处置率达 99.5%，而 2017 年我国农村垃圾处理率为 62.85%，城乡差距仍然显著。但在国家一系列的支持下，我国农村生活垃圾处理处置发展迅速，从 2012 年的不足 50％，增至 2017 年的 62.85％。随着国家的重视，农村垃圾治理将成为行业发展的新热点。

我国工业固体废物主要产生地区集中在中西部地区，其中河北、辽宁、山西、山东、内蒙古、河南、江西、云南、四川和安徽等十个地区的工业固体废物产生量占全国工业固体废物产生量的 60％以上。山西、内蒙古、四川等资源丰富的省份和西部经济欠发达地区，煤炭资源和火电厂较为集中，大宗工业固体废物产生量尤其大，但是受价格、市场、政策等多方面因素的影响，这些地区的大宗工业固体废物综合利用规模较小，综合利用率较低。而我国沿海经济发达地区和中心城市的大宗工业固体废物综合利用水平较高，如江苏、浙江、上海等地的工业固体废物综合利用率已达到 95％以上，大宗工业固体废物综合利用的区域发展不平衡问题非常突出。

固体废物减量势在必行。目前许多国家都开始实施垃圾源头削减计划，提倡在垃圾产生源头通过减少过分包装，对企业排放垃圾数量进行限制以及垃圾收费等措施将垃圾的产生量削减至最低程度。加拿大大温哥华地区的固体废物管理机构制订了垃圾减量 50％的计划，并得到了社会和民众的支持，取得了不少进展。一些国家和地区甚至在法律上做了明文规定。德国的《垃圾处理法》就有关于避免废物产生、减少废物产生量的内容。这些措施无疑会减少垃圾的最终处置量，降低垃圾的处理费用，减少对宝贵的土地资源的占用。

固体废弃物减容，对我国来说，有着更现实的意义。我国人多地少，是一个土地资源匮乏的国度，我们没有更多的地方来摆放一座座不断增加的"景山"。同时我们的经济还不够发达，我们没有更多的资金来对垃圾进行处理。北京市环境卫生管理局的资料表明：2008 年，仅以无害化处理中最经济的卫生填埋方式计算，垃圾处理的实际成本已经达到每吨 135 元。以北京市垃圾日产 2.5 万 t 计，要使垃圾全部进行无害化处理，北京市每年得花去 12.3 亿元人民币。如果能够减容 50％，仅垃圾处理的费用，北京市每年就能节省将近 6.1 亿元人民币。

四、固体废物的分类

（一）固体废物分类方法

固体废物有多种分类方法，既可根据其组分、形态、来源等进行划分，也可根据其危险性、燃烧特性等进行划分。目前主要的分类方法有：

（1）按废物来源可分为工业固体废物、城市固体废物、有毒有害固体废物和农业固体废物；

① 工业固体废物：是指工业企业再生产过程中未被利用的副产物。

② 城市固体废物：是指居民生活、商业活动、市政建设与维护、机关办公等过程产生的固体废物。

③ 有毒有害固体废物：这类废物具有毒性、易燃性、反应性、腐蚀性、易爆性、

传染性等，在国际上被称为危险固体废弃物。危险废弃物被列入专门管理类型。

④ 农业固体废物：是指农业生产过程和农民生活中所排放出的固体废物，主要来自种植业、养殖业、居民生活等，包括秸秆、禽畜粪便、农用塑料残膜等。

（2）按其化学组成可分为有机废物和无机废物。

（3）按其形态可分为固态废物、半固态废物和液态废物等。

（4）按污染特性可分为一般废物和危险废物。

（5）按其燃烧特性可分为可燃废物和不可燃废物。

依据《中华人民共和国固体废物污染环境防治法》对固体废物的分类，将其分为生活垃圾、工业固体废物和危险废物等三类进行管理，2005 年修订后的《中华人民共和国固体废物污染环境防治法》还对农业废物进行了专门要求。

（二）固体废物与危险废物的关系

固体废物与危险废物的关系如图 1-1 所示。

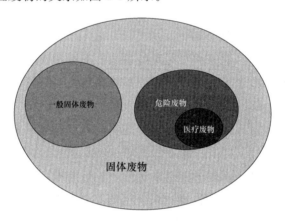

图 1-1　固体废物与危险废物的关系

五、固体废物的组成

固体废物来自人类的生产和生活过程的许多环节。表 1-1 中列出了从各类发生源产生的主要固体废物的组成。

表 1-1　从发生源产生的主要固体废物的组成

发生源	产生的主要固体废物
矿业	废石、尾矿、金属、废木、砖瓦、水泥、砂石等
冶金、金属结构、交通、机械等工业	金属、矿渣、砂石、模型、芯、陶瓷、管道、绝热和绝缘材料、黏结剂、污垢、废木、塑料、橡胶、纸、各种建材、烟尘等
建筑材料工业	金属、水泥、黏土、陶瓷、石膏、石棉、砂石、纸、纤维等
食品加工业	肉、谷物、蔬菜、硬果壳、水果、烟草等

发生源	产生的主要固体废物
橡胶、皮革、塑料等工业	橡胶、塑料、皮革、布、线、纤维、染料、金属等
石油化工工业	化学药剂、金属、塑料、橡胶、陶瓷、沥青、油泥、油毡、石棉、涂料等
电器、仪器、仪表等工业	金属、玻璃、橡胶、塑料、研磨料、陶瓷、绝缘材料等
纺织、服装工业	布头、纤维、金属、橡胶、塑料等
造纸、木材、印刷等工业	刨花、锯末、碎木、化学药剂、金属填料、塑料等
居民生活	食物、垃圾、纸、木、布、庭院植物修剪物、金属、玻璃、塑料、陶瓷、燃料灰渣、脏土、碎砖瓦、废器具、粪便、杂品等
商业机关	同居民生活，另有管道、碎砌体、沥青、其他建筑材料和易爆、易燃、腐蚀性、放射性废物以及废汽车、废电器等
市政维护、管理部门	碎砖瓦、树叶、死畜禽、金属、锅炉灰渣、污泥等
农业	秸秆、蔬菜、水果、果树枝条、糠秕、人及畜禽粪便、农药等
核工业和放射性医疗单位	金属、放射性废渣、粉尘、污泥、器具和建筑材料等

六、固体废物对环境的潜在污染

固体废物对环境潜在污染的特点有以下几个方面：

（1）产生量大、种类繁多、成分复杂。据统计，全国工业固体废物的产生量在2002年已经达到9.4亿t，而且还在以每年10%的速度增加。固体废物的来源十分广泛，例如，工业固体废物包括工业生产、加工、燃料燃烧、矿物采选、交通运输等行业以及环境治理过程中所产生的和丢弃的固体和半固体的物质。另外，从固体废物的分类，我们也可以大致了解固体废物的复杂状态，例如，仅在城市生活垃圾中就几乎包含了日常生活中接触到的所有物质。

（2）污染物滞留期长、危害性强。以固体形式存在的有害物质向环境中的扩散速率相对比较缓慢，与废水、废气污染环境的特点相比，固体废物污染环境的滞后性非常强，而且，一旦发生了污染，后果将非常严重。

（3）其他处理过程的终态，污染环境的源头。在水处理工艺中，无论是采用物化处理还是生物处理方式，在水体得到净化的同时，总是将水体中的无机和有机的污染物质以固相的形态分离出来，因而产生大量的污泥或残渣。在废气治理过程中，利用洗气、吸附或除尘等技术将存在于气相的粉尘或可溶性污染物转移或转化为固体物质。因此，从这个意义上讲，可以认为废气治理和水处理过程实际上都是将气态和液态的污染物转化为固态的过程。而固体废物对环境的危害又需要通过水体、大气、土壤等介质方能进行，所以，固体废物既是废水和废气处理过程的终态，又是污染水体、大气、土壤等的源头。由于固体废物的这一特点，对固体废物的管理既要尽量避免和减少其产生，又要力求避免和减少其向水体、大气以及土壤环境的排放。

第二节 城市生活垃圾产生量

一、城市固体废物的定义

城市固体废物是指居民生活、商业活动、市政建设与维护、机关办公等过程中产生的固体废物。

二、城市固体废物的分类

城市固体废物主要包括以下几类：

（1）生活垃圾，指在日常生活中或者为日常生活提供服务的活动中产生的固体废物以及法律、行政法规规定视为生活垃圾的固体废物。

（2）城建渣土，指在城市建设中产生的废弃土渣、石块、水泥块等固体废物。

（3）商业固体废物，包括废纸，各种废旧的包装材料，丢弃的主、副食品等。

（4）粪便。

三、城市生活垃圾的定义

人类在其生产过程、经济活动与生活当中无时不产生垃圾，而且数量在不断增长。

城市生活垃圾（municipal solid waste，MSW），又称为城市固体废物，是指在城市居民日常生活中或为城市日常生活提供服务的活动中产生的固体废物。其主要成分包括厨余物、废纸、废塑料、废织物、废金属、废玻璃片、砖瓦渣土、粪便、废家具电器及庭院废物等。

四、城市生活垃圾产生量

就城市生活垃圾而言，主要来源于居民生活、商业机关和市政维护、管理部门产生的固体废物。如今，随着资源开发和城市化进程的加快，无论是发达的工业国家还是正在逐步崛起的发展中国家，城市垃圾处理利用已成为一个不可避免、难以回避的现实问题。

（一）世界城市生活垃圾产生量

（1）世界垃圾产生量前十位

2016 年，世界垃圾产生量前十位的国家及其产生量如图 1-2 所示。

（2）个别国家垃圾产生量分析

① 美国

人均垃圾产生量 25.9t，年生产约 84.3 亿 t 垃圾。美国是世界上人口第三多的国家，产生了世界上最多的城市固体废物。加上工业、医疗、电子垃圾、危险废物和农

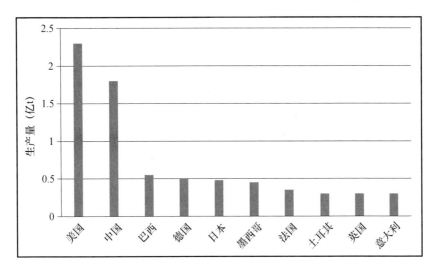

图 1-2 世界垃圾产生量前十位

业废物的特殊废物类别,美国每年产生约 84 亿 t 废物,人均垃圾产量约 26t,是总量上排名第二国家中国的三倍。为了解决垃圾问题,旧金山市在 2009 年通过了一项法令,要求所有居民和游客对食物垃圾进行堆肥。截至 2012 年,废物转化率接近 80%,是美国主要城市中转化率最高的。

② 加拿大

人均垃圾产生量 36.1t,年产生约 13.3 亿 t 垃圾。加拿大的农业废物和工业废物分别达到 1.81 亿 t 和 11.2 亿 t,垃圾的预计人均总量居世界首位。根据加拿大政府的说法,炼油、化学制造和金属加工等工业活动产生了大量有害化学废物。虽然加拿大将其大部分垃圾出口到其他国家,但是工业废物排放在加拿大还是一个长期存在的问题,加拿大早在 1992 年批准《巴塞尔公约》时就设法解决这个问题。

③ 芬兰

人均垃圾产生量 16.6t,年产生约 9169.8 万 t 垃圾。芬兰是一个高度工业化的国家,虽然垃圾回收利用率很高,但是垃圾产出也不低。自 2000 年起,该国的生活垃圾产生量就一直在每年 240 万 t 至每年 280 万 t 间振荡,既没有出现明显的上升,也没有出现明显的下降。据报道,芬兰的食品和饮料是生活垃圾的主要产生源,而且固体废物产生量一直在增加中。在芬兰产生的固体废物中,建筑垃圾、采矿和采石垃圾占到了最主要的地位,而生活垃圾的产生量则占到了大约 3%。

④ 瑞典

人均垃圾产生量 16.2t,年产生约 1.6 亿 t 垃圾。瑞典被称为全世界最干净的国家,回收的垃圾基本都用来发电。据瑞典统计局公布的数据显示,瑞典有 36% 的垃圾可被回收使用,14% 的垃圾用作肥料,49% 的垃圾作为能源被焚烧。据悉,瑞典本国产的垃圾虽然多,但是并不够用。2014 年,瑞典就从别国进口了 80 万 t 的垃圾,到了 2016 年,垃圾进口量已经翻了一番。

⑤ 卢森堡大公国

人均垃圾产生量 11.8t，年产生约 701.7 万 t 垃圾。卢森堡是欧洲最小的国家之一，却拥有近 50% 的侨民，因国土小、古堡多，又有"袖珍王国""千堡之国"的称呼。卢森堡是一个高度发达的资本主义国家，也是世界上最富有的国家。卢森堡拥有欧盟多个下设机构，同时是高度发达的工业国家，还是欧元区内最重要的私人银行中心，及全球第二大仅次于美国的投资信托中心。

⑥ 塞尔维亚共和国

人均垃圾产生量 8.9t，年产生约 6227 万 t 垃圾。塞尔维亚位于欧洲东南部，欧洲第二大河多瑙河的五分之一流经其境内。据报道，贝尔格莱德和诺维萨德这两个最大的城市将未经处理的污水直接排入多瑙河和萨瓦河，该国有无数不受管制的垃圾填埋场。而塞尔维亚郊区的垃圾场占地面积达 500 英亩，要处理这些垃圾估计需要花费约 150 亿欧元。废物管理公司负责人表示，塞尔维亚仅回收约 3% 的城市垃圾和高达 40% 的包装，远远低于 2025 年欧盟要求的 65%。

⑦ 乌克兰

人均垃圾产生量 10.6t，年产生约 4.7 亿 t 垃圾。乌克兰地理位置重要，是欧洲联盟与独联体特别是与俄罗斯地缘政治的交叉点，但是这里的垃圾处理情况不容乐观。据悉，乌克兰生活垃圾的利用情况急剧恶化。由于没有生活垃圾分类厂，垃圾无序掩埋，造成巨大的环境破坏。在乌克兰，没有一家现代化垃圾处理厂能够全面地、最大限度地处理固体废物垃圾。

⑧ 保加利亚

人均垃圾产生量 26.7t，年产生约 1.9 亿 t 垃圾。作为发展中国家，保加利亚共和国的垃圾处理一直是个问题。除了自身地理位置敏感，国家处理垃圾的能力有限，保加利亚人民的垃圾意识和环保意识也比较低。对垃圾怎么处理没有概念，也没有所谓的垃圾分类。因此，保加利亚垃圾分类处理的体系尚且没有形成，垃圾产量自然也比较多。

⑨ 爱沙尼亚

人均垃圾产生量 23.5t，年产生约 3091.2 万 t 垃圾。爱沙尼亚自然资源匮乏，超过半数森林仍处于原始自然状态，自然生态系统保持得非常好，但是垃圾产量一直居高不下。据报道，爱沙尼亚因为没有任何垃圾焚烧厂或是回收利用厂，庞大的垃圾产生量还引起了瑞典的注意。瑞典方面甚至希望爱沙尼亚将垃圾出口到他们国家，以此来为用户供电。

⑩ 亚美尼亚

人均垃圾产生量 16.3t，年产生约 4788.9 万 t 垃圾。亚美尼亚处在亚欧之间，其国土面积为 2.98 万平方公里左右，非常狭小。由于亚美尼亚是一个山区国家，所以十分贫穷，国家发展程度也不高。据悉，亚美尼亚垃圾处理能力十分低，目前垃圾大多采用掩埋、焚烧等简单办法。再加上难以处理的建筑垃圾、炼油、化学制造和金属加工等有害化学垃圾，使得亚美尼亚的垃圾产生量居高不下。

（二）中国城市生活垃圾产生量

根据生态环境部 2018 年 12 月公布的《2018 年全国大、中城市固体废物污染环境防治年报》，2017 年，202 个大、中城市生活垃圾产生量为 2.02 亿 t，较 2016 年有所提高。2013—2017 年，我国城市生活垃圾产生量如图 1-3 所示，垃圾的复合增长率为 5.75％。

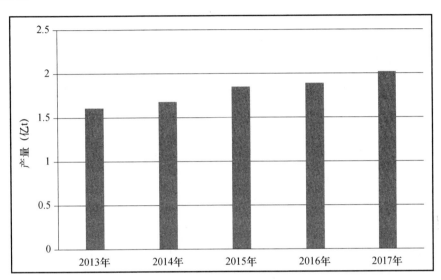

图 1-3 我国城市生活垃圾产生量

据生态环境部统计数据显示，2017 年，202 个大、中城市中，北京市城市生活垃圾产生量居全国第一，达 901.8 万 t，占全国生活垃圾总产生量的 4.47％，上海、广州分别位居第二、第三，城市生活垃圾产生量分别为 899.5 万 t、737.7 万 t，分别占全国生活垃圾总产生量的 4.45％、3.65％。

全国城市生活垃圾产生量排名前十的城市占全国生活垃圾总产生量的 28.16％，排名前十的城市中，广东省占据四席，分别为广州、深圳、东莞、佛山，四个城市占全国生活垃圾总产生量的 10.51％。

五、影响城市生活垃圾产生量的因素

影响城市生活垃圾产生量的因素很多，一般可以分为四类：

（1）第一类为内在因素，即直接导致垃圾产生量及成分变化的因素，如城市人口、城市能源构成、经济发展和居民生活水平的提高等。

（2）第二类为自然因素，主要指地域（地理位置和气候等）。

（3）第三类为个体因素，主要指个体的行为习惯、生活方式、受教育程度等。

（4）第四类为社会因素，主要指社会行为准则、道德规范、法律规章制度等。

（一）人口的影响

人口参数是测算城市垃圾产生量的重要指标，主要包括城市非农业人口和流动人口两项指标。鉴于城市非农业人口的系统性和规范性，我国一直将其作为测算城市垃圾人均产生量及环境卫生有关指标的通用基本参数。一般来说，城市垃圾产生量的直接影响因素是城市人口和城市垃圾人均日产量，因此城市垃圾产量公式表示为

$$G=G_i \times M$$

式中　G——城市垃圾日产量（t/d）；

G_i——城市垃圾人均日产量［kg/（人·d）］；

M——城市人口数。

但是，城市垃圾排放主体并不仅仅是非农业人口，还包括流动人口（暂住人口和短期逗留人口），他们约占城市非农业人口数的30%。经济特区、沿海开放城市、风景旅游城市及其他经济发达、交通便利城市的流动人口比例更大。流动人口导致垃圾产生量的增加，同时也在一定程度上影响垃圾构成。例如，短期逗留人口导致公共场合垃圾产生量增加，尤其是垃圾中各类松散垃圾（纸张、塑料等）的增加。

（二）居民生活水平的影响

居民生活水平和消费水平的改变不仅影响城市生活垃圾的产生量，也是影响垃圾成分的重要因素。例如：从1985—1995年，垃圾中废品的比例增加了3.8倍，易堆腐垃圾增加了52%，而煤渣、灰土等无机组分却减少了39%。从1990—2000年垃圾成分的变化趋势是：有机成分增加、可燃成分增加，煤渣含量持续下降，易堆腐垃圾和废品的含量持续增长。

（三）城市能源结构的影响

生活燃料消费结构发生变化，是影响城市生活垃圾组分的另一个重要因素。我国是以煤为主要燃料的国家，一次性能源的75%是煤炭。煤炭不仅广泛用于工业生产，也是家庭燃料的重要组成部分，过去大部分家庭的做饭、取暖均以煤炭为主要燃料，造成城市生活垃圾中含有大量的煤灰，垃圾中有机物含量较少。近年来，随着城市集中供热和煤气的普及，民用燃料的消费结构发生了重大变化，同时带来了城市生活垃圾组分的变化。燃煤区垃圾中的无机组分明显高于燃气区，而燃气区垃圾中的有机组分和可回收废品的比例明显高于燃煤区，变化最大的组分就是垃圾中的煤灰量。另一方面，燃煤区居民的生活水平往往也低于燃气区。在燃气区，由于垃圾中煤灰量的减少，厨灰成为主要组分，因此，垃圾的含水量相对增加。哈尔滨、武汉等城市环卫部门分别对本市用气居民区和用煤居民区生活垃圾进行的统计分析表明，南方和北方都有以下基本特征：燃气区垃圾中易腐物比例都很高，一般为70%左右甚至更高，而灰渣比例很低，多在10%以下；燃煤区情况相反，易腐物约20%，而灰渣比例可高达70%左右；燃气区可回收物比例较高，一般都大于10%，而燃煤区则较低，多为5%

左右；燃气区垃圾含水率通常为燃煤区垃圾的 1 倍，约为 50％；燃气区人均垃圾产量明显低于燃煤区，约为后者的 1/2。值得注意的是：常规统计得到的城市气化率这一指标并不一定能够反映城市居民生活能源结构实际情况。例如，北方城市中，气化率是一个广义的概念，它包括纯燃气区（饮食、取暖都用燃气）和单气区（饮食用气、取暖用煤）。这两种用气居民区的垃圾成分差异极大，沈阳、哈尔滨等城市进行的深入研究足以证明这一点。

（四）地域的影响

不同地理位置的城市，特别是南方与北方城市的气候不同，城市生活垃圾人均日产量也不同：北方地区城市人均日产垃圾量明显高于全国平均值，南方城市则低于全国平均值。产生这种差异的主要原因是：

① 气候差异：北方城市能源中的燃煤比例及使用期均高于、长于南方城市。北方地区因取暖需要，生活能源耗用量大大高于南方，且现阶段仍以燃煤为主要生活能源，因此导致垃圾排放量和灰渣比例的增加。

② 饮食结构差异：南方城市居民的瓜果蔬菜的食用量和食用期大于和长于北方城市，因而垃圾中有机成分相对较高。

③ 经济水平差异：南方城市的经济水平高于北方，因此垃圾中的纸张、塑料等可燃物、可回收物的比例相对较大。

（五）季节因素

季节因素对城市生活垃圾的产量和成分影响较显著：易腐有机物、不可燃物等随季节变化较明显，且易腐有机物最高值均分布在第三季度，密度最大值均分布在一、四季度。这与第三季度市民大量消费水果等食品有关。一、四季度密度大是因为居民耗煤取暖产生无机垃圾多。

（六）多种因素交叉影响

一般情况下，如果只考虑用一种因素分析垃圾产量及成分特征是片面的。因为不同因素之间可能是相互制约或叠加的。如提高气化率可以降低排放量，但是另一方面明显地提高了垃圾中易腐物的含量和比例，而这其中往往又存在着流动人口大、经济发展快等多种因素的影响，比如北京市海淀区垃圾产量及成分就受这些因素的综合影响。经济特区也会出现典型南方特区城市的人均日产垃圾量（非农业人口）高于全国平均值的特殊现象。

（七）举例分析

以北京市为例，分析生活垃圾产生量的影响因素。

北京市生活垃圾产生量的影响因素见表 1-2。

表1-2 影响生活垃圾产生量的因素

| 年份 | 人口（万人） | | | | 产值（亿元） | | | 人均消费（元） | 燃气率（%） | 住宅面积（m²·人） | 面积（hm²） | | 垃圾产生量（万吨） |
	常住	非农业	暂住	旅游	国内生产总值	工业生产总值	社会商品零售总额				日清扫	供热采暖	
1991	724.6	648.4	76.2	132.1	558.7	880.8	357.8	887	85.1	11.6	3330.0	5909.1	305.90
1992	736.2	656.3	79.9	174.8	709.1	915.9	430.4	1829	86.5	12.1	3552.0	6218.0	331.32
1993	754.2	668.2	86.0	202.7	863.5	1380.7	531.0	2333	86.6	12.5	3559.2	6407.1	343.64
1994	786.3	683.8	102.5	203.0	1084.0	1693.2	667.0	2928	89.8	12.9	3693.6	7056.1	359.83
1995	797.1	696.9	100.2	206.8	1394.9	1270.2	827.0	4303	91.7	13.3	3880.5	7537.3	372.16
1996	816.0	709.7	106.3	218.9	1615.7	1316.3	969.6	5106	92.7	13.8	3940.0	7838.2	372.47
1997	853.9	722.7	131.2	229.8	1810.1	1475.6	1051.5	5524	94.0	14.4	4126.0	8398.7	377.55
1998	865.6	733.7	131.9	220.1	2011.3	1926.7	1195.2	6240	95.4	15.0	4308.0	9102.1	381.47
1999	897.3	747.2	150.1	252.4	2174.5	2081.1	1313.3	7040	97.1	15.9	4705.0	9991.7	389.11
2000	931.2	760.7	170.5	282.1	2460.5	2292.3	1443.3	8494	99.3	16.2	6014.7	10500	396.64

第三节 城市生活垃圾管理体系

一、城市生活垃圾的危害

面广量大的垃圾堆放在城市周围，已成为一个非常严重的、普遍的环境问题，带来了直接的和潜在的污染危害。在污染问题较为突出的城市，已经阻碍了城市建设的进程，制约了经济的发展。主要表现在以下方面。

（一）侵占土地

目前全国堆存垃圾侵占土地总面积已近5亿m²，折合耕地约为75万亩。据统计，我国的耕地面积有20亿亩，相当于全国每1万亩耕地就有3.75亩用来堆放垃圾。垃圾严重破坏着人类赖以生存的土地资源。据航空摄影调查，北京市近郊有可辨认的垃圾堆场近500个，占地约600hm²。由于城市化学品含量越来越高的垃圾被埋在地下数十年甚至上百年都不降解，加上有毒重金属如铅、镉等造成了土地污染，使土地失去了可利用的价值。如果将未经严格处理的城市生活垃圾直接用于农田，将破坏土壤的团粒结构和理化性质，导致土壤保水、保肥能力降低。

（二）污染空气

垃圾中含有大量有机物，这些物质在厌氧分解中会产生大量有害物质如硫化氢、氨气、甲烷等。尤其是夏季，露天垃圾散发有机物腐烂的恶臭，含有致癌、致畸、致突变等物质的气体等，随冒出的白色烟气散发于大气中。

（三）污染水体

垃圾在堆放腐败过程中产生大量酸性和碱性有机污染物，并溶解出垃圾中的重金属，形成有机物、重金属和病原微生物三位一体的污染源。任意堆放的垃圾或简易填埋的垃圾，经过雨水冲刷、地表径流和渗沥，产生的渗滤液对地表水体和地下水产生严重污染。垃圾渗出液中 COD 高达 15680mg/L，BOD_5 高达 10000mg/L，细菌总数超标 4.3 倍，大肠菌群超标 2410 倍。一些已经建成的大型垃圾填埋场也存在严重污染地表水和地下水的现象，如广州大田山垃圾填埋场、上海老港废弃物处置场等都发生了污染地下水现象。

（四）温室效应

堆放的垃圾在腐化过程中产生大量的热能，携带着氨气、硫化氢、甲烷等有害气体形成恶臭污染空气的同时，散发热量，白色烟气包围城市，形成热岛温室效应。

据报道，安徽省马鞍山市对垃圾产生的温室效应做了研究：每吨垃圾在厌氧分解的过程中产生甲烷气体 4.4m³。一个占地面积 5.3hm²、堆存 70 万 t 垃圾的填埋场，每年向城市上空排放甲烷气体高达 $5×10^7$ m³，成为城市上空温室气体排放的主要因素。

（五）引发事故

由于城市垃圾中有机物含量的增高和由露天堆放变为集中堆存时，虽然采取了简单覆盖，但在垃圾堆体中易造成产生甲烷气体的厌氧环境，使垃圾产生的沼气量增加，危害日益突出，事故不断，造成重大损失。例如：1994 年 1 月 8 日，湖南省岳阳市发生羊角山垃圾场垃圾大爆炸；1994 年 7 月上旬，上海浦东区 120 吨装垃圾船因甲烷气体爆炸，震波造成甲板上 3 名职工腿部骨折；北京市昌平区境内的羊坊镇垃圾填埋场，1995 年发生了 3 次垃圾爆炸事故，造成 1 人重伤、3 人轻伤的事故。

（六）传播疾病

垃圾堆放场是滋生有害微生物的温床，含有大量致病菌及其携带者，有细菌、蠕虫、支原体、蚊蝇、蟑螂等。据全国 300 个城市的统计，城市垃圾的清运量仅占产生量的 40%～50%，无害化处理率很低，大量的垃圾未经无害化处理进入环境，既严重影响环境卫生，又对人民健康构成潜在的威胁。垃圾堆放场是大量老鼠、蚊蝇、病原体的滋生传播源，潜伏着爆发性时疫的危险。

（七）白色污染

有人的地方，就能看到随意丢弃的塑料厨余袋、包装袋、饮料瓶、一次性快餐饭盒等。公路边、铁道旁、风景点，无处不被废旧塑料困扰。塑料废物造成动物误吞噬死亡、堵塞下水道等，形成城市"白色污染"。

（八）浪费资源

城市生活垃圾中一般含有 10%～15% 的可回收利用的物质，如金属、玻璃、塑料、橡胶和纸张等。随着全球资源短缺的加剧和科学技术的发展，城市生活垃圾将成为具有可利用价值的资源。例如利用废钢生产钢，可以减少86％的空气污染、92％的固体废物、40％的有害物质的处理处置。

二、城市生活垃圾综合管理体系

（一）城市生活垃圾综合管理的定义

按照国际通行的定义，垃圾管理是在符合公众健康、经济、工程、维持、美学、环境要求相统一的原则和规范基础上，尊重公众的态度，对垃圾从产生、贮存、收集、中转、运输、处理到最终处置相关的一系列要求和控制手段。美国的 T. George 在 *Integrated Solid Waste Management* 一书中，将"垃圾综合管理"定义为"为实现特定的废物管理目标，而采用的合适技术、工艺和管理等手段的集成"。

垃圾管理的内容包括所有与解决垃圾相关的行政、财政、法律、规划、工程技术问题。管理的结果可能涉及政治科学、城市和区域规划、地理学、经济学、公共健康、社会学、人口统计学、传播或交通、保护以及工程和材料科学等复杂和跨学科之间的平衡。

（二）城市生活垃圾综合管理的基本特征

（1）综合的处理方法

垃圾处理方法多种多样，各种方法都有其优、缺点。建立城市生活垃圾综合管理系统，需要根据本地的垃圾性质、地理和社会特点，取长避短，优化处理方案，实现环境和经济双赢。目前世界各国一致认为的城市固体废物管理，应遵循对固体废物防治实行减量化、资源化、无害化的三个原则。但在垃圾的最终处置时，这些原则应采用何种优先排序，需要进一步选择和比较。在城市生活垃圾综合管理中，通过详细的经济和环境评估来优化组合各种类型垃圾的处理方法。

（2）可持续发展的环境

城市生活垃圾综合管理的目标是实现环境的可持续发展，这种目标不仅体现在资源化和无害化处理上，还体现在垃圾处理方法的制定是建立在对 MSW 整个生命周期所涉及的所有环境与资源问题的分析与评估上。

（3）最优化的经济成本

城市生活垃圾综合管理不仅实现了环境的可持续发展，同时还降低了整个管理系统的经济运行成本，实现经济可承受。这里的经济运行成本，不仅包括直观的、可见的费用，还包括无形的环境经济成本。

（4）社会的广泛支持

社会的广泛支持是城市生活垃圾综合管理系统正常运行的必要条件。城市生活垃圾综合管理需要社会的配合和参与，而一个有效的管理系统可以增加公众的信任度和参与热情，促进管理系统的完善。

（三）城市生活垃圾综合管理的制约因素

在研究某一地域的城市生活垃圾综合管理时，要注意城市的特殊性。只有同时对区域的 MSW 产生、管理、处理处置状况有了全面认识，才能建立适宜于当地的城市生活垃圾综合管理系统。

城市垃圾管理的制约和影响因素主要有以下几点。

（1）城市规模

城市规模的大小决定了城市生活垃圾的产量和分布范围，且不同规模的城市垃圾特性区别很大。

（2）城市地理因素

城市所处的区域和地形的差异，也会对城市垃圾收集与处理造成影响，反过来，其处理程度的好坏又对区域环境产生一定的影响。南方城市与北方城市的垃圾特性差异很大，高原地区与平原地区的城市垃圾特性不同也会导致管理模式有所区别。

（3）城市的功能定位和主要产业

不同的城市，其主要产业的不同也对垃圾管理水平有不同的要求。除了市政的一般要求外，传统上以旅游业为主的城市，因为城市景观是经济赖以发展的基础，垃圾的收集和处置管理要好于其他类型城市。

（4）城市经济发展水平

国家和城市的经济发展水平决定着城市生活垃圾处理的比例和方式，以及处理城市废物费用在市政预算中的比例。从垃圾收集管理情况看，发展水平非常低的国家的城市只有 28.0% 的家庭垃圾被纳入收集系统。低、中等、较高和发达水平国家的这个数据分别为 40.9%、73.1%、89.1%、99.1%。从垃圾处理方式看，非洲、亚太地区的发展中国家露天堆放的垃圾分别为 63.7%、46.19%，而发达国家仅占 0.69%。也就是说，垃圾管理的范围和水平与城市经济发达程度呈正相关。

（5）城市市政管理水平

城市市政管理的范围和能力是否与城市人口增长速度，建成区面积扩大和城市贫困人口的比例等相匹配，一直是影响城市垃圾处理是否完善的重要因素。

（四）城市生活垃圾综合管理体系范畴

人们已经对城市生活垃圾综合管理有了更全面、综合的认识，城市生活垃圾综合管理已经从末端管理延伸至产品的原材料选择、设计、商品包装和销售等环节，以便更有力地控制 MSW 的产生。

城市生活垃圾综合管理体系范畴如图 1-4 所示。

三、国外城市生活垃圾管理

国外发达国家的城市生活垃圾收集、运输和处理技术已经很成熟，并积累了许多经验。在收集方面，大多数国家采取了分类收集；在运输方面，基本采用密闭压缩运

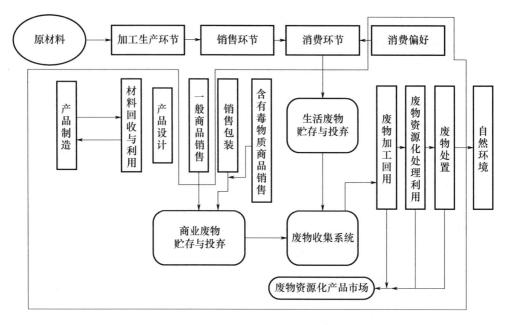

图 1-4　城市生活垃圾综合管理体系范畴

输;在处理方面,广泛采用卫生填埋、焚烧、堆肥等多种技术。国外对生活垃圾产业化处理的理论基础来源于循环经济理论、可持续发展理论、绿色国民经济核算理论、技术经济评价理论,同时,它们在实践中的经验又丰富和发展了这些理论。近年来,发达国家在城市垃圾问题上经历了一系列变化,形成了一些行之有效的政策体系和管理体系。

（一）德国生活垃圾管理

20 世纪末,以德国为首的发达国家的生活垃圾处置工作重点开始从无害化转向减量化和资源化,这实际上是要在更广阔的社会范围内,在消费过程中和消费过程后的层次上组织物质和能源的循环。德国在 1991 年颁布《垃圾减量法》,对占生活垃圾容积的包装废弃物实施了由德国废物管理和再生利用协会负责回收和再生的生产者责任制试点,取得了原始垃圾减量和再生利用率上升的双重效果。包装物资源化工作,称绿点系统,由德国回收利用系统股份公司 DSD 和地方政府的垃圾处理系统同时管理。绿点系统工作的基础是 1991 年实施的《包装条例》,该条例规定包装产品的生产商、销售商有义务回收、处理包装废弃物,并承担所需费用,同时规定了不同包装材料必须达到的回收利用率。《包装条例》在德国实施后,大大促进了清洁生产,减少了一次性包装产品的使用,1995 年,人均垃圾年产量稳定在 300kg 左右。

德国对垃圾进行分类收集,有比较完善的负责垃圾回收的双轨系统。其做法是:每户发一个黄色垃圾桶（袋）以区别倾倒普通垃圾的黑桶,凡是印刷有绿点标志的商品包装物用完后都可以免费投入黄桶。现在这个系统又有了新的发展,在黄桶的基础上发展了蓝色和绿色垃圾桶,蓝色垃圾桶收集纸张,绿桶称"生态桶",收集有机垃圾。

2005 年，德国颁布了《电子电器设备法案》，规定电子垃圾应当进行分类投放，与其他未分类的城市固体废物分离开来，不仅为回收利用金属等原料创造了条件，还能够让电子废物中的污染物得到妥当处置。在电池的回收上，政府于 1998 年颁布了《电池条例》，2009 年修订颁布了《电池法案》，根据法案的要求，电池零售商必须免费回收废旧电池。

（二）荷兰生活垃圾管理

荷兰在垃圾管理上完成了观念的转变。首先，认为垃圾是资源，从对垃圾的处理，转变到从减量化出发，以资源化、再利用为中心的管理模式。荷兰通过各种措施，针对不同对象采取不同的收集方式、不同的收费制度的经验，非常值得我们学习。荷兰垃圾管理的基本原则是减少填埋。垃圾处理的优先顺序是：减量化、资源化（包括堆肥）、再回收利用、焚烧（再造能源），最后是填埋（安全）。为达到减少填埋的目标，荷兰政府从填埋场到垃圾的产生者制定了一系列政策。《填埋法》对填埋场提出了严格、高标准的技术要求（空气污染、渗滤液的处置等），同时，填埋场关闭时，必须准备关闭后 30 年左右还继续运行的费用（填埋气、渗滤液的处置），以达到制约经营者少建填埋场的目的；《填埋禁令》规定了 32 种垃圾不得填埋；对于可燃的废物，要填埋必须交纳 85 欧元/t（1995 年是 13 欧元/ t）的填埋税。满足这三项要求后才可填埋。而在荷兰，堆肥和填埋的成本相当，在 45～50 欧元/t，焚烧为 100 欧元/t。

（三）新加坡生活垃圾管理

新加坡因为国土面积狭小，对于废物减量的要求很严格。环境省的政策是以减量化为主要目标，现有的三个主要的垃圾焚烧厂的综合处理能力为 6000 t/d，其实际处理量达到了全部生活垃圾减量化 90% 的指标。新加坡环境发展部将全国划分为 9 个分区，并逐步将公共垃圾收集的服务私营化。新加坡政府设立了专职部门，帮助厂家和居民提高资源的利用效率，减少废物的产生。目前新加坡的制造业废料有 40% 已得到再循环使用。政府推行的生活垃圾分类回收已在七分之一的居民中实施。新加坡除焚烧处理的垃圾外，其余垃圾靠填埋解决。现在新加坡主岛已经没有空间可以填埋垃圾了。从 1999 年 4 月起，所使用的填埋场是一座离岸填埋场，靠船将垃圾运到这座名为 Semakau 的小岛上去填埋。投资高达 6 亿新元，海路运输线长达 25km。

随着各国政府对城市固体废物问题的重视加强，一些国家除了不断改善城市垃圾管理的水平和质量外，从发展方向看，目前很多国家开始对传统垃圾管理的思路进行反思，并提出了一些新的代表性思路。如美国的"4R 和 2B"方法和日本的"5R"系统化工程。4R 是英文 Reuse. Reduction、Recycling 和 Resource recovery 四个词的首字母，2B 是英文 Burning 和 Burying 两个词的首字母。5R 是英文 Resource. Reduce. Reuse. Recycle 和 Refuse 五个词的首字母，即通过资源化、减量化、资源循环再利用、再生利用和废弃的若干个工程步骤，处理城市垃圾。这种工程根据城市垃圾的成分特点，按照各取其长的方法处理城市垃圾。这些都为我国城市垃圾管理方式的多样化选择提供了新的可借鉴思路。

四、国内城市生活垃圾管理

(一) 生活垃圾焚烧设施发展迅速

2009 年开始，我国垃圾焚烧大规模建设开启，焚烧处理能力已占我国垃圾无害化处理率的 40％以上，2020 年将达到 50％（图 1-5）。经过大规模垃圾焚烧发电建设后，我国固体废物处理也正由发展阶段向完善阶段升级。

图 1-5　我国垃圾焚烧处理能力增长、占比变化及预期

(二) 生活垃圾分类得到重视

2018—2019 年起，我国垃圾分类重视化程度不断提高，2017 年年底，住房城乡建设部发布《关于加快推进部分重点城市生活垃圾分类工作的通知》，要求 46 个重点城市要出台生活垃圾分类管理实施方案或计划行动。截止到 2019 年 3 月，除西藏日喀则外，其他 45 城均以意见、实施方案或行动计划的形式对垃圾分类进行了"日程规划"，其中已有广州市、深圳市、长春市、苏州市、宜春市、银川市、泰安市、太原市、宁波市 9 个城市出台了专门的垃圾分类管理条例。

2019 年 1 月 31 日，上海市十五届人大二次会议表决通过《上海市生活垃圾管理条例》并于 7 月 1 日正式实施，该条例引起了行业和社会的广泛关注，被称为"史上最严"垃圾分类条例。

垃圾分类严格化后，预计也将带来垃圾处理技术路线格局的变化，资源化回收类技术处理路线占比将开始提升。而这样的技术路线变化趋势，与美国、日本固体废物处理发展到后期的情形也是一致的。美国的垃圾焚烧处理量占比在 1995—1998 年达到 20％左右后即趋于稳定，2000 年以后开始逐步下降，而回收占比在 2000 年后开始逐步提升。

（三）无废城市建设试点

除了垃圾分类的升级外，无废城市作为新的概念，于 2018 年年底被提出，"无废城市"则是城市固体废物处理减量化、资源化理念升级的更高要求。2018 年 12 月，国务院办公厅印发《"无废城市"建设试点工作方案》，从 60 个候选城市中筛选确定了 11＋5 个城市和地区，作为"无废城市"建设试点。

11＋5 个城市分别为：广东省深圳市、内蒙古自治区包头市、安徽省铜陵市、山东省威海市、重庆市（主城区）、浙江省绍兴市、海南省三亚市、河南省许昌市、江苏省徐州市、辽宁省盘锦市、青海省西宁市；与此同时，河北雄安新区、北京经济技术开发区、中新天津生态城、福建省光泽县、江西省瑞金市作为特例，参照"无废城市"建设试点一并推动。

"'无废城市'不是没有固体废物产生，也不意味着固体废物能完全资源化利用"，从源头减量、从源头防止二次污染、最大限度减少填埋量等才是该理念的内涵。

目前，国际上也仅有 8 个城市明确提出建立"无废城市"。从我国无废城市的建设试点进度来看，2019 年上半年，试点城市政府要印发实施方案，2021 年 3 月底进行评估总结，成绩突出城市予以通报表扬，把试点城市行之有效的改革创新举措制度化。即在两年内，我国要形成一批可复制、可推广的"无废城市"建设示范模式。

而关于无废城市具体建设的模式，目前各个试点城市和研究设计机构均仍在探索中。但可以预期的是，为实现整个城市固体废物产生量最小、资源化利用充分、处置安全的目标，两网融合、四级网络体系建设、发展"互联网＋"固体废物处理产业是大趋势，届时我国的城市固体废物处理体系也将迎来全面的升级。

两网融合：即城市环卫系统和再生资源系统的有机结合，对生活垃圾投放收集、清运中转、终端处置业务进行统筹规划，实现投放点的整合统一、作业队伍的整编、设施场地的共享等。这不仅可以在一线指导居民分类投放，推进生活垃圾源头分类，还能提升垃圾回收利用率，实现垃圾总量的减少。

四级网络体系建设：是以设备研发为依托，将前端回收体系作为源头管控，固体废物经过再生资源加工处理，建设专业科学的资源回收循环体系，在多级化和专业化机制管控下，实现将传统的"低、小、散"粗放型经营模式向规范化、智能化、集聚化、标准化、体系化方向发展，形成可复制、可推广的生活垃圾分类模式，实现垃圾"资源化"的最终目标。

习近平总书记于 2019 年对垃圾分类工作作出重要指示。他强调，实行垃圾分类，关系广大人民群众生活环境，关系节约使用资源，也是社会文明水平的一个重要体现；他指出，推行垃圾分类，关键是要加强科学管理、形成长效机制、推动习惯养成。要加强引导、因地制宜、持续推进，把工作做细做实，持之以恒抓下去。要开展广泛的教育引导工作，让广大人民群众认识到实行垃圾分类的重要性和必要性，通过有效的督促引导，让更多人行动起来，培养垃圾分类的好习惯，全社会人人动手，一起来为改善生活环境作努力，一起来为绿色发展、可持续发展做贡献。目前我国生活垃圾分类工作流于表面现象严重，民众主动分类弃置意愿不强，给后期焚烧工作带来了诸多不便的同时也大幅增加了垃圾处理的成本。我们判断未来垃圾分类处理工作将会同时从清运公司与民众两个层面推进，受益于此，建议优先布局业务包含垃圾分类处理概念的垃圾清运类及运营类公司以及生产产品包含垃圾分类概念的设备制造公司。同时，垃圾焚烧类公司也将因此获益；因为这类企业的最主要成本构成为焚烧尾气的处理，分类预处理好的垃圾会大幅降低垃圾焚烧厂在尾气处理方面的成本。

（四）新版《固体废物法》即将出台

2019年6月5日，国务院常务会议通过《中华人民共和国固体废物污染环境防治法（修订草案）》。新版法规强化了生产者的主体责任，并提出"生产者责任延伸制"，鼓励开展生态设计，建立回收体系，促进资源回收利用。新版本较老版本对部分违法行为的处罚力度大大加强，原版中一些没有具体罚则的行为在修订案中都加上了相应的罚则，多项违法行为的罚款甚至大幅提升至100万元，受其影响排污企业的固体废物处理成本将大大增加。根据国家规定，一般企业生产的固体废物必须交由有处理资质的第三方进行处理。

修订草案涉及罚款的主要变更点见表1-3。

表1-3　修订草案涉及罚款的主要变更点

违法行为	现行法律罚则	修订草案罚则
产生、利用、处置固体废物的企业，未按照国家有关规定及时公开固体废物产生、利用、处置等信息的	无	1万～10万元罚款
未依法取得排污许可证，或者未按照排污许可证要求管理所产生的工业固体废物或者危险废物的	无	2万～20万元罚款
工业固体废物的产生者委托他人运输、利用、处置固体废物，受委托者的运输、利用、处置行为违反国家环境管理有关规定的	无	分别对工业固体废物的产生者和受委托人处1万～10万元罚款
不设置危险废物识别标志的	1万～10万元罚款	2万～20万元罚款
不按照国家规定制定危险废物管理计划的	无	2万～20万元罚款
非法排放、倾倒、处置危险废物的	无	10万～100万元罚款
将危险废物提供或者委托给无经营许可证的单位从事经营活动的	2万～20万元罚款	10万～100万元罚款
不按照国家规定填写危险废物转移联单或者未经批准擅自转移危险废物的	2万～20万元罚款	10万～100万元罚款
将危险废物混入非危险废物中贮存的	1万～10万元罚款	2万～20万元罚款
未经安全性处置，混合收集、贮存、运输、处置具有不相容性质的危险废物的	1万～10万元罚款	2万～20万元罚款
未制定危险事故、意外事故防范措施和应急预案的	1万～10万元罚款	2万～20万元罚款

第二章 生活垃圾常规处理

目前，国内外城市垃圾处理普遍采用填埋、焚烧、堆肥三种处理工艺。这三种处理工艺各有利弊，应根据不同地区的垃圾成分、经济条件、自然条件、技术水平等诸因素综合分析、选择采用。

第一节 垃圾填埋处理

垃圾卫生填埋场因为成本低、卫生程度好，在国内被广泛应用。在生活垃圾处理处置方式中，填埋无疑占据着举足轻重的位置。从全球来看，填埋大约占到70%，在各发达国家应用非常广泛，例如：加拿大1989年卫生填埋处置量占82%；1991年英国、意大利每年卫生填埋处置量占其总处置量的90%，美国填埋处置量为72%，西班牙填埋处置量为75%；德国1993年卫生填埋处置量占73%。另外，美国联邦环保局（USEPA）和很多州都已详细制定关于填埋场选址、设计、施工、运行、水气监测、环境美化、封闭性监测以及维护年限的法规。而在我国，由于经济技术水平等原因，填埋所占的比例更高，达到90%以上。虽然随着经济技术的发展，未来的20年内，在拟建的垃圾处理项目中，填埋比例会稍有下降，但仍有大约75%的项目采用填埋方式。同时，我国《城市生活垃圾处理及其污染防治技术政策》中明确提出以填埋为主的路线，因此填埋必将在今后很长一段时间内占据主导地位，许多大中城市新建的垃圾填埋场，其日处理能力达上千吨，总填埋库容达数千万立方米。

一、垃圾填埋相关标准规范

垃圾填埋相关的规范和标准有：

（1）《生活垃圾填埋场环境监测技术标准》（CJ/T 3037—1995）；

（2）《生活垃圾卫生填埋场环境监测技术要求》（GB/T 18772—2017）；

（3）《生活垃圾卫生填埋场运行维护技术规程》（CJJ 93—2011）；

（4）《生活垃圾填埋场无害化评价标准》（CJJ/T 107—2005）；

（5）《生活垃圾卫生填埋场防渗系统工程技术规范》（CJJ 113—2007）；

（6）《生活垃圾填埋场污染控制标准》（GB 16889—2008）；

（7）《生活垃圾填埋场填埋气体收集处理及利用工程技术规范》（CJJ 133—2009）；

（8）《生活垃圾卫生填埋处理工程项目建设标准》（建标 124—2009）；

（9）《生活垃圾填埋场稳定化场地利用技术要求》（GB/T 25179—2010）；

（10）《生活垃圾填埋场渗滤液处理工程技术规范》（HJ 564—2010）；

（11）《生活垃圾填埋场渗滤液处理技术规范》（CJJ 150—2010）；

（12）《生活垃圾卫生填埋场运行维护技术规程》（CJJ 93—2011）；

（13）《生活垃圾卫生填埋场岩土工程技术规范》（CJJ 176—2012）；

（14）《生活垃圾卫生填埋处理技术规范》（GB 50869—2013）；

（15）《生活垃圾卫生填埋场封场技术规范》（GB 51220—2017）等。

二、垃圾填埋分类

（一）垃圾填埋的定义

卫生填埋是指利用工程手段，采取有效技术措施，防止渗滤液及有害气体对水体和大气的污染，并将垃圾压实减容至最小，填埋占地面积也最小；在每天操作结束或每隔一定时间用土覆盖，使整个过程对公共安全及环境均无危害的一种土地处理垃圾的方法。

生活垃圾填埋场是指用于处理、处置城市生活垃圾的，带有阻止垃圾渗滤液泄漏的人工防渗膜和渗滤液处理或预处理设施设备，且在运行、管理及维护直至最终封场关闭过程中符合卫生要求的垃圾处理场地。

（二）垃圾填埋场等级

根据工程措施是否齐全、环保标准能否满足来判断，垃圾填埋场可分为简易填埋场、受控填埋场和卫生填埋场三个等级。

（1）简易填埋场（Ⅳ级填埋场）

Ⅳ级填埋场是我国沿用的传统填埋方式，其特征是：基本上没有什么工程措施，或仅有部分工程措施，也谈不上执行什么环保标准。目前我国约有50％的城市生活垃圾填埋场属于Ⅳ级填埋场。Ⅳ级填埋场为衰减型填埋场，它不可避免地会对周围的环境造成严重污染。

（2）受控填埋场（Ⅲ级填埋场）

Ⅲ级填埋场在我国约占30％，其特征是：虽有部分工程措施，但不齐全；或者是虽有比较齐全的工程措施，但不能满足环保标准或技术规范。主要问题集中在场底防渗、渗滤液处理、日常覆盖等不达标。Ⅲ级填埋场为半封闭型填埋场，也会对周围的环境造成一定的影响。

对现有的Ⅲ、Ⅳ级填埋场，各地应尽快列入隔离、封场、搬迁或改造计划。

（3）卫生填埋场（Ⅰ、Ⅱ级填埋场）

Ⅰ、Ⅱ级填埋场是我国不少城市开始采用的生活垃圾填埋技术，其特征是：既有比较完善的环保措施，又能满足或大部分满足环保标准。Ⅰ、Ⅱ级填埋场为封闭型或生态型填埋场。其中Ⅱ级填埋场（基本无害化）在我国约占15％，Ⅰ级填埋场（无害化）约占 5%。深圳下坪、广州兴丰、上海老港四期生活垃圾卫生填埋场是其代表。

（三）垃圾填埋场的分类

按照地形，垃圾填埋场可分为：山谷型填埋场、地上式填埋场和半地上半地下式填埋场等。三种不同地形填埋场模型图如图 2-1～图 2-3 所示。

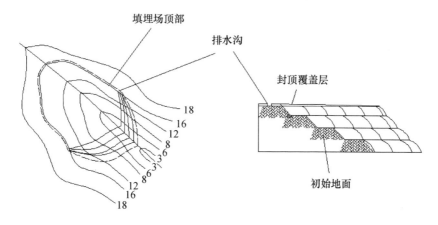

图 2-1 山谷型填埋场

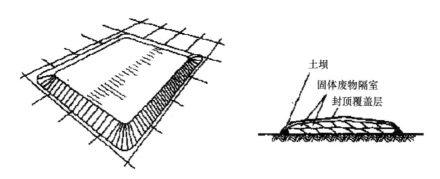

图 2-2 地上式填埋场

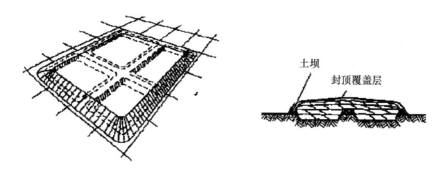

图 2-3 半地上半地下式填埋场

（四）垃圾填埋场结构

垃圾填埋场结构图如图 2-4 所示。

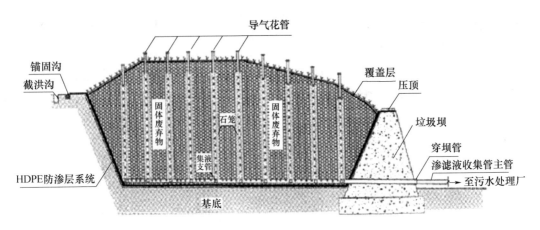

图 2-4　垃圾填埋场结构图

三、垃圾填埋场建设

垃圾填埋场的建设包括选址、设计与施工、填埋作业、封场、后期监测等方面的程序。

（一）填埋场选址

根据《生活垃圾卫生填埋技术规范》（GB 50869—2013）、《生活垃圾填埋场污染控制标准》（GB 16889—2008）及原国家计委、建设部《城市生活垃圾卫生填埋处理工程项目建设标准》（建标〔2002〕101 号）有关规定，填埋场的场址选择应符合下列规定：

（1）填埋场场址设置应符合当地城市建设总体规划要求；符合当地城市区域环境总体规划要求；符合当地城市环境卫生事业发展规划要求；

（2）填埋场对周围环境不应产生影响或对周围环境影响不超过国家相关现行标准的规定；

（3）填埋场应与当地的大气防护、水土资源保护、大自然保护及生态平衡要求相一致；

（4）选择场址应由建设、规划、环保、设计、国土管理、地质勘察等部门有关人员参加；

（5）填埋场宜选在地下水贫乏地区，应远离水源，尽量设在地下水流向的下游地区；

（6）填埋场应具备相应的库容，填埋场使用年限宜 10 年以上；特殊情况下，不应低于 8 年；

（7）应充分利用天然地形以增大填埋容量，使用年限应达到相关要求；

（8）交通方便、运距合理；

（9）征地费用较低、土地利用价值较低；

（10）位于夏季主导风向下风向，距人畜居栖点 500m 以外。

具体的选择原则见表 2-1。

表 2-1 垃圾填埋场选址原则

原则	基本要求
环境保护原则	填埋场应符合防洪标准； 填埋场应离居民住宅区 50m 以外； 填埋场不应设在国家自然保护区、风景区、文物古迹区、国防设施用地区； 填埋场应在水源保护区下游，夏季主导风向下风向
工程学及安全生产原则	填埋场应有足够的库容，使用年限宜 10 年以上，特殊情况不低于 8 年； 运距合理、交通方便； 防渗处理容易； 有较丰富的土源； 尽可能利用天然地形条件，减少土方工程量
经济原则	尽量利用荒地、山谷； 尽量提高单位面积上的填埋量，即填埋场的空间利用系数； 尽量减少工程量； 运行管理经济合理； 封场后综合开发利用
法律及社会支持原则	必须符合城市用地规划、区域环境规划、城市总体规划以及环境卫生专项规划； 符合国家以及当地的有关法律、法规； 注意公众舆论和社会影响； 尽量符合城市给水排水设施规划

（二）填埋场设计

填埋场场地总体设计中应包括填埋区（包括渗滤液导流系统、渗滤液处理系统、填埋气体导排及处理系统）、场区道路、垃圾坝、封场工程及监测等综合项目。

（1）填埋区

填埋场的面积和容量应与城市的人口数量、垃圾的产率、废物填埋的高度、垃圾量与覆盖材料量及填埋后的压实密度有关。通常覆土和填埋垃圾之比为 1：4 或 1：3，填埋后废物的压实密度为 $500 \sim 700 kg/m^3$，场地的容量至少使用 20 年。

填埋区的占地面积宜为总面积的 70%～90%，不得小于 60%。填埋场宜根据填埋场处理规模和建设条件做出分期和分区建设的安排和规划。垃圾卫生填埋场填埋区工程的结构层次从上到下依次为：渗滤液导排系统、防渗系统和基础层。设置在垃圾卫生填埋场填埋区中的渗滤液防渗系统和收集导排系统，在垃圾卫生填埋场的使用期间和封场后的稳定期限内，起着将垃圾堆体产生的渗滤液屏蔽在防渗系统上部，并通过收集导排和导入处理系统实现达标排放的重要作用。

（2）场区道路

道路应在垃圾产生高峰期和平稳期，都能满足场内正常生产运行的需要；简单明了实用，能够保证场内车辆行驶安全；充分考虑各功能分区的相互联系性。

（3）垃圾坝

为了将垃圾填埋在填埋区内，防止垃圾堆体滑坡，更好地使填埋区与其他功能区分隔开，需在填埋作业之前，在填埋区的最低处修建垃圾坝。

垃圾坝为不均质透水堆石坝。上下游坝面及坝顶为干砌石，坝体内为堆石体。堆石体密度大于 $1.8t/m^3$，石料强度大于 $400kg/cm^2$，软化系数大于 0.7。坝基及内坡均铺设土工布和砂石组成的反滤层，渗滤液通过反滤层渗出，进入渗滤液调蓄池。垃圾坝可防止垃圾堆体滑坡，但它一侧受到垃圾的推滑力，垃圾坝在垃圾的推滑力和重力的作用下，有向外和向下移动的走势，如果坝坡内岩土的抗剪强度能够抵抗住这种走势，则坝坡是稳定的，否则就会失稳而发生滑坡，导致垃圾坝裂缝、垃圾溢出、渗滤液涌出，对垃圾场的地表水、地下水都造成污染。而且地表水、地下水一旦被渗滤液污染，是很难治理的，往往经过几十年甚至上百年时间也难以根治。

垃圾坝的建设与垃圾场的地形、地质条件和修筑材料等都有密切关系。

（三）填埋场工程建设

垃圾填埋场建设工程由主体工程与设备、配套工程和生产管理与生活服务设施等构成。

（1）填埋场主体工程与设备主要包括：场区道路，水土保持系统，防渗工程，坝体工程，洪雨水分流及地下水导排系统，渗滤液收集、处理和排放系统，填埋气体导出、收集处理及利用系统，计量设施，绿化隔离带，防飞散设施，安全防护设施及防火隔离带，封场工程，监测井，填埋摊铺、碾压设备，挖运土及消杀设备等。

（2）配套工程主要包括：进场道路（码头）、机械维修、供配电、给排水、消防、通信、监测化验、加油、冲洗和洒水等设施。

（3）生产管理与生活服务设施主要包括办公、宿舍、食堂、浴室等设施。

（四）主体工程施工

垃圾未进场前，先对填埋区底部进行处理，平整夯实，做好防渗层的基础。配合场地地下水的收集导排、渗滤液收集导排及填埋区内部雨水的收集导排，按设计标高及坡度重整场底。对场底和边坡先清除根植土，再按设计标高及坡度重整场地及边坡。场底纵横坡度大于 3%，以利于渗滤液的收集；边坡坡度一般不大于 1：2.5，以利于防渗膜的铺设。场底及边坡平整后要碾压夯实，要求密实度大于 95%，且不会因填埋垃圾的沉陷而使场底变形。

填埋场区平整后，形成 1.2% 的纵向坡度。场底开挖后，基本无植被和表土，部分区域可能存在，拟加以清除，并用非表层土回填压实。

排水方向：与设计坡度方向相同，且每段长度控制在 1000m 以内。单元分区划分时应注意合理安排。

纵坡：坡度以满足渗滤液收集管道的正常坡度为宜，设定在 1.2% 左右；横坡：是以渗滤液导排主盲沟为控制线，以 2% 的坡度坡向两边。

填埋单元在使用前将雨水排进雨水明沟，使用后将污水排进渗滤液收集系统。

整个场地平整设计是以场地分区为基础，结合防渗工程要求进行的。场底平整主要包括三个部分：场地清理、场地开挖和场地土方回填。场地平整的最后要求是形成土建构建面，有利于防渗系统的铺设。

场地清理：主要是清除表皮土、树木、杂草、腐殖土和淤泥等有害物质。

场地开挖：要求挖方范围内的树木、杂草、腐殖土和石块等全部清除，挖方坡度应符合设计要求，不得超挖。

土方回填：要求填方基底不得有树木、杂草、腐殖土和淤泥等有害物质；填方基底无积水，有地下水的地方应得到有效处理；填土土质和含水量必须符合设计要求；填方应按规定分层回填夯实。

土建构建面：构建面平整坚实，无裂缝和松土；基地表面无积水，垂直深度25cm内无石块、树根及其他任何有害的杂物；坡面稳定，过渡平缓。

1. 场底地基

《生活垃圾卫生填埋技术规范》规定，场底地基是具有承载能力的自然土层或经过碾压、夯实的平稳层，且不应因填埋垃圾的沉陷而使场底变形、断裂，场底基础表面经碾压后，方可在其上贴铺人工衬里。场底应有纵、横向坡度。纵横坡度宜在2‰以上，以利于渗滤液的导流。实际设计建设中，长宽一般为300～400m或更大，如按2‰坡度进行设计，则场区两端高差在6～8m或更多。受地下水埋深土方平衡及整体设计的影响，场区两端高差过大会造成较大的困难。根据北京填埋场（安定、北神树）建设经验，垃圾卫生填埋场场底纵向主要坡度为1‰～1.3‰时可以保证渗滤液导排顺畅。为确保填埋场安全，考虑到填埋场土体条件较差，需要对其整形，坑底及周围进行平整，取土同时作为坑四壁局部填土、每日覆盖用土和最终覆盖用土。填埋区底部按设计高程完成基底工程以后，底部要求平整，以利于防渗膜的铺设。

2. 防渗

防渗是卫生填埋处理技术的主要标志，它能防止垃圾在填埋过程中产生的渗滤液、填埋气体对填埋场的水体和土壤污染，减少渗滤液的产生量，并为以后对填埋气体有序、可控制地收集和利用创造空间。防渗的技术关键是防渗层的构造，其结构形式直接决定了防渗效果和工程建设投资。

根据《生活垃圾卫生填埋技术规范》《生活垃圾填埋场污染控制标准》和《城市生活垃圾卫生填埋处理工程项目建设标准》的相关要求，场区底部防渗系数不大于10×10^{-7}cm/s。

（1）防渗材料的选择

填埋场防渗材料主要有两种，一种是天然防渗材料，即黏土防渗层或黏土与膨润土混合防渗层；另一种是人工防渗层，根据填埋场渗滤液收集系统、防渗层和保护层、过滤层的不同组合，一般可分为单层衬垫防渗系统、单层复合衬垫防渗系统、双层衬垫防渗系统和双复合衬垫防渗系统。

① 黏土：黏土是土衬层中最重要的部分，其具有低渗透特性。填埋场黏土衬层分

为两类：自然黏土衬层与人工压实黏土衬层。自然黏土衬层是具有低渗透率、富含黏土的自然形成物，其渗透率应小于或等于 $1 \times 10^{-6} \sim 1 \times 10^{-7}$ cm/s。一般来说，天然黏土层和岩石层是否均一以及是否具有较低的渗透率，是很难检测验证的，仅仅使用自然黏土衬层作为填埋场防渗层是不可靠的。

② 人工合成材料：高密度聚乙烯（HDPE）膜作为一种高分子合成材料，有抗拉性好、抗腐蚀性强、抗老化性能高等优良的物理、化学性能，使用寿命 50 年以上。比如防渗功能比最好的压实黏土高 10^7 倍（压实黏土的渗透系数级数为 10^{-7} 级，而 HDPE 膜的渗透系数级数为 10^{-14} 级）；其断裂延伸率高达 600% 以上，完全满足垃圾填埋运行过程中由蠕变运动所产生的变形；并且有利于施工、填埋运行。

HDPE 膜具有优良的机械强度、耐热性、耐化学腐蚀性、抗环境应力开裂和良好的弹性，随着厚度增加（一般范围在 0.75～2.5mm），其断裂点强度、屈服点强度、抗撕裂强度、抗穿刺强度逐渐增加。垃圾填埋场一般采用 1.5～2.5mm 厚的 HDPE 膜作衬垫层。

（2）防渗方式

① 水平防渗：水平防渗指防渗层向水平方向铺设，防止渗滤液向周围及垂直方向渗透而污染土壤和地下水。

水平防渗示意图如图 2-5 所示。

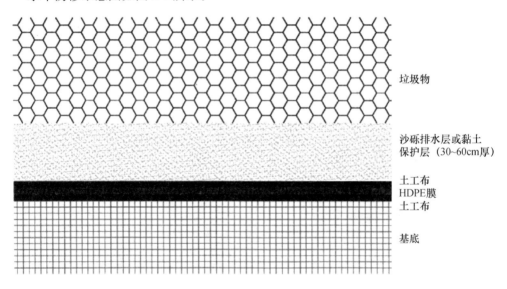

垃圾物

沙砾排水层或黏土保护层（30～60cm厚）

土工布
HDPE膜
土工布

基底

图 2-5 水平防渗示意图

② 垂直防渗：垂直防渗指防渗层竖直布置，防止废物渗滤液横向渗透迁移，污染周围土壤和地下水。

填埋场的垂直防渗系统是根据填埋场的工程、水文地质特征，利用填埋场基础下方存在的独立水文地质单元、不透水或弱透水层等，在填埋场一边或周边设置垂直的防渗工程（如防渗墙、防渗板、注浆帷幕等），将垃圾渗滤液封闭于填埋场中进行有控制地导出，防止渗滤液向周围渗透污染地下水和填埋场气体无控制释放，同时也有阻止周围地下水流入填埋场的功能。

垂直防渗系统在山谷型填埋场中应用较多，在平原区填埋场中也有应用。垂直防渗系统广泛用于新建填埋场的防渗工程和已有填埋场的污染治理工程，尤其对于已有填埋场的污染治理，因目前对其基底防渗尚无办法，因此周边垂直防渗就特别重要。根据施工方法的不同，可用于垂直防渗墙工程施工的方法有地基土改性法、打入法和开挖法等。

3. 渗滤液收集系统

渗滤液收集系统主要由渗滤液调节池、泵、输送管道和场底排水层组成。

（1）排水层：场底排水层位于底部防渗层上面，由沙或砾石构成。当采用粗沙砾时，厚度为 $30\sim100cm$，必须覆盖整个填埋场底部衬层，其水平渗透系数不应大于 $0.1cm/s$，坡度不小于 2%。

（2）管道系统：一般穿孔管在填埋场内平行铺设，并位于衬层的最低处，且具有一定的纵向坡度（通常为 $0.5\%\sim2.0\%$）。

（3）防渗衬层：由黏土或人工合成材料构筑，有一定厚度，能阻止渗滤液下渗，并具有一定坡度（通常为 $2\%\sim5\%$）。

（4）集水井、泵、检修设施以及监测和控制装置等。在防渗层上设渗滤液收集系统，主要由 HDPE 花管构成。

① 渗层上设集液盲沟，HDPE 花管铺设在集液盲沟内。这种方法的收集效果很好，对渗滤液的收集比较彻底。但它的施工方式比较烦琐，工程造价也相对较高，在现在的工程中除了一些投资较大的大型垃圾处理场以外，应用相对较少。HDPE 花管在沟内要做必要的保护措施，防止渗滤液中的固体垃圾堵塞花管的孔洞，影响收集效果。一般的处理方案是：用砾石由下至上按粒径由细到粗排列，填充到沟内保护花管；用无纺土工布覆盖在花管的表面，起保护作用。

② 在沙砾排水层中铺设 HDPE 花管。这种方法的收集效果较好，而且施工相对简单，在进行防渗层施工时就可以进行铺设。由于花管所处的位置本身就在 PE 膜的保护层内，所以对 HDPE 花管的保护一般是采用无纺土工布包裹花管来实现的。

③ 在防渗层的保护层上直接铺设花管。一般需要做水泥基础层来固定花管。这种铺设方法的收集效果较差，但施工很方便，工程造价较低，一般用于小型的垃圾填埋处理场。

4. 渗滤液处理系统

（1）渗滤液来源

城市垃圾填埋场渗滤液的处理一直是填埋场设计、运行和管理中非常棘手的问题。主要来源有：

① 降水的渗入，降水包括降雨和降雪，它是渗滤液产生的主要来源；

② 外部地表水的渗入，包括地表径流和地表灌溉；

③ 地下水的渗入，这与渗滤液数量和性质，以及地下水同垃圾接触量、接触时间及流动方向等有关；当填埋场内渗滤液水位低于场外地下水水位，并没有设置防渗系统时，地下水就有可能渗入填埋场内；

④ 垃圾本身含有的水分，包括垃圾本身携带的水分以及从大气和雨水中的吸附量；

⑤ 覆盖材料中的水分，与覆盖材料的类型、来源以及季节有关；

⑥ 垃圾在降解过程中产生的水分，与垃圾组成、pH 值、温度和菌种等有关，垃圾中的有机组分在填埋场内分解时会产生水分。

（2）渗滤液有以下特点：有机污染物种类繁多，水质复杂；污染物浓度高和变化范围大；水质、水量变化大；重金属含量高；氨氮含量高；营养元素比例失调。另外，渗滤液在进行生物处理时会产生大量泡沫，不利于处理系统正常运行。

（3）渗滤液产生量估算

渗滤液产生量的计算比较复杂，目前国内外已提出多种方法，主要有水量平衡法、经验公式法和经验统计法三种。水量平衡法综合考虑产生渗滤液的各种影响因素，以水量平衡和损益原理而建立，该法准确但需要较多的基础数据，而我国现阶段相关资料不完整的情况限制了该法的应用。经验统计法是以相邻相似地区的实测渗滤液产生量为依据，推算出本地区的渗滤液产生量，该法不确定因素太多，计算的结果较粗糙，不能作为渗滤液计算的主要手段，通常仅用来作为参考。经验公式法的相关参数易于确定，计算结果准确，在工程中应用较广。其计算式为：

$$Q = \frac{I \ (C_1 A_1 + C_2 A_2)}{1000} \tag{2-1}$$

式中　Q——渗滤液年产生量，m^3/a；

I——降雨强度，mm；

C_1——正在填埋区渗出系数，一般取 $0.4 \sim 0.7$；

A_1——正在填埋区汇水面积，m^2；

C_2——已填埋区渗入系数，一般取 $0.2 \sim 0.4$；

A_2——已填埋区汇水面积，m^2。

（4）渗滤液处理技术

渗滤液的单独处理主要包括土地处理法、生物处理法和物理化学法。

① 土地处理法：土地处理法主要通过土壤颗粒过滤、离子交换吸附和沉淀等作用去除渗滤液中悬浮固体和溶解成分，通过土壤中的微生物作用使渗滤液中的有机物和氮发生转化，通过蒸发作用减少渗滤液量。目前用于渗滤液处理的土地处理法主要有回灌法和人工湿地处理法。

② 生物处理法：废水的生物处理主要包括好氧生物处理法、厌氧生物处理法和自然生物处理法。好氧生物处理法不仅可以有效降低 BOD_5、COD 和氨氮，还可以除去 Fe、Mn 等金属。应用好氧生物处理法处理垃圾渗滤液在国内外均有成功的经验。与好

氧生物处理法相比，厌氧生物处理法具有能耗少、操作简单、运行费用低、污泥产率低和能提高污水可生化性等优点，适用于处理有机物浓度高、可生化性差的垃圾渗滤液。自然生物处理法是指利用在自然条件下生长、繁殖的微生物处理废水的技术。其主要特征是工艺简单、建设与运行费用都比较低，但净化功能受自然条件的制约。

③ 物理化学法：对于老龄渗滤液，必须采用以物化为主的深度处理技术。物理化学法主要有活性炭吸附、化学沉淀、密度分离、化学氧化、化学还原、光电催化氧化、离子交换、膜过滤、汽提及湿式氧化法等多种方法，在 COD 为 2000～4000mg/L 时，物理化学方法的 COD 去除率可达 50％～87％。和生物处理法相比，物理化学处理法不受水质水量变动的影响，出水水质比较稳定，尤其是对 BOD_5/COD 介于 0.07～0.20之间，以及含有毒、有害的难以生化处理的渗滤液，有较好的处理效果。但由于物理化学法运行成本高，多用于对垃圾渗滤液进行预处理和深度处理。在水处理领域，混凝和吸附属常见工艺。

目前国内外渗滤液的处理工艺，总体上采用以生物处理法为主体工艺，物理化学法作为预处理工艺，土地处理法作为后处理工艺的系统，以 SBR 工艺较为常见。

④ SBR 工艺，也称序批式活性污泥法或间歇式活性污泥法，它是从 Fill & Draw反应器发展而来的。SBR 工艺流程如图 2-6 所示。

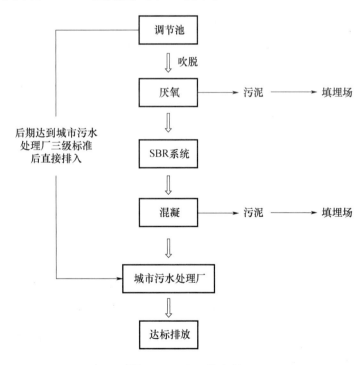

图 2-6　SBR 工艺流程

工作原理：SBR 技术采用时间分割的操作方式替代空间分割的操作方式，非稳定生化反应替代稳态生化反应，静置理想沉淀替代传统的动态沉淀。它的主要特征是运行上的有序和间歇操作。SBR 技术的核心是 SBR 反应池，该池集均化、初沉、生物降解、二沉等功能于一池，无污泥回流系统。

SBR 的污水处理机理与活性污泥法相同。SBR 是在单一的反应器内，按时间顺序进行进水、反应、沉淀、排水、闲置五个阶段的操作，从进水到待机为一个周期。这种周期周而复始，完成序批式处理。

5. 填埋气体收集系统

（1）垂直排放形式。

垂直式收集井是目前通常采用的收集形式。砌筑竖井通常设计为直径在 0.6～1.2m 之间，长 3m；井内为多孔管，直径在 150～200mm 之间。管材采用耐腐蚀的 HDPE 花管，其顶部用盖板密封。

对一些投资较低的填埋场也可以采用石笼排气法。石笼是制作一个圆形金属框架，在石笼中心位置竖 PE 花管，笼与管之间填充砾石。垂直式收集井的作用半径为 40～50m，井间距则在 80～100m。收集井的定位要使其影响区域相互交迭，如果竖井建在正六边形的角上，可以得到 100% 的交迭，其影响区域则可覆盖整个填埋场。

（2）自然排气法：在地平面的水平方向上设置间距不大于 50m 的垂直导气管，管口应高出场地表面 100cm 以上。采用火炬法点燃，高空处理。

（3）收集的废气如需回收利用，应设汇流中转器。它能单独有效地管理和控制该区域内的填埋场气体的收集。每个汇流中转器控制 5 个收集井，汇流 5 个收集井的气体直接输送至收集站，从而使整个收集系统更易控制和调节。各汇流中转器也可以是互相连通的，以便在事故或检修时互为备用。通常把汇流中转器设计成 8 个接插头，5 个作为填埋场气体入口，一个大的作为出口，一个与其他的汇流中转器相连，一个作为备用。

（4）收集管和输气管：为了区别，把收集井到汇流中转器之间的管道称为收集管，把汇流中转器到收集站之间的管道称为输气管。为减少阻力和各管道之间阻力不平衡的影响，气流速度采用低值。管径由流量和流速确定。

（五）填埋作业

1. 垃圾填埋的作业流程

垃圾填埋的作业流程如图 2-7 所示。

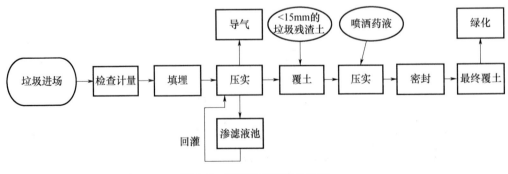

图 2-7　垃圾填埋的作业流程

2. 垃圾填埋入场要求

（1）可直接进入填埋场填埋处置的废物有：

① 由环境卫生机构收集或者自行收集的混合生活垃圾，以及企事业单位产生的办公废物；

② 生活垃圾焚烧炉渣（不包括焚烧飞灰）；

③ 生活垃圾堆肥处理产生的固态残余物；

④ 服装加工、食品加工以及其他城市生活服务行业产生的性质与生活垃圾相近的一般工业固体废物。

（2）感染性医疗废物，经过以下处理后可以进入填埋场填埋处置：

① 按照 HJ/T 228 要求进行破碎毁形和化学消毒处理，并满足消毒效果检验指标；

② 按照 HJ/T 229 要求进行破碎毁形和微波消毒处理，并满足消毒效果检验指标；

③ 按照 HJ/T 276 要求进行破碎毁形和高温蒸汽处理，并满足处理效果检验指标。

（3）生活垃圾焚烧飞灰和医疗废物焚烧残渣（包括飞灰、底渣）经处理后满足下列条件，可以进入填埋场填埋处置：

① 含水率小于 30%；

② 二噁英含量低于 $3\mu gTEQ/kg$；

③ 按照 HJ/T 300 制备的浸出液中危害成分浓度低于有关规定的限值。

（4）一般工业固体废物经处理后，按照 HJ/T 300 制备的浸出液中危害成分浓度低于相关规定的限值，可以进入生活垃圾填埋场填埋处置。

（5）经处理后满足 C 要求的生活垃圾焚烧飞灰和医疗废物焚烧残渣（包括飞灰、底渣）和满足 D 要求的一般工业固体废物在生活垃圾填埋场中应单独分区填埋。

3. 垃圾填埋的作业方法

填埋作业应按地形、地质情况采用一种或两种以上的作业法，包括平面作业法、斜坡作业法、沟填法等。

填埋应实行单元、分层作业，每一单元及作业平台的大小应按设计及现场设备、垃圾量、运输等实际条件而定。填埋作业应定点倾卸、摊铺、压实。应以一日为一小单元或每班次为一小单元，宜每日一覆盖。

作业单元应采用分层压实方法，垃圾压实密度应大于 $600kg/m^3$。

单元每层垃圾厚度依填埋作业设备的压实性能及垃圾的可压缩性确定，宜为 2～3m，最厚不得超过 6m。

每层垃圾压实后，应采用黏土或人工衬层材料进行覆盖，黏土覆盖层厚度应为 20～30cm。

（六）填埋场封场

填埋场填埋达到设计封场条件要求时，确需关闭的，必须经所在地县级以上地方人民政府环境保护、环境卫生行政主管部门核准、鉴定。

填埋场土地达到安全期后方能使用，在使用前必须做场地鉴定和使用规划。未经地质、建筑、环境专业技术鉴定之前，填埋场地严禁做永久性建（构）筑物用地。封场工作应按设计进行施工，并应在专业人员现场监督指导下进行。

填埋场最后封场应在填埋物上覆盖黏土或人工合成材料。黏土的渗透系数应小于 $1.0 \times 10^{-7} cm/s$，厚度为 $20 \sim 30cm$；其上再覆盖 $20 \sim 30cm$ 的自然土，并均匀压实。

填埋场封场后应覆盖植被，根据种植植物的根系深浅而确定。覆盖营养土层厚度，不应小于 $20cm$，总覆土应在 $80cm$ 以上。

填埋场封场应充分考虑堆体的稳定性和可操作性。封场坡度宜为 5%。封场应考虑地表水径流、排水防渗、覆盖层渗透性和填埋气体对覆盖层的顶托力等因素，使最终覆盖层安全长效。

基于生活垃圾的具体性质，填埋场封场后很长一段时间内仍有垃圾渗滤液及垃圾填埋气等污染物产生，如不加以妥善的导排处理则可能造成较大污染。同时，填埋场中有机垃圾的逐渐腐解，造成整个垃圾堆体的变形，须对堆体造型进行设计及跟踪监测。

垃圾填埋场封场覆盖层结构示意图如图 2-8 所示。

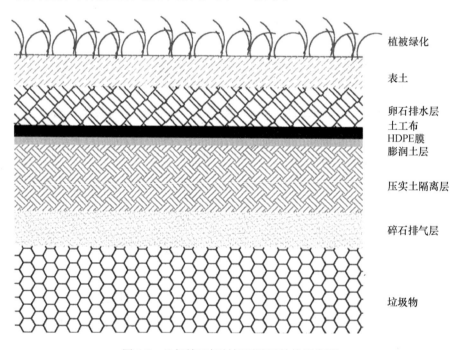

图 2-8 垃圾填埋场封场覆盖层结构示意图

（七）填埋场监测

垃圾填埋场的环境监测主要包括五个方面，分别是地下水环境监测、大气环境监测、噪声监测、沼气监测、污水监测。

四、陈腐垃圾治理

（一）陈腐垃圾降解

生活垃圾进入填埋场后的漫长时间里，将会逐渐发生复杂的物化反应和生物降解过程。垃圾在填埋数年后（中国南方高湿热地区历时 8～10 年，北方寒冷地区历时 10～15 年），垃圾中易降解物质完全或接近完全降解，表面沉降量非常小（一般小于 1mm/a），垃圾自然产生的渗滤液和气体量极少或不产生，垃圾中可生物降解物质的质量分数下降到 10% 以下，渗滤液中 COD 的质量浓度 ρ_{COD} 下降到 25mg/L 以下，此时的垃圾填埋场可以认为达到稳定化状态，所形成的垃圾被称为陈腐垃圾。

陈腐垃圾的组成和性能已与生活垃圾本体存在明显差异，此时的填埋垃圾可以认为基本上达到了无害化状态，可进行开采和资源化。

（二）国外陈腐垃圾开采

陈腐垃圾开采已经成为美国、欧盟国家和日本等国家的重要研究与实践领域。已经实施填埋场开采工程的国家主要有泰国、韩国和美国等，尤以美国的填埋场开采工程最多，例如佛罗里达州的 Collier 填埋场、Naples 填埋场，纽约 Edinburg 填埋场、Frey Farm 填埋场，马萨诸塞州的 Barre 填埋场，新罕布什尔州的 Bethlehem 填埋场以及纽约州爱丁堡填埋场等均有多年垃圾开采运行经验。

通过陈腐垃圾的开采和利用，并对完成开采后的堆场土地进行生态修复，不仅可以实现填埋场地的再生利用，而且可以进一步实现垃圾的资源化利用。

1. 陈腐垃圾填埋场开采流程

（1）研究现场情况：垃圾开采原则上应首先对场地进行勘探评估、前期研究和投资与效益可行性论证，工艺方案的选择需要垃圾基本特性如垃圾组分、含水率、有机质含量等数据，安全施工工艺、堆体开挖方案与填埋场稳定性紧密相关性进行调查研究，垃圾稳定化的参考标准是：表面沉降量小于 10mm/a，垃圾中有机质含量小于 10%，易降解物质完全或接近完全降解（BOD/COD<1）；垃圾自身几乎不产生渗滤液（COD<1500mg/L）和填埋气，垃圾无明显臭味。当垃圾的性状和垃圾渗滤液未达到上述标准时，对垃圾填埋场进行网格化，利用好氧生物反应器技术，通过向填埋区内增加空气含量使填埋层中部分处于好氧状态，垃圾中的易降解成分在好氧状态下加速降解，而分解速率慢的木质素等则与死亡微生物中的蛋白质等物质聚合为比较稳定的腐殖质，从而加快垃圾填埋场垃圾的快速稳定化。当垃圾堆体已经相对比较稳定，即可进入垃圾复用单元，进行挖掘开采。

（2）评估潜在效益：

① 经济效益分析

项目的实施，主要是环境效益和社会效益，经济效益低，主要是分选出来的金属和塑料回收、可热物焚烧发电等资源化收入。项目实施的潜在经济效益则是释放出来的土地的经济价值，其受当地社会经济的影响因素较多。

② 环境效益

a. 提升环境质量。彻底治理和修复垃圾堆体，解决恶臭、地下水污染、甲烷气无序排放等问题，使周围环境得以恢复。

b. 减少温室气体排放。每减少 1t 甲烷的排放，相当于减少 $25tCO_2$ 的排放。

c. 解决对地表水的污染。通过对垃圾填埋场的无害化治理，能确保填埋场附近地表水不再受影响，保护当地河海湖泊水系。

d. 促进填埋场的土壤修复。本项目不只是一项简单的垃圾治理工程，还是一项土壤修复工程；不只是治标，更是治本。修复后的简易填埋场将提升附近整体环境质量，促进填埋场的开发利用。

③ 社会效益

垃圾填埋场的治理及生态修复，有助于减少对周边居民的影响，有利于释放土地，解决垃圾处理场选址难的问题。

（3）项目工程设计概要

工程设计内容组成如下：

① 工程总图布置；

② 填埋垃圾无害化处理设备选型及布置，挖掘筛分后生活垃圾处理系统等；

③ 垃圾无害化处理工程建筑、结构、电气、给排水及暖通专业设计。

（4）所需设备、设施

① 基础设施的建设，如开采、运输设备的进出道路、给水排水、电力、通信等。

② 开采垃圾的堆放场、分选场等。

③ 开采（钻机、挖机、抓斗机、压实机）、运输（装载斗车、卡车）、分选设备（破碎、分选、烘干等）、准备设施（渗滤液收集、废气搜集处理、气体注入等），可采用购买或租用方式。

④ 填埋场开采工程中所需要的安全装备，包括标准安全装备，如安全帽、防护鞋、防护眼镜或面罩、防护手套和耳塞；特殊安全装备，如化学防护服、呼吸保护装备；检测设备，如燃气检测仪、硫化氢检测仪和氧分析仪。

2. 陈腐垃圾填埋场开采工艺单元

（1）勘探单元

对垃圾填埋场进行打井勘探，测定垃圾堆体中腐殖质含量、水分等参数，并采集填埋体中土壤和渗滤液，分别测定土壤中有机质含量、土性等，渗滤液 COD、BOD 指标，还需抽取沼气，检测其中 CH_4 浓度。这些指标参数测定后，确定垃圾填埋场所处的演变阶段。

（2）场地平整和覆膜单元

针对不规范的垃圾填埋场，许多堆放场的边坡还很陡，需平整出一定坡度的斜坡。

并对垃圾场进行压实处理，使其平整。

然后对每个区域进行网格划分，并对每个网格进行编号。完成网格区划布管后，采用高密度聚乙烯（HDPE）土工膜进行覆盖。覆盖 HDPE 膜后，应及时把膜下积聚气体抽出净化后利用。

（3）好氧稳定化单元

通过对整个垃圾填埋场进行分区（如填埋区作业区、好氧作业区），以实现好氧曝气和挖掘筛分的同步进行。

① 打井：根据覆盖面积，横向、纵向分布间隔 20m 布设一个注气（抽气）井，井径为 500mm，中心设置直径 200mm 的 HDPE 注气（抽气）管。由于注气（抽气）井数量多，布置分散，为了调节方便，将若干个井连接至一个注气（抽气）站内。每个井对应一个支管，每个支管上安装阀门、压力计和气体取样口，在一个注气（抽气）站内调节若干个注气（抽气）井。

② 注气和抽气：注气和抽气系统由计算机程序控制，通过防爆罗茨风机和管道实现。注气井和抽气井按照一定的比例间隔布置，注气井内为正压、抽气井内为负压。通过注气干管和多级注气支管将罗茨风机提供的空气送入各注气井中。空气经由注气井上的气孔渗入垃圾堆体。在一定的湿度、温度、空气浓度条件和微生物作用下，垃圾堆体中的有机质发生好氧反应。好氧反应后产生的废气经过抽气系统连接至填埋场的废气净化系统，经处理后达标排放。

③ 在线检测：中央控制器对垃圾气体控制器、垃圾温度传感器和垃圾湿度传感器的检测信号进行运算，并与对应参数的设定值进行比较，对垃圾气体控制器发出控制信号，控制注气泵或抽气泵的启动与停止，从而控制垃圾场内垃圾深层的空气含量。

（4）分区挖掘筛分单元

垃圾经稳定化后，垃圾中除玻璃、金属、橡胶等一些无机或有机难降解物质外，垃圾中的纤维素、半纤维素类物质几近完全降解，使垃圾变为一种类似腐殖质的颗粒状土壤物质。

经过挖掘筛分后，垃圾中金属、玻璃等不能降解的物质可以回收，实现资源的再利用；纸塑、橡胶进行热解处理；有机质含量高的可以作为腐殖土；剩余的渣土可用来作垃圾填埋场回填修复用土，以节省修复费用。

① 挖掘：先用挖掘机将垃圾堆放场中稳定化的垃圾挖出来，再由自卸卡车导送至资源化利用区域。如果挖掘区域地下水位较高，底部淤泥稀软，不利于开挖机械和运输机械在其上面行走，可以利用履带行走方式的挖掘机开采，停机面就设在垃圾层上。

② 筛分：由铲车将稳定化的垃圾放入破碎机破碎，使垃圾成散状，通过皮带将散状垃圾进行磁分选，把垃圾里的金属部分分选出来。磁选后，垃圾通过传输皮带机进入滚筒筛，分选出筛上物和筛下物。滚筒筛筛下物进入圆盘筛，滚筒筛筛上物进入风

选机。

（5）渗滤液收集处理系统

垃圾填埋区渗滤液通过集中收集后，送至附近污水处理厂进行处理。

在垃圾填埋场多个垃圾底部较低的位置分别设置集水井（直径约 2m），井底高度为垃圾底部最低处以下 1m 处。井的内层采用钢丝网，钢丝网外层为一层带孔的砖砌结构，砖砌结构的外层填一层鹅卵石。集水井之间通过管道连通，收集起来的污水通过污水泵和管道送至污水处理厂。

如果生活垃圾填埋时间较长，已经基本矿化，则不存在渗滤液问题。

（6）臭气控制单元

根据臭气的源头不同，采用不同的臭气处理和控制方式。

① 由抽气系统集中收集的好氧废气体经除尘、生物除臭和光解除臭后达标排放。

② 挖掘筛分区域的除臭采用植物液高压喷雾的方式，在地面 6m 高处每隔 2m 安装 1 个雾化喷头，安装 4 排，除臭主机为全自动高压超微雾化设备。确保挖掘筛分区域臭气不向外扩散。

通过臭气控制单元，确保垃圾填埋场在治理和生态修复过程中不对填埋场附近区域排放臭气造成污染。

（三）国内陈腐垃圾开采

北京较早开始了陈腐垃圾的治理工作，主要地点在北京市丰台区北天堂垃圾填埋场。

陈腐垃圾开挖及预处理的工作流程如图 2-9 所示。

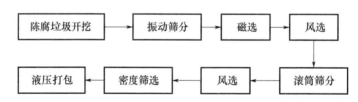

图 2-9　陈腐垃圾开挖及预处理的工作流程

经过图 2-9 的开挖及预处理后，可以得到 50%～60% 的腐殖质类有机细料、40%～50% 的可回收利用的物品（塑料、玻璃、金属等）。有机细料可以用于处理有机废水（包括填埋场渗滤液），也可以作为园林绿化的有机肥料，这在当前大规模绿化运动中是很有意义的。可回收物品经适当处理后可以进行焚烧再利用，经济与社会效益相当明显。

五、垃圾填埋应用案例

（一）广州大田山垃圾填埋场

广州大田山垃圾填埋场占地 160008m²，最大填埋容积 180 万 m³。垃圾单位消纳量的建设总投资及其中的基础设施的工程投资分别为 12.0 元/t 和 6 元/t，1989 年年底基本建成投入使用。每天进场垃圾 1000～1200t，约占广州市每天垃圾产量的 42%。

填埋场采用分区分块堆置法卫生填埋。其填埋的作业工程主要包括运、卸、推平铺匀和碾压。垃圾运进场后，按预先划好的区、块卸下，用推土机推平摊铺均匀，每次堆置推平后的垃圾层厚度为 0.6～0.7m，再用垃圾压实机械或履带式推土机反复压实，压实密度要求不小于 0.8t/m³。再按此程序在上面填埋第二层、第三层……，在垃圾填埋层厚度达 2.0～2.5m 后，立即覆盖 0.2m 厚的黏土并予压实。每个填埋块的大小以 2～3 天的垃圾量来划分为宜，以便能及时覆土，减少垃圾的裸露时间，减少对环境的污染。填埋到最终顶面标高时，覆盖封顶的黏土厚 0.5～0.7m，再加 0.2～0.3m 的耕植土，并做成中间高四面低的坡状，压实后进行植被绿化，保护坡面。

填埋作业的机械设备有：推土机、垃圾压实机、装载机、挖掘机、自卸载重汽车。

广州大田山垃圾填埋场已经封场。

（二）杭州天子岭垃圾填埋场

杭州天子岭垃圾填埋场有效库容 540 万 m³，设计使用年限 13 年。填埋场每吨垃圾基建费用为 4.8 元，运营费用暂不确定，1991 年一期工程投入使用。

填埋场采用斜坡作业法，垃圾按单元分层填埋。填埋单元按 1～2 天的垃圾填埋量划分，冬季可延长到 5～7 天。每单元厚 2.5m，长约 50m。分 4～5 层碾压，每层需铺垃圾约 0.8m 厚，压实后厚度 0.5～0.6m。在每单元 2.5m 厚度中压实垃圾约占 2.3m，覆盖黏土约占 0.2m。由于现场实际操作很严格，需要准确地掌握厚度，覆盖土只能是近似地占总体积的 1/10 左右。覆土分三级覆盖，小分层原则上每天覆盖厚度约 0.2m，大分层中间覆盖厚度约 0.4m，终场覆盖厚度约 0.8m。填埋场使用初期，覆土可就地采用第四季表层土，这样一方面可缓解大量覆土的土源问题，同时可以增大库容，后期覆土需场外取得，则在管理站需设专用覆土备料场。

（三）包头青山垃圾填埋场

包头青山垃圾填埋场占地总面积 411866.7m²，垃圾日处理能力 210t，总库容 1987800t，设计使用年限 20 年，建场总投资 300 万元，垃圾处置费用为 2.84 元/m³。1990 年 7 月竣工并投入运行。

每年的 6 月 15 日至 10 月 15 日采用好氧填埋方式。填埋操作分区进行，每个作业区有填埋单元 120 个，备有三套通风系统。每日填埋垃圾占地一个单元（18m²），每单元填至规定标高后，顶部覆土 10cm，待 10～20 天垃圾堆体沉降后，再做 50cm 的最终覆盖并压实，同时整修场顶，使中间区域比填埋边缘高出 1m，形成缓坡，利用场地四周设置的明渠排泄雨水径流。此好氧填埋技术适宜在少雨、干旱、垃圾水分含量低的地区推广使用。

10 月 16 日至次年 6 月 14 日采用厌氧填埋。将场地铺设 30cm 厚度的黏土压实后即可利用。每填埋 1m 高垃圾即进行一次压实覆盖（覆土 10cm）。如此循环至要求标高，再在顶部进行一次性最终覆盖（覆土 100cm）。

填埋场配备压实机、装载机、推土机、运输车、消洒车、风机、防护网、通风管道、自动计量地上衡等设备。

（四）上海老港垃圾填埋场

垃圾填埋场面积 260 万 m^2，围堤顶面以下总容积为 1200 万 m^3，建设总投资 10494 万元，单位消纳量总成本 13.01 元/m^3。使用年限 18 年，1990 年一期工程投入使用。

采用分层压实终面覆土填埋。处置能力为 109.6 万 m^3，日均垃圾处置量为 3000m^3。

生产用工程机械主要有：JN612-8T 黄河牌底盘改装的垃圾输送自卸车 46 辆、上海-120A 型推土机 7 台、YZT8Q 垃圾场专用压实机 1 台、WY100 挖掘机 2 台、Z2-130 装载机 3 台、CA141 喷药车 1 辆等。

目前，该场经过一、二、三期工程建设，已从日填埋生活垃圾 3000m^3 发展到 9000m^3，填埋总面积超过 333.3hm^2，现已填埋 180hm^2，填埋时间超过 3 年的约 133.3hm^2。

第二节　垃圾堆肥处理

一、垃圾堆肥相关标准规范

垃圾堆肥相关的规范和标准有：

（1）《生活垃圾堆肥处理厂运行维护技术规程》（CJJ 86—2014）；

（2）《树枝粉碎堆肥技术规范》（DB 440300/T 38—2009）（深圳市农业地方标准）；

（3）《生活垃圾堆肥处理工程项目建设标准》（建标 141—2010）；

（4）《生物有机肥》（NY 884—2012）；

（5）《菜田有机废弃物无害化处理技术规范》（DB11/T 888—2012）（北京市地方标准）；

（6）《生活垃圾堆肥厂运行管理规范》（DB11/T 272—2014）（北京市地方标准）；

（7）《生活垃圾堆肥处理技术规范》（CJJ 52—2014）。

二、垃圾堆肥分类

（一）垃圾堆肥的定义

堆肥化：在控制条件下，利用自然界广泛分布的细菌、放线菌、真菌等微生物，使可被生物降解的有机物转化为稳定的腐殖质的生物化学过程。堆肥化处理因具有经济、实用、不需要外加能源、无二次污染等优点，近年已成为世界各国资源、环保领域的一个研究热点。

堆肥化的产物称为堆肥。它是一种深褐色、质地疏松、有泥土气味的物质，类似于腐殖质土壤，故也称为"腐殖土"。它是一种具有一定肥效的土壤改良剂和调节剂。

根据堆制过程的需氧程度，可以把堆肥分为：

（1）好氧堆肥：通常好氧堆肥堆温高，一般在 $55\sim60℃$，极限可达 $80\sim90℃$，堆制周期短，所以也称为高温堆肥。

（2）厌氧堆肥：通气条件差、氧气不足的条件下借助厌氧微生物的发酵堆肥。周期长，为 $3\sim12$ 个月。厌氧堆肥也称为厌氧发酵。

本书中的堆肥主要是指好氧堆肥。

（二）好氧堆肥原理

好氧堆肥的本质就是在好气条件下群落结构演替非常迅速的多个微生物群体共同作用而实现的动态过程。

在通风有氧的情况下，好氧微生物利用秸秆、垃圾、粪便、污泥等堆肥物料，通过自身的分解代谢和合成代谢过程，将一部分有机物分解氧化成简单的无机物，从中获得微生物新陈代谢所需要的能量，同时将一部分的有机物转化合成新的细胞物质，使微生物生长繁殖，产生更多的生物体。好氧堆肥的养分损失少，质量高，易于被作物吸收，同时，释放的热能能有效杀灭病原菌和杂草种子，减轻病虫害对作物的危害，使有机物达到稳定化。由于具有堆肥周期短、无害化程度高、卫生条件好、易于机械化操作等优点，好氧堆肥在有关污泥、城市垃圾、畜禽粪便和农业秸秆等堆肥中被广泛采用。由于好氧堆肥可以最大限度地杀灭病原菌，同时对有机物的降解速度快，是处理有机固体废物最常用的方法，也是发展最快的技术。

好氧堆肥工艺原理如图 2-10 所示。

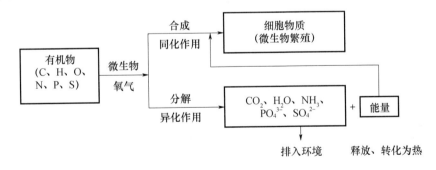

图 2-10　好氧堆肥工艺原理

（三）堆肥技术分类

传统的堆肥技术分为动态堆肥和静态堆肥，种类有很多，如隧道式、烟道式、塔式、槽式、滚筒式、堆垛式等。目前有多种分类方式并用的形式描述堆肥工艺，如高温好氧静态堆肥、高温好氧连续式动态堆肥、高温好氧间歇式动态堆肥等。国外用较为直观的分类方法，即按照堆肥技术的复杂程度，将堆肥系统分为条垛式堆肥系统、通风静态垛系统、发酵仓系统（或反应器系统）等。

（1）条垛式堆肥系统

条垛式堆肥是将混合好的固体废物堆成条垛，在好氧状态下进行分解。采用机械或人工翻堆，保持好氧状态。条垛堆肥的堆体规模要适当。堆体太小，则保温性差，易受气候影响，尤其在雨天和冬季的时候；与大堆体相比，处理等量的废物，所需土地面积更大。堆体太大，易在堆体中心发生厌氧发酵，产生强烈臭味，影响周围环境。条垛式堆肥系统的堆体适宜规模参数为：底宽 2～6m，高 1～3m，长度不限。最常见的料堆尺寸为底宽 3～5m、高 2～3m，其横截面大多呈三角形。

条垛式堆肥示意图如图 2-11 所示。

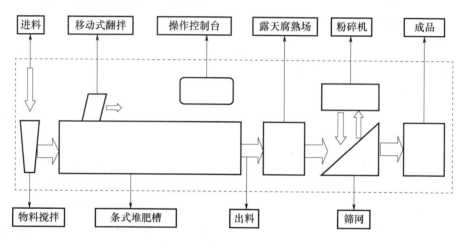

图 2-11　条垛式堆肥示意图

（2）通风静态垛系统

通风静态垛是在条垛式堆肥基础上增加通风系统而得到的。通风静态垛系统与条垛式堆肥系统的不同之处在于：堆肥过程中前者的料堆静止不动，通过强制通风方式给堆体供氧，后者的堆体需定期翻动，从而达到通风供氧的目的。在通风静态垛堆肥中，通气系统包括一系列管路，它们位于堆体下部，与鼓风机连接。在这些管路上铺一层木屑或者其他填充料，可以起到缓冲作用，使通气更均匀。通风系统之上堆放堆肥物料构成堆体，在最外层覆盖上过筛或未过筛的堆肥产品进行隔热保温。

对于强制通风静态垛系统，通风系统是决定其能否正常运行的重要因素，也是温度控制的主要手段。在堆肥过程中，通风不仅为微生物分解有机物提供氧气，同时也去除二氧化碳和氨气等气体、散热并蒸发水分。水分蒸发是散热的主要途径。根据通风需求和堆料组成，大部分堆料所需氧的理论值是 $1.2～2.0gO^2/gBVS$（biodegradable volatile solids，生物挥发性固体）。通风速率可分为最小、平均和最高速率。最高通风速率通常是平均通风速率的 4～6 倍，其对间歇堆肥过程的影响大于对连续堆肥过程的影响。

通风静态垛示意图如图 2-12 所示。

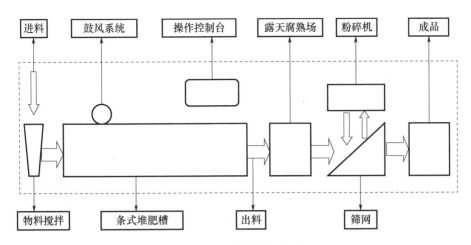

图 2-12 通风静态垛示意图

（3）发酵仓系统

发酵仓堆肥是使物料在部分或全部封闭的容器内，控制通气和水分条件，使物料进行生物降解和转化的堆肥方法（Haug，1993；陈世和，1994）。发酵仓系统与其他两类系统的根本区别在于：在一个或几个容器内进行，机械化和自动化程度较高。堆肥基本步骤与上述两类系统类似。作为反应器堆肥，堆肥的整个工艺要能够实现机械化大生产。

发酵仓示意图如图 2-13 所示。

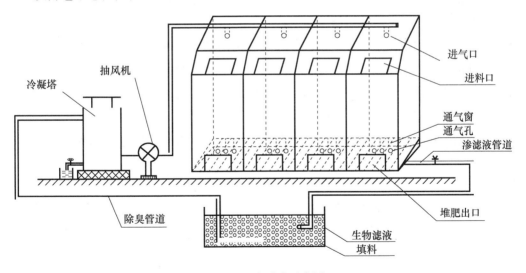

图 2-13 发酵仓示意图

三、垃圾堆肥厂建设

（一）垃圾堆肥厂选址

垃圾堆肥厂的选址原则如下：

（1）远离人群居住地区和环境敏感地区；

（2）交通便捷，水力供应和电力供应方便，节省建设费用；

（3）在城市或村庄的下风向。

（二）垃圾堆肥厂设计

堆肥厂工程设计内容主要包括：规模确定、工艺选择、辅助系统等。此处介绍后两者

（1）工艺选择。

在生产实际应用中，应用最广泛的好氧堆肥系统有两类：一个是强制通风静态垛系统；另一个是发酵仓系统。其中，强制通风静态垛系统是通过风机和埋在地下的通风管道进行强制通风供氧的系统。对于强制通风静态垛系统，通风系统决定其能否正常运行，也是温度控制的主要手段。

发酵仓系统有很多分类方法，美国环保局（USEPA）把发酵仓系统分为推流式（plug flow）和动态混合式（dynamic）。在推流式系统中，系统是按入口进料、出口出料的原则工作的，每个物料颗粒在发酵仓中的停留时间是相同的。在动态混合式系统中，堆肥物料在堆肥过程中被搅拌机械不停地搅拌至均匀。

在美国 1993 年的普查中，全国 321 个堆肥厂中有 136 个强制通风静态垛系统．占总量的 42.3%。1993 年比 1992 年增加了 31 个堆肥厂，其中 15 个为强制通风静态垛系统，占总增长量的 48.4%。操作运行费用低是通气静态垛系统被选择的主要原因。目前世界上最大的污泥堆肥厂——美国的污泥处理中心 SPDC，是强制通风静态垛系统（Beltsville 方式）。

连续封闭发酵仓系统是目前国际上较为先进的堆肥处理系统，其连续发酵工艺在日本、韩国以及欧美一些国家普遍使用。这种系统采用机械方式进料、通风和排料，具有自动化程度高、周期短、日处理量较大、处理后的堆肥质量稳定，以及能有效控制臭气和其他环境污染因素等优点。

（2）辅助系统包括储存库、堆肥车间通风系统、渗滤液收集与处理系统、臭气收集与处理系统、成品库等。

① 储存库

垃圾经过计量后运至卸料仓卸料。

一般设计存料区的储存能力为 3 天的垃圾量。存料区容积＝每天进厂车次×每车容积×3（m³）。

卸料仓一般由垃圾车辆卸料地台、封闭门、滑槽、固体废物储存坑等组成。固体废物贮存坑设置在半地下，采用钢筋混凝土制造，要求耐压防水并能够承受起重机的冲击。坑底部分横截面为梯形，坡度为 1/3~1/2，按照地形设计斜面高差，并设置集水沟，排出固体废弃物堆积过程中产生的渗滤液。此外，为方便在必须情况下工作人员进入仓内进行清理和排除故障，还需设置一定的通风口与风机、管道、除臭装置组成除臭换气系统，且在卸料台处需配置除臭除尘的装置，防止垃圾车倒料时产生的扬

尘和恶臭气体。

② 堆肥车间通风系统

微生物发酵过程中，通风具有不同的作用与目的。发酵初期通风是提供氧气；发酵中期通风起供氧、散热冷却作用，冷却散热可通过装置向外排风时带走水分实现，从而控制堆体的适宜温度；发酵后期通风的目的在于降低堆肥的含水率，通过增加通风次数和延长通风时间实现。因此，堆肥过程中的通风主要从供氧、散热冷却两个方面进行考虑。

a. 供氧所需通风量

在发酵周期中，微生物的种类、繁殖速度和代谢快慢程度不同，耗氧速率也不一样。为了满足发酵过程中最大需氧量，根据单位时间、单位体积耗氧量经验值〔一般为 $0.05\sim0.20\mathrm{m}^3/(\mathrm{m}^3\cdot\mathrm{min})$〕求供氧所需的风量，见式（2-2）。

$$Q=unqV \tag{2-2}$$

式中　Q——供氧所需的风量，$\mathrm{m}^3/\mathrm{min}$；

　　　u——发酵仓充满系数，0.75；

　　　n——堆体个数；

　　　q——单位时间、单位体积耗氧量经验值，$0.1\mathrm{m}^3/(\mathrm{m}^3\cdot\mathrm{min})$；

　　　V——单个堆体的体积，m^3。

b. 冷却通风所需空气量

由热力学第一定律可知，在一个平衡系统内能量的输入与输出是守恒的。在垃圾堆肥化的实际应用工程中，当温度上升到超过适宜温度后必须对堆体进行冷却通风。考虑到发酵装置的保温性能较好时，发酵装置内堆肥过程中的生化反应产生的反应热 q 主要来源于装置内气体升温吸热 q_a 和水蒸发吸收的热量 q_w。

$$q=q_\mathrm{a}+q_\mathrm{w} \tag{2-3}$$

据资料显示，当强制通风的风量是为系统散热以达到适宜的发酵温度时，其所需的通风量是有机物分解所需空气量的 9 倍，即用于冷却的风量需求要远远大于供氧所需求的风量，因此选择风机时只需考虑冷却所需的通风量即可。

工程当中常采用负压抽风或正压鼓风的供风方式作为通风方式。堆肥中，以正压鼓风的供风方式为主，其优点为供风均匀，有利于垃圾物料中气孔的形成，使得物料保持蓬松状，供风管道不易堵塞，能有效散热和去除水分，效率要比负压抽风的供风方式高 1/3。

③ 渗滤液收集与处理系统

堆肥过程中的废水主要来源于微生物分解有机物产生的水分以及垃圾本身的水分。堆肥厂堆肥过程中产生的废水一部分在堆肥时回喷，用以补充堆体水分；多余的废水则排到渗滤液处理池中进行处理，达标后排放。

污水的处理工艺采用水解—二段接触氧化工艺，成本较低，效果好，可以解决污水处理问题，出水达标排放。其工艺如图 2-14 所示。

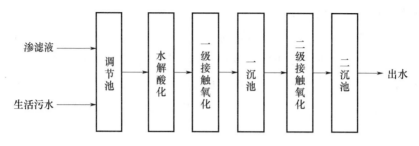

图 2-14　堆肥渗滤液处理工艺

④ 臭气收集与处理系统

垃圾在堆放过程中会腐烂变质，分解后会散发难闻臭味，且臭气成分复杂，不免会产生一些可燃性气体，为避免发生火灾等危害，必须对堆肥厂臭气进行合理处理。

a. 臭气处理工艺对比见表 2-2。

表 2-2　臭气处理工艺对比

工艺名称	适用范围	优点	缺点	去除效果
活性炭吸附	低浓度臭气处理	初期投资较低，运行维护简单	活性炭易饱和，需再生或更换，所以后续运行费用较高。易产生二次污染	只是对臭气进行转移
湿式化学吸收	排放量大、高浓度臭气处理	反应快、运行可靠	配置附属设施较多、运行管理较复杂、运行费用高	对单一成分臭气处理效果较好
植物液分解	开放环境中、低浓度臭气处理	初期投资极低，运行维护简单	运行费用较高，不能较好地解决冬季结冰问题	适用于不能完全收集的开放空间或作应急使用。对中、低浓度臭气去除效果较明显
土壤法	适用于臭气浓度低且地较充裕的地方	设备简单，运行费用极低，维护操作方便	占地面积较大、对高浓度和浓度变化较大的臭气处理效率有限	对低浓度难溶性臭气处理效果较好
生物法	适用于各类恶臭气体处理	总投资和运行费用较低，基本无二次污染	对温度、湿度、pH 值等过程参数控制要求较高	对含 N、S 成分的臭气处理效率较高
等离子	适用于各类恶臭气体处理	成套设备，维护操作方便	一次性投资较大、对高浓度和浓度变化较大的臭气处理效率有限	对低浓度臭气处理效果较好

b. 生物除臭法

垃圾堆肥厂多采用生物法除臭。

生物滤池除臭是目前研究最多、技术成熟、在实际中也最常用的一种处理恶臭气体的方法。其处理流程是含恶臭物质的气体经过去尘增湿或降温等预处理工艺后，从滤床底部由下往上穿过滤床，通过滤床时恶臭物质从气相转移至水-微生物混合相（生物层），由附着生长在滤料上的微生物的代谢作用而被分解掉。这一方法主要是利用微生物的生物化学作用使污染物分解，转化为无害的物质。微生物利用有机物作为其生长繁殖所需的基质，通过不同的转化途径，将大分子或结构复杂的有机物经异化作用最终氧化分解为简单的水、二氧化碳等无机物，同时经同化作用并利用异化作用过程中所产生的能量，使微生物的生物体得到增长繁殖，为进一步发挥其对有机物的处理能力创造有利的条件。污染物去除的实质是有机物作为营养物质被微生物吸收、代谢及利用。这一过程是物理、化学、物理化学以及生物化学所组成的一个复杂过程。

生物除臭的工作原理如图 2-15 所示。

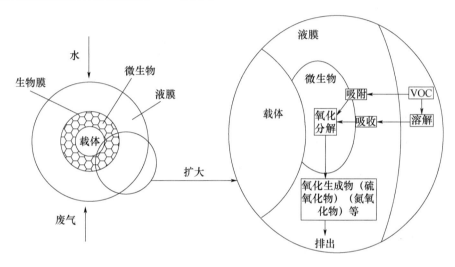

图 2-15　生物除臭工作原理

生物填料是生物法处理废气工艺中的核心部件，一种好的填料必须满足允许生长多种微生物，提供微生物生长的表面积大，营养充分合理或允许营养物质附着其上，吸水性好，吸附性好，结构均匀，孔隙率大，自身气味小，腐烂慢。单一组分的填料一般只能满足上述部分要求，提供合理搭配或特殊制造后，可以获得性能优异的生物填料。可采用树皮、木屑和聚氨酯泡沫按一定比例混合搭配且分层堆码的安装方式，充分利用各自的优点，避免缺点。

c. 垃圾堆肥厂也可采用其他方法除臭，如植物液吸收法、高能离子法等。

植物液吸收法：植物除臭液通过专用设备使植物液形成雾状，在微小的液滴表面形成极大的表面能。液滴在空间扩散的半径≤0.04mm。液滴有很大的比表面积，形成巨大的表面能，能有效地吸附空气中的异味分子，同时也能使吸附的异味分子立体结构发生改变，变得不稳定，此时，溶液中的有效分子可以向臭气分子提供电子，与臭气分子发生氧化还原反应，同时，吸附在液滴表面的臭气分子也能与空气中的氧气发生反应。经过植物作用，臭气分子将生成无毒无味的分子，如水、无机盐等，从而消除臭气。

高能离子法：指共振量子协同技术，其核心原理是"基于低功率光诱发的分子快速反应"。该技术由两个基本单元组成，每个单元本身已经具有相当的除臭与氧化能力。同时，当两个单元以某种方式耦合，且耦合方式符合共振条件时，会发生协同作用，使得性能效果得到极大提高。实验证明，一般可得到几万倍到几十万倍的效果。

（三）工程建设

垃圾堆肥厂建设工程由主体工程与设备、配套工程和生产管理与生活服务设施等构成。

（1）主体工程与设备主要包括：场区道路，主发酵车间，后熟化区域，通风工程，渗滤液收集、处理和排放工程，臭气导出、收集及处理工程，计量设施，成品储存设施等。

（2）配套工程主要包括：进场道路（码头）、机械维修、供配电、给排水、消防、通信、监测化验、加油、冲洗和洒水等设施。

（3）生产管理与生活服务设施主要包括办公、宿舍、食堂、浴室等设施。

（四）堆肥作业

（1）垃圾堆肥的作业流程

垃圾堆肥的作业流程如图2-16所示。

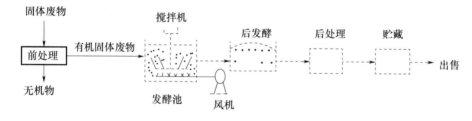

图 2-16　垃圾堆肥的作业流程

堆肥过程主要分为前处理、一次发酵、二次发酵、后处理四个过程。

① 前处理

目的：调整含水率、粒径大小和碳氮比，也可添加菌种以促进发酵过程快速进行。

方法：采用破碎、筛分等方法，去除大件垃圾，降低物料的粒径和密度，调整物料与空气的接触面积，有利于好氧发酵。

② 堆肥（一次发酵）

目的：使挥发性物质降低，臭气减少，杀灭寄生虫卵和病原微生物，使含水率降低，变得疏松、分散，便于储存和使用。

方法：在微氧条件下，好氧细菌对垃圾中的有机物进行吸收、氧化、分解，并通过高温（>55℃）杀灭病原菌。

③ 陈化（二次发酵）

目的：发酵后的垃圾尚未达到腐熟，需要继续进行陈化。陈化的目的是将垃圾中剩余有机物进一步分解、稳定、干燥，以满足后续制肥工艺的要求。

方法：陈化可采用自然堆放的方式，不需要强制通风供氧。陈化过程中堆肥温度逐渐下降，陈化后的垃圾含水率可降低至 40％以下，呈深棕色。

④ 后处理（制肥）

目的：堆肥产品还要根据用途和市场需要进行干燥加工，如制有机肥或有机无机复混肥。

方法：直接将腐熟堆肥进行粉碎、造粒、烘干冷却、筛分分级后包装，作为有机肥销售，用于农田、菜园、果园或作土壤改良剂；或再添加氮磷钾等化肥生产有机无机复混肥。

（2）垃圾堆肥的入场要求

适合于堆肥的垃圾的有机物含量应在 40％～80％之间。堆肥化过程中，C/N 不仅是影响发酵时间的主要因素之一，还对堆肥制品的质量有一定决定性意义。若 C/N 过高，这种堆肥施入土壤后，将夺取土壤中的氮素，引起土壤"氮饥饿"，影响作物生长；若 C/N 过低，可供消耗的氮素少，氮素养料相对过剩，超过微生物所需要的氮，细菌就会将其转化为氨态氮而挥发掉，导致氮元素大量损失而降低肥效。根据北京市垃圾渣土管理处下发的《生活垃圾堆肥厂运行管理规范》中的要求，适于堆肥的垃圾的 C/N 应为 20～30。在堆肥过程中，微生物体内水及流动状态水是其进行生化反应的介质，微生物只能摄取其生存必需的溶解性养料，水分是否适宜直接影响堆肥发酵速度和腐熟程度，所以含水率是好氧堆肥化的关键因素之一。若生活垃圾的含水率过高，堆肥物质的粒子间充满水，空气难以进入，容易造成厌氧状态，不利于好氧微生物繁殖且会产生 H_2S 等恶臭气体；若垃圾的含水率过低，对好氧微生物的繁殖会产生抑制作用，堆肥物质难以分解。李国学等人认为，在有机物堆肥的影响因素中，按质量计算，50％～60％的含水率最利于微生物分解。pH 值对微生物的生长也是重要影响因素之一，一般微生物生长最适宜的 pH 值是中性或弱碱性，太高或太低都会使堆肥处理遇到困难，影响堆肥效率，一般认为 pH 值在 7.5～8.5 时，可获得最大的堆肥效率。

（五）堆肥产品指标

堆肥的最后产物应该是不含致病菌和异味气体的稳定腐殖质。对于静态好氧堆肥而言，堆体温度在 55℃以上的持续时间应为 3d 或更长，以便杀灭致病菌。但是由于存在温度梯度和水分梯度，堆体中物料的腐熟度和稳定性会存在一定差异。同时，温度梯度又使各层处于不同的温度之下，从而致病菌的杀灭程度也会不同。所以，底物必须进行必要的混合，确保所有的物料都经历高温阶段的处理。

堆肥产品的生物稳定性通常用耗氧速率这一指标来反映。堆体中的水分梯度会影响其生物稳定性。在干燥速率大于降解速率的位置，降解受到水分可利用性的限制，降解和稳定过程就容易进行得不彻底。堆肥物料的降解速率受堆肥过程中温度、氧浓度、水分、营养及其他因素的影响而变化。如果这些影响因素随空间位置变化，在堆体内就会造成降解的不均匀性。

（1）表观经验指标

好氧堆肥后期温度自然降低，不再吸引蚊蝇，不会有令人讨厌的臭味；由于真菌的生长，堆肥出现白色或灰白色，堆肥产品呈现疏松的团粒结构等。但这些表观指标只是经验的定性总结，难以进行定量分析。

（2）化学指标

常见的表征堆肥产品的化学指标包括：pH 值、电导率、E_4/E_6、固相 C/N 等。

pH 值可以作为评价堆肥腐熟度的一个指标。一般认为 pH 值在 7.5～8.5 时可获得最大堆肥速率。腐熟的堆肥一般呈弱碱性，pH 值在 8～9，但因原料和堆肥条件的影响而变化很大。

电导率反映了堆肥浸体液中的离子浓度，即可溶性盐的含量。堆肥中的可溶性盐是堆肥对作物产生毒害作用的重要因素之一，主要由有机酸盐类和无机盐等组成。鲍士旦等根据土壤浸出液的电导率与盐分含量和作物生长的关系，得出抑制作物生长的限定电导率值为 $0.4 \times 10^4 \mu S/cm$。

堆肥腐殖酸在 465nm 和 665nm 的吸光度的比值，称为 E_4/E_6。E_4/E_6 与腐殖酸分子数量无关，而与腐殖酸的分子大小或分子的缩合度大小有直接的关系，通常随腐殖酸分子量的增加或缩合度增大而减小，因此 E_4/E_6 可以用来作为堆肥腐殖化作用大小的重要指标。

在垃圾堆肥过程中，随着 NH_3 的挥发和微生物的固定作用，NH_4^+-N 的含量不断下降；新鲜垃圾里几乎不含水溶性 NO_3-N，随着堆肥的进行，硝化作用增强，大量的 NH_4^+-N 转化为 NO_3-N，NO_3-N 含量逐渐增高，NH_4^+-N 和 NO_3-N 的这种明显的规律性变化成为堆肥的特征之一。

固相 C/N 是最常用于评价腐熟度的参数，有学者指出：腐熟堆肥的 C/N 应小于 20。文献中也有报道，对起始 C/N 为 25～30 的堆肥原料，当该值降到 16 左右时，则可认为堆肥基本腐熟。

（3）生物学指标

植物在未腐熟的堆肥中生长受到抑制，在腐熟的堆肥中生长受到促进。一般认为：如果发芽指数 GI＞50％，就可认为堆肥基本无毒性，当 GI＞80％时，这种堆肥就可以认为对植物完全没有毒性了。

四、垃圾堆肥应用案例

北京市南宫堆肥厂是由德国政府捐赠，自动化程度和规模在中国及亚洲地区首屈一指的现代化垃圾堆肥厂，它承担着北京市西城区和丰台区的部分垃圾处理任务。南宫堆肥厂采用先进的强制通风隧道式好氧发酵技术，原设计日处理能力为 400t。发酵

工艺流程为：生活垃圾原料→14d 隧道高温发酵→21d 后熟化→21d 最终熟化→堆肥
产品。

（1）地理位置

南宫堆肥厂位于北京市大兴区赢海乡，总面积为 66hm²，海拔 23～24m。该厂址
距黄村卫星城 11km、南三环玉泉营立交桥 22km、马家楼垃圾转运站 21km、安定垃圾
卫生填埋场 19km。该厂西侧 200m 为 104 国道，南侧距通黄公路 1km，交通十分便利。

南宫堆肥厂剖面图如图 2-17 所示。

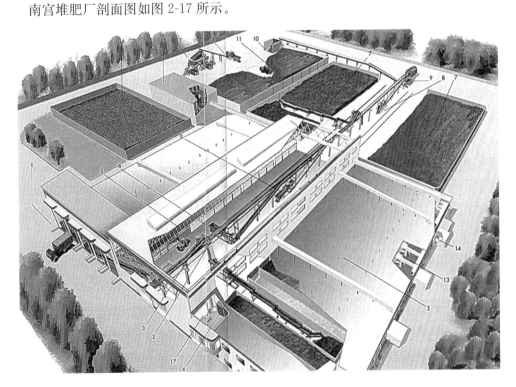

图 2-17 南宫堆肥厂剖面图

图中数字 1～17 分别为：带有传送带的垃圾进料漏斗、中央传送带、卸料小车、
布料机、堆肥隧道、可移动漏斗、后熟化区、带料斗的传送带、滚筒筛、地面料仓、
最终熟化区、硬物分选机、风机房、弧形筛、湿度调节器、生物滤池、中央控制室。

（2）工艺描述

南宫堆肥厂在堆肥工艺技术上采用的是近年来欧洲在垃圾堆肥领域所普遍采用的
好氧隧道堆肥技术。这种技术的优点是工厂自动化程度高、环保系数高、设备相对不
容易过度磨损，使用寿命较长，而且每个隧道内部工艺都可以直接独立控制。南宫堆
肥厂采用先进的强制通风隧道式发酵技术，整套生产设备及工艺控制技术全部由德国
提供，与国内同类产品相比，其体积小、技术含量高，全部采用自动控制技术，即在
中央控制室可直接对设备及工艺过程进行实时监控，完成信息采集、综合处理等工作。

工艺流程如图 2-18 所示。

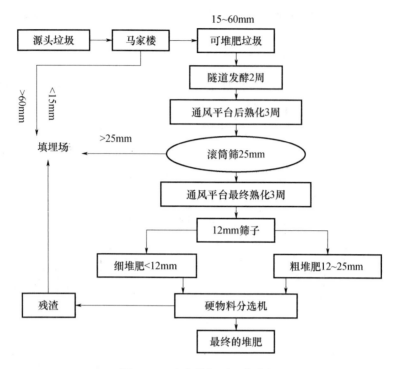

图 2-18　南宫堆肥厂工艺流程

（3）技术特点

① 采用先进的强制通风隧道式发酵技术；

② 全部采用自动控制技术；

③ 对堆肥过程进行实时追踪；

④ 提高垃圾减量化、无害化、资源化的速率。

（4）进厂垃圾的控制

① 进厂垃圾的要求：

a. 密度：适用于堆肥的垃圾密度一般为 $350\sim650kg/m^3$；

b. 有机物含量：适合堆肥的垃圾有机物含量为 $20\%\sim80\%$；

c. 含水率：适合堆肥的垃圾含水率为 $40\%\sim60\%$。

② 转运站分选出的中等粒径垃圾

南宫堆肥厂处理的垃圾是从马家楼转运站筛分后的中粒径（15～80mm）垃圾。

（5）进料方法

从转运站运来的中等粒径垃圾经地磅称重记录后，由厂内卸料车将垃圾倾卸到受料仓内，为了保证输送到中央传送带上的原料的均匀性，在受料仓的末端设置了一个布料滚筒，然后进入中央传送带，中央传送带通过布料机为空隧道布料。

（6）隧道布料

隧道的进料是通过两个由人工控制的可自动伸缩的布料机来完成的，布料机可将进料均匀地布料。布料是否均匀以及高度大小对垃圾的发酵都会有一定的影响，所以对布料的高度做如下要求：来自转运站的中等粒径的垃圾料高不能超过 2.5m。

（7）隧道发酵

在填装完发酵隧道后，对发酵过程的控制就开始了。根据不同的发酵过程，发酵原料的温度和湿度以及循环空气中氧的含量（13％体积比）等最佳指标的控制是通过调整输入的新鲜空气与循环气体的比例及对物料加湿来实现的。

新鲜原料需要经过为期 14d 的隧道发酵。发酵的前 3～5d，是微生物的对数增长期。在此阶段中应按照要求喷洒渗滤液来达到必需的含水率（50％～60％），并进行强制通风，保证对氧的需求和升高温度。随后的 5d 是堆肥的无害化过程，即病菌和植物的杂草种子的灭活过程，该过程是通过调节通风量控制温度保持在 55～65℃ 状态下来实现的。在此过程中，目标温度被设定成 60℃，由于蒸发而引起的水分的损失是由喷洒渗滤液来补充的。在 14d 中的后 2～4d，停止添加渗滤液，通过风干作用使堆肥的含水率小于 45％。隧道排出的废气被引到加湿间，并从那里被加湿后送到生物过滤池。

（8）隧道出料

经过 14d 的隧道发酵后，隧道垃圾经轮式装载机卸载到安装在中央传送带上的两个卸料斗内，经中央传送带将发酵后的垃圾从中央大厅传送到后熟化平台。在平台上由布料机将出料均匀地堆积成 2.6m 高的后熟化堆。

（9）后熟化

发酵过程的第二个阶段是后熟化。该阶段发酵平台由很多带有通风孔的混凝土盖板和风道组成。此种风道可以采用正压或者负压方式进行通风。不同的风道都是由风阀（0～100％）与地下的通风管线相连的。通过调节通风阀可以控制通风强度的大小，通风方式（正压或负压）由风机房来控制。

在通风平台上，通过人工检测温度，根据堆肥温度来控制发酵过程中的通风强度。在通风时必须保证发酵温度不低于技术要求的最低值，即在发酵过程中进行通风，虽然调节了堆体的温度，但也将微生物分解所必需的水分带走了，故在这个为期 21d 的发酵过程中必须对堆肥进行加湿。如果采用负压进行通风，应定期在堆体表面进行喷水；如果采用正压通风，应在加湿间调节空气中的含水率，来保证堆肥中的水分含量适中。

（10）后熟化区出料

垃圾由轮式装载机转运到中央传送带上，输送到滚筒筛内进行筛分。滚筒筛的筛孔为 25mm。筛上物运往安定垃圾卫生填埋场进行填埋；筛下物被输送到最终熟化 Ⅰ 区。

（11）最终熟化 Ⅰ

经 25mm 滚筒筛筛分后的筛下物由装载机输送到最终熟化 Ⅰ 区，堆成 2.4m 高的发酵堆，强制通风发酵 21d。

（12）最终熟化Ⅰ出料

在最终熟化Ⅰ阶段经 21d 发酵后，由装载机运送到弹跳筛和硬物料分选机上筛分，经弹跳筛（筛孔为 12mm）分选的细堆肥（粒径在 12mm 以下）和粗堆肥（粒径在 12～25mm），然后分别经过硬物料分选机将其中的硬物料去除，以改善堆肥的质量，它们被分别输送至最终熟化Ⅱ区进行储存销售。硬物料运至安定垃圾卫生填埋场进行填埋。

（13）最终熟化Ⅱ

最终熟化Ⅱ阶段是一个不需通风的储存区，起着调节时长的作用，调节时间为 70d。

第三节　垃圾焚烧处理

根据《中国城市建设统计年鉴》，21 世纪初，我国垃圾焚烧处理设施仅 36 座，且规模较小，日处理能力不过 6520t（2001 年数据），但是，2012 年，我国垃圾焚烧厂数量已有 138 座，日焚烧处理能力已经超过 12 万 t，年焚烧量近 4000 万 t，比之十多年前已经增加 15 倍。同时，焚烧处理能力占垃圾无害化处理的比重也由 2001 年的不足 3%增加到近 30%，且仍在快速增加。

一、垃圾焚烧相关标准规范

（1）《垃圾焚烧锅炉 技术条件》（JB/T 10249—2001）；

（2）《生活垃圾焚烧处理工程技术规范》（CJJ 90—2009）；

（3）《生活垃圾填埋场污染控制标准》（GB 16889—2008）；

（4）《生活垃圾焚烧炉及余热锅炉》（GB/T 18750—2008）；

（5）《生活垃圾焚烧炉渣集料》（GB/T 25032—2010）；

（6）《生活垃圾焚烧厂评价标准》（CJJ/T 137—2019）；

（7）《生活垃圾焚烧处理工程建设标准》（建标 142—2010）；

（8）《垃圾焚烧尾气处理设备》（GB/T 29152—2012）；

（9）《垃圾焚烧尾气治理袋式除尘器用滤料》（JB/T 11310—2012）；

（10）《垃圾焚烧袋式除尘工程技术规范》（HJ 2012—2012）；

（11）《生活垃圾焚烧厂垃圾抓斗起重机技术要求》（CJ/T 432—2013）；

（12）《生活垃圾焚烧污染控制标准》（GB 18485—2014）；

（13）《生活垃圾焚烧厂运行监管标准》（CJJ/T 212—2015）；

（14）《大型垃圾焚烧炉炉排 技术条件》（JB/T 12121—2015）；

（15）《生活垃圾焚烧厂检修规程》（CJJ 231—2015）；

（16）《生活垃圾焚烧厂运行维护与安全技术标准》（CJJ 128—2017）；

（17）《生活垃圾焚烧厂标识标志标准》（CJJ/T 270—2017）；

（18）《道路工程生活垃圾焚烧炉渣集料应用技术规程》（DG/TJ 08—2245—2017）；

（19）《生活垃圾焚烧灰渣取样制样与检测》（CJ/T 531—2018）。

二、垃圾焚烧分类

（一）垃圾焚烧的定义

垃圾焚烧即通过适当的热分解、燃烧、熔融等反应，使垃圾经过高温下的氧化进行减容，成为残渣或者熔融固体物质的过程。

垃圾焚烧是一种较古老的传统的处理垃圾的方法，由于垃圾用焚烧法处理后，减量化效果显著，节省用地，还可消灭各种病原体，将有毒有害物质转化为无害物，故垃圾焚烧法已成为城市垃圾处理的主要方法之一。

（二）焚烧工艺分类

国内外应用较多、技术比较成熟的生活垃圾焚烧炉炉型主要有机械炉排炉、流化床焚烧炉、热解焚烧炉、回转窑焚烧炉等四类。现阶段国内垃圾发电技术应用较多、技术比较成熟的生活垃圾焚烧炉炉型主要以机械炉排炉、流化床焚烧炉为主。后两种技术主要用于成分复杂、有毒有害的医疗垃圾和工业废物，在生活垃圾焚烧中应用极少。

（1）机械炉排炉

机械炉排炉焚烧工作示意图如图 2-19 所示。

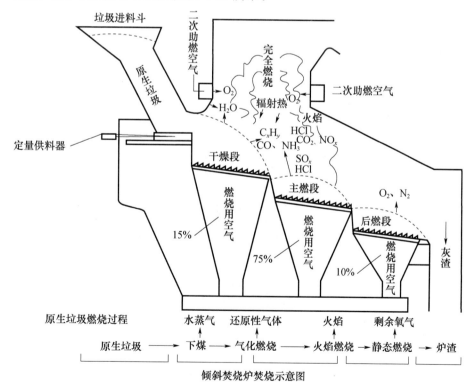

图 2-19　典型机械炉排炉焚烧工作示意图

机械炉排炉采用层状燃烧技术，具有对垃圾的预处理要求不高、对垃圾热值适应范围广、运行及维护简便等优点。机械炉排炉是目前世界上最常用、处理量最大的城市生活垃圾焚烧炉，在欧美等发达国家得到广泛使用，其单台最大规模可达1100t/d，技术成熟可靠。垃圾在炉排上通过三个区段：预热干燥段、燃烧段和燃烬段。垃圾在炉排上着火，热量不仅来自上方的辐射和烟气的对流，还来自垃圾层的内部。炉排上已着火的垃圾通过炉排的特殊作用，垃圾层强烈翻动和搅动，引起垃圾底部的燃烧。连续的翻动和搅动，也使垃圾层松动，透气性加强，有利于垃圾的燃烧和燃烬。

从20世纪80年代后期到21世纪初，我国先后从国际知名公司引进垃圾焚烧技术和关键设备，其引进范围是除滚动炉排以外几乎所有形式的焚烧炉。主要有：日本三菱公司马丁-三菱炉排、德国诺尔公司炉排、德国斯坦米勒公司炉排、比利时西格斯公司炉排、瑞士冯若尔公司炉排、日本日立造船炉排、日本田熊公司炉排、日本荏原公司炉排等。

在引进国外技术的同时，吸收国外先进技术国产化及我国自主研制开发的焚烧技术有了迅速的发展。主要有重钢三峰集团引进吸收德国马丁公司SITY2000型炉排、无锡华光锅炉厂引进日立公司焚烧炉的技术，目前在国内均有业绩。杭州新世纪能源环保工程股份有限公司、温州伟明环保有限公司、深圳绿动力环境治理工程有限公司等自行开发设计的炉型——两段式炉排、三驱动逆推炉排已在国内许多垃圾焚烧项目中成功使用。

（2）流化床焚烧炉

流化床焚烧炉工作示意图如图2-20所示。

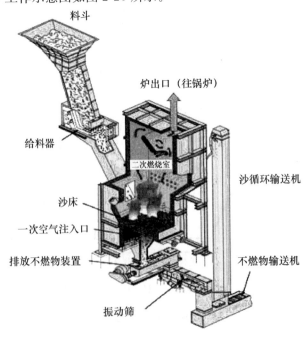

图2-20　循环流化床焚烧炉工作示意图

流化床技术在 70 多年前便已被开发,之后在 20 世纪 60 年代应用于焚烧工业污泥,在 70 年代用来焚烧生活垃圾,80 年代在日本得到相当的普及,市场占有率达 10% 以上,但在 90 年代后期,由于烟气排放标准的提高和自身的不足,在生活垃圾焚烧上的应用有限。目前该炉型多用于日处理垃圾 500t 以下规模的处理项目,尚未得到广泛应用,有待于进一步完善。

流化床焚烧炉的焚烧机理与燃煤流化床相似,利用床料的大热容量来保证垃圾的着火燃烬,床料一般加热至 600℃ 左右,再投入垃圾,保持床层温度在 850℃。流化床焚烧炉可以对任何垃圾进行焚烧处理,燃烧十分彻底。但对垃圾有严格的预处理要求。

(3)炉排炉和流化床焚烧炉比较

上述两种垃圾焚烧炉性能的比较见表 2-3。

表 2-3 两种垃圾焚烧炉性能的比较

项目	机械炉排炉	流化床焚烧炉
炉床	机械运动炉排	固定式炉排
炉体特点	炉排面积较大,炉膛体积较大	炉排面积和炉膛体积较小
垃圾预处理	不需要	需要
设备占地	大	小
灰渣热灼减率	易达标	原生垃圾在连续助燃下可达标
垃圾炉内停留时间	较长	较短
过量空气系数	大	中
单炉最大处理量	1100t/d	500t/d
垃圾燃烧空气供给	易根据工况调节	较易调节
对垃圾含水率的适应性	可通过调整干燥段适应不同含水率垃圾	炉温易随垃圾含水率的变化而波动
对垃圾不均匀性的适应性	可通过炉排拨动垃圾反转,使其均匀化	较重垃圾迅速到达底部,不易燃烧完全
烟气中含尘量	较低	高
燃烧介质	不用载体	需石英砂
燃烧工况控制	较易	不易
运行费用	低	高
烟气处理	较易	较难
维修工作量	较少	较多
运行业绩	最多	较少

通过比较,机械炉排炉相对其他炉型有以下几个特点:

① 技术成熟,尤其是大型焚烧厂几乎都采用该炉型,如上海江桥、御桥、崇明、嘉定、金山、老港生活垃圾焚烧厂均采用了炉排炉。

② 炉排炉技术已经国内实践证明适合中国的垃圾特性,同时对污染物防治技术也是成熟可靠。

③ 具有独立的预热干燥区,炉膛内垃圾焚烧产生的热量可对新进入的垃圾进行预

热干燥，特别能适应我国城市生活垃圾高水分、低热值的特性。

④ 操作可靠方便，对垃圾适应性强，不易造成二次污染。

⑤ 经济性好，垃圾不需要预处理直接进入炉内，运行费用相对较低。

⑥ 设备寿命长、运行可靠、维护方便，国内已有部分配套的技术和设备。

符合我国目前的政策规定：原国家建设部、原国家环保总局、原科技部发布的《城市生活垃圾处理及污染防治技术政策》中指出："目前垃圾焚烧宜采用以炉排炉为基础的成熟技术，审慎采用其他炉型的焚烧炉"。

（4）热解焚烧炉

热解焚烧炉工作示意图如图 2-21 所示。

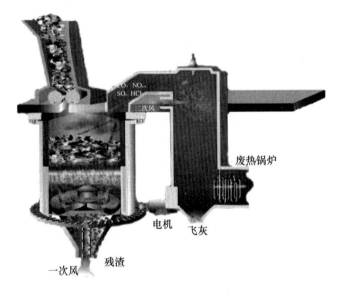

图 2-21　热解焚烧炉工作示意图

该炉从结构上分为一燃室与二燃室。一燃室内燃烧层次分布如图 2-21 所示，从上往下依次为干燥段、热解段、燃烧段、燃烬段和冷却段。进入一燃室的垃圾首先在干燥段由热解段上升的烟气干燥，其中的水分挥发；在热解气化段分解为一氧化碳、气态烃类等可燃物并形成混合烟气，混合烟气被吸入二燃室燃烧；热解气化后的残留物沉入燃烧段充分燃烧，温度高达 1100～1300℃，其热量用来提供热解段和干燥段所需能量。燃烧段产生的残渣经过燃烬段继续燃烧后进入冷却段，由一燃室底部的一次供风冷却（同时残渣预热了一次风），经炉排的机械挤压、破碎后，由排渣系统排出炉外。一次风穿过残渣层给燃烧段提供了充足的助燃氧。空气在燃烧段消耗掉大量氧后上行至热解段，并形成了热解气化反应发生的欠氧或缺氧条件。

由此可以看出，垃圾在一燃室内经热解后实现了能量的两级分配：裂解成分进入二燃室焚烧，裂解后残留物留在一燃室内焚烧，垃圾的热分解、气化、燃烧形成了沿向下运动方向的动态平衡。在投料和排渣系统连续稳定运行时，炉内各反应段的物理化学过程也持续进行，从而保证了热解焚烧炉的持续正常运转。

（5）回转窑焚烧炉

回转窑焚烧炉工作示意图如图 2-22 所示。

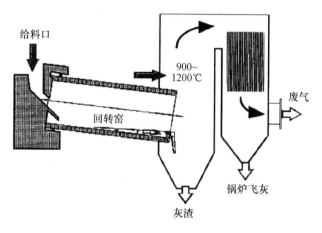

图 2-22　回转窑焚烧炉工作示意图

回转窑焚烧炉是在钢制圆筒内部装设耐火涂料或由冷却水管与钻孔钢板焊接成圆筒状，筒体沿轴线方向呈小角度倾斜。在焚烧垃圾时，垃圾由上部供应，筒体缓慢旋转，使垃圾不断翻转并向后移动，垃圾逐渐干燥、燃烧、燃烬，然后排至排渣装置。有时除旋转筒体外还配有前置推动炉排或后置推动炉排，前置炉排起干燥作用，后置炉排起燃烬作用。配冷却水管的旋转炉对垃圾适应性强、设备利用率高、燃烧较完全、过量空气系数低，但其燃烧不易控制，垃圾热值低时燃烧困难。回转窑焚烧炉较多使用在热值较高的工业固体废弃物的焚烧上，在生活垃圾的焚烧中应用较少。

三、垃圾焚烧厂建设

垃圾焚烧厂的建设包括选址、设计与施工、焚烧作业、环境监测以及底渣、飞灰填埋处理等方面的程序。

（一）焚烧厂选址

发展改革委、住房城乡建设部、能源局、环境保护部、国土资源部五部委于 2017 年联合印发《关于进一步做好生活垃圾焚烧发电厂规划选址工作的通知》（下称《通知》）。《通知》要求超前谋划生活垃圾焚烧发电项目选址。省级城乡规划主管部门会同相关部门组织指导市（县）人民政府依法做好生活垃圾焚烧发电项目选址工作。项目选址应符合与"三区三线"配套的综合空间管控措施要求，尽量远离生态保护红线区域，并严格按照《生活垃圾焚烧处理工程项目建设标准》要求，设定防护距离，明确四至边界，合理安排周边项目建设时序，不得因周边项目建设影响生活垃圾焚烧发电项目选址落地。

垃圾焚烧厂的厂址选择应符合下列要求：

（1）焚烧厂的选址，应符合城市总体规划、环境卫生专业规划以及国家现行有关标准的规定。

（2）应具备满足工程建设的工程地质条件和水文地质条件。

（3）不受洪水、潮水或内涝的威胁。受条件限制，必须建在受到威胁时，应有可靠的防洪、排涝措施。

（4）不宜选在重点保护的文化遗址、风景区及其夏季主导风向的上风向。

（5）宜靠近服务区，运距应经济合理。与服务区之间应有良好的交通运输条件。

（6）应充分考虑焚烧产生的炉渣及飞灰的处理与处置。

（7）应有可靠的电力供应。

（8）应有可靠的供水水源及污水排放系统。

（9）对于利用焚烧余热发电的焚烧厂，应考虑易于接入地区电力网。对于利用余热供热的焚烧厂，宜靠近热力用户。

（二）焚烧厂设计

（1）焚烧厂设计

垃圾焚烧设计包括：垃圾接收与储存、焚烧系统、余热利用系统、烟气净化处理系统、灰渣收集处理系统、渗滤液及污水处理系统等。

垃圾焚烧厂的设计原则有：

① 满足生产工艺和各设施功能要求；

② 功能分区明确，布局合理，有效利用土地；

③ 注重与厂外环境和交通的合理衔接，优化布局；

④ 合理安排厂区道路，各交通流线高效顺畅，洁污分流，人车分流；

⑤ 竖向设计合理，便于场地排水，减少土石方工程量；

⑥ 合理布置厂区管线管网，力求顺畅经济；

⑦ 创造良好的生产生活环境，降低各类污染对生产人员的危害；

⑧ 满足国家现行的防火、卫生、安全等技术规程及其他技术规范要求。

（2）垃圾接收及储存

垃圾卸料车间应为密闭式布置，引桥与垃圾卸料的入口采用快速关断门进行密闭，以防止卸料区臭气外逸以及苍蝇飞虫进入。此外，在大厅中预留有粗大垃圾破碎场地，粗大垃圾破碎设施的设置根据收集、运输状况确定。垃圾卸车平台采用高位、封闭布置，进厂垃圾运输车在汽车衡自动称重后，通过引道进入卸车平台。卸车平台在宽度方向应有一定的坡度，坡向垃圾池侧，垃圾运输车洒落的渗滤液流至垃圾池门前的地漏，汇集到管道中，导入渗滤液收集池，再泵入本厂污水处理站渗滤液处理系统处理。

确定垃圾池的容积，一要考虑到平衡垃圾日供应量可能出现的大波动；二要考虑到进厂原生垃圾含水量较大，不适合直接进炉焚烧，需要在垃圾池内堆存7d以上，以便垃圾渗滤液的析出，保证焚烧炉的稳定燃烧。由于垃圾含有较高水分，在存放过程中将有部分水分从垃圾中渗出，因此垃圾池的设计必须有利于垃圾渗滤液疏导，垃圾池底部按防渗设计；渗滤液经过处理后产生的浓液，回喷至垃圾池内，随垃圾一起进入焚烧炉焚烧。垃圾池以及垃圾渗滤液收集沟、收集池均采用重防腐处理，以免渗滤液腐蚀混凝土墙壁。垃圾渗滤液收集沟、收集池还增加吸风装置，以当检修时将臭味气体吸入垃圾池内。在垃圾池适当位置设摄像头，以便监视垃圾池的运行情况，并将信号传至中央控制室。垃圾池一侧上部设有吊机操作室，操作室有着良好的通风条件，保持不断地向室内注入新鲜空气，并与垃圾池完全隔离。吊机操作人员视线可覆盖整个垃圾池。垃圾储存渗滤液收集系统如图 2-23 所示。

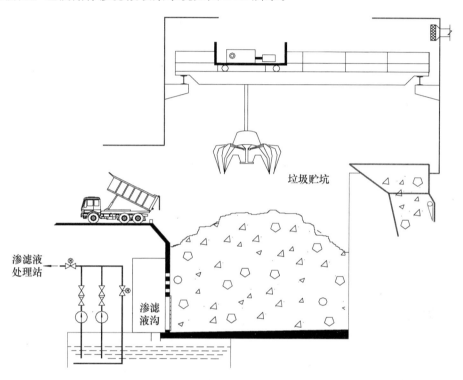

图 2-23　垃圾储存渗滤液收集系统

垃圾池臭气防治及利用包括焚烧炉正常运行和焚烧炉停炉时的除臭方案。焚烧炉正常运行时，垃圾池内有机物发酵产生污浊空气，主要污染因子为 H_2S、NH_3、甲硫醇等。为使污浊空气不外逸，垃圾池设计成全封闭式。含有臭气的空气被焚烧炉一次风机从垃圾池上部的吸风口吸出，使池内形成负压，作为燃烧空气从炉排底部的渣斗送入焚烧炉，在炉内臭气污染物被燃烧、氧化、分解。焚烧炉所需的一次风从垃圾池抽取，保证垃圾卸料大厅及垃圾贮存仓内处于负压状态，垃圾池与车间之间有良好的密闭设施，有效防止臭气外逸。垃圾焚烧炉停炉检修时，垃圾池内由垃圾产生的 NH_3、H_2S、甲硫醇和臭气在空气中凝聚外逸。为防止垃圾池内可燃气体聚集，在垃圾池内设置可燃气体检测装置，可燃气体检测超标时，自动开启电动阀门及除臭风机，臭气经过活性炭除臭装置吸附过滤达标后排至大气，从而有效确保焚烧发电厂所在区域内的空气质量。

锅炉事故停运或检修时，垃圾池排气需经除臭处理，换气次数为 1～1.5 次/h，由专业环保公司采用活性炭废气净化器装置除臭。活性炭废气净化器分进风段、过滤段、出风段，臭气由进风口进入后，在有活性炭的过滤段进行过滤，有机废气大部分被吸附在活性炭颗粒上，最后经排风风机排入大气。活性炭废气净化器净化效率高，结构紧凑，占地面积小，耐腐蚀，耐老化性能好，运行成本低，操作、管理、维护简便。

（3）炉型选择

机械炉排炉早期在煤的燃烧中得到广泛应用，目前在垃圾的焚烧历程中发展成为技术最成熟、处理规模较大的生活垃圾焚烧炉。机械炉排炉的关键设备是焚烧炉排，各种炉排炉的最大区别也在于炉排的结构型式和运动方式。国内几种应用较广的型式有顺推式炉排炉、逆推式炉排炉及往复翻动式炉排炉等。著名的德国马丁公司、日本三菱、比利时西格斯、日本田熊等均开发、制造出一系列大型垃圾炉排焚烧炉。

几种主要的机械炉排炉简述如下：

① 三菱-马丁型炉排炉

技术来源：德国马丁炉排（授权使用日本三菱，COVANTA）。示意图如图 2-24 所示。

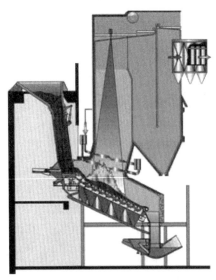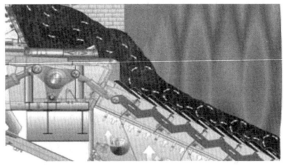

图 2-24 三菱-马丁型炉排炉

特点：炉排长度固定，宽度则依炉床所需的面积调整，可由数个炉床横向组合而成，每个炉床包含 13 个固定及可动阶梯炉条，固定炉条及可动炉条采用横向交错配置，炉床为倾斜度 26°的倾斜床面。垃圾的干燥、燃烧及后燃烧均在此炉床进行，一次空气由炉床底部经由炉条的空气槽从炉条两侧吹出。可动炉条由连杆及横梁组成，由液压传动装置驱动，其移动速度可调整，以配合各种燃烧条件，其搅拌垃圾可动炉条逆向移动，使垃圾因重力而滑落，垃圾层达到良好的搅拌，最后灰烬经由灰渣滚轮移送至排灰槽。

② 德国马丁 SITY2000 炉排炉

德国马丁 SITY2000 炉排为逆推炉排,炉排与炉排片均向下倾斜,整个炉排片无阶段落差,送气孔设在炉排片两侧,有自清作用。可动炉排片与固定炉排片呈阶梯式纵向交互配置。垃圾在炉排上靠重力向下滑落,底层垃圾受可动炉排片逆向运动的推力而涌向上层,达到翻搅作用。垃圾在炉内分为三段燃烧:干燥段、燃烧段和燃烬段,各段的供应空气量和运行速度可以调节。示意图如图 2-25 所示。

图 2-25　德国马丁 SITY2000 炉排炉

SITY2000 炉排焚烧炉的主要特点是:单台焚烧炉垃圾处理量 120～720t/h;适合中国垃圾高水分、低热值的特点;焚烧性能良好,灰渣未燃烬率 0.7%～2%,烟气中飞灰含量<3g/m³;运行过程燃烧参数稳定;炉排空气冷却高效。

③ 西格斯(SEGHERS)炉排炉

技术来源:新加坡吉宝西格斯(原比利时西格斯 SEGHERS)。示意图如图 2-26 所示。

图 2-26　西格斯(SEGHERS)炉排炉

特点：比利时西格斯炉排为台阶式多级炉排，由固定式炉条、滑动式炉条和翻动式炉条的相互结合而成，并且可以各自单独控制。西格斯炉排由相同标准的元件组成，每一元件包括由刚性梁组成的下层机构、每片炉条的铸钢支撑和钢质炉条。每件标准炉排元件有六行炉条，分三种不同炉条按两套布置：固定式、水平滑动式和翻动式。下层机构的低层框架直接支撑固定炉条。全部炉条顶层表面形成一个带 21°斜角的炉排倾斜面，全部元件皆按这个方式布置。滑动炉条推动垃圾层向炉排末端运动，而翻动炉条使垃圾变得膨松并充满空气。在炉条下面的燃烧风经过几个冷却鳍片和位于每片炉条前端的开口槽后离开炉条，并吹过下一炉排片的顶部。每一片炉条有燃烧风出口开口，从而保证整个炉排表面的空气分布均匀。

④ 重庆三峰 SITY-2000 炉排炉

重庆三峰引进法国阿尔斯通 SITY-2000 炉排炉技术，该炉型由德国马丁炉改造而成，增加了炉排长度，降低了炉排倾斜度，更适应国内垃圾高水分、低热值的特点。示意图如图 2-27 所示。

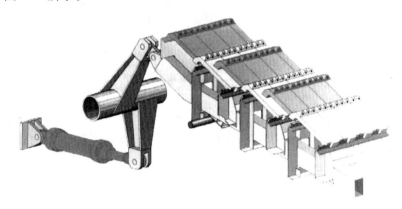

图 2-27　重庆三峰 SITY-2000 炉排炉

其炉排为逆推炉排，炉排与炉排片均向下倾斜，整个炉排片无阶段落差，送气孔设在炉排片两侧，有自清作用。可动炉排片与固定炉排片呈阶梯式纵向交互配置。垃圾在炉排上靠重力向下滑落，底层垃圾受可动炉排片逆向运动的推力而涌向上层，达到翻搅作用。垃圾在炉内分为三段燃烧：干燥段、燃烧段和燃烬段，各段的供应空气量和运行速度可以调节。

⑤ 日本日立造船阶段反复摇动式炉排

技术来源：日本日立造船公司（Hitachi Zosen）。示意图如图 2-28 所示。

特点：阶段反复摇动式焚烧炉的每个炉排上都有固定炉条及可动炉条以纵向交错配置，可动炉条由连杆及棘齿组成，在可动炉条支架上水平方向做反复运动，此种运动方式将剪力作用于垃圾层的前后及左右各方向，使垃圾层能松动及均匀混合，并与火上空气充分接触。一次空气由炉排底部经由炉条两侧的缝隙吹出。在燃烧区的固定炉条上的炉条有切断刀刃装置，其功能为松动垃圾块、垃圾层及调整垃圾停留时间，使

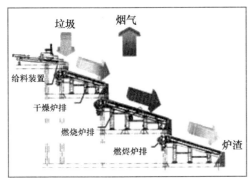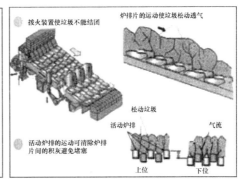

图 2-28 日本日立造船阶段反复摇动式炉排

供给空气分布均匀，以及使二次空气的通道有自清作用，垃圾借此力量反复翻搅及移动。

垃圾焚烧项目建设前期，可以从焚烧炉炉型的技术先进性、成熟度、投产经历、运行情况等，从上述设备中选用合适的焚烧炉炉型。

（4）助燃空气系统

助燃空气系统包括一、二次风吸风口，风管，一、二次风喷嘴出口，一次风，二次风。

一、二次风系统都由风机、预热器、风管及支架组成。为了对垃圾起到良好的干燥及助燃效果，一次风空气进入焚烧炉之前，先通过蒸汽式空气预热器加热，然后从炉排下部分段送风。同时，为了提高燃烧效果及保持燃烧室的温度，在焚烧炉的前后拱喷入加热后的二次风，以加强烟气的扰动，延长烟气的燃烧行程，使空气与烟气充分混合，保证垃圾燃烧更彻底。一、二次风风量较大，可安装消声器降低噪声。一次风的加热采用蒸汽式空气预热器。

一次风从垃圾池抽取，二次风在除渣机出口处和炉后给料平台处各设一个吸风口。进风方式：一次风由炉排下的风室（灰斗）经过炉排片的风孔进入炉膛，对垃圾进行干燥和预热，同时也起到对炉排片的冷却作用。

焚烧炉两侧墙与垃圾直接接触，局部温度较高。对两侧墙的保护采用冷却风的方式。侧墙是由耐火砖砌成的中空结构，炉墙外部安装保温层。冷却风从侧墙下部进入，流经耐火砖墙，达到冷却炉墙的目的。冷却风由单独设置的冷却风机提供，便于启停炉的控制。密封风用于焚烧炉驱动部件和炉排前部框架间隙的密封。

为满足炉膛中烟气在 850℃以上、停留时间 2s 以上的监测，余热锅炉炉膛要求设置不少于 3×3 的温度测点，即在炉膛烟气高温区域分三层布置，每层不少于 3 个炉膛温度测点。

（5）余热利用系统

余热利用系统流程：初步预热的冷凝水经除氧加热加压后送入余热锅炉，垃圾焚烧产生的热量将水加热成 4.0MPa、400℃的中压中温过热蒸汽供汽轮发电机组发电，做功后的乏汽经凝汽器冷凝成水后由凝结水泵泵送至汽封加热器、低压加热器加热，最后进入除氧器，又开始下一次循环。

主要设备有：汽轮机、发电机。辅助设备有：凝汽器、凝结水泵、汽封加热器、低压加热器、除氧器、给水泵、连续排污扩容器、定期排污扩容器、疏水箱、疏水扩容器、交直流油泵、油箱、冷油器、空气冷却器、减温减压器及旁路冷凝器等。

垃圾焚烧产生的热能通过余热锅炉产生蒸汽，蒸汽通过汽轮发电机组变成电能。

余热锅炉是整个垃圾焚烧电厂中的关键设备之一。余热锅炉最重要的特点是：高效、灵活、良好的适应性和维护性能。由于垃圾发热值的变化，良好的适用性尤其重要，尽可能产生稳定的蒸汽，汽轮发电机组才能有效地工作。

汽轮发电机组由汽轮机、发电机及其辅助设备（冷凝器、冷凝水泵、汽封加热器、低压加热器、除氧器、空冷器、润滑油系统设备）组成。汽轮机为单缸、凝汽、冲动式汽轮机，三级抽汽。发电机为空冷式发电机，无刷励磁。由余热锅炉供应的中压过热蒸汽经汽轮机膨胀做功后将热能转化为机械能，带动发电机产生电能。另外从汽轮机中抽出三路低压蒸汽，一路作为除氧器除氧热源，一路作为空气预热器热源，一路作为低压加热器加热冷凝水热源。做功后的乏汽经冷凝器冷凝为凝结水，再经低压加热器加热，经除氧器除氧后供余热锅炉。

（6）烟气净化系统

在生活垃圾焚烧过程产生的烟气中含有大量的污染物，主要有下列几种：

① 不完全燃烧产物（简称 PIC）：燃烧不良而产生的副产品，包括一氧化碳、炭黑、烃、烯、酮、醇、有机酸及聚合物等。

② 粉尘：废物中惰性金属盐类、金属氧化物或不完全燃烧物质等。

③ 酸性气体：包括氯化氢、卤化氢（氟、溴、碘等）、硫氧化物（SO_2 及 SO_3）、氮氧化物（NO_x），以及五氧化二磷（P_2O_5）和磷酸（H_3PO_4）。

④ 重金属污染物：包括铅、铬、汞、镉、砷等元素态，氧化物及氯化物等。

⑤ 二噁英：$PCDD_s$/$PCDF_s$。

上述这些物质视其数量和性质，对环境都有不同程度的危害。高效的焚烧烟气净化系统的设计和运行管理，是防止垃圾焚烧厂二次污染的关键，也是烟气净化效果达到规定排放指标的保证。

烟气净化处理采用"SNCR 炉内脱硝＋半干法脱酸＋干法喷射＋活性炭吸附＋布袋除尘器"组合方案，处理后的烟气一般可以满足项目的环保要求。

（7）飞灰及炉渣处理系统

灰渣处理系统包括处理锅炉排出的底渣、炉排缝隙中泄漏垃圾、反应塔排灰、锅炉尾部烟道飞灰和除尘器收集的飞灰等几个部分。根据《生活垃圾焚烧污染控制标准》（GB 18485—2014），焚烧炉渣与除尘设备收集的焚烧飞灰应分别收集、贮存和运输。

经高温焚烧后的水冷炉渣是一种密实无菌的化学性质稳定的残渣，主要由熔渣、黑色及有色金属、陶瓷碎片、玻璃和其他不燃物质及未燃有机物组成，约占灰渣总重的80%。炉渣的可浸出重金属（如Pb、Cd和Hg等）和溶解盐的浓度在各种灰渣中基本上是最低的，其物理化学和工程性质与轻质的天然骨料相似。炉渣被认为是最有利用价值的部分，对垃圾焚烧发电和建材行业的发展均有重大意义。有关研究得出结论，原状炉渣粒径分布均匀，含有一些大颗粒，物理组分复杂、强度高、坚固性好；与天然石料相比，含水率和吸水率高、密度小；过筛后炉渣的工程性质优于原状炉渣。炉渣资源化前需经过筛分和磁选分离出金属物质，磁选及涡电分选实验结果表明，焚烧炉渣中的铁及铝等有色金属含量可达5%～8%。这部分金属的有效回收不但可以进一步提高炉渣的工程性能，大量的废金属本身就可带来可观的经济效益。预处理后炉渣只含有少量的碎玻璃和砖块、陶瓷碎片，布条、塑料等有机物几乎已经去除。灰渣的资源化利用途径主要有：石油沥青路面的替代骨料；水泥/混凝土的替代骨料；填埋场覆盖材料；路堤、路基等的填充材料等。如果考虑其利用位置，主要是被用作陆地水泥基及沥青基工程（如道路、停车场等）和海洋建筑工程（如人工暗礁、护岸等）。研究表明，水冷炉渣的土木工程特性与砂石相近，具有较高的利用价值，弃之为废，用之为宝，可用作铺路或制砖使用，故目前国内垃圾焚烧发电厂的炉渣综合利用一般以制砖使用较多。

飞灰由三部分组成，即锅炉尾部烟道排灰、反应塔排灰和除尘器排灰。锅炉尾部排灰采用埋刮板输送机集中，排至焚烧炉尾部，与底渣混合后排到渣坑。半干式反应塔和布袋除尘器灰斗的飞灰，采用机械输送系统送入位于主厂房的飞灰固化车间进行固化处理。飞灰固化处理技术有熔融固化技术、水泥固化技术、化学药剂稳定化技术、湿式化学处理技术、水泥-稳定剂固化技术等。一般多选用水泥-稳定剂固化技术工艺进行飞灰固化。水泥-稳定剂固化技术工艺流程如图2-29所示。

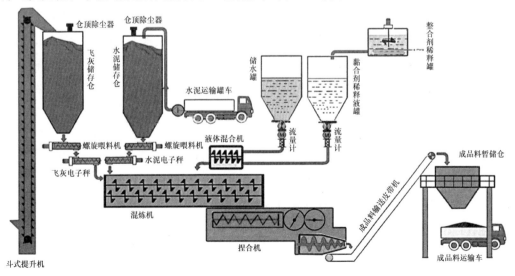

图2-29　水泥-稳定剂固化技术工艺流程

（8）渗滤液及污水处理系统

1）污水及中水处理：可采用"水解酸化＋二级接触氧化生化处理＋中水深度处理"的处理系统工艺。

2）渗滤液处理系统：随着垃圾焚烧技术的逐步推广，为防止焚烧过程中产生的"二次污染"，垃圾渗滤液必须经过处理达标后才能排放，因此渗滤液的处理技术受到国内外环保界的广泛关注。目前正在研究或运用的处理技术有以下几种：

① 回喷法

西方发达国家由于垃圾中厨余物少，热值高，渗滤液产量少，一般采用将渗滤液回喷焚烧炉进行高温氧化处理。比如比利时某1000t/d的垃圾焚烧厂，其最大渗滤液产量为4t/d，该厂建有300m³左右的渗滤液收集池，平时将渗滤液集中在池内，当垃圾热值较高时，用高压泵将渗滤液加压经自动过滤器、回喷系统喷入焚烧炉进行处理，当垃圾热值较低时停止。回喷法适合于渗滤液产量少、垃圾热值高的场合，对于热值较低的垃圾则不适合，否则大量水分的回喷会造成焚烧炉炉膛温度过低甚至熄火的状况。我国垃圾的含水率太高，渗滤液产量大，回喷法不适用。

② 生物法

生物法是渗滤液处理中最常用的一种方法，分为好氧生物处理、厌氧生物处理以及厌氧-好氧组合生物处理。生物法运行成本相对较低、处理效率高，因而被广泛采用。

a. 厌氧生物处理

厌氧生物处理有许多优点，最主要的是能耗少、操作简单，因此投资及运行费用低廉，且由于产生的剩余污泥量少，所需的营养物质也少。厌氧处理工艺主要有升流式厌氧污泥床（UASB）、内循环厌氧反应器（IC）、厌氧流化床反应器、厌氧固定床反应器（厌氧滤池AF）以及上述反应器的组合型如厌氧复合反应器（UBF）等。在高浓度有机废水处理中，厌氧工艺常被作为首选工艺。一般采用高效厌氧反应器处理高浓度废水，反应器生长有大量微生物，通过三相分离器对气、水、固进行有效的分离处理，具有有机负荷高、处理效率高、运行管理简便、动力消耗小等特点，对各种冲击有较强的稳定性和恢复能力。厌氧生物处理的缺点是停留时间长，对pH值和温度的变化比较敏感。

b. 好氧生物处理

好氧生物处理可以通过生物降解去除COD、BOD₅和氨氮，还可以去除另外一些污染物质如铁、锰等重金属。生物法中，好氧工艺的SBR的处理效果最好，运行经验丰富，工程投资较大，运行管理费用高。以生化处理方法去除渗滤液中主要污染物的工艺目前研究较多的是硝化/反硝化工艺，该工艺可将去除COD和去除氨氮有机地结合起来。

渗滤液的生化处理工艺一般采用厌氧-好氧组合工艺，其特点是：

厌氧具有处理负荷高、耐冲击负荷的优点，将其置于好氧生化之前，能有效地降低 COD，减轻好氧的处理负荷，节约投资和运行成本；厌氧微生物经驯化后对毒性、抑制性物质的耐受能力比好氧微生物强得多，并能将大分子难降解有机物水解为小分子有机物，有利于提高好氧生化的处理效率；渗滤液中含有大量表面活性物质，直接采用好氧处理在曝气池往往产生大量泡沫，并加剧污泥膨胀问题。经厌氧处理后表面活性物质得到了分解，可显著减少好氧池的泡沫；在厌氧处理过程中，厌氧微生物将有机物更多地转化为热量和能源，而合成较少的细胞物质，因此厌氧的污泥产率较低，减少了污泥处理的投资和运行管理工作量。

③ 膜法处理

膜技术包括微滤膜（MF）、超滤膜（UF）、纳滤膜（NF）和反渗透膜（RO）等技术。膜技术常用于二级处理后的深度处理中，多以微滤、超滤替代常规深度处理中的沉淀、过滤、吸附、除菌等预处理。以纳滤、反渗透进行水的软化和脱盐。在微滤和超滤基础上开发的 MBR 系统已经广泛应用于生化末端的泥水分离过程，利用膜的截留作用使微生物完全被截留在生物反应器中，实现水力停留时间和污泥龄的完全分离，使生化反应器内的污泥浓度从 $3\sim5g/L$ 提高到 $10\sim20g/L$，从而提高了反应器的容积负荷，使反应器容积减小。污泥龄的延长，有利于世代期较长的亚硝化菌和硝化菌被保留在反应器中，使氨氮得到较充分的硝化，再通过反硝化过程实现生物脱氮。MBR工艺首先通过高效生化过程去除易降解有机物和氨氮，然后通过膜技术过滤难降解有机物，同时，让盐分通过而排除，既利用了生物处理和膜技术各自的优点，又避免了单纯反渗透的缺点。错流式膜技术的开发，特别是膜材料和膜产品的不断发展，以及近年来膜价格的大幅度下降，使 MBR 工艺在废水处理的应用得到迅速发展。MBR 及其组合工艺在渗滤液处理工程中取得了广泛应用和较好的效果。

MBR 及其组合工艺的主要特点是：有效降解主要污染物 COD、BOD$_5$ 和氨氮；出水水质好，无细菌和固形物；反应器内的微生物浓度高，耐冲击负荷。

由于大分子有机物被截留在反应器内，可获得更长的与微生物接触的时间，有利于硝化菌、亚硝化菌和专性降解微生物的培养；反应器在高容积负荷、低污泥负荷、长泥龄下运行，剩余污泥量小。

④ 蒸发浓缩工艺处理

由于垃圾渗滤液中有机物、悬浮物、盐分等浓度和电导率都非常高，直接用单级或多级膜法处理时浓缩液量一般都很高，大量的浓缩液如何处理是限制膜法运用的一个难题。

采用蒸发浓缩工艺能较好地解决这个难题，渗滤液经混凝和分离处理去除杂质后，通过低温多效蒸发工艺将渗滤液约 90% 的水分提取出来，剩下约 10% 的残留物含有大量有机物，有着相当高的热值，可以回喷到垃圾池，与垃圾一起进炉焚烧，提取出来的蒸发冷凝水中还残留有一些小分子的有机物，但 COD 已经降到 4000mg/L 以下、氨氮也降到 1000mg/L 以下，氨氮通过中和工艺可以降低到 100mg/L 左右，由于小分子有机物的生化性好，最后通过生化处理单元。该工艺运行处理成本较高，系统不稳定。

（三）工程建设

垃圾焚烧厂建设工程由主体工程与设备、配套工程和生产管理与生活服务设施等构成。

（1）主体工程与设备主要包括：场区道路，预处理车间，焚烧车间，烟气处理工程，渗滤液收集、处理和排放工程，臭气导出、收集及处理工程，计量设施，炉渣飞灰填埋场等。

（2）配套工程主要包括：进场道路（码头）、机械维修、供配电、给排水、消防、通信、监测化验、加油、冲洗和洒水等设施。

（3）生产管理与生活服务设施主要包括办公、宿舍、食堂、浴室等设施。

（四）焚烧作业

（1）垃圾焚烧的工艺流程

垃圾焚烧的工艺流程如图 2-30 所示。

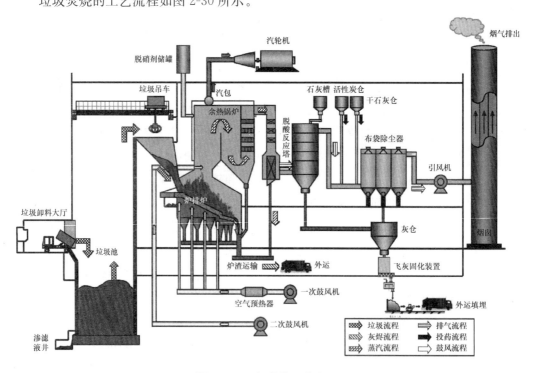

图 2-30　垃圾焚烧工艺流程

垃圾车从物流口进入厂区，经过地磅称重后进入垃圾卸料平台，卸入垃圾池。垃圾池是一个封闭式且正常运行时空气为负压的建筑物，采用半地下结构。垃圾池内的垃圾通过垃圾吊车抓斗抓到焚烧炉给料斗，经溜槽落至给料炉排，再由给料炉排均匀送入焚烧炉内燃烧。

垃圾燃烧所需的助燃空气因其作用不同分为一次风和二次风。一次风取自于垃圾池，使垃圾池维持负压，确保池内臭气不会外逸。一次风经蒸汽空气预热器加热后由一次风机送入炉内。二次风从锅炉房上部吸风，由二次风机加压后送入炉膛，使炉膛烟气产生强烈湍流，以消除化学不完全燃烧损失和有利于飞灰中碳粒的燃烬。

焚烧炉设有点火燃烧器和辅助燃烧器，用柴油作为辅助燃料。点火燃烧器供点火升温用。当垃圾热值偏低、水分较高，炉膛出口烟气温度不能维持在850℃以上，此时启用辅助燃烧器，以提高炉温和稳定燃烧。停炉过程中，辅助燃烧器必须在停止垃圾进料前启动，直至炉排上垃圾燃烬为止。

垃圾在炉排上通过干燥、燃烧和燃烬三个区域，垃圾中的可燃分已完全燃烧，灰渣落入出渣机，出渣机起水封和冷却渣作用，并将炉渣推送至灰渣贮坑。灰渣贮坑上方设有桥式抓斗起重机，可将汇集在灰渣贮坑中的灰渣抓取，装车外运，送至填埋场处理。

垃圾燃烧产生的高温烟气经余热锅炉冷却至约200℃后进入烟气净化系统。每套焚烧线配需一套烟气净化系统，可采用"SNCR炉内脱硝＋半干式脱酸＋干法喷射＋活性炭吸附＋布袋除尘"的组合工艺。锅炉产生的烟气首先在炉内与喷入的氨水反应脱除一部分氮氧化物，从余热锅炉出来后，烟气温度约200℃，进入半干式反应塔，与喷入适量的冷却水和石灰浆充分混合，降低到160℃后进入布袋除尘器脱除粉尘，在反应塔和布袋除尘器之间的烟道上喷入熟石灰粉和活性炭以脱除酸性气体、重金属和二噁英。烟气经布袋除掉烟气中的粉尘及反应产物后，符合排放标准的烟气通过引风机送至烟囱排放至大气。

余热锅炉以水为工质吸收高温烟气中的热量，产生的400℃蒸汽供凝汽式汽轮发电机组发电。产生的电力除供本厂使用外，多余电力送入地区电网。锅炉补给水须经除盐处理。凝汽器冷却水循环使用。生产用水由市政供水系统补给。

（2）垃圾焚烧入炉要求

影响垃圾焚烧的主要因素是垃圾热值。因此，在垃圾入炉前，应控制垃圾的含水率。当垃圾中水分含量过高时，可以延长垃圾在储存池的堆放时间。

四、垃圾焚烧应用案例

（一）上海江桥生活垃圾焚烧厂

上海江桥生活垃圾焚烧厂位于上海市，占地约13万 m^2，总建筑面积约35000m^2，全厂绿地率42％。

工程分两期建设：一期工程处理规模达到1000t/d，设置两条日处理能力为500t的垃圾焚烧线；二期工程再增设一条日处理能力为500t的垃圾焚烧线，垃圾焚烧厂最终规模达到1500t/d。一期工程投资约7.5亿元。所需资金除西班牙政府贷款（3210万美元）外，均为国内投入。西班牙政府贷款主要用于引进技术、关键设备及控制系统，其余大部分设备由国内配套或加工制造。

上海江桥生活垃圾焚烧厂焚烧处理黄浦区、静安区的全部生活垃圾及普陀区、闸北区、长宁区、嘉定区的部分生活垃圾，服务范围覆盖六个区；该厂一期工程投产后，每年为上海市处理生活垃圾 33 万 t，缓解了上海市垃圾出路难的问题，也延长了上海老港填埋场的使用期，节省宝贵的土地资源；同时，垃圾焚烧回收的电能，除满足本厂自用外，预计每年尚可外售电约 8000 万 kW·h，做到废物利用，变废为宝。根据国家对垃圾焚烧发电上网的有关优惠政策和在收取合理的垃圾处理费的情况下，除取得显著的社会效益和环境效益外，又可取得较好的经济效益，使该厂能维持良好运转。

（1）工艺

上海江桥生活垃圾焚烧厂全厂工艺主要由以下几个系统构成：垃圾称重及卸料系统、垃圾焚烧系统、助燃空气系统、余热锅炉系统、出渣系统、烟气净化系统、汽轮发电机系统、自动控制系统、公用系统等，生产线配置为三炉二机。

焚烧厂东大门是人流通道，西大门是物流通道，所有进入焚烧厂的垃圾运输车辆，首先要经过西大门的计算机自动称重之后，方能进厂。

物流通道由南向北，经过高架路进入卸料大厅。卸料大厅面积约 $2500m^2$，有 18 个卸料口，卸料口安装了半自动门，垃圾车卸下垃圾后，门会自动关上，以防臭气外泄。

卸料大厅后面是垃圾储存坑，采用了负压设计，垃圾贮存坑内的臭气，由储存坑上方"一次风进口"抽向焚烧炉内，不仅解决了焚烧炉内加氧助燃的问题，而且解决了垃圾储存坑内臭气外泄的问题。垃圾储存池为半地下式钢筋混凝土结构，长 72m、宽 18m，地下部分 6m，可存放 5d 的垃圾量。垃圾坑上方安装了两台 12.8t 的抓斗吊车，可将垃圾抓入进料口，进入焚烧炉。

焚烧炉采用德国斯坦米勒公司往复顺推式机械移动炉排，液压驱动，倾斜角 $12.5°$，炉排面积 $86m^2$（单台）。该焚烧炉排技术是国际上著名的先进炉排技术之一，在垃圾焚烧领域有 $15\%\sim20\%$ 的市场占用率。为了适应上海地区生活垃圾高水分、低热值、未分拣的特点，在引进该技术时，根据中方的要求，其焚烧炉炉排的面积、结构及炉型等都做了相应的改进，以保证垃圾在炉内充分燃烧，确保烟气在不低于 850℃ 条件下的炉内停留时间不小于 2s，灰渣热灼减率≤3%。

烟气净化采用半干法＋喷活性炭＋袋式除尘器相结合的工艺，并预留了脱氮装置；该系统是 20 世纪 90 年代中后期国际上广泛采用的高效、经济适用的烟气净化技术，使用具有每分钟 15000 转的喷雾器、袋材为进口的 P84 的布袋除尘器，使其更具有高效、低耗的特色。烟气通过该系统处理后，其有害物的含量远低于当时我国国家标准《生活垃圾焚烧污染控制标准》（GB 18485—2001）所规定的限值，达到欧共体 1992 年标准，其中二噁英的含量低于 $0.1ng/Nm^3$（当时我国国家标准为 $1ng/Nm^3$）。

整体工艺控制采用集散控制系统（DCS），以实现焚烧、烟气净化、汽轮发电机组系统、电气系统、汽水循环系统及其他各辅助工艺系统的自动控制和管理，从而使全厂获得高度的自动化水平。

垃圾焚烧产生的热量通过余热锅炉回收产生蒸汽，并经两台额定功率为 12MW 的中压凝汽式汽轮发电机组发电，电量除供本厂使用外，大部分出售，并入华东电网。

烟气净化系统产生的飞灰外运至嘉定危险品处理场进行安全处置。垃圾焚烧产生的灰渣，运往老港处理。

垃圾渗滤水收集后，垃圾热值达到设计值时，渗滤水回喷炉内焚烧处理，在试运行及垃圾热值偏低时，渗滤水由专用槽车运到污水厂处理；生产废水、生活污水由厂内污水处理站处理后达标排放。

（2）建设单位与周期

上海环城再生能源有限公司（以下简称环城公司）是由上海城投资开发总公司和上海振环事业总公司合资成立的有限公司，承担了上海市重大工程——"上海江桥生活垃圾焚烧厂"建设任务。焚烧厂工程由北京五洲工程设计研究院总包设计，施工总承包由上海市建工集团负责，其中工业设备安装由上海市电力建设二公司分包。工程监理由上海宝钢建设监理有限公司负责。

江桥焚烧厂工程于 1999 年 9 月 8 日综合楼开工建设；2000 年 12 月开始主体工程桩基施工；2002 年 12 月底全面完成土建、设备安装及其辅助工程，同年 12 月完成工程配套道路——绥德路建设；2003 年进入工艺设备系统分步调试，克服"非典"带来的重重困难，9 月 16 日一号炉首次燃油点火并网发电成功，11 月 10 日试焚烧生活垃圾并网发电成功，11 月 19 日上海市副市长参加了隆重、喜庆的投产运营仪式；正式进入生产试运行。12 月开始了二期工程开工的准备工作。

（3）整厂设计理念

厂区布置具有功能分区明确合理、人流物流各行其道、未来与远近相结合、统筹规划、绿树成荫、整齐美观的特点。体积庞大的焚烧工房建筑及其附属的建（构）筑设计独具特色，造型新颖大方、简洁明快；大面积银灰色压型钢板的外墙，体现了工业建筑的壮观及美感；80m 高花瓣造型的烟囱为目前国内外垃圾焚烧厂所罕见。夜幕降临，具有现代设计理念、美观大方的厂区道路照明与现代化的厂房交相辉映。

占全厂 42% 以上的绿地种植了香樟、雪松、海枣、红花等比较名贵的树木，这些树木具有美化环境、净化空气的重要功能。同时，根据"以人为本"的原则，在生产、办公、职工休息等不同功能的区域内，设计布置了造型优美、多彩多姿的园林小品、坡地草坪，从而体现了工厂建在花园里的特色。厂区大门口耸立着雄伟壮观、令人振奋的大型主题雕塑，寓意着万物循环利用、再生发电、变废为宝的焚烧厂功能，形象地表达了国际化大城市上海对生活垃圾处理实现无害化、减量化、资源化的发展前景。

（二）浙江某垃圾焚烧发电厂

该垃圾焚烧发电厂采用两段式炉排炉工艺，工艺流程如图 2-31 所示。

生活垃圾由垃圾封闭运输车运至发电厂→电子汽车衡过磅→卸入封闭的垃圾料坑内，垃圾经抓斗→给料斗→推料器→焚烧炉，在焚烧炉内高温燃烧，焚烧产生的烟气将水加热，并生成蒸汽，蒸汽驱动汽轮机组发电，焚烧产生的烟气经尾气处理装置净

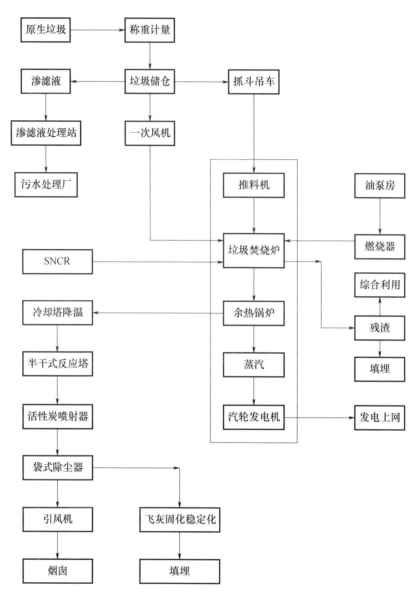

图 2-31 垃圾焚烧厂工艺流程

化后达标排放，焚烧产生的炉渣可以作为一般废物处理，布袋除尘器处理的飞灰作为危险废物加水泥与螯合剂固化处理。二段式垃圾焚烧炉排分为逆推段和顺推段两个燃烧区域，其主要流程为：抓斗将垃圾从垃圾池送入落料槽，在给料机的推送下进入炉膛，落在倾斜的逆推炉排上，垃圾在床面上不断翻滚、搅拌，完成干燥、着火和燃烧过程，随后在逆推炉排的末端，经过一段落差，掉入水平的顺推炉排床面上，继续燃烧，直至燃烬，炉渣经出渣机排出炉外，然后外运制砖。

两段式焚烧炉在燃烧垃圾时可控制燃烧温度，可将该炉的焚烧温度控制在 1050℃以内，并保证炉内温度大于 850℃时，烟气停留时间＞2s，氧气浓度 7.26%（控制在 5.6%～10.7%）。当烟气从炉内排出时，采用降温措施迅速将烟气温度降低，并且在设计流程时，尽量减少烟气从高温到低温（600～200℃）过程的停留时间，以抑制二噁英的生成，保证烟气在处理系统内的温度＜250℃。经采取以上措施，可最大限度地抑制二噁英的生成，保护布袋除尘器的特种布料不受损坏。活性炭粉末喷入综合反应塔和袋式除尘器之间的水平烟道内，可对残留的二噁英类等有毒有害气体进行吸附。在布袋除尘器中，当烟气通过由颗粒物形成的滤层时，残存微量二噁英（或重金属）仍能与滤层中未反应的 $Ca(OH)_2$ 粉末、活性炭粉末发生反应，从而进一步得到净化，最终达到＜0.1ng/Nm³ 的欧盟排放标准。

垃圾储坑产生的臭气，主要成分有甲烷（CH_4）、硫化氢（H_2S）、氯化氢（HCl），还有无味的二氧化碳（CO_2）等气体，为了防止臭气外逸，除了整个垃圾储坑采取严格的密封处理外，垃圾储坑采用负压运行，以免垃圾臭气与灰尘造成对环境的污染，在垃圾储坑上部设有吸风口，将垃圾储坑产生的臭气由一次风机抽吸作为燃烧用空气送入焚烧炉，两台炉平均每小时抽走储坑 50000m³ 臭气作为锅炉燃烧空气，在锅炉中经过 850～1050℃ 的高温燃烧，大部分臭气被分解，未被分解的尾气经烟气处理系统后即可达标排放。

三废处理：

（1）烟气处理：采用"SNCR＋半干法＋活性炭吸附＋袋式除尘"烟气净化工艺，焚烧炉设 SNCR 脱氮系统接口，处理后的烟气能够达到《生活垃圾焚烧污染控制标准》（GB 18485—2014）要求。

（2）废渣处理：包括飞灰和炉渣处理。飞灰设固化稳定化处理，采用水泥和螯合剂稳定化工艺，通过浸毒试验，达到《生活垃圾填埋场污染控制标准》（GB 16889—2008），运送至填埋场填埋处理；炉渣经处理后外运综合利用。

（3）渗滤液处理：垃圾池渗滤液经导排通廊流入收集池，经自控自吸泵送入渗滤液处理站调节池，处理工艺按"预处理＋UASB＋MBR＋NF"工艺，处理达到《污水综合排放标准》（GB 8978—1996）中的三级标准，排入最近的污水管网。

第四节　水泥窑协同处置

水泥窑焚烧处理固体废物在发达国家中已经得到了广泛的认可和应用。随着水泥窑焚烧危险废物的理论与实践的发展与各国相关环保法规的健全，该项技术在经济和环保方面显示出了巨大优势，形成了产业规模，在发达国家危险废物处理中发挥着重要作用。

我国是水泥生产和消费大国，受资源、能源与环境因素的制约，水泥工业必须走可持续发展之路；同时我国各类废物产生量巨大，无害化处置率低，尤其是危险废物，由于其处理难度大、处理设施投资与处理成本高，是固体废物管理中的薄弱环节。因此，水泥窑协同处置固体废弃物在中国有着广泛的发展前景。

水泥窑协同处置是一种新的废弃物处置手段，是指将满足或经过预处理后满足入窑要求的固体废物投入水泥窑，在进行水泥熟料生产的同时实现对固体废物的无害化处置过程。

在固体废物处置方式中，水泥窑协同处置得到行业内人士的广泛关注，其适用范围广，可处理危险废物、生活垃圾、工业固体废物、污泥、污染土壤等。水泥窑协同处置发展趋势不可阻挡，可以作为一般城市固体废弃物处置、一般工业固体废弃物处置和危险固体废弃物处置的重要补充。

一、水泥窑协同处置废物的优势

（一）垃圾焚烧工艺

垃圾焚烧处理系统包括预处理系统、焚烧系统、余热发电系统、烟气处理系统及附属设施。焚烧系统包括预处理车间、焚烧炉及其附属的上料、除灰等设施，焚烧技术的关键是焚烧炉设备和烟气处理系统；余热发电系统主要包括余热锅炉和发电机组；烟气处理系统主要包括除尘及烟气脱酸等烟气净化处理设施等。

（二）水泥窑协同处置生活垃圾工艺

水泥窑协同处置生活垃圾的工艺流程如图 2-32 所示。

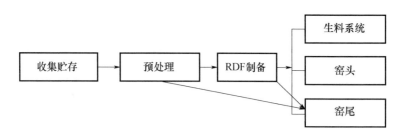

图 2-32　水泥窑协同处置生活垃圾工艺流程

（三）水泥窑协同处置的优势

（1）焚烧温度高：水泥窑内物料温度一般高于 1450℃，气体温度则高于 1750℃，甚至分别可达更高温度 1500℃和 2200℃。在此高温下，废物中有机物将产生彻底的分解，一般焚毁去除率达到 99.99％以上，对于废物中有毒有害成分将进行彻底的"摧毁"和"解毒"。

（2）停留时间长：水泥回转窑筒体长，废物在水泥窑高温状态下持续时间长。根据一般统计数据，物料从窑头到窑尾总停留时间在 40min 左右，气体在温度 950℃以上区段的停留时间在 8s 以上，1300℃以上区段的停留时间大于 3s，可以使废物长时间处于高温之下，更有利于废物的燃烧和彻底分解。

（3）焚烧状态稳定：水泥工业回转窑有一个热惯性很大、十分稳定的燃烧系统。它是由回转窑金属筒体、窑内砌筑的耐火砖以及在烧成带形成的结皮和待煅烧的物料组成，不仅质量巨大，而且由于耐火材料具有隔热性能，更使得系统热惯性增大，不会因为废物投入量和性质的变化，造成大的温度波动。

（4）良好的湍流：水泥窑内高温气体与物料流动方向相反，湍流强烈，有利于气固相的混合、传热、传质、分解、化合、扩散。

（5）碱性的环境气氛：生产水泥采用的原料成分决定了回转窑内是碱性气氛，水泥窑内的碱性物质可以和废物中的酸性物质中和为稳定的盐类，有效地抑制酸性物质的排放，便于其尾气的净化，而且可以与水泥工艺过程一并进行。

（6）没有废渣排出：在水泥生产的工艺过程中，只有生料和经过煅烧工艺所产生的熟料，没有一般焚烧炉焚烧产生炉渣的问题。

（7）固化重金属离子：利用水泥工业回转窑煅烧工艺处理危险废物，可以将废物成分中的绝大部分重金属离子固化在熟料中，最终进入水泥成品中，避免了再度扩散。

（8）全负压系统：新型干法回转窑系统是负压状态运转，烟气和粉尘不会外逸，从根本上防止了处理过程中的再污染。

（9）废气处理效果好：水泥工业烧成系统和废气处理系统，使燃烧之后的废气经过较长的路径和良好的冷却、收尘设备，有着较高的吸附、沉降和收尘作用，收集的粉尘经过输送系统返回原料制备系统可以重新利用。

（10）焚烧处置点多，适应性强：水泥工业不同工艺过程的烧成系统，无论是湿法窑、半干法立波尔窑，还是预热窑和带分解炉的旋风预热窑，整个系统都有不同高温投料点，可适应各种不同性质和形态的废料。

（11）减少社会总体废气排放量：由于可燃性废物对矿物质燃料的替代，减少了水泥工业对矿物质燃料（煤、天然气、重油等）的需要量。总体而言，比单独的水泥生产和焚烧废物产生的废气排放量大为减少。

（12）建设投资较小，运行成本较低：利用水泥回转窑来处置废物，虽然需要在工艺设备和给料设施方面进行必要的改造，并需新建废物贮存和预处理设施，但与新建专用焚烧厂比较，还是大大节省了投资。在运行成本上，尽管由于设备的折旧、电力和原材料的消耗、人工费用等使得费用增加，但是燃烧可燃性废物可以节省燃料，降低燃料成本，燃料替代比率越高，经济效益越明显。

利用新型干法水泥熟料生产线在焚烧处理可燃性工业废物的同时产生水泥熟料，属于符合可持续发展战略的新型环保技术。在继承传统焚烧炉的优点时，有机地将自身高温、循环等优势发挥出来，既能充分利用废物中的有机成分的热值实现节能，又能完全利用废物中的无机成分作为原料生产水泥熟料；既能使废物中的有机物在新型回转式焚烧炉的高温环境中完全焚毁，又能使废物中的重金属固化到熟料中。

二、水泥窑处置危险废物的发展历程

（一）水泥窑协同处置发展历程

国外水泥窑协同处置废弃物经历了起步、发展、广泛应用三个阶段。在《巴塞尔公约》中，水泥窑生产过程中协同处置危险废物的方法已经被认为是对环境无害的处理方法，即最佳可行性技术。

（1）起步阶段

水泥窑协同处置技术历史悠久，起源于 20 世纪 70 年代。1974 年，加拿大 Lawrence 水泥厂首先将聚氯苯基等化工废料投入回转窑中进行最终处置获得成功，开启了水泥窑协同处置废物的序幕。

（2）发展阶段

由于水泥窑协同处置不仅可以实现废物处理的减量化、无害化和稳定化，而且可以将废物作为燃料利用，实现废物处理的资源化，所以此项技术逐渐在先进发达国家得到推广应用。到 20 世纪 80 年代，水泥窑协同处置危险废物技术在欧洲的德国、法国、比利时、瑞士等，美洲的美国和加拿大，亚洲的日本等国家得到有效推广。例如，1994 年，美国共 37 家水泥厂用危险废物作为水泥窑的替代燃料，处理了近 300 万 t 危险废物。20 世纪 80～90 年代，日本水泥工业已从其他产业接受大量废弃物和副产品。

（3）广泛应用阶段

2000 年后，Holcim、Lafarge、CE. MEX 和 Heidelberg 等著名国际水泥企业大规模开展废弃物处置利用工作。美国水泥厂一年焚烧的工业危废是焚烧炉处理的 4 倍之多，全美国液态危废的 90% 在水泥窑进行焚烧处理；2000 年后，挪威协同处置危废的水泥厂覆盖率为 100%；2001 年，日本水泥厂的废物利用量已达到 355kg/t 水泥；2003 年，欧洲共 250 多个水泥厂参与协同处置固体废物业务。

（二）发达国家水泥窑协同处置现状

经过 40 多年发展，水泥窑协同处置技术相对比较成熟，早已成为发达国家普遍采用的处置技术，对水泥工业可持续发展和固体废物处置提供了广阔市场空间。

（1）欧洲

瑞士、法国、英国、意大利、挪威、瑞典等国家利用水泥窑焚烧废物都约有 20 年的历史。瑞士赫尔辛姆（HOLCIM）公司是强大的水泥生产跨国公司，HOLCIM 公司从 20 世纪 80 年代起开始利用废物作为水泥生产的替代燃料，近几年该公司在世界各大洲水泥厂的燃料替代率都在迅速增长，设在欧洲的水泥厂燃料替代率最高，1999 年已经达到 28%；设在亚洲和大洋洲的水泥厂燃料替代率最低，1999 年仅为 2%。1999 年该公司设在比利时的某个世界上最大的湿法水泥厂中，燃料替代率已达到 80%，其余约 20% 的燃料为回收的石油焦，目前该厂的燃料成本已降为 2% 左右。2000 年，HOLCIM 公司设在欧洲的 35 个水泥厂处理和利用的废物总量就达 150 万 t。法国 Lafarge 公司从 20 世纪 70 年代开始研究推进废物代替自然资源的工作。经过近 30 年的研究和发展，危险废物处置量稳步增长。Lafarge 公司在法国处置的废物类型主要有水相、溶剂、固体、油、乳化剂和原材料等。目前该公司设在法国的水泥厂焚烧处置的危险废物量占全法国焚烧处置的危险废物量的 50%，燃料替代率达到 50% 左右。2001年，Lafarge 公司由于处置废物而实现了以下目标：节约 200 万 t 矿物质燃料；降低燃料成本达 33% 左右；收回了约 400 万 t 的废料；减少了全社会 500 万 tCO_2 气体的排放。

2012 年，欧洲各国水泥厂燃料替代比例如图 2-33 所示。

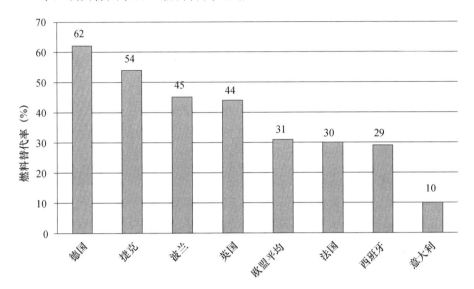

图 2-33 欧洲水泥燃料替代率

2009 年，欧盟 27 国不同类别替代燃料的占比如图 2-34 所示。

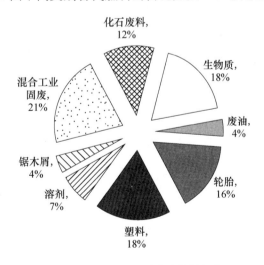

图 2-34 欧盟不同类别替代燃料的占比

① 德国

德国水泥生产始于 1877 年，20 世纪的前 50 年受第二次世界大战及战后重建的影响，水泥产量快速增长。德国水泥行业有 34 个综合水泥厂，综合水泥产能总计 3200万 t/a。

在德国水泥工业历史的前 100 年，煤炭是水泥厂的首选燃料。20 世纪 70 年代的石油危机对德国水泥工业产生重大影响，导致了行业的两次重大转变。第一个是生产线转变为更大、更高热效率的干法生产线，水泥产量从 350t/d 提高至 2400t/d；第二个是水泥生产替代燃料的初步研究，研究成果显著。

德国拥有全世界现代化程度最高、高效及环保意识最高的水泥工业，也是世界上较早进行水泥厂废物处理和利用的国家。自 20 世纪 70 年代煤炭逐渐被石油焦和替代燃料所取代，90 年代替代燃料的应用得到蓬勃发展。由于相对较早地应用替代燃料，德国成为全球燃料替代率最高的国家。

1987—2013 年德国水泥窑燃料替代率变化如图 2-35 所示。

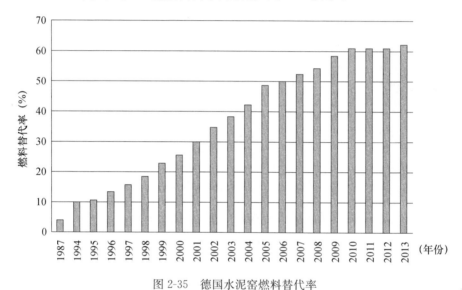

图 2-35　德国水泥窑燃料替代率

1998—2013 年德国不同种类替代燃料的热值变化如图 2-36 所示。

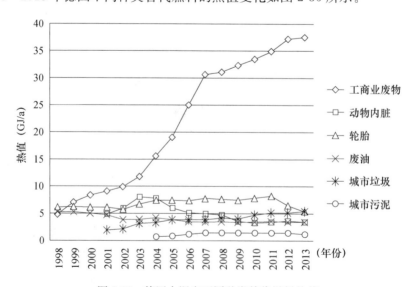

图 2-36　德国水泥窑不同种类替代燃料热值

② 意大利

意大利水泥厂燃料替代率逐年增加。2011—2013 年，燃料替代率分别为 7.2%、10.2% 和 11.4%。2011—2013 年，意大利水泥厂不同种类替代燃料用量如图 2-37 所示。

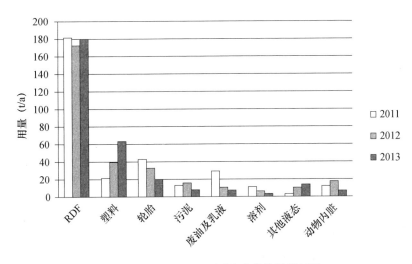

图 2-37 意大利水泥不同种类替代燃料用量

（2）日本

日本拥有水泥生产企业 20 家，计 36 家工厂，拥有 64 台窑体，全部为新型干法预热回转窑，熟料生产能力为 8030 万 t。

日本由于资源匮乏，而水泥生产技术先进，水泥企业在废物利用和处理方面处于世界前列，废物利用量持续增长。替代原料中高炉矿渣最多，占全日本高炉矿渣总量的 50%；其次是粉煤灰，占全日本粉煤灰总量的 60%；副产石膏利用量相当于全日本水泥企业所需石膏用量的 90%。替代燃料中，废旧轮胎最多，相当于日本废旧轮胎总量的 35%。日本水泥协会的目标是到 2010 年，每生产 1t 水泥利用废物量达 400kg。总体而言，日本水泥企业原料替代率较高，燃料替代率目前仅为 5%，尚有较大的上升空间。

日本一般对危险废物采用先焚烧处理，然后通过生料配比计算，将其焚烧灰按比例加到水泥原料中，在水泥回转窑中烧制。

（3）美国

美国拥有庞大且非常完善的水泥产业，2016 年其水泥产量为 1.205 亿 t。美国地质调查局公布的数据显示，美国 2016 年的熟料产能为 1.09 亿 t，全美生产熟料为 8290 万 t。美国庞大的水泥产能来自 97 座综合水泥厂，较之前减少 2 座。

美国水泥市场上有着众多的跨国水泥生产商，例如拉法基豪瑞、西麦斯、CRH 和 Buzzi 水泥，部分公司通过美国品牌来运行当地的水泥公司，例如海德堡水泥的 Essroc，但是美国自身掌控的水泥企业已经逐渐减少，很可能很快就全部消失。

美国环保署也大力提倡水泥窑焚烧处理废物。20世纪80年代中期以来，随着美国联邦法规对废物管理，尤其危险废物处理要求的加强，废物焚烧处理量迅速增加，由于前述诸多优点，水泥窑处理危险废物发展迅速。1994年美国共有37家水泥厂或轻骨料厂得到授权用危险废物作为替代燃料烧制水泥，处理了近300万t危险废物，占全美国500万t危险废物的60％。全美国液态危险废物的90％在水泥窑进行焚烧处理。

（三）我国水泥窑协同处置发展现状

我国水泥厂对废物的利用主要局限于原料替代方面。目前国内绝大部分的粉煤灰、矿渣、硫铁渣等都在水泥厂得到了利用和处理。全国水泥原料的20％来源于冶金、电力、化工、石化等行业产生的各种工业废物，减少了天然矿物资源的使用量。根据我国水泥行业的生产技术水平，一般生产1t水泥需原料1.6t，按水泥产量25亿t/a计，每年利用的各种工业废物即达8亿t，既节省了宝贵的资源，又解决了工业废物环境污染问题，同时也为水泥工业带来了一定的经济效益。

20世纪90年代中期以来，随着我国经济的快速增长和可持续发展战略的贯彻实施，北京、上海、广州等特大型中心城市的政府和水泥企业，开始了关于"水泥工业处置和利用可燃性工业废物"问题的研究和工业实践，引起了国家有关部委和水泥行业的重视。1995年5月，北京金隅集团旗下的北京水泥厂开始用水泥回转窑试烧废油墨、废树脂、废油漆、有机废液等，研发了全国第一条协同处置工业废物环保示范线。2000年1月，北京水泥厂取得了北京市环保局颁发的"北京市危险废物经营许可证"。可处理的废弃物的种类涵盖了《国家危险废物名录》中列出的47类危险废弃物中的37类，如：废酸碱、废化学试剂、废有机溶剂、废矿物油、乳化液、医药废物、涂料染料废物、含重金属废物（不含汞）、有机树脂类废物、精（蒸）馏残渣、焚烧处理残渣等。为保证各类废弃物的稳定处置，北京水泥厂自主研发了八套废弃物处置系统：浆渣制备系统、废液处置系统、化学试剂处置系统、废酸处置系统、飞灰处置系统、垃圾筛上物处置系统、玻璃钢处置系统、污泥处置系统，是北京市危险废弃物无害化处置、固体废物利用等领域实践循环经济的典范。处置的废弃物类别涵盖了危险废物、生活垃圾、市政污泥、污染土壤等。

上海万安企业总公司（原上海金山水泥厂）于1996年开始处置上海先灵葆制药有限公司生产氟洛芬产品过程中产生的废液。上海万安也是我国20世纪少有的几家已取得危险废物处置经营许可证的水泥企业之一，该公司在1996年就取得了上海市环保局颁发的9种危险废物的处置经验许可证。

宁波科环新型建材有限公司（原宁波舜江水泥有限公司）于2004年开展了电镀污泥的水泥窑协同处置业务，年处置电镀污泥2万~3万t。2011年，烟台山水水泥有限公司、太原狮头集团废物处置有限公司、太原广厦水泥有限公司、陕西秦能资源科技开发有限公司、柳州市金太阳工业废物处置有限公司等5家企业获得了危险废物经营许可证。

华新水泥（武穴）有限公司是目前我国另一家较为成功开展水泥窑协同处置危险废物工程的水泥企业，2007 年建成了协同处置工业废物的水泥生产线，取得了湖北省颁发的 15 类危险废物的处置经营许可证，2011 年处置危险废物 2762.79t。

近几年，我国水泥窑协同处置危险废物发展很快。截至 2017 年 9 月底，全国获得危险废物经营许可证的水泥企业共计 39 家，占全国危险废物处理资质企业总数不足2%；涉及的新型干法水泥生产线 40 余条；核准经营规模 229.61 万 t，占全国危险废物核准处置规模的 3.5%。

随着国内水泥窑协同处置危险废物项目的陆续实施，其在经济性、适应性、安全性等方面已显现出比现有的高温焚烧和安全填埋等传统方式更为明显的优势。目前我国 4000t/d 及以上的新型干法水泥窑已实现全国布局，在国家大力推进生态文明建设大背景下，环保和生态环境治理成为当前供给侧结构性改革"补短板"的重要内容，水泥窑协同处置危险废物作为一种新兴的危险废物无害化处置方式，今后将得到国家进一步的政策鼓励和支持，一批相对落后的传统处置方式或将逐步被这一新兴处置方式替代。

三、水泥窑协同处置危险废物的途径

（1）水泥窑协同处置危险废物的四种途径

根据固体废物的成分与性质，不同的废物在水泥生产过程中的处置途径不同，主要包括以下四个方面：

替代燃料：主要为高热值有机废物；

替代原料：主要为无机矿物材料废物；

混合材料：适宜在水泥粉磨阶段添加的成分单一的废物；

工艺材料：可作为水泥生产某些环节，如火焰冷却、尾气处理的工艺材料的废物。

（2）替代燃料

1）替代燃料的定义

替代燃料，也称作二次燃料、辅助燃料，是使用可燃废物生产水泥窑熟料，替代天然化石燃料。可燃废物在水泥工业中的应用不仅可以节约一次能源，同时有助于环境保护，具有显著的经济、环境和社会效益。发达国家自 20 世纪 70 年代开始使用替代燃料以来，替代燃料的数量和种类不断扩大，而水泥工业成为这些国家利用废物的首选行业。根据欧盟的统计，欧洲 18% 的可燃废物被工业领域利用，其中有一半是水泥行业，水泥行业的利用量是电力、钢铁、制砖、玻璃等行业的总和。发达国家政府已经认识到替代燃料对节能、减排和环保的重要作用，都在积极推动。

2）替代燃料的使用原则

① 最低热值要求。用废弃物作替代燃料时应有最低热值要求。因为水泥窑是一个敏感的热工系统，无论是热流、气流还是物料流稍有变化都会破坏原有的系统平

衡，使用替代燃料时系统应免受过大的干扰。一些欧洲国家从能量替换比上考虑将11MJ/kg的热值作为替代燃料的最低允许热值。同时需要考虑使用替代燃料时，达到部分取代常规燃料后所节省的燃料费用足以支付废料的收集、分类、加工、储运的成本。

② 必须适应水泥窑的工艺流程需要。可燃废料的形态、水分含量、燃点等都会决定使用过程的工艺流程设计，而这个设计必须与原有水泥窑的工艺流程很好地配合。另外，新型干法窑需严格控制的钾、钠、氯这类有害成分的含量应以不影响工艺技术要求为准。

③ 符合环保的原则。废弃物中含有的有害物质通常比常规原燃料高，水泥回转窑在利用和焚烧废弃物（包括危险废弃物）时，除应控制有害物质排放量不会有明显提高外，更主要的是应注意所生产水泥的生态质量。因为水泥是用来配制混凝土的胶凝材料，而混凝土建筑物，如公路、房屋建筑、水处理设施、水坝及饮用水管道等，必须确保对土壤、地下水以及人的健康不会产生危害，对废弃物带入的有害物质必须根据混凝土所能接受的最大量加以限定。

（3）常规替代燃料种类

含有一定热量的危险废物可用作水泥熟料生产过程中的燃料。水泥窑替代燃料种类繁多，数量及适用情况各异，常见的替代燃料种类大概可分为以下几种：

① 废轮胎。

② 使用过的各种润滑油、矿物油、液压油、机油、洗涤用柴油或汽油、各种含油残渣等废油。

③ 木炭渣、化纤、棉织物、医疗废物等。这类废物比较特殊，可能含各种病菌较多，往往必须在喂入水泥窑之前由废料回收公司进行预处理，如消毒、杀菌、封装、打包等。

④ 纸板、塑料、木屑、稻壳、玉米秆等。这些废料热值较低，密度小、体积大，必须采用专门的称量喂料装置将其喂入水泥窑内燃烧。

⑤ 废油漆、涂料、石蜡、树脂等。

⑥ 石油渣、煤矸石、油页岩、城市下水道污泥等。

（4）危险废物替代燃料种类

① 液态危险废物：醇类、酯类、废化学试剂、废溶剂类、废油、废油墨、废油漆等；

② 半固态危险废物：使用过的各种废润滑油、各种含油残渣、油泥、漆渣等；

③ 固态危险废物：活性炭、石蜡、树脂、石油焦等。

替代原料：

从理论上说，含有 CaO、SiO_2、Al_2O_3、Fe_2O_3 的水泥原料成分的废弃物都可作为水泥原料。根据固体废弃物自身的化学成分，一般用于代替以下水泥的原料组分。

（1）常见的替代原料种类

① 代替黏土作组分配料：用以提供 SiO_2、Al_2O_3、Fe_2O_3 的原料，主要有粉煤灰、炉渣、煤矸石、金属尾矿、赤泥、污泥焚烧灰、垃圾焚烧灰渣等。根据实际情况可部分替代或全部替代。煤矸石、炉渣不仅带入化学组分，而且可以带入部分热量。

② 代替石灰质原料：用以提供 CaO 的原料，主要有电石渣、氯碱法碱渣、石灰石屑、碳酸法糖滤泥、造纸厂白泥、高炉矿渣、钢渣、磷渣、镁渣、建筑垃圾等。

③ 代替石膏作矿化剂：如磷石膏、氟石膏、盐田石膏、环保石膏、柠檬酸渣等，因其含有 SO_3、P、F 等都是天然的矿化成分，且 SO_3 含量高达 40% 以上，可全部代替石膏。

④ 代替熟料作晶种：如炉渣、矿渣、钢渣等，可全部代替。

⑤ 校正原料：用以替代铁质、硅质等的校正原料。替代铁质的校正原料主要有低品位铁矿石、炼铜矿渣、铁厂尾矿、硫铁矿渣、铅矿渣、钢渣；替代硅质的校正原料主要有碎砖瓦、铸模砂、谷壳焚烧灰等。

（2）常见的危险废物替代原料种类

一般为不含有机物的危险废物，如电镀污泥、氟化钙、重金属浸出浓度超过国家危险废物鉴别标准限值的重金属污染土壤等。

四、水泥窑协同处置固体废物的类别

水泥窑之所以能够成为废物的处理方式，主要是因为废物能够为水泥生产所用，可以以二次原料和二次燃料的形式参与水泥熟料的煅烧过程，二次燃料通过燃烧放热把热量供给水泥煅烧过程，而燃烧残渣则作为原料通过煅烧时的固、液相反应进入熟料主要矿物，燃烧产生的废气和粉尘通过高效收尘设备净化后排入大气，收集到的粉尘则循环利用，达到既生产了水泥熟料又处理了废弃物，同时减少环境负荷的良好效果。

水泥窑可以处理的废物包括：

（1）生活垃圾（包括废塑料、废橡胶、废纸、废轮胎等）；

（2）各种污泥（下水道污泥、造纸厂污泥、河道污泥、污水处理厂污泥等）；

（3）工业固体废物（粉煤灰、高炉矿渣、煤矸石、硅藻土、废石膏等）；

（4）危险废物；

（5）农业废物（秸秆、粪便）；

（6）动植物加工废物；

（7）受污染土壤；

（8）应急事件废物等固体废物。

第三章　水泥生产工艺

第一节　水泥起源与发展

一、水泥起源与发展

（一）胶凝材料

（1）胶凝材料的定义

水泥起源于胶凝材料，是在胶凝材料的发展过程中逐渐演变和发明的。胶凝材料是指在物理、化学作用下，能从浆体变成坚硬的石状体，并能胶结其他物料而具有一定机械强度的物质，又称胶结料。胶凝材料分为无机胶凝材料和有机胶凝材料两大类，如沥青和各种树脂属于有机胶凝材料。无机胶凝材料按照硬化条件又可分为水硬性胶凝材料和非水硬性胶凝材料两种。水硬性胶凝材料在拌水后既能在空气中硬化，又能在水中硬化，通常称为水泥，如硅酸盐水泥、铝酸盐水泥等。非水硬性胶凝材料只能在空气中硬化，故又称气硬性胶凝材料，如石灰、石膏等。

（2）胶凝材料的发展

胶凝材料的发展史很悠久，可以追溯到人类的史前时期。它先后经历了天然黏土、石膏-石灰、石灰-火山灰、天然水泥、硅酸盐水泥、多品种水泥等各个阶段。

远在新石器时代，距今 4000～10000 年前，由于石器工具的进步和劳动生产力的提高，人类为了生存开始在地面挖穴建造居住的屋室。当时的人们利用黏土和水混合后具有一定的可塑性，而且水分散失后具有一定强度的胶凝特性，来砌筑简单的建筑物，有时还在黏土浆中掺入稻草、稻壳等植物纤维，以起到加筋和提高强度的目的。黏土是最原始的、天然的胶凝材料。但未经煅烧的黏土不抗水且强度低。这个时期称为天然黏土时期。

随着火的发现，在公元前 3000—前 2000 年，石膏、石灰及石灰石开始被人类利用。人们利用石灰岩和石膏岩在火中煅烧脱水、在雨中胶结产生胶凝特性，开始用经过煅烧所得的石膏或石灰来调制砌筑砂浆。这个阶段可称为石膏-石灰时期。

随着生产的发展，在公元初，古希腊人和古罗马人都发现，在石灰中掺加某些火山灰沉积物，不仅提高强度，还具有一定的抗水性。在中国古代建筑中大量应用的石灰、黄土、细砂组成的三合土实际上也是一种石灰-火山灰材料。随着陶瓷生产的需要，人们发现将碎砖、废陶器等磨细后代替天然的火山灰与石灰混合，同样能制成具有水硬性的胶凝材料，从而将火山灰质材料由天然发展到人工制造，将煅烧过的黏土与石灰混合可以获得具有一定抗水性的胶凝材料。这个阶段可称为石灰-火山灰时期。

随着港口建设的需要，在 18 世纪下半叶，英国人 J. Smetetonf 发现掺有黏土的石灰石经过煅烧后获得的石灰具有水硬性。他第一次发现了黏土的作用，制成了"水硬性石灰"。例如英国伦敦港口的灯塔建设，就是用水硬性石灰作为建筑材料。随后出现的罗马水泥，是将含有适量黏土的黏土质石灰石经过煅烧而成。在此基础上，发展到用天然水泥岩（黏土含量在 20%～25% 的石灰石）煅烧、磨细而制成天然水泥。这个阶段可称为天然水泥时期。

（二）水泥的发明

在 19 世纪初期（1810—1825 年），人们开始组织生产以人工配合的石灰石和黏土为原料，再经过煅烧、磨细的水硬性胶凝材料。1824 年，英国人 J. Aspdin 将石灰石和黏土配合烧制成块，再经磨细成水硬性胶凝材料，加水拌和后能硬化成人工石块，且具有较高强度，因为这种胶凝材料的外观颜色与当时建筑工地上常用的英国波特兰岛上出产的岩石颜色相似，故称之为"波特兰水泥（Portland Cement，中国称为硅酸盐水泥）"。J. Aspdin 于 1824 年 10 月首先取得了该项产品的专利权。例如，1825—1843 年修建的泰晤士河隧道工程就大量使用了波特兰水泥。这个阶段可称为硅酸盐水泥时期，也可称为水泥的发明期。

随着现代工业的发展，到 20 世纪初，仅仅有硅酸盐水泥、石灰、石膏等几种胶凝材料已经远远不能满足重要工程建设的需要。生产和发展多品种多用途的水泥是市场的客观需求，如铝酸盐水泥、快硬水泥、抗硫酸盐水泥、低热水泥以及油井水泥等。后来，又陆续出现了硫铝酸盐水泥、氟铝酸盐水泥、铁铝酸盐水泥等特种水泥品种，从而使水硬性胶凝材料发展成更多类别。多品种、多用途水泥的大规模生产，形成了现代水泥工业。这个阶段可称为多品种水泥阶段。

随着科学技术的进步和社会生产力的提高，胶凝材料将有更快的发展，以满足日益增长的各种工程建设和人们物质生活的需要。

（三）水泥的定义和分类

水泥是指磨细成粉状、加入一定量的水后成为塑性浆体，既能在水中硬化，又能在空气中硬化，能把砂、石等颗粒或纤维材料牢固地胶结在一起，具有一定强度的水硬性无机胶凝材料。英文为 cement，由拉丁文 caementum 发展而来。

（1）水泥按用途及性能分为：

① 通用水泥：一般土木建筑工程通常采用的水泥。通用水泥主要是指 GB 175—2007 规定的六大类水泥，即硅酸盐水泥、普通硅酸盐水泥、矿渣硅酸盐水泥、火山灰质硅酸盐水泥、粉煤灰硅酸盐水泥和复合硅酸盐水泥。

② 专用水泥：专门用途的水泥。如 G 级油井水泥、道路硅酸盐水泥。

③ 特性水泥：某种性能比较突出的水泥。如快硬硅酸盐水泥、低热矿渣硅酸盐水泥、膨胀硫铝酸盐水泥、磷铝酸盐水泥和磷酸盐水泥。

（2）水泥按其主要水硬性物质名称分为：

① 硅酸盐水泥，即国外通称的波特兰水泥；又分为：

Ⅰ型硅酸盐水泥：不掺加任何掺合料的纯熟料水泥，代号为 P·Ⅰ。

Ⅱ型硅酸盐水泥：由纯熟料掺入 5％的石灰石或粒化高炉矿渣的水泥，代号为 P·Ⅱ。

普通硅酸盐水泥：由纯熟料、6％～15％的掺合料、适量石膏磨制的水泥，代号为 P·O。

② 铝酸盐水泥。

③ 硫铝酸盐水泥。

④ 铁铝酸盐水泥。

⑤ 氟铝酸盐水泥。

⑥ 磷酸盐水泥。

⑦ 以火山灰或潜在水硬性材料及其他活性材料为主要组分的水泥。

（3）水泥按主要技术特性分为：

① 快硬性（水硬性）：分为快硬和特快硬两类；

② 水化热：分为中热和低热两类；

③ 抗硫酸盐性：分为中抗硫酸盐腐蚀和高抗硫酸盐腐蚀两类；

④ 膨胀性：分为膨胀和自应力两类；

⑤ 耐高温性：铝酸盐水泥的耐高温性以水泥中氧化铝含量分级。

（四）水泥的命名

水泥按不同类别分别以水泥的主要水硬性矿物、混合材料、用途和主要特性进行命名，并力求简明准确，名称过长时，允许有简称。

通用水泥以水泥的主要水硬性矿物名称冠以混合材料名称或其他适当名称命名。

专用水泥以其专门用途命名，并可冠以不同型号。

特性水泥以水泥的主要水硬性矿物名称冠以水泥的主要特性命名，并可冠以不同型号或混合材料名称。

以火山灰性或潜在水硬性材料以及其他活性材料为主要组分的水泥是以主要组成成分的名称冠以活性材料的名称进行命名，也可再冠以特性名称，如石膏矿渣水泥、石灰火山灰水泥等。

几种水泥的命名举例如下：

（1）水泥：加水拌和成塑性浆体，能胶结砂、石等材料，既能在空气中硬化又能在水中硬化的粉末状水硬性胶凝材料。

（2）硅酸盐水泥：由硅酸盐水泥熟料、0％～5％石灰石或粒化高炉矿渣、适量石膏磨细制成的水硬性胶凝材料，分 P·Ⅰ和 P·Ⅱ，即国外通称的波特兰水泥。

（3）普通硅酸盐水泥：由硅酸盐水泥熟料、6％～15％混合材料、适量石膏磨细制成的水硬性胶凝材料，简称普通水泥，代号为 P·O。

（4）矿渣硅酸盐水泥：由硅酸盐水泥熟料、20％～70％粒化高炉矿渣和适量石膏磨细制成的水硬性胶凝材料，代号为 P·S。

（5）火山灰质硅酸盐水泥：由硅酸盐水泥熟料、20％～50％火山灰质混合材料和适量石膏磨细制成的水硬性胶凝材料，代号为 P·P。

（6）粉煤灰硅酸盐水泥：由硅酸盐水泥熟料、20％～40％粉煤灰和适量石膏磨细制成的水硬性胶凝材料，代号为 P·F。

（7）复合硅酸盐水泥：由硅酸盐水泥熟料、20％～50％两种或两种以上规定的混合材料和适量石膏磨细制成的水硬性胶凝材料，简称复合水泥，代号为 P·C。

（8）中热硅酸盐水泥：以适当成分的硅酸盐水泥熟料、适量石膏磨细制成的具有中等水化热的水硬性胶凝材料。

（9）低热矿渣硅酸盐水泥：以适当成分的硅酸盐水泥熟料、适量石膏磨细制成的具有低水化热的水硬性胶凝材料。

（10）快硬硅酸盐水泥：由硅酸盐水泥熟料加入适量石膏，磨细制成早强度高的以 3d 抗压强度表示强度等级的水泥。

（11）抗硫酸盐硅酸盐水泥：由硅酸盐水泥熟料，加入适量石膏磨细制成的抗硫酸盐腐蚀性能良好的水泥。

（12）白色硅酸盐水泥：由氧化铁含量少的硅酸盐水泥熟料加入适量石膏磨细制成的白色水泥。

（13）道路硅酸盐水泥：由道路硅酸盐水泥熟料、0％～10％活性混合材料和适量石膏磨细制成的水硬性胶凝材料，简称道路水泥。

（14）砌筑水泥：由活性混合材料，加入适量硅酸盐水泥熟料和石膏磨细制成，主要用于砌筑砂浆的低强度等级水泥。

（15）油井水泥：由适当矿物组成的硅酸盐水泥熟料、适量石膏和混合材料等磨细制成的适用于一定井温条件下油、气井固井工程用的水泥。

（16）石膏矿渣水泥：以粒化高炉矿渣为主要组分材料，加入适量石膏、硅酸盐水泥熟料或石灰磨细制成的水泥。

二、水泥工业的发展概况

自从波特兰水泥诞生，形成水泥工业性产品批量生产并实际应用以来，水泥工业的发展历经多次变革，工艺和设备不断改进，品种和产量不断扩大，质量和管理水平不断提高。

（一）世界水泥的发展概况

第一次产业革命，催生了硅酸盐水泥的问世。第二次产业革命的兴起，推动了水泥生产设备的更新。世界水泥生产的发展历史节点如下：

（1）1756年，英国工程师J.斯米顿在研究某些石灰在水中硬化的特性时发现：要获得水硬性石灰，必须采用含有黏土的石灰石来烧制；用于水下建筑的砌筑砂浆，最理想的成分是由水硬性石灰和火山灰配成。这个重要的发现为近代水泥的研制和发展奠定了理论基础。

（2）1796年，英国人J.帕克用泥灰岩烧制出了一种水泥，外观呈棕色，很像古罗马时代的石灰和火山灰混合物，命名为罗马水泥。因为它是采用天然泥灰岩作原料，不经配料直接烧制而成的，故又名天然水泥。其具有良好的水硬性和快凝特性，特别适用于与水接触的工程。

（3）1813年，法国土木技师毕加发现了石灰和黏土按3∶1混合制成的水泥性能最好。

（4）1824年，英国建筑工人约瑟夫·阿斯谱丁（Joseph Aspdin）发明了水泥并取得了波特兰水泥的专利权。他用石灰石和黏土为原料，按一定比例配合后，在类似于烧石灰的立窑内煅烧成熟料，再经磨细制成水泥。因水泥硬化后的颜色与英格兰岛上波特兰地方用于建筑的石头相似，被命名为波特兰水泥。它具有优良的建筑性能，在水泥史上具有划时代意义。

（5）1825年，人类用间歇式的土窑烧成水泥熟料。

（6）1871年，日本开始建造水泥厂。

（7）1877年，英国的克兰普顿发明了回转炉，取得了回转窑烧制水泥熟料的专利权，并于1885年经兰萨姆改革成更好的回转炉。

（8）1893年，日本远藤秀行和内海三贞二人发明了不怕海水的硅酸盐水泥。

（9）1905年，发明了湿法回转窑。

（10）1907年，法国比埃利用铝矿石的铁矾土代替黏土，混合石灰岩烧制成了水泥。由于这种水泥含有大量的氧化铝，所以叫作"矾土水泥"。

（11）1910年，立窑实现了机械化连续生产，发明了机立窑。

（12）1928年，德国人发明了立波尔窑，使窑的产量明显提高，热耗降低。

（13）1950年，悬浮预热器的发明，更使熟料热耗大幅度降低，熟料冷却设备也有了较大发展，其他的水泥制造设备也不断更新换代。该年全世界水泥总产量为1.3亿t。

20世纪，人们在不断改进波特兰水泥性能的同时，研制成功了一批适用于特殊建筑工程的水泥，如高铝水泥、特种水泥等。全世界的水泥品种已发展到100多种。

（14）1971年，日本将德国的悬浮预热器技术引进之后，开发了水泥窑外分解技术，从而带来了水泥生产技术的重大突破，解开了现代水泥工业的新篇章。各具特色的预分解窑相继发明，形成了新型干法水泥生产技术。

随着原料预均化、生料均化、高功能破碎与粉磨和X射线荧光分析等在线检测方法的发展，以及计算机及自动控制技术的广泛应用，新型干法水泥生产的质量明显提高，在节能降耗方面取得了突破性的进展，生产规模不断扩大，熟料质量明显提高，体现出新型干法水泥工艺独特的优越性。

20 世纪 70 年代中叶，水泥厂的矿山开采、原料破碎、生料制备、熟料煅烧、水泥制备以及包装等生产环节均实现了自动控制。新型干法水泥窑开始逐步取代湿法、普通干法和机立窑等生产设备和水泥生产工艺。

1980 年，全世界水泥产量为 8.7 亿 t；2000 年，全世界水泥产量为 16 亿 t；2007年水泥年产量约 20 亿 t。

（二）世界水泥工业现状

2007—2017 年全球水泥产量走势如图 3-1 所示。

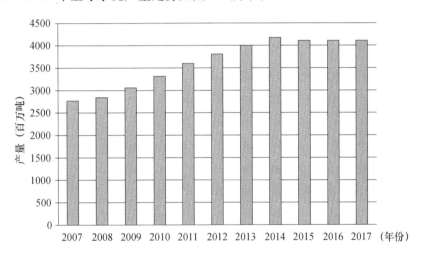

图 3-1　世界水泥产量走势

相关资料显示，2017 年全球有 159 个国家和地区生产水泥，或在综合水泥厂或在粉磨站。2017 年，全球（除中国）水泥总产能为 24.9 亿 t，这 159 个国家中有 141 个国家拥有熟料工厂，有 18 个国家只有粉磨站，需要进口熟料进行水泥生产。全球（除中国）总计拥有 671 家企业从事水泥生产加工工作，其中：综合水泥工厂有 1523 座，粉磨站有 564 家。全球（除中国）产量位于前三甲的水泥集团分别是：法国瑞士的拉法基-豪瑞（LH）、德国的海德堡（HC）和墨西哥的西麦克斯（Cemex）。

当前世界上水泥产量最大的 10 个国家如图 3-2 所示。该排名统计截止于 2017 年 11月，包含了所有已建成的综合水泥厂和粉磨站，那些还在建设中或者拟建的工厂产能暂未统计在内。

（三）中国水泥的发展概况

中国水泥工业自 1889 年开始建立水泥厂，迄今已有 130 多年的历史。水泥工业先后经历了初期创建、早期发展、衰落停滞、快速发展及结构调整等阶段，展现了中国水泥工业漫长、曲折和辉煌的历史。

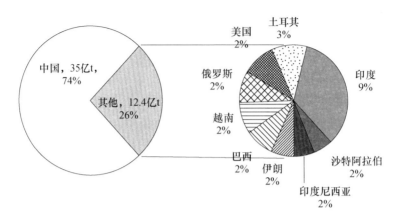

图 3-2　当前世界上水泥产量最大的 10 个国家

（1）1889 年，中国第一个水泥厂——河北唐山细绵土厂（后改组为启新洋灰公司，现为启新水泥厂）建立，于 1892 年建成投产。

1889—1937 年的约 50 年间，中国水泥工业发展非常缓慢，最高水泥总产量仅为 114 万 t。这一阶段是中国水泥的早期发展阶段。

（2）1937—1945 年，中国先后建设了哈尔滨、本溪、小屯、抚顺、锦西、牡丹江、工源、琉璃河、重庆、辰西、嘉华、昆明、贵阳、泰和等水泥厂。1946—1949 年，又建设了华新、江南等水泥厂。这些水泥厂大多数是由外国人主持设计和建设的，生产设备也主要来自国外。因为战乱，水泥厂都不能稳定地生产。1949 年，全国水泥总产量为 66 万 t。这一阶段是中国水泥工业的衰落停滞阶段。

（3）自 1949 年中华人民共和国成立后，水泥工业得到了迅速发展。1952 年制定了第一个全国统一标准，确定水泥生产以多品种多标号为原则，并将波特兰水泥按其所含的主要矿物组成改称为矽酸盐水泥，后又改称为硅酸盐水泥至今。20 世纪五六十年代，中国开始研制湿法回转窑和半干法立波尔窑成套设备，并进行预热器窑的试验，使中国水泥生产技术和生产设备取得了较大进步。这期间，先后新建、扩建了 30 多个重点大中型湿法回转窑和半干法立波尔窑生产企业，同期还建设了一批立窑水泥企业。在七八十年代，中国自行研制的日产 700t、1000t、1200t、2000t 熟料的预分解窑生产线分别在新疆、江苏、上海和辽宁建成投产。到 20 世纪 80 年代末，中国新型干法水泥生产能力已占大中型水泥厂生产能力的 1/4。改革开放以来，中国水泥生产年产量平均增长 12% 以上，1985 年，中国水泥产量跃居世界第一并保持至今。2000 年，中国水泥总产量达 5.5 亿 t。

（四）中国水泥工业现状

多年以来，中国一直是世界上水泥产能最大的国家。根据美国地质调查局（USGS）的数据，中国目前的水泥产能在 25 亿 t 左右，但是其他的一些来源则指出中国目前的水泥产能已经高达 35 亿 t。虽然中国水泥产能巨大，但是中国水泥市场仍然主要由一些大型的本土水泥生产企业所掌控，国外跨国水泥企业对中国水泥市场的影响非常有限。

根据发展改革委的数据，2017 年前 8 个月中国总计生产水泥 15 亿 t，较 2016 年同期下降 0.5%，而 2016 年前 8 个月的水泥产量较 2015 年则同比增长 2.5%。如果根据 2016 年生产水泥 24 亿 t 的产量进行推算，2017 年中国全年的水泥产量预计在 23.8 亿 t。

2017 年 3 月，发展改革委的报告显示，中国考虑削减全国水泥产能 10%。国家规划机构在 2017 年 3 月 6 日宣布，国家正推进削减包括煤炭、钢铁和水泥在内的一些行业的产能。对于水泥计划削减 10%，政府尚未公布实现这一目标的具体方法和时间表，大规模的合并可能是方法之一，此外，大批量的小型生产商可能将被迫关闭。目前，中国一些省份已经拆除了部分水泥厂，以使得其水泥产能恢复到更加适当的水平。

2017 年，中国水泥熟料产能前十名如图 3-3 所示。

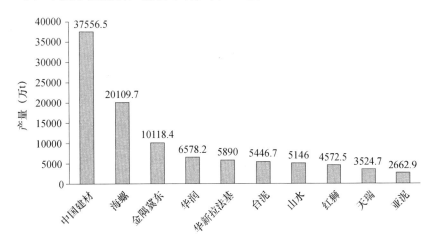

图 3-3　2017 年中国水泥熟料产能排名

三、水泥工业的发展趋势

现今，世界水泥工业的主体仍是新型干法水泥窑。未来发展的趋势如下：

（1）水泥生产线能力的大型化

20 世纪 70 年代，世界水泥生产线的建设规模为 1000～3000t/d；80 年代发展为 3000～5000t/d；在 90 年代达到 4000～10000t/d。目前，最大生产线为 12000t/d。

（2）矿山数字化

矿山数字化包括：矿山采场实时可视化监控；矿山地测采数字化；在线品位分析仪联网使用；矿山统一通信技术；采矿生产调度自动化；矿山能源管理自动化；矿山水、气、油、电消耗采集自动化；矿山生产、安全软件系统；矿山其他软件系统；矿山管控一体化平台等。

（3）水泥工业的生态化

从 20 世纪 70 年代开始，欧洲一些水泥公司就开始进行采用废弃物替代水泥生产所用的自然资源的研究。随着科学技术的发展和人们环保意识的增强，可持续发展的问题越来越得到重视。越来越多的水泥厂采用了不可燃废弃物代替混合材、可燃废弃物替代煤炭的技术，而且原材料的替代率也越来越高。例如，瑞士 HOLCIM 水泥公司使用可燃废弃物替代燃料已达 80% 以上；法国 LAFARGE 水泥公司的燃料替代率达 50% 以上；美国大部分水泥厂利用可燃废物替代煤炭；日本有一半的水泥厂处理各种废弃物；欧洲的水泥公司每年都要焚烧处理 100 多万吨有害废弃物。

为实现可持续发展，与生态环境和谐共存，世界水泥工业的发展动态如下：

① 最大限度地减少粉尘、SO_2、NO_x、CO_2 等污染物排放；

② 加强余热利用，最大限度减少水泥热耗及电耗；

③ 不断提高原燃料替代比例；

④ 努力提高水泥窑系统运转率；

⑤ 实现高智能的生产自动控制；

⑥ 不断提高管理水平。

（4）水泥生产的智能化

运用信息化技术，实现水泥生产过程中的自动化和智能化，创新各种工艺过程的专家系统，实现远程控制和无人化操作，保证水泥生产运行稳定，提高熟料品质，实现销售网络逐渐电子化、网络化，是水泥智能化的发展方向。

第二节　新型干法水泥窑生产工艺

一、新型干法水泥生产工艺概述

20 世纪 50—70 年代出现的悬浮预热和预分解技术（即新型干法水泥生产技术）大大提高了水泥窑的热效率和单机生产能力，以其技术先进性、设备可靠性、生产适应性和工艺性能优良等特点，促进水泥工业向大型化进一步发展，也是实现水泥工业现代化的必经之路。

新型干法水泥生产技术是指以悬浮预热和窑外预分解技术为核心，把现代科学技术和工业生产的最新成果广泛地应用于水泥生产的全过程，形成一套具有现代高科技特征和符合优质、高产、节能、环保以及大型化、自动化的现代水泥生产方法。

新型干法水泥生产的工艺过程按主要生产环节论述为：矿山采运（自备矿山时，包括矿山开采、破碎、均化）、生料制备（包括物料破碎、原料预均化、原料的配比、生料的粉磨和均化等）、熟料煅烧（包括煤粉制备、熟料煅烧和冷却等）、水泥的粉磨（包括粉磨站）与水泥包装（包括散装）等。其中：生料制备是指石灰质原料、黏土质原料和少量的铁铝校正材料经破碎后，按一定比例配合、磨细并调配成成分合适、质量均匀的生料。生料在水泥窑内煅烧至部分熔融得到以硅酸钙为主要成分的硅酸盐水泥熟料。熟料加适量石膏或适量混合材、外加剂等共同磨细，包装出厂或散装出厂。

由于生料制备的主要工序是生料粉磨，水泥制成及出厂的主要工序是水泥的粉磨，中间有个烧制的过程，因此，也可将水泥的生产过程即生料制备、熟料煅烧、水泥制成及出厂这三个环节概括为"两磨一烧"。

新型干法水泥生产的工艺流程如图 3-4 所示。

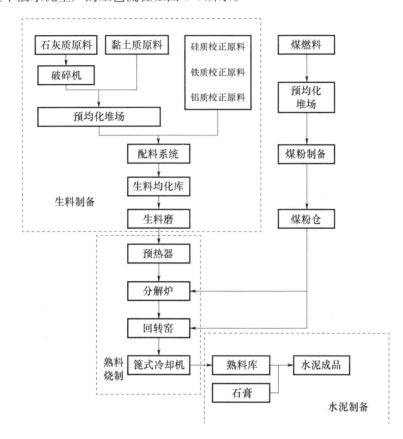

图 3-4　新型干法水泥生产工艺流程图

二、新型干法水泥生产原料

（一）水泥生产原材料种类

生产硅酸盐水泥熟料的原材料分为主要原料和辅助材料。主要原料有石灰质原料（主要提供 CaO）和黏土质原料（主要提供 SiO_2、Al_2O_3、Fe_2O_3）。此外，还需要补足某些成分不足的校正原料，称为辅助原料。辅助原料有校正原料、外加剂、燃料、缓凝剂和混合材料。在实际生产过程中，根据具体生产情况有时还需要加入一些其他材料，例如，加入矿化剂、助熔剂以改善生料的易烧性和液相性质等；加入助磨剂以提高磨机的粉磨效果等。在水泥的制成过程中，还需要在熟料中加入缓凝剂以调节水泥凝结时间，加入混合材共同粉磨以改善水泥性质和增加水泥产量。

通常，生产1t硅酸盐水泥熟料约消耗1.6t干原料，其中：干石灰质原料占80%左右，干黏土原料占10%～15%。

生产水泥的各种原材料种类见表3-1。

表3-1 生产硅酸盐水泥的原材料种类

类别		名称	备注
主要原料	石灰质原料	石灰石、白垩、贝壳、泥灰岩、电石渣等	生产水泥熟料
	黏土质原料	黏土、黄土、页岩、千枚岩、河泥、粉煤灰等	
校正原料	铁质校正原料	硫铁矿渣、铁矿石、铜矿渣	生产水泥熟料
	硅质校正原料	河砂、砂岩、粉砂岩、硅藻土等	
	铝质校正原料	炉渣、煤矸石、铝矾土等	
外加剂	矿化剂	萤石、萤石-石膏、硫铁矿、金属尾矿等	生产水泥熟料
	晶种	熟料	生产水泥熟料
	助磨剂	亚硫酸盐纸浆废液、三乙醇胺、醋酸钠	生料、水泥粉磨
燃料	固体燃料	烟煤、无烟煤	为生产水泥熟料提供热源
	液体燃料	重油	
缓凝材料		石膏、硬石膏、磷石膏、工业副产石膏等	制作水泥
混合材料		粒化高炉矿渣、石灰石等	制作水泥

（二）水泥生料原料

1. 石灰质原料

凡是以碳酸钙为主要成分的原料都属于石灰质原料。石灰质原料可以分为天然石灰质原料和人工石灰质原料两类。常见的天然石灰质原料有：石灰石、泥灰岩、白垩、大理石、海生贝壳等。中国水泥工业生产中常用的是含有碳酸钙的天然石灰石，其次是泥灰岩，个别小水泥厂采用白垩和贝壳作为原料。

中国部分水泥厂所用的石灰石、泥灰岩、白垩等化学成分见表3-2。

表3-2 部分水泥厂石灰质原料化学成分（%）

厂名	名称	烧失量	SiO_2	Al_2O_3	Fe_2O_3	CaO	MgO	Na_2O+K_2O	SO_3	Cl^-
冀东	石灰石	38.49	8.04	2.07	0.91	48.04	0.82	0.80	—	0.00057
宁国		41.30	3.99	1.03	0.47	51.91	1.17	0.13	0.27	0.003
江西		41.59	2.50	0.92	0.59	53.17	0.47	0.11	0.02	0.0038
新疆		42.23	3.01	0.28	0.20	52.98	0.50	0.09	0.13	0.006
双阳		42.48	3.03	0.32	0.16	54.20	0.36	0.06	0.02	—
华新		39.83	5.82	1.77	0.82	49.74	1.16	0.23		
贵州	泥灰岩	40.24	4.86	2.08	0.80	50.69	0.91	—	—	—
北京		36.59	10.95	2.64	1.76	45.00	1.20	1.45	0.02	0.001
偃师白垩		36.37	12.22	3.26	1.40	45.84	0.81	—	—	—
浩良河大理岩		42.20	2.70	0.53	0.27	51.23	2.44	0.13	0.10	0.004

（1）原料分类

① 石灰石

石灰质原料最广泛使用的就是石灰石。石灰石是由碳酸钙组成的化学与生物沉积岩，其主要矿物由方解石（$CaCO_3$）微粒组成，并常含有白云石（$CaCO_3 \cdot MgCO_3$）、石英（结晶 SiO_2）、燧石（主要成分是 SiO_2）、黏土质及铁质等杂质。由于所含杂质不同，按矿物组成又可将石灰石分为白云质石灰岩、硅质石灰岩、黏土质石灰岩等。它是一种具有微晶或潜晶结构的致密岩石，其矿床的结构多为层状、块状及条带状。

纯净的石灰石在理论上含有 56％的 CaO 和 44％的 CO_2，但实际上，自然界中的石灰石常因杂质的含量不同而呈灰青、灰白、灰黑、淡黄及红褐色等不同的颜色。石灰石一般呈块状，结构致密，性脆，含水率一般不大于 1.0％，但夹杂着较多黏土杂质的石灰石，其水分含量一般较高。

石灰质原料在水泥生产中的主要作用是提供 CaO，其次还提供 SiO_2、Al_2O_3、Fe_2O_3，并同时带入少许杂质，如 MgO、R_2O（$Na_2O + K_2O$）、SO_3 等。

石灰石的主要有害成分为 MgO、R_2O（$Na_2O + K_2O$）和游离 SiO_2，尤其对 MgO 含量应给以足够的注意。

② 泥灰岩

泥灰岩是由碳酸钙和黏土物质同时沉积所形成的均匀混合的沉积岩，属于石灰岩向黏土过渡的中间类型岩石。其主要矿物也是方解石，常见的为粗晶粒状结构、块状结构。

泥灰岩因含有黏土量不同，其化学成分和性质也随之变化。如果泥灰岩中的 CaO 含量超过 45％，称为高钙泥灰岩；若其 CaO 含量小于 43.5％，称为低钙泥灰岩。

③ 白垩

白垩是海生生物外壳与贝壳堆积而成，富含生物遗骸，主要是由隐晶或无定形细粒疏松组成的石灰岩，其主要成分是碳酸钙，含量为 80％～90％，有的碳酸钙含量可达 90％以上。

白垩一般呈黄白或乳白色，有的因风化或含有不同的杂质而呈淡灰、浅黄、浅褐色等。白垩质地松而软，便于采掘。

白垩多藏于石灰石地带，一般在黄土层下，土层较薄，有些产地离石灰岩很近。中国河南省生产白垩。

（2）石灰质原料质量要求

石灰质原料的一般质量指标要求见表 3-3。

表 3-3 石灰质原料的质量要求（％）

成分	CaO	MgO	f-SiO_2	SO_3	$Na_2O + K_2O$
含量	≥48	≤3	≤4	≤1	≤0.6

（3）石灰质原料性能测试方法

石灰质原料的性能测试方法见表3-4。

表3-4　石灰质原料性能测试方法

测试指标	分析方法	参考标准
元素含量	化学分析方法	水泥化学分析方法（GB/T 176—2017）
分解温度	差热分析法	
矿物组成	X射线衍射	
晶粒特性	透射电子显微镜	
杂质特性	电子探针	

2. 黏土质原料

黏土质原料的主要化学成分为 SiO_2，其次是 Al_2O_3、Fe_2O_3 和 CaO。在水泥生产中，它主要提供生产水泥熟料所需要的酸性氧化物（SiO_2、Al_2O_3、Fe_2O_3）。

中国水泥工业采用的天然黏土质原料有黏土、黄土、页岩、泥岩、粉砂岩及河泥等。其中使用最多的是黏土和黄土。随着国民经济的发展以及水泥厂大型化的趋势，为保护耕地、不占农田，近年来多采用页岩、粉砂岩等作为黏土质原料。

（1）原料分类

① 黏土

黏土是多种细微的呈疏松状或胶状密实的含水铝硅酸盐矿物的混合体。黏土一般是由富含长石等铝硅酸盐矿物的岩石经漫长地质年代风化而形成的。它包括华北及西北地区的红土、东北地区的黑土与棕壤、南方地区的红壤与黄壤等。

纯黏土的组成近似于高岭石（$Al_2O_3 \cdot 2SiO_2 \cdot 2H_2O$），但由于形成和产地的差别，水泥生产采用的黏土常含有各种不同的矿物，不能用一个固定的化学式来表示。根据主导矿物的不同，可将黏土分为高岭石类、蒙脱石类、水云母类。不同类别的黏土矿物，其工艺性能的比较见表3-5。

表3-5　不同黏土矿物的工艺性能

黏土类型	主导矿物	黏粒含量	可塑性	热稳定性	结构水脱水温度（℃）	分解至最高活性温度（℃）
高岭石类	$Al_2O_3 \cdot 2SiO_2 \cdot 2H_2O$	很高	好	良好	480～600	600～800
蒙脱石类	$Al_2O_3 \cdot 4SiO_2 \cdot nH_2O$	高	很好	优良	550～750	500～700
水云母类	水云母、伊利石等	低	差	差	550～650	400～700

黏土广泛分布于中国的华北、西北、东北及南方地区。黏土中常常含有石英砂、方解石、黄铁矿、碳酸镁、碱及有机物等杂质，且因所含杂质不同而颜色不同，多呈现黄色、棕色、红色、褐色等，其化学成分也相差较大，但主要含 SiO_2、Al_2O_3 以及少量的 Fe_2O_3、CaO、MgO、R_2O（Na_2O+K_2O）、SO_3 等。

② 黄土

黄土是没有层理的黏土与微粒矿物的天然混合物。成因以风积为主，也有成因于冲积、坡积、洪积和淤积的。

黄土的化学成分以 SiO_2 和 Al_2O_3 为主，其次含有 Fe_2O_3、CaO、MgO 以及 R_2O（Na_2O+K_2O）、SO_3 等，其中 R_2O 含量高达 $3.5\%\sim4.5\%$。黄土以黄褐色为主，其矿物组成较复杂，黏土矿物以伊利石为主，蒙脱石次之，非黏土矿物有石英、长石以及少量的白云母、方解石、石膏等矿物。由于黄土中含有细粒状、斑点状、薄膜状和结核状的碳酸钙，因此，一般黄土中的 CaO 含量达 $5\%\sim10\%$，碱含量主要由白云母、长石等带入。

③ 页岩

页岩是黏土经过长期胶结而成的黏土岩，一般形成于海相或陆相沉积，或形成于海相和陆相交互沉积。

页岩的主要成分是 SiO_2 和 Al_2O_3，还有少量的 Fe_2O_3 以及 R_2O 等，化学成分类似于黏土，可作为黏土使用，但其硅酸率较低，配料时通常需要掺加其他硅质校正原料。页岩的主要矿物是石英、长石、云母、方解石以及其他岩石碎屑。

页岩颜色不定，一般为灰黄色、灰绿色、黑色及紫色，结构致密坚实，层理发育通常呈页状或薄片状，含碱量为 $2\%\sim4\%$。

④ 粉砂岩

粉砂岩是由直径为 $0.01\sim0.1mm$ 的粉砂经长期胶结变硬后的碎屑沉积岩。粉砂岩的主要矿物是石英、长石、黏土等，胶结物质有黏土质、硅质、铁质及碳酸盐质。颜色呈淡黄色、淡红色、淡棕色和紫红色等。硬度取决于胶结程度，一般疏松，但也有较坚硬的。粉砂岩的含碱量为 $2\%\sim4\%$。

⑤ 河泥类

河泥是由于江、河、湖、泊的水流流速分布不同，挟带的泥沙分级沉降产生的。其成分取决于河岸崩塌物和流域内地表流失土的成分。如果在固定的江河地段采掘，则其化学成分相对稳定，颗粒级配均匀。使用河泥类材料不仅不占用农田，而且有利于江河的疏通。

（2）黏土质原料品质要求

黏土质原料的一般质量要求见表 3-6。

表 3-6　黏土质原料的质量要求

品位	硅率（n）	铝率（p）	MgO	R_2O	SO_3
一等品	$2.7\sim3.5$	$1.5\sim3.5$	<3.0	<4.0	<2.0
二等品	$2.0\sim2.7$ 或 $3.5\sim4.0$	不限	<3.0	<4.0	<2.0

为了便于配料又不掺硅质校正原料，要求黏土质原料硅率最好为 $2.7\sim3.1$，铝率为 $1.5\sim3.0$，此时黏土质原料中的氧化硅含量应为 $55\%\sim72\%$。如果黏土硅率过高

（＞3.5），则可能是含粗砂粒（＞0.1mm）过多的砂质土；如果硅率过小（＜2.3～2.5），则是以高岭石为主导矿物的黏土，此时要求石灰质原料含有较高的 SiO_2，否则就要添加难磨难烧的硅质校正原料。

所选黏土质原料尽量不含碎石、卵石，粗砂含量应＜5.0％，这是因为粗砂为结晶状态的游离 SiO_2，对粉磨不利，未磨细的结晶 SiO_2 会严重恶化生料的易烧性。若每增加1％的结晶 SiO_2，在1400℃煅烧时熟料中的游离 CaO 将提高近0.5％。

当黏土质原料 $n=2.0～2.7$ 时，一般需掺加硅质原料来提高含硅量；当 $n=3.5～4.0$ 时，一般需要搭配一级品或含硅量低的二级品黏土质原料使用，或掺加铝质校正原料。

（3）黏土质原料性能测试方法

黏土质原料的性能测试方法见表3-7。

表3-7　黏土质原料测试方法

测试指标	分析方法	行业标准
元素含量	化学分析方法	水泥用硅质原料化学分析方法（JC/T 874—2009）
分解温度	差热分析法	
矿物组成	X射线衍射	
晶粒特性	透射电子显微镜	
杂质特性	电子探针	

对黏土质原料中的粗粒石英含量、晶粒大小和形态要予以足够的重视，因为当石英含量为70.5％、粒径超过0.5mm时，就会显著影响生料的易烧性。

3. 校正原料

当石灰质原料和黏土质原料配合所得的生料成分不能符合配料方案要求时，必须根据所缺少的组分掺加相应的原料，这些以补充某些成分不足为主要目的的原料称为校正原料。

校正原料分为铁质校正原料、硅质校正原料和铝质校正原料三种。

（1）校正原料类别

① 铁质校正原料

当氧化铁含量不足时，应掺加氧化铁含量大于40％的铁质校正原料。常用的铁质校正原料有低品位的铁矿石、炼铁厂尾矿及硫酸厂工业废渣——硫铁矿渣等。硫铁矿渣的主要成分为 Fe_2O_3，其含量大于50％，棕褐色粉末，含水率较高。

有的水泥厂采用铅矿渣、铜矿渣代替铁粉，不仅可以用作校正原料，而且其中所含的 FeO 还能降低烧成温度和液相黏度，起到矿化剂作用。

几种铁质校正原料的化学成分分析见表3-8。

表 3-8 几种铁质校正原料的化学成分分析（%）

种类	烧失量	SiO_2	Al_2O_3	Fe_2O_3	CaO	MgO	FeO	CuO
低品位铁矿石	3.25	46.09	10.37	42.70	0.73	0.14	—	—
硫铁矿渣	3.18	26.45	4.45	60.30	2.34	2.22	—	—
铜矿渣	4.09	38.40	4.69	10.29	8.45	5.27	30.90	—
铅矿渣	3.10	30.56	6.94	12.93	24.20	0.60	27.30	0.13

② 硅质校正原料

当生料中 SiO_2 含量不足时，需要掺加硅质校正原料。常用的硅质校正原料有硅藻土、硅藻石、富含 SiO_2 的河砂、砂岩、粉砂岩等。但是，砂岩中的矿物主要是石英，其次是长石，结晶 SiO_2 对粉磨和煅烧都有不利影响，所以要尽可能少采用。河砂的石英结晶更为粗大，只有在无砂岩等矿源时才采用。最好采用风化砂岩或粉砂岩，其 SiO_2 含量不太低，但易于粉磨，对煅烧影响小。

几种硅质校正原料的化学成分分析见表 3-9。

表 3-9 几种硅质校正原料的化学成分分析（%）

种类	烧失量	SiO_2	Al_2O_3	Fe_2O_3	CaO	MgO	总计	SM
砂岩	8.46	62.92	12.74	5.22	4.34	1.35	95.03	3.50
砂岩	3.79	78.75	9.67	4.34	0.47	0.44	97.46	5.62
河砂	0.53	89.68	6.22	1.34	1.18	0.75	99.70	11.85
粉砂岩	5.63	67.28	12.33	5.14	2.80	2.33	95.51	3.85

③ 铝质校正原料

当生料中的 Al_2O_3 含量不足时，需要掺加铝质校正原料。常用的铝质校正原料有炉渣、煤矸石、铝矾土等。

几种铝质校正原料的化学成分分析见表 3-10。

表 3-10 几种铝质校正原料的化学成分分析（%）

种类	烧失量	SiO_2	Al_2O_3	Fe_2O_3	CaO	MgO	总计
铝矾土	22.11	39.78	35.36	0.93	1.60	—	99.78
煤渣灰	9.54	52.40	27.64	5.08	2.34	1.56	98.56
炉渣	12.98	55.68	29.32	7.54	5.02	0.93	98.49

（2）校正原料质量要求

校正原料的一般质量要求见表 3-11。

表 3-11 校正原料的质量要求

校正原料	硅率	SiO_2（%）	R_2O（%）
硅质	>4.0	70~90	<4.0
铝质	$Al_2O_3>30$（%）		
铁质	$Fe_2O_3>40$（%）		

（3）校正原料测试方法

校正原料的性能测试方法见表3-12。

表3-12　校正原料测试方法

测试指标	行业标准
硅质	水泥用硅质原料化学分析方法（JC/T 874—2009）
铝质	—
铁质	水泥用铁质原料化学分析方法（JC/T 850—2009）

三、水泥生产燃料

水泥工业是消耗大量燃料的企业。燃料按其物理形态可分为固体燃料、液体燃料和气体燃料三种。中国水泥工业生产一般采用固体燃料，以煤为主。

（1）煤的分类

煤可分为无烟煤、烟煤和褐煤。

① 无烟煤

无烟煤又叫硬煤、白煤，是一种碳化程度高、干燥无灰基挥发分含量小于10％的煤。其收缩基低位热值一般为5000～7000kcal/kg。

无烟煤结构致密坚硬，有金属光泽，密度较大，含碳量高，着火温度为600～700℃，燃烧火焰短，是立窑煅烧熟料的主要燃料。

② 烟煤

烟煤是一种碳化程度较高、干燥灰分基挥发分含量为15％～40％的煤。其收缩基低位热值一般为5000～7500 kcal/kg。

烟煤结构致密，较为坚硬，密度较大，着火温度为400～500℃，燃烧火焰短，是回转窑煅烧熟料的主要燃料。

③ 褐煤

褐煤是一种碳化程度较浅的煤，有时可清楚地看出原来的木质痕迹。其挥发分含量较高，可燃基挥发分可达40％～60％，灰分20％～40％，热值为450～2000kcal/kg。褐煤中自然水分含量大，性质不稳定，易风化或粉碎。

（2）煤的质量要求

水泥工业用煤的一般质量要求见表3-13。

表3-13　工业用煤的质量要求

窑型	灰分（％）	挥发分（％）	硫（％）	低位热值（kcal/kg）
湿法窑	≤28	18～30	—	≥5200
立波尔窑	≤25	18～80	—	≥5500
机立窑	≤35	≤15	—	≥4500
预分解窑	≤28	22～32	≤3	≥5200

（3）煤的性能测试方法

煤的性能测试方法见表3-14。

表 3-14 煤的性能测试方法

测试指标	国家标准
水分	
灰分	煤的工业分析方法（GB/T 212—2008）
挥发分	
固定碳	

四、水泥生料制备工艺

生料制备是水泥原料加工处理的过程，它又包括了原料的破碎及预均化和生料的粉磨及预均化等步骤。从矿山开采得到的原料都是块度很大的石料，这种原料的硬度高，难以直接进行粉磨、烧制。破碎过程就是将大块原料尽可能地破碎成粒度小且均匀的物料，以减轻粉磨设备的负荷，提高磨机产量。原料经过破碎处理后，可以尽可能地减少因运输和贮存引起的不同粒度原料分离的现象，有利于下一步对原料的均化。原料预均化是提高水泥生料成分稳定性、提高生产质量的工艺。均化堆料的方法有很多种，主要的几种方式有："人"字形堆料法、水平层堆料法、波浪形堆料法、横向倾斜层堆料法。然后根据不同的堆料方法采取端面取料、侧面取料或者底部取料。这样可以尽可能降低因开采、运输等因素导致的原料成分波动。原料经过破碎和均化后按比例进行混合，然后送入生料磨中进行粉磨。粉磨过程可以进一步降低物料粒度，当提供相同热量时，物料粒度越小的生料其反应速度越快，熟料烧结越容易。生料制备的最后一个步骤是预均化处理，这也是熟料制备工艺前能有效提高生料成分稳定性的操作。生料均化一般在生料均化库中进行，采用空气搅拌，在重力的作用下产生"漏斗效应"，促使生料在下落的过程中充分混合。

水泥生产用的原材料大多需要经过一定的预处理之后才能配料、计量及粉磨。预处理工艺包括：破碎、烘干、原料预均化、输送及储存等。

1. 破碎

利用机械方法将大块物料变成小块物料粒度 2～5mm 的过程称为破碎。物料每经过一次破碎，则成为一个破碎段，每个破碎段破碎前后的粒度之比称为破碎比。

一般石灰石需要经过 2 次破碎之后才能达到入磨的粒度要求。黏土原料通常只需一段破碎。

担任破碎过程的设备是破碎机。水泥工业中常用的破碎机有颚式破碎机、锤式破碎机、反击式破碎机、圆锥式破碎机、反击-锤式破碎机、立轴锤式破碎机等。

水泥厂常用的破碎设备其工艺特性见表3-15。

表 3-15　水泥厂常用破碎设备的工艺特性

破碎机类型	破碎原理	破碎比	允许物料含水率（%）	适合破碎的物料
颚式、旋回式、颚旋式破碎机	挤压	3～6	<10	石灰石、熟料、石膏
细碎颚式破碎机	挤压	8～10	<10	石灰石、熟料、石膏
锤式破碎机	冲击	10～15	<10	石灰石、熟料、石膏、煤
反击式破碎机	冲击	10～40	<12	石灰石、熟料、石膏
立轴锤式破碎机	冲击	10～20	<12	石灰石、熟料、石膏、煤
冲击式破碎机	冲击	10～30	<10	石灰石、熟料、石膏
风选锤式破碎机	冲击、磨剥	50～200	<8	煤
高速粉煤机	冲击	50～180	8～13	煤
齿辊式破碎机	挤压、磨剥	3～15	<20	黏土
刀式黏土破碎机	挤压、冲击	8～12	<18	黏土

2. 烘干

烘干是指利用热能将物料中的水分汽化并排出的过程。

在水泥生产中，所用的原料、燃料、混合材料等所含的水分大多比生产工艺要求的水分要高。当采用干法粉磨时，物料水分过高会降低磨机的粉磨效率甚至影响磨机生产，同时不利于粉状物料的输送、储存和均化。在原料的准备过程中，烘干的主要对象是原料和燃料。

（1）被烘干物料的水分要求

石灰石、黏土、铁粉以及煤的水分要求见表 3-16。

表 3-16　水泥原料的水分要求（%）

	石灰石	黏土	铁粉	煤
含水率	0.5～1.0	<1.5	<5.0	<3.0

（2）烘干工艺

烘干系统有两种，一种是单独烘干系统，即利用单独的烘干设备对物料进行烘干。其主要设备是回转式烘干机、流态烘干机、振动式烘干机、立式烘干窑等。其中以回转式烘干机应用最广。

在新建的水泥厂中，一般都采用另一种烘干系统，即烘干兼粉磨的烘干磨。这样可以简化工艺流程，节省设备和投资，还可以减少管理人员，抑制扬尘产生，并可以充分利用干法窑和冷却机的废气余热。

3. 原料预均化

通过采用一定的工艺措施达到降低物料的化学波动振幅，使物料的化学成分均匀一致的过程叫均化。

水泥厂物料的均化包括原、燃料（煤）的预均化和生料、水泥的均化。

由于水泥生料是以天然矿物作原料配制而成，随着矿山开采层位及开采地段的不同，原料成分波动在所难免；此外，为了充分利用矿山资源，延长矿山服务期，需要采用高低品位矿石搭配或由数个矿山的矿石搭配的方法。水泥生料化学成分的均齐性，不仅直接影响熟料质量，而且对水泥窑的产量、热耗、运转周期及窑的耐火材料消耗等均有较大影响，因此对入窑生料的均匀性有严格的要求；以煤为燃料的水泥厂，煤灰将大部分或全部掺入熟料中，并且煤热值的波动直接影响熟料的煅烧，因此煤质的波动对窑的热工制度和熟料的产、质量都有影响，生产中有必要考虑煤的均化措施；出厂水泥质量的稳定与否，直接关系到用户土建工程质量和生命财产的安全，为确保出厂水泥质量的稳定，生产工艺中必须考虑水泥的均化措施。

实际上，水泥生产的整个过程就是一个不断均化的过程，每经过一个过程都会使原料或半成品进一步得到均化。就生料制备而言，原料矿山的搭配开采与搭配使用、原料的预均化、原料配合及粉磨过程的均化、生料的均化这四个环节相互组成一条与生料制备系统并存的生料均化系统——生料均化链。四个环节的均化效果见表3-17。

表 3-17　生料均化链中各环节的均化效果（%）

	原料矿山的搭配开采与搭配使用	原料的预均化	原料配合及粉磨过程的均化	生料的均化
均化工作量	10～20	30～40	0～10	40

从表3-17中可以看出：在生料制备的均化链中，最重要的环节，也就是均化效果最好的环节，是第二和第四两个环节，这两个环节担负着生料均化链全部工作量的80%左右。因此，原料的预均化和生料的均化尤其重要。

原料经过破碎后，有一个储存、再存取的过程。如果在这个过程采用不同的储取方式，使储入时成分波动较大的原料，至取出时成为比较均匀的原料，这个过程称为预均化。

粉磨后的生料在储存过程中利用多库搭配、机械倒库和气力搅拌等方法，使生料成分趋于一致，这就是生料的均化。

原料预均化的基本原理就是在物料堆放时，由堆料机把进来的原料连续地按一定的方式堆成尽可能多的相互平行、上下重叠和相同厚度的料层。取料时，在垂直于料层的方向，尽可能同时切取所有料层，依次切取，直到取完，即"平铺直取"。

4. 储存

（1）物料的储存期

某物料的储存量能满足工厂生产需要的天数，称为该物料的储存期。合理的物料储存期应综合考虑外部运输条件、物料成分波动及质量要求、气候影响、设备检修等因素后确定。原燃料的最低可用储存期及一般储存期可按照表3-18选用。

表 3-18　物料最低可用储存期及一般储存期

物料名称	最低可用储存期（d）	一般储存期（d）
石灰质原料	5～10	9～18
黏土质原料	10	13～20
校正原料	20	20～30
煤	10	22～30

（2）物料的储存设施

原燃料的储存设施一般为各种储库，也有预均化设施兼储存，还有露天堆场或堆棚等。

5. 水泥生料制备

（1）配料

① 配料原则

根据水泥品种、原燃料品质、工厂具体生产条件等选择合理的熟料矿物组成或率值，并由此计算所用原料及燃料的配合比，称为生料配料，简称配料。

配料计算是为了确定各种原燃料的消耗比例，改善物料易磨性和生料的易烧性，为窑磨创造良好的操作条件，达到优质、高产、低消耗的生产目的。合理的配料方案既是工厂设计的依据，又是正常生产的保证。

设计水泥厂时，根据原料资源情况进行合理的配料，从而尽可能地充分利用矿山资源确定各原料的配比。计算全厂的物料平衡，作为全厂工艺设计主机选型的依据。

配料的基本原则是：配制的生料易于粉磨和煅烧；烧出的熟料具有较高的强度和良好的物理化学性能；生产过程易于控制，便于生产操作管理，尽量简化工艺流程；结合工厂生产条件，经济、合理地使用矿山资源。

② 配料计算基准

配料计算中的常用基准有三个：

a. 干燥基准：用干燥状态物料（不含物理水）作计算基准，简称干基。

如不考虑生产损失，有：各种干原料之和＝干生料（白生料）。

b. 灼烧基准：生料经灼烧去掉烧失量之后，处于灼烧状态，以灼烧状态作计算基准称为灼烧基准。如不考虑生产损失，有：灼烧生料＋煤灰（掺入熟料中的）＝熟料。

c. 湿基准：用含水物料作计算基准时称为湿基准，简称湿基。

③ 配料方案

决定配料方案的是熟料矿物组成或熟料的三率值。配料方案实际上就是选择熟料三率值 KH（石灰饱和系数）、SM 或 n（硅率）、IM 或 p（铝率）。三率值的表达式及取值范围见表 3-19。

表 3-19　熟料三率值

名称	石灰饱和系数（KH）	硅率（SM 或 n）	铝率（IM 或 p）
表达式	$KH=\dfrac{CaO-1.65Al_2O_3-0.35Fe_2O_3}{2.85SiO_2}$	$SM=\dfrac{SiO_2}{Al_2O_3+Fe_2O_3}$	$IM=\dfrac{Al_2O_3}{Fe_2O_3}$
取值范围	0.87～0.96	1.7～2.7	0.9～1.9

④ 配料计算

生料配料的计算方法很多，有代数法、图解法、尝试误差法、矿物组成法等。随着计算机技术的发展，计算机配料已经取代了人工计算，使计算过程变得更简单，结果更准确。

生料配料计算中，应用较多的是尝试误差法中的递减试凑法，即从熟料化学成分中依次递减配合比的原料成分，试凑至符合要求为止。下面介绍该方法：

计算基准：100kg 熟料。

计算依据：原料的化学成分；煤灰的化学成分；煤的工业分析及发热量；热耗等。

计算步骤：

a. 列出原料、煤灰的化学成分，并处理成总量 Σ 为 100%。若 $\Sigma>100\%$，则按比例缩减使综合等于 100%；若 $\Sigma<100\%$，是由于某些物质没有被测定出来，此时可把小于 100% 的差值注明为"其他"项。

b. 列出煤的工业分析资料（收到基）及煤的发热量（收到基，低位）；

c. 列出各种原料入磨时的水分；

d. 确定熟料热耗，计算煤灰掺入量；

e. 选择熟料率值；

f. 根据熟料率值计算熟料化学成分；

g. 递减试凑求各原料配合比；

h. 计算熟料化学成分并校验熟料率值；

i. 将干燥原料配合比换算成湿原料配合比。

⑤ 自动配料控制

大多数水泥厂采用生料成分配料控制系统自动调整原料配比。系统框图如图 3-5 所示。

（2）粉磨

生料粉磨是在外力作用下，通过冲击、挤压、研磨等克服物体变形时的应力与质点之间的内聚力，使块状物料变成细粉（$<100\mu m$）的过程。

水泥生产过程中，每生产 1t 硅酸盐水泥至少要粉磨 3t 物料（包括各种原料、燃料、熟料、混合料、石膏）。据统计，干法水泥生产线粉磨作业需要消耗的动力约占全厂动力的 60% 以上，其中生料粉磨占 30% 以上，煤磨约占 3%，水泥粉磨约占 40%。因此，合理选择粉磨设备和工艺流程，优化工艺参数，正确操作，控制作业制度，对

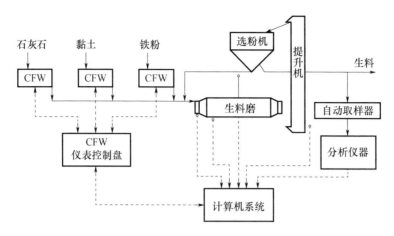

图 3-5　生料配料控制系统

保证产品质量、降低能耗具有重大意义。

大多数水泥厂采用生料的烘干兼粉磨系统，即在粉磨的过程中同时进行烘干。烘干兼粉磨系统中，应用较多的是球磨、立磨、辊压机等。烘干热源多采用悬浮预热器、预分解窑或篦式冷却机的废气，以节约能源。烘干兼粉磨的工艺流程如图 3-6 所示。

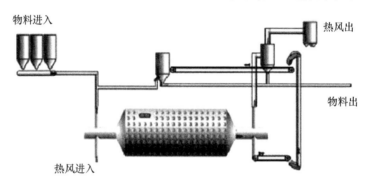

图 3-6　生料烘干兼粉磨流程

（3）生料均化

粉磨好的生料进入生料均化库暂存。

新型干法水泥生产过程中，稳定入窑生料成分是稳定熟料烧成热工制度的前提，生料均化系统起着稳定入窑生料成分的最后一道把关作用。

均化原理：采用空气搅拌，重力作用，产生"漏斗效应"，使生料粉在向下卸落时，尽量切割多层料面，充分混合。利用不同的流化空气，使库内平行料面发生大小不同的流化膨胀作用，有的区域卸料，有的区域流化，从而使库内料面产生倾斜，进行径向混合均化。

生料均化技术是新型干法生产水泥的重要环节，是保证熟料质量的关键。近年来，国内外各种生料均化库不断改进，以求用最少的电耗获得尽可能大的均化效果。自 20 世纪 50 年代出现空气搅拌库以来，以扇形库为代表的间歇式空气搅拌库获得了普遍推广。为简化流程，避免二次提升，60年代初开始采用双层均化库。双层均化库上层为搅拌库，下层为储存库。双层库虽然均化效果高，但土建费用高，电耗大，且间歇均化对入窑生料可能产生不连续的阶梯偏差，不利于窑的操作。60年代末70年代初，国外开始研究开发多种连续式均化库，投产后效果很好，且操作简单，电耗大幅降低。加上采用原料预均化堆场和磨头自动配料系统，连续式均化库得到广泛应用。

（4）生料易烧性

生料易烧性是指生料在窑内煅烧成熟料的相对难易程度。配合形成生料的各种原料品位越高，成分波动越小，其中晶体含量越少，结晶越不完全，以及生料越均匀，则生料的易烧性必然会大大提高。生料易烧性好，烧成熟料所需的热量越少，熟料越易于烧成，其产量也越高，质量越好。因而，在选择原料时，应尽可能选择质量好、成分波动小、含结晶氧化物少的原料。同时加强原料的预均化与生料的均化，降低生料的波动，提高其均匀性，就能有效提高煅烧效率，提高窑的产量和质量。

生产实践证明，生料易烧性不仅直接影响熟料质量和窑的运转率，还关系到燃料的消耗量。

影响易烧性的因素较多，目前定量评价主要有实验法和经验公式法。实验法按《水泥生料易烧性试验方法》（GB/T 26566—2011）进行。生料分别在不同温度（1350℃、1400℃、1450℃）下，经30min煅烧，检测灼烧后物料f-CaO含量，f-CaO越多，易烧性越差；f-CaO越低，易烧性越好。实验法的优点是结果准确、科学；缺点是过程繁杂，检测时间长，日常控制很难实施，但可以用于定期检测，以便于掌握情况。

在日常控制中，常用经验公式法，简单实用。公式为：$K = [(3KH-2)n(p+1)]/(2p+10)$。其中$K$表示烧成指数，值越大，易烧性越差；$KH$、$n$、$p$依次为饱和比、硅酸率、铝氧率。分别用生料率值和熟料率值代入计算，得到生料的烧成指数和熟料的烧成指数。两者结合考虑，通过控制生料成分来实现熟料烧成指数的控制目标。

五、熟料煅烧

（一）熟料煅烧流程

传统的湿法、干法回转窑生产水泥熟料，生料的预热、分解和烧成过程均在窑内完成。回转窑作为烧成设备，能够满足煅烧温度和停留时间要求，但传热、传质效果不佳，不能适应需热量较大的预热和分解过程。新型干法水泥窑的悬浮预热和窑外分解技术从根本上改变了物料的预热和分解状态，使得物料不再堆积，而是悬浮在气流中，与气流的接触面积大幅度增加，因此传热速度快、效率高，大幅度提高了生产效率和热效率。

熟料烧制可分为四个过程：悬浮预热、窑外分解、窑内烧结和熟料冷却。常见的预热器是多级旋风预热器，在其中含热废气与生料发生热交换。生料从最上面的第一级旋风筒连接风管喂入，在高速上升气流的带动下，生料折转向上随气流运动，然后被送入旋风筒内。在气流和重力的作用下，物料贴着筒壁分散下落，最后进入下一级旋风筒的喂料管中，重复以上运动过程。经过五级旋风筒的预热，生料就可以被加热到800℃左右，而含热废气则由约1100℃降低到约300℃。由于物料在旋风筒内处于悬浮分散状态，热交换过程可以很快发生。预热器的使用充分利用了窑尾产生废气，降低了熟料烧成的热耗。预热器最底部一级旋风筒和分解炉相连，物料通过管道进入分解炉，并在其中进行分解。生料与喷入分解炉的煤粉在炉内充分分散、混合和均布，炉内高温使得煤粉燃烧，迅速向物料传递热量。物料中的碳酸盐在高温的作用下迅速吸热、分解，释放出二氧化碳。入窑前，物料的分解率可以达到90%以上，进一步减轻了窑内水泥煅烧的热负荷，提高了煤粉的利用率。物料进入回转窑后进一步分解，并随着窑的转动向前移动，窑内煤粉燃烧产生的热量使得物料发生一系列的化学反应，最后生成水泥熟料的主要成分硅酸三钙。随后熟料被送到篦式冷却机中，冷却机采用风冷的方式，冷却风从底部吹入对熟料进行冷却。同时，熟料在篦板的往复作用下逐渐向前移动。篦式冷却机可以对炽热的熟料起到骤冷作用，提高熟料的强度，同时还有出料温度低、冷却能力大等优点。

预分解技术的出现是水泥煅烧工艺的一次技术飞跃。它是在预热器和回转窑之间增设分解炉和利用窑尾上升烟道，设燃料喷入装置，使燃料燃烧的放热过程与生料的碳酸盐分解的吸热过程，在分解炉内以悬浮态或流化态迅速进行，使入窑生料的分解率提高到90%以上。将原来在回转窑内进行的碳酸盐分解任务移到分解炉内进行；燃料大部分从分解炉内加入，少部分由窑头加入，减轻了窑内煅烧带的热负荷，延长了衬料寿命，有利于生产大型化；由于燃料与生料混合均匀，燃料燃烧热及时传递给物料，使燃烧、换热及碳酸盐分解过程得到优化，因而具有优质、高效、低耗等一系列优良性能及特点。

预分解窑的关键装备有旋风筒、换热管道、分解炉、回转窑、冷却机，简称筒-管-炉-窑-机。这五组关键装备五位一体，彼此关联，互相制约，形成了一个完整的熟料煅烧热工体系，分别承担着水泥熟料煅烧过程的预热、分解、烧成、冷却任务。

预分解窑系统的示意图如图3-7所示。

（二）悬浮预热技术

悬浮预热技术从根本上改变了物料预热过程的传热状态，将窑内物料堆积状态的预热和分解过程，分别移到悬浮预热器和分解炉内，在悬浮状态下进行。由于物料悬浮在热气流中，与气流的接触面积大幅度增加，因此，传热快传热效率高。同时，生料粉与燃料在悬浮状态下均匀混合，燃料燃烧产生的热及时传给物料，使之迅速分解。所以，这种快速高效的传热传质工艺，大幅度提高了生产效率和热效率。

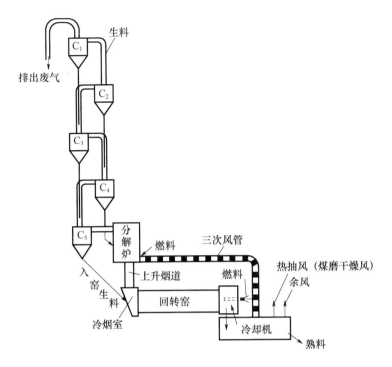

图 3-7 新型干法水泥预分解窑煅烧系统示意图

生料在预热器内要反复经过分散—悬浮—换热—气固分离四个过程。生料中的碳酸钙在入窑前,分解率得到较大幅度的提高(达到 40% 左右),大大减轻了窑的热负荷,从而提高了窑的生产效率。

1. 结构

预热器的主要功能是充分利用回转窑和分解炉排出的废气余热加热生料,使生料预热及部分碳酸盐分解。为了最大限度提高气固间的换热效率,实现整个煅烧系统的优质、高产、低消耗,预热器必须具备气固分散均匀、换热迅速和高效分离三个功能。

常用的悬浮预热器有旋风预热器,其上部为钢板卷制焊接而成的圆筒,下部为圆锥,故又简称旋风筒。旋风预热器是由旋风筒和连接管道组成的热交换器,是主要的预热设备。换热管道是旋风预热器系统中的核心装备,它不但承担着上下两级旋风筒间的连接和气固流输送任务,同时还承担着物料分散、均匀分布、密闭锁风和换热任务,所以,换热管道上还配有下料管、撒料器、锁风阀等装备,它们同旋风筒一起组合成一个换热单元。

预热器主要由旋风筒、风管、下料溜管、锁风阀、撒料板、内筒挂片等部分组成。旋风筒的主要作用是气固分离,传热只占 6%~12.5%。旋风筒分离效率的高低,对系统的转热速率和传热效率有重要影响。根据理论计算,使用五到六级旋风筒,其传热效果最佳,常用的是五级旋风筒。

旋风筒和连接管道组成预热器的换热单元功能,如图 3-8 所示。

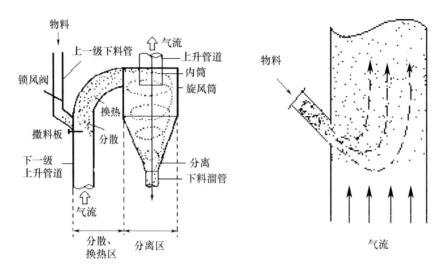

图 3-8　预热器单元结构

2. 作用

（1）物料分散

换热 80％ 在入口管道内进行。喂入预热器管道中的生料，在高速上升气流的冲击下，物料折转向上随气流运动，同时被分散。物料下落点到转向处的距离（悬浮距离）及物料被分散的程度取决于气流速度、物料性质、气固比、设备结构等。因此，为使物料在上升管道内均匀迅速地分散、悬浮，应注意下列问题：

选择合理的喂料位置，合理控制生料细度：为了充分利用上升管道的长度，延长物料与气体的热交换时间，喂料点应选择靠近进风管的起始端，即下一级旋风筒出风内筒的起始端。但加入的物料必须能够充分悬浮，不直接落入下一级预热器，即产生短路。

选择适当的管道风速：要保证物料能够悬浮于气流中，就必须要有足够的风速，一般要求料粉悬浮区的风速为 16～22m/s。为加强气流的冲击悬浮能力，可在悬浮区局部缩小管径或加插板（扬料板），使气体局部加速，增大气体动能。

保证喂料均匀：要保证喂料的均匀性，要求来料管的翻板阀（一般采用重锤阀）灵活、严密。来料多时，它能起到一定的阻滞缓冲作用；来料少时，它能起到密封作用，防止系统内部漏风。

旋风筒的结构：旋风筒的结构对物料的分散程度也有很大影响，如旋风筒的锥体角度、布置高度等对来料落差及来料均匀性有很大影响。

在喂料口加装撒料装置：早期设计的预热器下料管无撒料装置，物料分散差，热效率低，经常发生物料短路，热损失增加，热耗高。

（2）撒料板

为了提高物料分散效果，在预热器下料管口下部的适当位置设置撒料板，当物料喂入上升管道下冲时，首先撞击在撒料板上被冲散并折向，再由气流进一步冲散悬浮。

（3）锁风阀

锁风阀（又称翻板阀）既保持下料均匀畅通，又起密封作用。它装在上级旋风筒下料管与下级旋风筒出口的换热管道入料口之间的适当部位。锁风阀必须结构合理，轻便灵活。

对锁风阀的结构要求如下：阀体及内部零件坚固、耐热，避免过热引起变形损坏；阀板摆动轻巧灵活，重锤易于调整，既要避免阀板开、闭动作过大，又要防止料流发生脉冲，做到下料均匀；阀体具有良好的气密性，阀板形状规整与管内壁接触严密，同时要杜绝任何连接法兰或轴承间隙的漏风；支撑阀板转轴的轴承（包括滚动、滑动轴承等）要密封良好，防止灰尘渗入；阀体便于检查、拆装，零件要易于更换。

（4）气固分离

当气流携带料粉进入旋风筒后，被迫在旋风筒筒体与内筒（排气管）之间的环状空间内做旋转流动，并且一边旋转一边向下运动，由筒体到锥体，一直可以延伸到锥体的端部，然后转而向上旋转上升，由排气管排出。

旋风筒的主要作用是气固分离。提高旋风筒的分离效率是减少生料粉内、外循环，降低热损失和加强气固热交换的重要条件。影响旋风筒分离效率的主要因素有：

旋风筒的直径：在其他条件相同时，筒体直径小，分离效率高。

旋风筒进风口的型式及尺寸：气流应以切向进入旋风筒，减少涡流干扰；进风口宜采用矩形，进风口尺寸应使进口风速在 $16\sim22m/s$ 之间，最好在 $18\sim20m/s$ 之间。

内筒尺寸及插入深度：内筒直径小、插入深，分离效率高。

筒体高度：增加筒体高度，分离效率提高。

锁风阀的密封性：旋风筒下料管锁风阀漏风，将引起分离出的物料二次飞扬，漏风越大，扬尘越严重，分离效率越低。

物料特性：物料颗粒大小、气固比（含尘浓度）及操作的稳定性等，都会影响分离效率。

（三）预分解技术

1. 特点

预分解技术的特点是：

（1）碳酸盐分解任务外移；

（2）燃料少部分由窑头加入，大部分从分解炉内加入，减轻了窑内煅烧带的热负荷，延长了衬料寿命，缩小窑的规格并使生产大型化；

（3）燃料燃烧放热、悬浮态传热和物料的吸热分解三个过程紧密结合进行。

2. 分类

（1）按分解炉内气流的主要运动形式可分为：涡旋式（SF 型）、喷腾式（FLS 型）、悬浮式（prepol 型、pyroclon 型）及流化床式（MFC、N-MFC 型）。

在这四种型式的分解炉内，生料及燃料分别依靠"涡旋效应""喷腾效应""悬浮效应"和"流态化效应"分散于气流之中。由于物料之间在炉内流场中产生相对运动，从而达到高度分散、均匀混合和分布、迅速换热、延长物料在炉内的滞留时间，从而达到提高燃烧效率、换热效率和入窑物料碳酸盐分解率的目的。

（2）按分解炉与窑的连接方式大致分为三种类型：

① 同线型分解炉

这种类型的分解炉直接坐落在窑尾烟室之上。这种炉型实际是上升烟道的改良和扩展。它具有布置简单的优点，窑气经窑尾烟室直接进入分解炉，由于炉内气流量大，氧气含量低，要求分解炉具有较大的炉容或较大的气、固滞留时间长。这种炉型布置简单、整齐、紧凑，出炉气体直接进入最下级旋风筒，因此它们可布置在同一平台，有利于降低建筑物高度。同时，采用"鹅颈"管结构增大炉容，也有利于布置，不增加建筑物高度。

同线型分解炉示意图如图 3-9 所示。

② 离线型分解炉

这种类型的分解炉自成体系。采用这种方式时，窑尾设有两列预热器，一列通过窑气，另一列通过炉气，窑列物料流至窑列最下级旋风筒后再进入分解炉，同炉列物料一

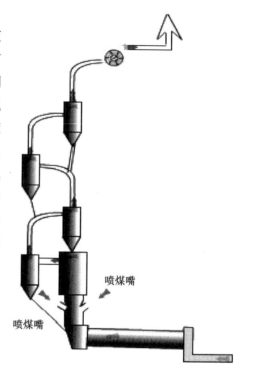

图 3-9　同线型分解炉示意图

起在炉内加热分解后，经炉列最下级旋风筒分离后进入窑内。同时，离线型窑一般设有两台主排风机，一台专门抽吸窑气，另一台抽吸炉气，生产中两列工况可以单独调节。在特大型窑，则设置三列预热器、两个分解炉。

离线型分解炉示意图如图 3-10 所示。

③ 半离线型分解炉

这种类型的分解炉设于窑的一侧。这种布置方式中，分解炉内燃料在纯三次风中燃烧，炉气出炉后可以在窑尾上升烟道下部与窑气汇合，也可在上升烟道上部与窑气汇合，然后进入最下级旋风筒。这种方式工艺布置比较复杂，厂房较大，生产管理及操作也较为复杂。其优点在于燃料燃烧环境较好，在采用"两步到位"模式时，有利于利用窑气热焓，防止黏结堵塞。中国新研制的新型分解炉也有采用这种模式的。

半离线型分解炉示意图如图 3-11 所示。

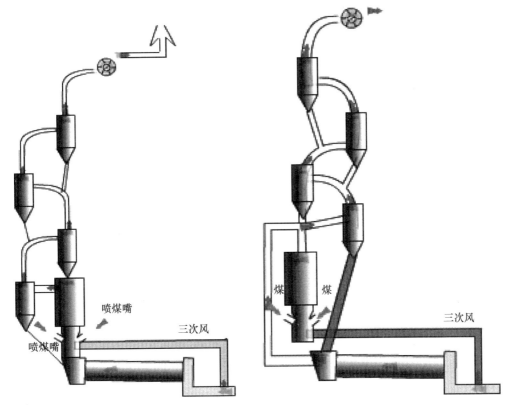

图 3-10 离线型分解炉示意图 　　　图 3-11 半离线型分解炉示意图

3. 分解炉的发展方向

分解炉未来的发展方向是：

（1）适当扩大炉容，延长气流在炉内的滞留时间，以空间换取保证低质燃料完全燃烧所需的时间；

（2）改进炉的结构，使炉内具有合理的三维流场，力求提高炉内固、气滞留时间比，延长物料在炉内滞留时间；

（3）保证物料向炉内均匀喂料，并做到物料入炉后，尽快地分散、均布；

（4）改进燃烧器的形式、结构与布置，使燃料入炉后尽快点燃，注重改善中低质及低挥发分燃料在炉内的迅速点火起燃的环境；

（5）下料、下煤点及三次风之间布局的合理匹配，以有利于燃料起火、燃烧和碳酸盐分解，提高燃料燃尽率；

（6）降低窑炉内 NO_x 生成量，并在出窑、入炉前制造还原气氛，促使 NO_x 还原，满足环保要求；

（7）优化分解炉在预分解窑系统中的部位、布置和流程，有利于分解炉功能的充分发挥，提高全系统功效；

（8）采取措施，促进替代燃料和可燃废弃物的利用。

（四）回转窑技术

生料在旋风预热器中完成预热和预分解后，下一道工序是进入回转窑中进行熟料的烧成。在回转窑中碳酸盐进一步地迅速分解并发生一系列的固相反应，生成水泥熟料矿物。

水泥熟料的煅烧过程，是水泥生产中最重要的过程。该过程是在回转窑中进行，回转窑具有台时产量高、所生产水泥熟料质量好、机械化和自动化程度高等优点，被多数水泥厂所采用。一般情况下，回转窑筒体具有一定的倾斜角度，物料在其中会随着筒体转动而不断翻滚向前。回转窑为燃料燃烧、物料之间的化学反应提供了足够的空间和热反应环境。

1. 结构

水泥回转窑结构示意图如图 3-12 所示。

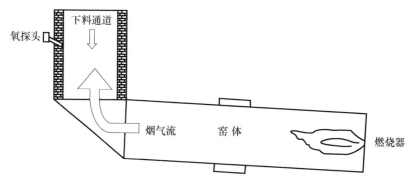

图 3-12　水泥回转窑结构示意图

2. 作用

在预分解窑系统中，回转窑具有五大功能：

（1）燃料燃烧功能：作为燃料燃烧装置，回转窑具有广阔的空间和热力场，可以供应足够的空气，装设优良的燃烧装置，保证燃料充分燃烧，为熟料煅烧提供必要的热量。

（2）热交换功能：作为热交换装备，回转窑具有比较均匀的温度场，可以满足水泥窑熟料形成过程各个阶段的换热要求，特别是熟料矿物生成的要求。

（3）化学反应功能：作为化学反应器，随着水泥矿物熟料形成不同阶段的需求，既可以分阶段地满足不同矿物形成时对热量和温度的要求，又可以满足它们对时间的要求，是目前用于水泥熟料矿物最终形成的最佳装备。

（4）物料输送功能：作为输送装备，它具有更大的潜力，因为物料在回转窑断面内的填充率、窑斜度和转速都很低。

（5）降解利用废弃物功能：20 世纪以来，回转窑的优越环保功能迅速被挖掘，它所具有的高温、稳定热力场、碱性环境等已经成为降解各种有毒有害危险废弃物的最好装置。

3. 工艺带划分

硅酸盐水泥的主要成分包括 CaO、SiO_2、Al_2O_3 和 Fe_2O_3，在高温的条件下进行一系列的反应生成硅酸三钙（C_3S）、硅酸二钙（C_2S）、铝酸三钙（C_3A）、铁铝酸四钙（C_4AF）等矿物。回转窑内部空间按温度可以大致分为四个区域：分解带、过渡带、烧成带和冷却带。物料在进入时分解率达到 90% 左右，剩余没有分解的物料将在进入回转窑后逐渐分解。过渡带部分温度高达 900～1150℃，使得生料中的 SiO_2、Fe_2O_3 和 Al_2O_3 等氧化物发生固相反应。

4. 物料在窑内的工艺反应

物料在回转窑内分别发生分解反应、固相反应、烧结反应，叙述如下：

（1）分解反应：分解反应主要是在分解炉内完成。一般从 4 级预热器排出的物料，是分解率为 85%～95%、温度为 820～850℃ 的细颗粒粉料，当它刚进入回转窑时，还能继续分解，但由于重力作用，物料沉积在窑的底部，形成堆积层，料层内部的分解反应停止，只有表层的粉料继续分解。

（2）固相反应：当粉料分解完成以后，料温进一步升高，开始发生固相反应。固相反应主要在回转窑内进行，最后生成硅酸三钙（C_3S）、硅酸二钙（C_2S）、铝酸三钙（C_3A）、铁铝酸四钙（C_4AF）等矿物。

固相反应是放热反应，放出的热量用来提高物料温度，使料温较快地升高到烧结温度。

（3）烧结反应：料温升高到 1300℃ 以上时，部分铝酸三钙（C_3A）和铁铝酸四钙（C_4AF）熔融为液相，此时硅酸二钙（C_2S）和游离 CaO 开始溶解于液相，并相互扩散，C_2S 吸收 CaO 生成硅酸三钙（C_3S），再结晶析出。随着温度的连续升高，液相量增多，液相黏度降低，C_2S 吸收 CaO 也加速进行。

5. 熟料的组成及特性

（1）熟料的化学组成

熟料中的主要氧化物有 CaO、SiO_2、Al_2O_3、Fe_2O_3。其总和通常占熟料总量的 95% 以上。此外，还有其他氧化物，如 MgO、SO_3、Na_2O、K_2O、TiO_2、P_2O_5 等，其总量通常占熟料的 5% 以下。

国内部分新型干法水泥生产企业的硅酸盐水泥熟料化学成分见表 3-20。

表 3-20　国内部分新型干法水泥生产企业的硅酸盐水泥熟料化学成分（%）

厂家	CaO	SiO_2	Al_2O_3	Fe_2O_3	MgO	$K_2O+ Na_2O$	SO_3	Cl^-
冀东	65.08	22.36	5.53	3.46	1.27	1.23	0.57	0.010
宁国	65.89	22.50	5.34	3.47	1.66	0.69	0.20	0.015
江西	65.90	22.27	5.59	3.47	0.81	0.08	0.07	0.005
双阳	65.88	22.57	5.29	4.41	0.97	1.89	0.82	0.104
铜陵	65.54	22.10	5.62	3.40	1.41	1.19	0.40	0.018

续表

厂家	CaO	SiO₂	Al₂O₃	Fe₂O₃	MgO	K₂O+ Na₂O	SO₃	Cl⁻
柳州	65.90	21.22	5.89	3.70	1.00	0.76	0.30	0.007
鲁南	63.74	21.47	5.55	3.52	3.19	1.22	0.25	0.026
云浮	65.89	21.61	5.78	2.98	1.70	1.07	0.56	0.005

实际生产中，硅酸盐水泥中各主要氧化物含量的波动范围一般为：CaO，$62\%\sim$ 67%；SiO_2，$20\%\sim24\%$；Al_2O_3，$4\%\sim7\%$；Fe_2O_3，$2.5\%\sim6\%$。

（2）熟料的矿物组成

在硅酸盐水泥熟料中，各氧化物不是单独存在的，而是以两种或两种以上的氧化物反应组合成各种不同的氧化物集合体，即以熟料矿物的形态存在。这些熟料矿物结晶细小，通常为 $30\sim60\mu m$，因此，可以说硅酸盐水泥熟料是一种多矿物组成的、结晶细小的人造岩石。

熟料中的主要矿物及其含量见表 3-21。

表 3-21   熟料中的主要矿物组成

序号	矿物名称	分子式	简写	含量（%）
1	硅酸二钙	2CaO·SiO₂	C_2S	15～35
2	硅酸三钙	3CaO·SiO₂	C_3S	50～65
3	铝酸三钙	3CaO·Al₂O₃	C_3A	6～12
4	铁铝酸四钙	4CaO·Al₂O₃·Fe₂O₃	C_4AF	8～12

硅酸三钙和硅酸二钙合称硅酸盐矿物，一般约占 75%；铝酸三钙和铁铝酸四钙合称熔剂矿物，一般约占 22%。

此外，熟料里还含有游离氧化钙（f-CaO）、方镁石（MgO）及玻璃体等。

（3）熟料矿物的特性

硅酸三钙：加水调和后，凝结时间正常，水化较快，粒径为 $40\sim45\mu m$ 的硅酸三钙颗粒加水后 28d，可以水化 70% 左右。强度发展比较快，早期强度高，强度增进率较大，28d 强度可以达到一年强度的 $70\%\sim80\%$，在四种熟料矿物中强度最高。其水化热较高，抗水性较差。

硅酸二钙：C_2S 与水作用时，水化速度较慢，至 28d 龄期仅水化 20% 左右，凝结硬化缓慢，早期强度较低，28d 以后强度仍能较快增长，一年后可接近 C_3S。它的水化热低，体积干缩性小，抗水性和抗硫酸盐侵蚀能力较强。

中间相：填充在阿利特、贝利特之间的物质通称为中间相，它包括铝酸盐、铁酸盐、组成不定的玻璃体、含碱化合物、游离氧化钙及方镁石等。

铝酸三钙：铝酸三钙水化迅速，放热多，凝结硬化很快，如不加石膏等缓凝剂，易使水泥急凝。铝酸三钙硬化也很快，水化 3d 内就大部分发挥出来，早期强度较高，但绝对值不高，以后几乎不再增长，甚至倒缩。其干缩变形大，抗硫酸盐侵蚀性能差。

铁相固溶体：C_4AF 水化硬化速度较快，因而早期强度较高，仅次于 C_3A。与 C_3A 不同的是，它的后期强度也较高，类似 C_2S。其抗冲击，抗硫酸盐侵蚀能力强，水化热较铝酸三钙低。

游离氧化钙：过烧的游离氧化钙结构比较致密，水化很慢，通常在加水 3d 以后反应比较明显。随着游离氧化钙含量的增加，试体抗拉、抗折强度降低，3d 以后强度倒缩，严重时甚至引起安定性不良。游离氧化钙水化生成氢氧化钙时，体积膨胀 97.9%，影响水泥产品的安定性。

方镁石：方镁石的水化比游离氧化钙更为缓慢，要几个月甚至几年才明显起来。方镁石水化生成氢氧化镁时，体积膨胀 148%，导致体积安定性不良。方镁石膨胀的严重程度与其含量、晶体尺寸等都有关系。方镁石晶体小于 $1\mu m$、含量 5% 时，只引起轻微膨胀；方镁石晶体 $5\sim7\mu m$、含量 3% 时，就会严重膨胀。

（五）熟料冷却技术

水泥工业的回转窑诞生之初，并没有任何熟料冷却设备，热的熟料倾卸于露天堆场自然冷却。19 世纪末期出现了单筒冷却机；1930 年德国伯力休斯公司在发明了立波尔窑的基础上研制成功回转篦式冷却机；1937 年美国富勒公司开始生产第一台推动篦式冷却机。一百多年来，在国际水泥工业科技进步的大潮中，不断改进，更新换代，长足发展，而有的已经淘汰。目前，熟料冷却机在水泥工业生产过程中，已不再是当初仅仅为了冷却熟料的设备，而在当代预分解窑系统中与旋风筒、换热管道、分解炉、回转窑等密切结合，组成了一个完整的新型水泥熟料煅烧装置体系，成为一个不可缺少的具有多重功能的重要装备。

（1）作用

熟料冷却机的功能及其在预分解窑系统中的作用如下：

① 作为一个工艺装备，它承担着对高温熟料的骤冷任务。骤冷可阻止熟料矿物晶体长大，特别是阻止 C_3S 晶体长大，有利于熟料强度及易磨性能的改善；同时，骤冷可使液相凝固成玻璃体，使 MgO 及 C_3A 大部分固定在玻璃体内，有利于熟料的安定性的改善。

② 作为热工装备，在对熟料骤冷的同时，承担着对入窑二次风及入炉三次风的加热升温任务。在预分解窑系统中，尽可能地使二、三次风加热到较高温度，不仅可有效地回收熟料中的热量，并且对燃料（特别是中低质燃料）起火预热、提高燃料燃尽率和保持全窑系统有一个优化的热力分布都有着重要作用。

③ 作为热回收装备，它承担着对出窑熟料携出的大量热焓的回收任务。一般来说，其回收的热量为 $1250\sim1650kJ$（kg.cl）。这些热量以高温热随二、三次风进入窑、炉之内，有利于降低系统燃烧煤耗。否则，这些热量回收率差，必然增大系统燃料用量，同时也增大系统气流通过量，对于设备优化选型、生产效率和节能降耗都是不利的。

④ 作为熟料输送装备,它承担着对高温熟料的输送任务。对高温熟料进行冷却有利于熟料输送和储存。

(2)原理

熟料冷却机原理示意图如图 3-13 所示。

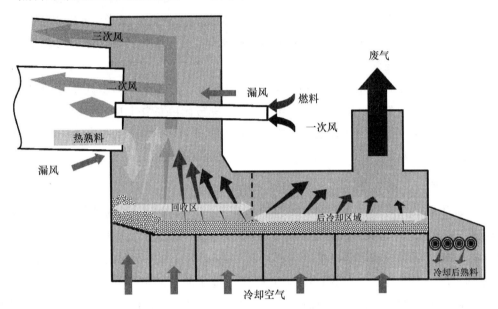

图 3-13　熟料冷却机原理示意图

熟料冷却机作业原理在于高效、快速地实现熟料与冷却空气之间的气固换热。熟料冷却机由单筒、多筒到篦式,以及篦式冷却机由回转式到推动式和推动式的第一、二、三、四代技术的发展,无论是气固之间的逆流、同流、错流换热,都是围绕提高气固换热系数、增大气固接触面积、增加气固换热温差等提高气固换热速率和效率方向进展的。同时,熟料冷却机设备结构及材质的改进,又不断提高设备运转率和节省能耗。

过去使用的多筒或单筒冷却机,由于冷却空气系由窑尾排风机经过回转窑及冷却机吸入,物料虽由扬板扬起,以增大气固换热面积,但是由于气固相对流动速度小,接触面积也小,同时逆流换热 Δt 值也小,因此换热效率低。

第三代篦冷机由于采用"阻力篦板",相对减小了熟料料层阻力变化对熟料冷却的影响;采用"空气梁",热端篦床实现了每块或每个小区篦板,根据篦上阻力变化,调整冷却风量;同时,采用高压风机鼓风,减少冷却空气量,增大气固相对速率及接触面积,从而使换热效率大为提高。此外,由于阻力篦板在结构、材质上的优化设计,提高了使用寿命和运转率。鉴于"阻力篦板"虽然解决了由于熟料料层分布不匀造成的诸多问题,但是由于其阻力大,动力消耗高,因此新一代篦冷机又向"控制流"方向发展。采用空气梁分块或分小区鼓风,根据篦上料层阻力自动调节冷却风压和风量,实现气固之间的高效、快速换热。同时,鉴于使用活动篦板推动熟料运动,造成篦板间及有关部位之间的磨损，新一代篦冷机也正在向棒式和悬摆式等固定床方向发展。

各种类型新型篦冷机技术的不断创新，不但使换热效率大幅度提高，减少了冷却风量，降低了出篦冷机熟料温度，实现了熟料的骤冷，并且使入窑二次风及入炉三次风温进一步得到提高，优化了预分解窑全系统的生产。

（六）预分解窑温度分布

预分解水泥窑的专用燃烧室内，燃料的燃烧率高达 65%，主要是由于热生料停留时间较长、窑尾废气处于旋风预热器的底部区域，并且还使用了额外的三次风。能源主要用来分解生料。当送入水泥窑时，几乎完全被分解，因此可以达到远高于 90% 的分解程度。分解炉内燃烧用的热空气是通过管道从冷却机输送过来的。物料约在 870℃ 离开分解炉。在旋风预热器窑系统中气体和固体的温度分布情况如图 3-14 所示。

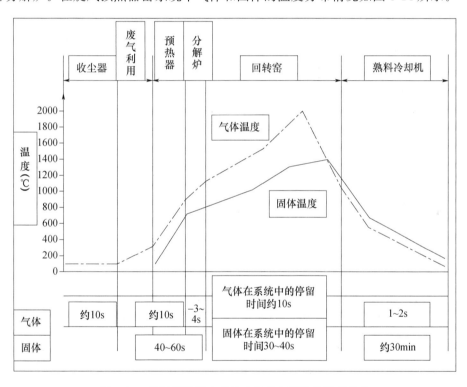

图 3-14　旋风预热器窑系统中气体与固体的温度分布

（七）生料在煅烧过程中的理化变化

水泥生料经过连续升温，达到相应的高温时，其煅烧会发生一系列物理化学变化，最后形成熟料。硅酸盐水泥熟料主要由硅酸三钙（C_3S）、硅酸二钙（C_2S）、铝酸三钙（C_3A）、铁铝酸四钙（C_4AF）等矿物组成。

水泥生料在加热煅烧过程中所发生的主要变化有：

（1）自由水的蒸发：无论是干法生产还是湿法生产，入窑生料都带有一定量的自由水分，由于加热，物料温度逐渐升高，物料中的水分首先蒸发，物料逐渐被烘干，其温度逐渐上升，温度升到 $100 \sim 150℃$ 时，生料自由水分全部被排除，这一过程也称为干燥过程。

（2）黏土脱水与分解：当生料烘干后，被继续加热，温度上升较快，当温度升到 $450℃$ 时，黏土中的主要组成高岭土（$Al_2O_3 \cdot 2SiO_2 \cdot 2H_2O$）失去结构水，变为偏高岭石（$2SiO_2 \cdot Al_2O_3$）。

$$Al_2O_3 \cdot 2SiO_2 \cdot 2H_2O \longrightarrow Al_2O_3 + 2SiO_2 + 2H_2O$$

高岭土进行脱水分解反应时，在失去化学结合水的同时，本身结构也受到破坏，变成游离的无定形的三氧化二铝和二氧化硅。其具有较高的化学活性，为下一步与氧化钙反应创造了有利条件。在 $900 \sim 950℃$，由无定形物质转变为晶体，同时放出热量。

（3）石灰石的分解：脱水后的物料，温度继续升至 $600℃$ 以上时，生料中的碳酸盐开始分解，主要是石灰石中的碳酸钙和原料中夹杂的碳酸镁进行分解，并放出二氧化碳，其反应式如下：

$600℃$：$MgCO_3 \longrightarrow MgO + CO_2$

$900℃$：$CaCO_3 \longrightarrow CaO + CO_2$

实验表明：碳酸钙和碳酸镁的分解速度随着温度升高而加快，在 $600 \sim 700℃$ 时碳酸镁已开始分解，加热到 $750℃$ 时分解剧烈进行。碳酸钙分解温度较高，在 $900℃$ 时才快速分解。

$CaCO_3$ 是生料中主要成分，分解时需要吸收大量的热量，使熟料形成过程中消耗热量约占干法窑热耗的一半以上，分解时间和分解率都将影响熟料的烧成，因此 $CaCO_3$ 的分解是水泥熟料生产中重要的一环。

$CaCO_3$ 的分解还与颗粒粒径、气体中 CO_2 的含量等因素有关。石灰石的分解虽与温度相关，但石灰石颗粒粒径越小，则表面积总和越大，使传热面积增大，分解速度加快。因此适当提高生料的粉磨细度有利于碳酸盐的分解。

碳酸钙的分解具有可逆的性质，如果让反应在密闭容器中在一定温度下进行，则随着 $CaCO_3$ 的分解产生气体 CO_2 的总量的增加，其分解速度就要逐渐减慢甚至为零，因此在煅烧窑内或分解炉内加强通风，及时将 CO_2 气体排出则是有利于 $CaCO_3$ 的分解。其实窑系统内 CO_2 来自碳酸盐的分解和燃料的燃烧，废气中 CO_2 含量每减少 2%，约可使分解时间缩短 10%。当窑系统内通风不畅时，CO_2 不能及时被排出，废气中 CO_2 含量的增加，会影响燃料燃烧使窑温降低，废气中 CO_2 含量的增加和温度降低都要延长 $CaCO_3$ 的分解时间。因此窑内通风对 $CaCO_3$ 的分解起着重要的作用。

（4）固相反应：黏土和石灰石分解以后分别形成了 CaO、MgO、SiO_2、Al_2O_3 等氧化物，这时物料中便出现了性质活泼的游离氧化钙，它与生料中的二氧化硅、三氧化二铁和三氧化二铝等氧化物进行固相反应，其反应速度随温度升高而加快。

水泥熟料中各种矿物并不是经过一级固相反应就形成的，而是经过多级固相反应的结果，反应过程比较复杂，其形成过程大致如下：

$800\sim900℃$：　　　　　　　$CaO+ Al_2O_3 \longrightarrow CaO \cdot Al_2O_3$　　　　　　　　　　（CA）

　　　　　　　　　　$CaO+Fe_2O_3 \longrightarrow CaO \cdot Fe_2O_3$　　　　　　　　　　（CF）

$800\sim1100℃$：　　　$2CaO+SiO_2 \longrightarrow 2CaO \cdot SiO_2$　　　　　　　　　（C_2S）

　　　　　　　　$CaO \cdot Fe_2O_3 + CaO \longrightarrow 2CaO \cdot Fe_2O_3$　　　　　　　（C_2F）

　　　$7（CaO \cdot Al_2O_3）+5 CaO \longrightarrow 12CaO \cdot 7Al_2O_3$　　　　　　（$C_{12}A_7$）

$1100\sim1300℃$：　　　$12CaO \cdot 7Al_2O_3+9CaO \longrightarrow 7（3CaO \cdot Al_2O_3）$　　　（C_3A）

　　$7（2CaO \cdot Fe_2O_3）+2CaO+12CaO \cdot 7Al_2O_3 \longrightarrow 7（4CaO \cdot Al_2O_3 \cdot Fe_2O_3）$

（C_4AF）

应该指出，影响上述化学反应的因素很多，它与原料的性质、粉磨的细度及加热条件等因素有关。如生料磨得越细，混合得越均匀，就增加了各组分之间的接触面积，有利于固相反应的进行，又如从原料的物理化学性质来看，黏土中的二氧化硅若是以结晶状态的石英砂存在，就很难与氧化钙反应，若是由高岭土脱水分解而来的无定形二氧化硅，没有一定晶格或晶格有缺陷，故易与氧化钙进行反应。

从以上化学反应的温度不难发现，这些反应温度都小于反应物和生成物的熔点（如CaO、SiO_2与$2CaO \cdot SiO_2$的熔点分别为$2570℃$、$1713℃$与$2130℃$），就是说物料在以上这些反应过程中都没有熔融状态物出现，反应是在固体状态下进行的，但是以上反应（固相反应）在进行时放出一定的热量。因此，这些反应统称为"放热反应"。

（5）熟料的烧成：由于固相反应，生成了水泥熟料中C_4AF、C_3A、C_2S等矿物，但是水泥熟料的主要矿物C_3S要在液相中才能大量形成。当物料温度升高到近$1300℃$时，会出现液相，形成液相的主要矿物为C_3A、C_4AF、R_2O等熔剂矿物，但此时，大部分C_2S和CaO仍为固相，但它们很容易被高温的熔融液相所溶解，这种溶解于液相中的C_2S和CaO很容易起反应，而生成硅酸三钙。

$$2CaO \cdot SiO_2 + CaO \longrightarrow 3CaO \cdot SiO_2 （C_3S）$$

这个过程也称石灰吸收过程。

大量C_3S的生成是在液相出现之后，普通硅酸盐水泥组成一般在$1300℃$左右时就开始出现液相，而C_3S形成最快速度约在$1350℃$，在$1450℃$下C_3S绝大部分生成，所以熟料烧成温度可写成$1350\sim1450℃$。它是决定熟料质量好坏的关键，若此温度有保证，则生成的C_3S较多，熟料质量较好；反之，生成C_3S较少，熟料质量较差。不仅如此，此温度还影响着C_3S的生成速度，随着温度的升高，C_3S生成的速度也就加快，在$1450℃$时，反应进行非常迅速，此温度称为熟料烧成的最高温度，所以水泥熟料的煅烧设备必须能够使物料达到如此高的温度。否则，烧成的熟料质量会受影响。

任何反应过程都需要有一定的时间，C_3S的形成也一样。它的形成不仅需要有温度的保证，而且需在该温度下停留一定时间，使之能反应充分，在煅烧较均匀的回转窑内时间可短些。时间过长，易使C_3S生成粗而圆的晶体，使其强度发挥慢而低，一般需要在高温下煅烧$20\sim30min$。

（6）熟料的冷却：当熟料烧成后，温度开始下降，同时 C_3S 的生成速度也不断减慢，温度降到 1300℃ 以下时，液相开始凝固，C_3S 的生成反应完结，此时凝固体中含有少量未化合的 CaO，则称为游离氧化钙。温度继续下降便进入熟料的冷却阶段。

熟料烧成后，就要进行冷却，其目的在于：改进熟料质量，提高熟料的易磨性；回收熟料余热，降低热耗，提高热效率；降低熟料温度，便于熟料的运输、储存和粉磨。

熟料冷却的好坏及冷却速度，对熟料质量影响较大。因为部分熔融的熟料，其中的液相在冷却时，往往还和固相进行反应。

在熟料的冷却过程中，将有一部分熔剂矿物（C_3A 和 C_4AF）形成结晶体析出，另一部分熔剂矿物则因冷却速度较快来不及析晶而呈玻璃态存在。C_3S 在高温下是一种不稳定的化合物，在 1250℃ 时，容易分解，所以要求熟料自 1300℃ 以下要进行快冷，使 C_3S 来不及分解，越过 1250℃ 以后 C_3S 就比较稳定了。

对于 1000℃ 以下的冷却，也是以快速冷却为好，这是因为熟料中的 C_2S 有 α'、α、β、γ 四种结晶形态，温度及冷却速度对 C_2S 的晶型转化有很大影响，在高温熟料中，只存在 α-C_2S；若冷却速度缓慢，则发生一系列的晶型转化，最后变为 γ-C_2S。在这一转化过程中，由于密度的减小，体积增大 10% 左右，从而导致熟料块的体积膨胀，变成粉末状，在生产中叫作"粉化"现象。γ-C_2S 与水不起水化作用，几乎没有硬性，因而会使水泥熟料的质量大为降低。为了防止这种有害的晶型转化，要求熟料快速冷却。

熟料快速冷却还有下列好处：

① 可防止 C_2S 晶体长大或熟料完全变成晶体。有关资料表明：晶体粗大的 C_2S 会使熟料强度降低，若熟料中的矿物完全变成晶体，就难以粉磨。

② 快冷时，MgO 凝结于玻璃体中，或以细小的晶体析出，可以减轻水泥凝结硬化后由于方镁石晶体不易水化而后缓慢水化出现体积膨胀，使安定性不良。

③ 快冷时，熟料中的 C_3A 晶体较少，水泥不会出现快凝现象，并有利于抗硫酸盐性能的提高。

④ 快冷可使水泥熟料中产生应力，从而增大了熟料的易磨性。

此外熟料的冷却，还可以部分地回收熟料出窑带走的热量，即可降低熟料的总热耗，从而提高热的利用率。

由此，熟料的冷却对熟料质量和节约能源都有着重要的意义，因而回转窑要选用高效率的冷却，并减少冷却机各处的漏风，以提高其冷却效率的同时回收熟料的显热。提高了窑的热效，特别是预分解窑，其意义是很重要的。

六、水泥制备

硅酸盐水泥的制成是将合适组成的硅酸盐水泥熟料与石膏、混合材料经粉磨、储存、均化达到质量要求的过程，是水泥生产过程中的最后一个环节。

（一）熟料储存

经煅烧出窑后的熟料，需要储存处理。

熟料储存处理的作用如下：

（1）保证窑、磨的生产平衡。生产中备有一定储量的熟料，在窑出现短时间（3～5d）内的停产情况下，可满足磨机生产需要的熟料量，保证磨机连续工作。

（2）降低熟料温度，保证磨机的正常工作：从冷却机出来的熟料温度一般在100～300℃之间。过热的熟料加入磨中不仅会降低磨机产量，而且会使磨机筒体因热膨胀而伸长，对轴承产生压力，过热还会影响磨机的润滑，对磨机的安全运转不利；另外，磨内温度过高，使石膏脱水过多，将引起水泥凝结时间不正常。

（3）改善熟料质量，提高易磨性：出窑熟料中含有一定数量的 f-CaO，储存时能吸收空气中部分水汽，使部分 f-CaO 消解为 $Ca(OH)_2$，在熟料内部产生膨胀应力，因而提高了熟料的易磨性，改善水泥安定性。

（4）有利于质量控制：根据出窑熟料质量等次不同，分别存放，以便搭配使用，保持水泥质量的稳定。

（二）添加混合材料

磨制水泥时，掺加数量不超过国家标准规定的混合材料，一方面可以增加水泥产量，降低成本，改善和调节水泥的某些性质，另一方面综合利用了工业废渣，减少了环境污染。

要根据生产水泥的品种，确定选用混合材料的种类。尽量选用运距近、进厂价格低的混合材料。根据进厂混合材料的干湿状况，要对混合材料进行干燥处理。另外，需要调配混合材料，使其质量均匀。

常用的混合材料包括石膏、矿渣等。石膏在水泥中，主要是起延缓水泥凝结时间的作用，同时有利于促进水泥早期强度的提高。磨制水泥时加入的石膏，要求来源定点、种类分清、质量均匀。通常是石膏经破碎设备破碎后在储库中备用。

（三）水泥产品检测方法

（1）测试指标

① 物理指标：凝结时间、安定性、强度、细度等；

② 化学指标：烧失量、不溶物、SO_3、SiO_2、Fe_2O_3、Al_2O_3、CaO、MgO、TiO_2、K_2O、Na_2O、Cl^-、硫化物、MnO、P_2O_5、CO_2、f-CaO、六价铬等。

（2）国家标准

GB/T 175—2007/XG 3—2018　《通用硅酸盐水泥》国家标准第 3 号修改单

GB/T 176—2017　《水泥化学分析方法》

GB 31893—2015　《水泥中水溶性铬（Ⅵ）的限量及测定方法》

七、新型干法窑耐火材料选择

（1）预热带和分化带

这两处的温度相对较低，要求砖衬的导热系数小、耐磨性好。在这个区域来自质料、燃料的硫酸碱和氯化碱开始蒸发，在窑内凝集和富集，并进入砖的内部。通常黏土砖与碱反应构成钾霞石和白榴石，使砖面发酥，砖体内产生胀大而导致开裂脱落。而含 $Al_2O_3\ 25\%\sim28\%$ 和 $SiO_2\ 65\%\sim70\%$ 的耐碱砖或耐碱隔热砖在必定温度下与碱反应时，砖的外表当即构成一层高黏度的釉面层，避免了脱落，但这种砖不能反抗 $1200℃$ 以上的运用温度。因而预热带通常选用磷酸盐结合高铝砖、抗脱落高铝砖或耐碱砖。

（2）分解带

分解带一般采用抗剥落性好的高铝砖，硅莫砖在性能上优于抗剥落性好的高铝砖，寿命比抗剥落的高铝砖约高出一倍，但价格较高，窑尾进料口宜采用抗结皮的碳化硅浇注料。

（3）过渡带和烧成带

过渡带窑皮不稳定，要求窑衬抵抗气氛变化能力好、抗热震性好、导热系数小、耐磨。国外推荐采用镁铝尖晶石砖，但该砖的导热系数大，筒体温度高，相对热耗要大，不利于降低能耗。国内硅莫砖的导热系数小、耐磨，其性能在一定程度上可与进口材料相媲美。

烧成带温度高，化学反应激烈，要求砖衬抗熟料侵蚀性、抗 SO_3 和 CO_2 能力强。国外一般采用镁铝尖晶石砖，但该砖挂窑皮比较困难，而白云石砖抗热震性不好，易水化；国外的镁铁尖晶石砖在挂窑皮上效果较好，但造价太高。国内新采用的低铬方镁石复合尖晶石砖使用情况较好。

（4）冷却带和窑口

冷却带和窑口处气温高达 $1400℃$ 左右，温度波动较大，熟料的研磨和气流的冲刷都很严重。要求砖衬的导热系数小，耐磨性、抗热震性好；抗热震性优良的碱性砖，如尖晶石砖或高铝砖适用于冷却带内。国外一般推荐使用尖晶石砖，但尖晶石砖的导热系数大，且耐磨性不好。国内近年来大多采用硅磨砖和抗剥落性好的耐磨砖。

窑口部位多采用抗热震性好的浇注料。如：耐磨抗热震的高铝砖或钢纤维增韧的浇注料和低水泥高铝质浇注料，但在窑口温度极高的大型窑上则采用普通的，或钢纤维增韧的刚玉质浇注料。

八、常见的异常窑况分析

（一）预分解窑系统结皮、堵塞

预分解窑在生产过程中，入窑物料的碳酸盐分解率基本达 90% 以上，才能满足窑内烧成的要求。物料的分解烧成过程实际上是一个复杂的物理、化学反应过程，其中一些成分黏结在预热器、分解炉的管壁上，形成结皮而造成堵塞。

（1）结皮

结皮是物料在预分解窑的预热器、分解炉等管道内壁上，逐步分层粘挂，形成疏松多孔的尾状覆盖物，多发部位是窑尾下料斜坡，缩口上、下部，以及旋风预热器的锥体部位。一般认为结皮的发生与所用的原料、燃料及预分解窑各处温度变化有关。下面就此相关的几个原因进行分析。

① 原燃材料中有害成分的影响

在预分解窑生产中，原燃材料中的有害成分主要指硫、氯、碱，生料和熟料中的碱主要源于黏土质原料及泥灰质的石灰岩和燃料，硫和氯化物主要由黏土质原料和燃料带入。

由生料及燃料带入系统中碱、氯、硫的化合物，在窑内高温下逐步挥发，挥发出来的碱、氯、硫以气相的形式与窑气混合在一起，通过缩口后，被带到预热器内，当它们与生料在一定的温度范围内相遇时，这些挥发物可被冷凝在生料表面上。冷凝的碱、氯、硫随生料又重新回到窑内，造成系统内这些有害成分的往复循环，逐渐积聚。这些碱、氯、硫组成的化合物熔点较低，当它在系统内循环时，凝聚于生料颗粒表面上，使生料表面的化学成分改变。当这些物料处于较高温度下时，其表面首先开始熔化，产生液相，生成部分低熔化合物。这些化合物与温度较低的设备或管道壁接触时，便可能黏结在上面，如果碱、氯、硫含量较多而温度又较高，生成的液相多而黏，则使料粉层层粘挂，越结越厚，形成结皮。

② 燃料煤的机械不完全燃烧的影响

煤的机械不完全燃烧为预分解窑系统内结皮范围的扩大提供了条件，造成煤不完全燃烧的主要原因是煤粉太粗、燃烧速度慢、空气量不足及操作不当等，在该燃烧区域内燃料燃烧不完全，而在其他区域继续燃烧，从而使系统内煤燃烧区域发生变化，导致系统内温度布局的不稳定。随着温度区域的变化，结皮部位也就随之改变，特别是预热器系统里的旋风筒收缩部位，由于物料在碱、氯、硫的作用下表面熔化，其黏性增加，在与筒壁接触时形成结皮。所以在预分解窑生产时，煤流的稳定、煤质的稳定是非常关键的，它是关系到系统稳定的首要前提。

③ 漏风的影响

预分解窑的预热器系统处在高负压状态下工作，密封工作的好坏直接影响煤的燃烧、温度的稳定，而结皮与煤、燃烧、温度等因素相关。漏风能在瞬间使物料在碱、氯、硫的作用下表面的熔化部分凝固，在漏风的周围形成结皮，该处结皮厚且强度高。

（2）堵塞

当物料被加热到一定温度时，物料本身将发生变化，特别是分解炉中加入的燃料占燃料总量的55%～60%，煤粉在燃烧过程中放出大量热量，物料在高温状态中的性能发生变化。如产生黏性，黏结在旋风筒壁面上，或者物料结团、结块等，它们在通过旋风筒下锥体和管道时最容易出现结皮、滞留和堵塞。

当高温物料表面与其他低熔点成分物质（钠、钾、氯、硫）在高速气流中相遇时，其物料的表面就会产生液相，使物料的表面具有黏性，而黏结其他物料，越粘越多，就出现结团。当这种表面具有黏性的物料与壁面接触时，可使物料表面液相降温，而附着在壁面上，形成锥体结皮或下料管道结皮现象，这样就减小了物料通过面积，物料通过能力降低或受阻。

通过以上分析，说明物料中碱、氯、硫这些低熔点的物质在生产过程中不易控制，是造成堵塞的原因。局部高温或者系统内温度的升高，则与煤量的控制分不开，是加速物料表面形成液相的原因之一。所以说，物料中有害物质的含量、温度的高低是造成预热器工况波动的主要原因，也是堵塞的主要原因。

在预分解窑生产中，生料、燃料中带进系统的氯、碱、硫在窑内高温区挥发，在预热器内随气流向上运动，温度也随之下降，并冷凝下来，随生料重新回到窑内，这样形成一个循环富集的过程。在硫酸钾、硫酸钙和氯化钾多组分系统中，最低熔点为650～700℃，硫酸盐与氯化物会以熔态形式沉降下来，并与入窑物料和窑内粉尘一起构成黏聚物质，这种在生料颗粒上形成的液相物质薄膜层，会阻障生料颗粒流动，而造成黏结。

煤粉在燃烧过程中生产大量的CO_2，碳酸盐分解也会释放出大量的CO_2，在系统通风受阻或用风不合理时，CO_2浓度将会增大，会使已分解的碳酸盐进行逆向反应，二氧化碳与氧化钙再化合成碳酸钙。由于碳酸盐在高温下分解生成的氧化钙为多孔、松散结构，活性较强，而碳酸钙结构较致密，活性差，所以导致粉状物料的板结。

还原气氛对硫、氯、碱的挥发影响也很大，随着未燃烧碳的增加，SO_3的挥发量也增加。此外，生料波动、喂料量不均、用煤不当、局部高温过热、系统漏风、预热器衬料剥落、翻板阀灵活性差、内筒烧坏脱落、翻板阀烧坏不锁风等均会导致结皮堵塞。

（二）回转窑内结球、结圈

1. 窑内结球

窑内结球是预分解窑出现的一种不正常窑况，结球严重的时候，其粒径的大小不等、接二连三，给生产带来直接的影响。如结球影响回转窑的正常安全运转；大球出窑后，掉到篦冷机上，还容易把篦冷机的设备砸坏；处理大球又需要人工进行，造成停窑，既费时耗力，又影响水泥的产量和质量，并影响企业的经济效益。

（1）原因分析

窑内结球的危害很多，造成窑内结球的原因也很多，不同的厂家、不同的炉型、不同的原燃材料、不同的管理，造成窑内结球的原因各不相同。

① 有害成分

根据国内外一些窑外分解窑出现的结球现象，对其成分进行分析得知，有害成分（主要是K_2O、Na_2O、SO_3）是造成结球的重要原因，结球料有害成分的含量明显高于相应生料中有害成分的含量。有害成分能促进中间特征矿物的形成，而中间相是形成结皮、结球的特征矿物（如钙矾石 $3CaO \cdot Al_2O_3 \cdot 3CaSO_4$、硅方解石 $2C_2S \cdot CaSO_4$ 等），原燃料中的有害成分在烧成带高温下挥发，并随窑内气流向窑尾移动，造成窑后结球特征矿物的形成。同时，物料在向窑头方向运动的过程中，随着窑内温度与气氛的变化，特征矿物分解转变，其中的有害成分进入高温带后绝大部分挥发出来，形成内循环，使有害成分在窑系统中不断富集。有害成分含量越高，挥发率越高，富集程度越高，内循环量波动的上极值越大，则特征矿物的生成机会越多，窑内出现结球的可能性就越大。

② 配料方案

某厂从原燃料带进生料中的有害成分来看，R_2O 为 0.73%，灼烧基硫碱比为 0.256%，燃料中 SO_3 为 1.51%，未超过控制界限，而 Cl^- 为 0.019%，超过了控制界限，超量不大。但在试生产期间，出现过熟料结球现象，最大直径达 1.9m。通过对配料方案的分析，硅酸率值低是造成窑外分解窑内结球的原因；该厂生产的熟料中，Al_2O_3 和 Fe_2O_3 的总含量为 9.5% 左右，有的超过 10%，其中，Al_2O_3 含量高是主要原因。

③ 窑内通风

由于窑内通风发生变化，窑尾温度高，促使窑尾部分产生物料黏结，向窑头方向运动时，黏结加强，黏结成大料球。由于有长厚窑皮，结球的机会进一步增大。

④ 其他原因

燃烧器的选用和调节操作不当，煤灰的不均匀掺入，煤粉的细度、灰分和煤灰熔点等都会影响正常燃烧而产生结球。

另外，开停机、投止料频繁；窑的运转率低，窑内热工制度波动大，窑内物料分解率波动；冷却机系统故障；二、三次风供给对煤粉的燃烧影响都是结球的原因之一。

(2) 控制措施

① 限制原燃材料中有害物质的含量，一般要求：$R_2O < 1\%$，$Cl^- < 0.015\%$，燃料中 $S < 3.5\%$，灼烧基硫碱比 $\leqslant 1.0$。

② 熟料烧成时的液相量不宜过大，液相量控制在 25% 左右。

③ 保证窑的快转率，控制好窑内物料的填充率。

④ 合理用风，保证煤粉燃烧充分，减少煤粉不完全燃烧现象的发生。

⑤ 稳定入窑生料成分。入窑生料成分不均匀、喂料量不稳定、煤粉制备不合格（太粗）等原因，易引起窑内结球。

⑥ 回灰的均匀掺入，可防止回灰集中入窑，造成有害成分富集，而引起结球。

⑦ 加强操作控制，稳定入窑分解率，对防止结球有积极作用。

2. 窑内结圈

结圈是指窑内在正常生产中因物料过度黏结，在窑内特定的区域形成一道阻碍物料运动的环形、坚硬的圈。这种现象在回转窑内是一种不正常的窑况，它破坏正常的热工制度，影响窑内通风，造成窑内来料波动很大，直接影响着回转窑的产量、质量、消耗和长期安全运转。处理窑内结圈费时费力，严重时停窑停产，其危害是严重的。

预分解窑窑内结圈，可分为前结圈、后结圈两种，两种结圈的机理是各不相同的，后结圈统称为熟料圈，前结圈为煤粉圈，处理方法也不相同。

（1）后结圈（熟料圈）原因分析

熟料圈实际上是在烧成带末端与放热反应带交界处挂上一层厚"窑皮"。从挂"窑皮"的原理可知，要想在窑衬上挂"窑皮"就必须具备挂"窑皮"的条件，否则就挂不上"窑皮"。当"窑皮"结到一定厚度时，为防止"窑皮"过厚，就必须改变操作条件，使不断粘挂上去的"窑皮"和被磨蚀下来的"窑皮"量相等，这是合理的操作方法，而窑内的条件随时都在变化，随着料、煤、风、窑速的变化而改变。若控制不好就易结成厚"窑皮"而成圈，烧成带"窑皮"拉得过长，这是熟料圈形成的根本原因。造成窑内熟料圈的具体原因很多，也很复杂，以下对熟料圈的成因进行分析。

① 生料化学成分

从生产实践经验得知，熟料圈往往结在物料刚出现液相的地方，物料温度在1200～1300℃范围内，由于物料表面形成液相，表面张力小、黏度大，在离心力作用下，易与耐火砖表面或者已形成"窑皮"表面黏结。因此，在保证熟料质量和物料易烧性好的前提下，为防止结圈，配料时应考虑液相量不宜过多，液相黏度不宜过大。影响液相量和液相黏度的化学成分主要是 Al_2O_3 和 Fe_2O_3，因此要控制好它们的含量。

② 原燃材料中有害成分

原燃材料中碱、氯、硫含量的多少，对物料在窑内产生液相的时间、位置影响较大。物料所含有害物质过多，其熔点将降低，结圈的可能性增大。正常情况下，此类结圈大多发生在放热反应带以后的地方，其危害大，处理困难。

③ 煤的影响

由于煤灰中一般含 Al_2O_3 较高，因此当煤灰掺入物料中时，使物料液相量增加，往往易结圈。煤灰的降落量主要与煤中灰分含量和煤粒粗细有关，灰分含量高、煤粒粗，煤灰降落量就多。另一方面，当煤粉粗、灰分高、水分大、燃烧速度慢，会使火焰拉长，高温带后移，"窑皮"拉长易结圈。

④ 操作和热工制度的影响

a. 用煤过多，产生化学不完全燃烧，使火焰成还原性，促使物料中的铁还原为亚铁，亚铁易形成低熔点的矿物，使液相过早出现，容易结圈。

b. 二、三次风配合不当，火焰过长，使物料预烧好，液相出现早，黏结窑衬能力增强，特别是在预热器温度高、分解率高的情况下，火焰过长，后结圈的可能很大。

c. 喂料量与总风量使用不合理，导致窑内热工制度不稳定、窑速波动异常，也易后结圈。

实践证明，热工制度严重不稳定，必定要产生结圈，而影响热工制度稳定的因素又是多方面的，同时结圈又导致热工制度的不稳定。

（2）前结圈原因分析

前结圈在烧成带和冷却带交界处，由于风煤配合不好，或者煤粉粒度粗、煤灰和水分大，影响煤粉的燃烧，使黑火头长，烧成带向窑尾方向移动，熔融的物料凝结在窑口处使"窑皮"增厚，发展成前圈，或者由于煤粉落在熟料上，在熟料中形成还原性燃烧，铁还原成为亚铁，形成熔点低的矿物或者由于煤灰分中 Al_2O_3 含量高而使熟料液相量增加，黏度增大，当遇到入窑二次风坡降、冷却，就会逐渐凝结在窑口处形成圈。当圈的厚度适当时，对窑内煅烧有利，能延长物料在烧成带的停留时间，使物料反应更完全，并降低 f-CaO 的含量。如圈的厚度过高，则影响入窑二次风量，影响物料的烧成。

① 前结圈的原因

a. 煤质本身的质量及煤粉的制备质量。

b. 熟料中熔剂矿物含量过高或 Al_2O_3 含量高。

c. 燃烧器在窑口断面的位置不合理，影响煤粉燃烧，使结圈速度加快，火焰发散也可导致前结圈。

d. 窑前负压力时间过大，二次风温低，冷却机料层控制不当。

导致前结圈的原因较少，分析容易，控制起来也容易。前结圈形成减少窑内的通风面积，影响入窑的二次风量；影响正常的火焰形状，使煤粉燃烧不完全，造成结圈恶性加剧；影响到窑内物料运动、停留时间；易结大块，容易磨损与砸伤窑皮，影响窑衬使用寿命，严重时操作困难，造成停窑。

② 操作中对前圈的控制、处理及注意事项

a. 把握好煤粉制备和煤粉的质量两个环节对前结圈的控制是有益的，在煤粉粗、煤的灰分高时，密切注意燃烧器喷嘴在窑内的位置，利用火焰控制结圈的发展。

b. 熔剂矿物含量高，特别是 Al_2O_3 含量高时，喷嘴位置一定要靠后，不能伸进窑内，使前结圈的部位处于高温状态，使前结圈得到控制。

c. 如果已前结圈，应迅速调整燃烧器喷嘴在窑口断面的位置，避免前圈加剧，保证生产的正常。

d. 前结圈若处理不当，还可加剧结圈，使圈后"窑皮"受损，严重时导致衬料受损而红窑。这是因为圈后温度高，滞留物料多，窑内通风受影响，圈口风速增大，使火焰不完整、刷窑皮，而导致红窑发生。因此，在前结圈处理时要考虑到保证火焰顺畅，保护窑皮。

（三）冷却机堆雪人

由于入窑二次空气量不足，燃料燃烧速度较慢，导致煤粉不完全燃烧，熟料在窑内翻滚过程中表面粘上细煤粉，落入篦冷机后，在熟料表面继续进行无焰燃烧，释放出热量，越是加风冷却红料越是不断，使本来应该受到骤冷的液相不但不消失反而维持相当一段时间。另一方面，由于煤灰包裹在熟料表面，导致熟料表面铝率偏高，液相黏度加大，更为重要的是不完全燃烧极易导致还原气氛。在还原气氛下，熟料中的 Fe_2O_3 被还原为低熔点的 FeO，生成低熔点矿物，极易黏附在墙壁上。如果这种还原气氛持续的时间过长或篦床操作不当，如停床、慢床致使物料在篦床一室形成堆积状态，熟料与墙壁有足够的接触时间，再加上盲板的阻风作用，使靠近墙壁的熟料冷却效果差，一部分液相就会在墙壁上粘挂，逐渐形成"雪人"。

简单来说，篦冷机形成"雪人"的原因有：

（1）出窑熟料温度过高，发黏。出窑熟料温度过高的原因很多，比如煤落在熟料上燃烧、煤嘴过于偏向物料、窑前温度控制得过高等，落入冷却机后堆积而成"雪人"。

（2）熟料结粒过细且大小不均。当窑满负荷高速运转时，大小不均的熟料落入冷却机时产生离析，细粒熟料过多地集中使冷却风不易通过，失去高压风骤冷而长时间在灼热状态，这样不断堆积而成"雪人"。

（3）由于熟料的铝率过高而造成。铝率过高，熔剂矿物的熔点变高，延迟了液相的出现，易使出窑熟料发黏，入冷却机后堆积而成"雪人"。

第四章 生活垃圾理化特性

第一节 生活垃圾采样方法

一、生活垃圾采样点选择

（一）生活垃圾采样点

《生活垃圾采样和分析方法》（CJ/T 313—2009）中规定：生活垃圾采样点应具有代表性和稳定性。生活垃圾采样点应按垃圾流节点进行选择，见表 4-1。

表 4-1　生活垃圾流节点及分类

序号	生活垃圾流节点	类别
1	产生源*	居住区、事业区、商业区、清扫区等
2	收集站	地面收集站、垃圾桶收集站、垃圾房收集站、分类垃圾收集站等
3	收运车	车箱可卸式、压缩式、分类垃圾收集车、餐厨垃圾收集车等
4	转运站	压缩式、筛分、分选等
5	处理场（厂）	填埋场、堆肥厂、焚烧厂、餐厨垃圾处理厂等

* 产生源节点是按产生生活垃圾的功能区特性进行分类，其他节点是按设施的用途进行分类；在产生源功能区采样，适用于原始生活垃圾成分和理化特性分析，在其他生活垃圾流节点采样，适用于生活垃圾动态过程中成分和理化特性分析。

（二）生活垃圾功能区

生活垃圾功能区划分见表 4-2。

表 4-2　生活垃圾功能区划分

居住区			事业区		商业区					清扫区	
燃煤	半燃煤	无燃煤	机关团体	教育科研	商场超市	餐饮	文体设施	集贸市场	交通场（站）	道路、广场	园林

二、生活垃圾采样点数量

（一）按照人口确定采样点数量

在生活垃圾产生源设置采样点，应根据所调查区域的人口数量确定最少采样点数，具体采样点数见表 4-3。

表 4-3　人口数量与最少采样点数

人口数量（万人）	<50	50～100	100～200	≥200
最少采样点数（个）	8	16	20	30

（二）按照节点（设施或容器）确定采样点数量

在生活垃圾产生源以外的垃圾流节点设置采样点，应由该类节点（设施或容器）的数量确定最少采样点数，见表 4-4。

表 4-4　生活垃圾流节点数与最少采样点数（个）

垃圾流节点（设施或容器）的数量	1～3	4～64	65～125	125～343	>344
最少采样点数	所有	4～5	5～6	6～7	每增加 300 个容器或设施，增加 1 个采样点

三、生活垃圾采样点频次

产生源生活垃圾采样与分析以年为周期，采样频率宜每月 1 次，同一采样点的采样间隔时间宜大于 10d。因环境引起生活垃圾变化时，可调整部分月份的采样频率。调查周期小于一年时，可增加采样频率，同一采样点的采样间隔时间不宜小于 7d。

垃圾流节点生活垃圾采样与分析应根据该类节点特性、设施的工艺要求、测定项目的类别确定采样周期和频率。

四、生活垃圾采样量

（一）国内标准

2009 年，我国颁布了行业标准《生活垃圾采样和分析方法》（CJ/T 313—2009），用以代替《城市生活垃圾采样和物理分析方法》（CJ/T 3039—1995）。新标准中对垃圾采样点、采样量均有详细规定，垃圾采样量的规定如下：根据生活垃圾最大粒径及分类情况，选取的最小采样量应符合表 4-5 的规定，即当生活垃圾最大颗粒直径在 120mm 时，最小采样量应为 200kg。

表 4-5　生活垃圾最小采样量

生活垃圾最大颗粒直径（mm）*	最小采样量（kg）		主要适用范围
	分类生活垃圾	混合生活垃圾	
120	50	200	产生源生活垃圾、生活垃圾筛上物等
30	10	30	生活垃圾筛下物、餐厨垃圾等
10	1	1.5	堆肥产品、焚烧残渣等
3	0.15	0.15	

* 最大粒径指筛余量为 10% 的筛孔尺寸。

（二）国外标准

（1）联邦德国

联邦德国按式（4-1）计算垃圾采样量：

$$G=0.06d \tag{4-1}$$

式中 G——样品质量（kg）；

d——垃圾的最大粒度（mm）。

按照式（4-1）计算，当垃圾筛上物最大粒度为 600mm 时（家庭垃圾袋尺寸），垃圾的采样量应为 36kg 左右。

（2）美国材料与试验协会

在美国材料与试验协会（American Society for Testing and Materials，ASTM）制定的 *Determination of the Composition of Unprocessed Municipal Solid Waste*（D5231—1992）中规定：垃圾采样样品质量范围宜为 96～136kg。

（3）其他研究

根据 Caruth 和 Klee 的研究，样品的质量范围变化对分析精度没有显著影响，基于经济上的考虑，他们推荐 110～130kg 为宜。台北市在对垃圾采样次数的研究中，认为 93.75 kg 是合理的垃圾采样样品质量。

五、生活垃圾采样方法

对呈堆体状态的生活垃圾，应根据其体积选择四分法、剖面法、周边法采样。对非堆体状态的生活垃圾（桶、箱或车内生活垃圾），应先将生活垃圾转化成堆体后再选择上述方法采样。对坑（槽）内生活垃圾（焚烧厂贮料坑和堆肥厂发酵槽等）可采用网格法采样。

（一）四分法

将生活垃圾堆搅拌均匀后堆成圆形或方形，按图 4-1 所示，将其十字四等分，然后，随机舍弃其中对角的两份，余下部分重复进行前述铺平并四等分，舍弃一半，直至达到表 4-5 所规定的采样量。

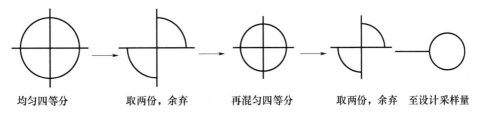

均匀四等分　　　　取两份，余弃　　　　再混匀四等分　　　　取两份，余弃　　至设计采样量

图 4-1　四分法采样

（二）剖面法

沿生活垃圾堆对角线做一采样立剖面，按图 4-2 所示确定点位，水平点距不大于

2m，垂直点距不大于 1m。各点位等量采样，直至达到表 4-5 所规定的采样量。

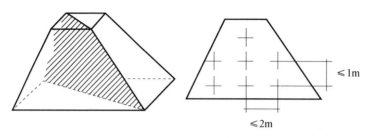

图 4-2　剖面法采样

（三）周边法

在生活垃圾堆四周各边的上、中、下三个位置采集样品，按图 4-3 所示方式确定点位（总点位数不少于 12 个），各点位等量采样，直至达到表 4-5 所规定的采样量。

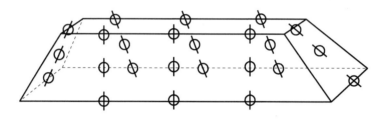

图 4-3　周边法采样

（四）网格法

将生活垃圾堆成一厚度为 40～60cm 的正方形，把每边三等分，将生活垃圾平均分成九个子区域，将每个子区域中心点前后左右周边 50cm 内以及从表面算起垂直向下 40～60cm 深度的所有生活垃圾取出，把从九个子区域内取得的生活垃圾倒在一清洁的地面上，搅拌均匀后，采用四分法缩分至表 4-5 所规定的采样量。

六、生活垃圾样品前处理

（一）物理特性测定样品制备

将测定生活垃圾密度后的样品中大粒径物品破碎至 100～200mm，摊铺在水泥地面充分混合搅拌，再用四分法缩分 2（或 3）次，至 25～50kg 样品，置于密闭容器运到分析场地。确实难以全部破碎的可预先剔除，在其余部分破碎缩分后，按缩分比例将剔除生活垃圾部分破碎加入样品中。

（二）化学特性测定样品制备

在生活垃圾含水率测定完毕后，根据测定项目对样品的要求，将烘干后的生活垃圾样品中各种成分的粒径分级破碎至 5mm 以下，选择下面两种样品形式之一制备二次样品备用。

（1）混合样

混合样应按下列步骤制备：

应严格按照生活垃圾样品物理组成的干基比例，将粒径为 5mm 以下的各种成分混合均匀，缩分至 500g，采用研磨仪将其粒径研磨至 0.5mm 以下。

（2）合成样

用研磨仪将烘干后的粒径为 5mm 以下的各种成分的粒径分别研磨至 0.5mm 以下，将各成分分别缩分至 100g 后装瓶备用。按照生活垃圾样品物理组成的干基比例，配制测定用合成样，合成样的质量（M 样）可根据测定项目所用仪器要求确定，各种成分的质量称重结果精确至 0.0005g。

（三）样品缩分

将需要缩分的样品放在清洁、平整、不吸水的板面上，堆成圆锥体，用小铲将样品自圆锥顶端落下，使其均匀地沿锥尖散落，不可使圆锥中心错位。反复转堆，至少转三周，使其充分混匀，用十字样板自上压下，将锥体分成四等份，按图 4-1 所示，取任意两个对角的等份，重复上述操作数次，直到减至 100g 左右为止，并将其保存在瓶中备用。

第二节　生活垃圾物理特性测定

生活垃圾的物理特性包括：密度、物理组成、含水率等。

一、生活垃圾密度测定

（一）容器法

（1）材料

采用高密度聚乙烯垃圾桶和最小分度值为 100g 的磅秤测定垃圾的密度。

垃圾桶的选择见表 4-6。

表 4-6　生活垃圾桶尺寸

	有效容积（L）	生活垃圾桶宽度 l（mm）	生活垃圾桶高度 h（mm）
规格	120	$470 < l < 490$	$900 < h < 1000$
	240	$570 < l < 610$	$1000 < h < 1100$

（2）步骤

① 称量空生活垃圾桶质量；

② 将所采集的样品放入生活垃圾桶，振动 3 次，不压实；

③ 称装载了垃圾的垃圾桶质量；

④ 按照式（4-2）计算垃圾密度：

$$d = \frac{1000}{M} \sum_{j=1}^{n} \frac{M_j - M}{V} \qquad (4\text{-}2)$$

式中　d——生活垃圾密度，kg/m³；

　　　　n——重复测定次数；

　　　　j——重复测定序次；

　　　　M——生活垃圾桶质量，kg；

　　　　M_j——每次称量质量（包括容器质量），kg；

　　　　V——生活垃圾桶容积，L。

（二）容器法

（1）材料

采用满足称重要求的地磅和最大测量长度为 10m 的卷尺测定垃圾的密度。

（2）步骤

① 分别对满载、空载的集装式生活垃圾车进行称重；

② 测量计算集装箱有效装载容积；

③ 对来自同一生活垃圾产生源的集装式生活垃圾车重复上述操作；

④ 按照式（4-3）计算垃圾密度：

$$d = \frac{1}{m} \sum_{i=0}^{m} \frac{M_{i1} - M_{i2}}{V_i} \qquad (4\text{-}3)$$

式中　d——密度，kg/m³；

　　　　m——车数；

　　　　i——车序次；

　　　　M_{i1}——每车满载质量（包括车重），kg；

　　　　M_{i2}——每车空载质量，kg；

　　　　V_i——集装箱有效装载容积，m³。

⑤ 计算结果以 3 位有效数字表示。

二、生活垃圾物理组成测定

（一）材料

（1）孔径为 10mm 的分样筛；

（2）最小分度值为 50g 的磅秤，最小分度值为 5g 的台秤。

（二）步骤

（1）称量生活垃圾样品总重。

（2）按照表 4-7 的类别分拣生活垃圾样品中各成分。

表 4-7 生活垃圾物理组成

序号	类别	说 明
1	厨余类	各种动、植物类食品（包括各种水果）的残余物
2	纸类	各种废弃的纸张及纸制品
3	橡胶类	各种废弃的橡胶类、橡胶、皮革制品
4	织物类	各种废弃的布类（包括化纤布）、棉花等纺织品
5	木竹类	各种废弃的木竹类制品及花木
6	灰土类	炉灰、灰砂、尘土等
7	砖瓦类	各种废弃的砖、瓦、瓷、石块、水泥块等块状制品
8	玻璃类	各种废弃的玻璃类、玻璃类制品
9	金属类	各种废弃的金属类、金属类制品（不包括各种纽扣电池）
10	其他	各种废弃的电池、油漆、杀虫剂等
11	混合类	粒径小于 10mm 的、按上述分类比较困难的混合物

（3）将粗分拣后剩余的样品充分过筛（孔径 10mm），筛上物细分拣各成分，筛下物按其主要成分分类，确实分类困难的归为混合类。

（4）对于生活垃圾中由多种材料制成的物品，易判定成分种类并可拆解者，应将其分割拆解后，依其材质归入表 4-7 中相应类别；对于不易判定及分割、拆解困难的复合物品可依据下列原则处理：

① 直接将复合物品归入与其主要材质相符的类别中；

② 按表 4-7 进行分类，根据物品质量，并目测其各类组成比例，分别计入各自的类别中。

（5）按式（4-4）计算各成分的含量：

$$C_i = M_i/M \times 100\% \tag{4-4}$$

式中 C_i——湿基某成分含量，%；

M_i——某成分质量，kg；

M——样品总质量，kg。

（6）计算结果保留二位小数。

三、生活垃圾含水率测定

（一）时间

生活垃圾的含水率测定应在测定物理组成后 24h 内完成。

（二）材料

（1）电热鼓风恒温干燥箱：最高使用温度 200℃，控温精度±1℃；

（2）搪瓷托盘；

（3）橡胶类容器：可耐 150℃以上，易清洗；金属类容器：耐腐蚀，易清洗；

（4）感量 0.1g 的天平；最小分度值为 5g 的台秤；变色硅胶干燥器。

（三）步骤

（1）将样品的各种成分分别放在干燥的容器内，置于电热鼓风恒温干燥箱内，在 (105±5)℃ 的条件下烘 4～8h（厨余类生活垃圾可适当延长烘干时间），待冷却 0.5h 后称重。

（2）重复烘 1～2h，冷却 0.5h 后再称重，直至两次称量之差小于样品质量的百分之一。妥善保存烘干后的各种成分，用于生活垃圾其他项目的测定。

（3）计算

含水率应按式（4-5）计算：

$$W_i = (M - M_g) / M \times 100\% \tag{4-5}$$

式中　W_i——垃圾含水率，%；

　　　M_g——垃圾干重，kg；

　　　M——样品总质量，kg。

四、生活垃圾物理组成举例

（一）不同国家城市生活垃圾物理组成

城市生活垃圾的成分与生活水平、食品结构、能源结构有很大的关系。经济发达国家与发展中国家之间、国外各国之间、中国各地之间的垃圾成分都各不相同。国家发达程度与垃圾密度、含水量及干基热值比较见表 4-8。

表 4-8　三种类型国家垃圾的密度、含水量及干基热值比较

国家类型	密度（kg/m³）	含水率（%）	干基热值（kJ/kg）
发达国家	100～150	20～40	6300～10000
中等收入国家	200～400	40～60	4200 以下
低收入国家	250～500	40～70	

工业发达国家城市垃圾中的可燃物、有机成分均高于发展中国家城市垃圾中的含量。国外城市垃圾一般特性为：水分 40%～60%，可燃成分 30%～40%，灰土类 10%～30%。例如，东京、纽约、伦敦、巴黎、柏林和莫斯科等大城市的垃圾中，有机物的成分达到 51%～83%，无机成分 17%～49%。近年来，随着科学技术的发展、人民消费水平的提高，国外城市垃圾成分发生了变化，烟尘和灰土类含量已从原来的 80% 下降到 20%；废纸的产生量增加，平均占垃圾总量的 30%～45%，金属类的含量增加了近 1 倍，玻璃类含量增加了近 2 倍，橡胶类含量也正在迅速增加；同时，有毒有害物质也迅速增长。

（二）我国生活垃圾物理组成

我国是一个发展中国家，从以往数据看，我国的城市生活垃圾成分有以下特点：

无机类物质含量高、可燃物质含量低；高热值物质少、垃圾热值普遍较低；有机类垃圾中主要以厨余类为主体，含水量较高等。

我国中小型城市仍以煤作主要燃料，因此煤渣、灰渣及砖石等无机物较多，约占50%；橡胶类、纸张、纤维、厨余类废物等有机物含量较少，约占24.5%，且其中厨余类垃圾占较大比重；玻璃类、金属类、陶瓷等废品约占15%；水分占7.5%；其他废物占3%。

由于受消费水平、燃料结构、区域气候及季节变化等多种因素的影响，城市垃圾的成分不仅复杂，而且不同城市间垃圾组分差别比较大，随季节变化也比较明显。但随着城市经济发达程度的提高和民用燃料向燃气化方向发展，城市垃圾中有机成分和可回收废品将逐渐增多，无机成分相应减少。20世纪90年代以后，大城市的生活垃圾成分发生了明显的变化，垃圾处理的方法有了新的要求，表现在厨余类有机物在垃圾中含量较大，利用潜力增加，但需要分类收集；垃圾中灰土含量下降，垃圾密度进一步降低，运输车辆需求增加，填埋作业难度加大；垃圾中可回收物增加；垃圾热值升高，为采用现代化焚烧处理创造了条件。一些南方现代化城市如深圳等生活垃圾的有机成分已达到60.0%～95.0%，上海的垃圾有机成分也达57.2%。北京市的垃圾中无机物含量由1986年的50.0%下降到1996年的30.0%，垃圾中可回收利用的物品由1986年的12.5%上升到1996年的25.0%。其中橡胶类制品的含量变化最大，1986年垃圾中的橡胶类制品为1.6%，1995年上升为5.0%。垃圾密度由1978年的0.7t/m³降低到1996年的0.3 t/m³。

（1）我国不同城市生活垃圾物理组成比较

我国部分城市十五年间的垃圾物理组成比较见表4-9。

表 4-9　我国部分城市垃圾物理组成比较（%）

城市	年份	厨余类	纸类	橡胶类	织物类	渣石	玻璃类	金属类	竹木
上海	1987	83.15	1.16	2.44	1.12	3.39	2.29	0.82	—
	1991	73.32	7.69	9.16	2.13	1.97	1.00	0.56	—
	1996	70.00	8.00	12.00	2.80	2.19	4.00	0.12	0.89
武汉	1981	15.75	2.12	0.21	0.62	77.61	0.60	1.55	
	1991	35.50	4.33	3.91	1.33	13.98	2.60	0.69	
	1996	39.16	4.33	7.50	1.33	32.74	6.55	0.69	3.20
宁波	1998	42.60	7.85	10.30	4.36	3.43	2.91	—	
	2001	48.40	8.20	15.60	3.50	3.30	0.60	—	
	2002	45.90	5.11	18.00	4.90	2.52	0.85	—	
广州	1990	79.45	1.42	1.99	0.98	14.16	1.39	0.60	
	1995	72.07	3.30	12.58	4.12	4.58	2.63	0.72	
	1996	63.00	4.80	14.10	3.60	3.80	4.00	3.90	2.80
	2001	63.56	5.45	20.15	3.45	2.99	1.60	0.35	—

续表

城市	年份	厨余类	纸类	橡胶类	织物类	渣石	玻璃类	金属类	竹木
天津	1995	73.32	7.49	9.16	3.50	1.89	4.00	0.56	—
	1996	50.11	5.53	4.81	0.68	0.74	—	—	—
	1998	70.09	8.05	11.78	3.68	1.82	4.01	0.58	—
	1999	67.33	8.77	13.48	3.17	1.37	4.15	0.73	—
合肥	1996	44.97	3.57	10.22	2.98	28.40	4.24	0.80	2.52
	1997	48.64	2.55	1.15	43.65	2.23	—	—	—
	2002	66.48	3.78	1.88	1.90	0.91			
北京	1996	39.00	18.18	10.35	3.56	10.93	13.02	2.96	—
	1997	54.24	10.78	13.15	3.09	9.54	4.51	0.77	—
长春	2002	43.00	4.09	15.00	2.70	4.60	2.60	0.50	—
济南	2000	48.91	3.65	7.26	1.48	31.66	0.48	0.16	—
重庆	1996	38.76	1.04	9.10	0.97	37.99	9.03	0.53	1.58
南京	1996	52.00	4.60	11.20	1.18	20.46	4.09	1.28	1.08
无锡	1996	41.00	2.90	9.83	4.98	25.29	9.47	0.90	3.05
西安	2000	38.24	3.80	1.20	50.71	—	1.10	—	—
呼和浩特	2001	32.00	6.50	9.20	0.30	1.15	0.50	—	—
大连	2000	83.55	3.70	5.60	1.60	2.56	0.50		

（2）我国不同功能区生活垃圾物理组成比较

按照城市不同的功能区划，不同区域可分为平房区、双气区、高档住宅区、事业区、商业区、交通站、广场、医院等。其中：平房区指的是靠燃煤为主要热源的城中村区域；双气区指的是燃气和暖气均具备的普通楼房区域；高档住宅区指的是面积在150m²以上的楼房或者别墅区；事业区指的是机关、企事业等集中办公区；商业区指的是步行街、商场等商业集中区域；交通站指的是火车站、汽车站等；广场指的是市民广场、公园等休闲场所。

以北京市为例，分析不同区域生活垃圾的物理组成差异。

① 东城区不同功能区生活垃圾物理组成比较

来自北京东城区的平房区、双气区、高档住宅区、事业区、商业区、交通站、广场区及医院的垃圾物理组成如图 4-4 所示。

从图 4-4 中可以看出：北京市东城区的不同功能区中生活垃圾中以厨余类、纸类和橡胶类所占的比例最大，医院与交通站（西客站）的垃圾中可焚烧垃圾所占比例较大；交通站的生活垃圾可回收物质比例最高，这些物质分别是易拉罐、啤酒瓶以及纸张等，因此交通站的垃圾以分类回收并焚烧处理最为理想；事业区与商业区生活垃圾含水率均较低，且成分多为橡胶类、纸类等，可优先考虑焚烧处理。

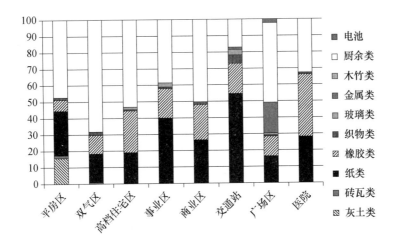

图 4-4 东城区各功能区垃圾物理成分

② 海淀区不同功能区生活垃圾物理组成比较

来自北京海淀区的平房区、双气区、高档住宅区、事业区、商业区、交通站、广场区及医院的垃圾物理组成如图 4-5 所示。

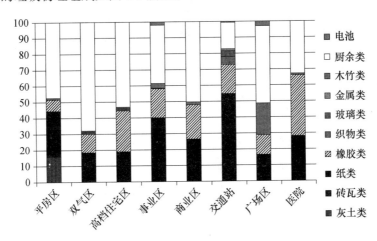

图 4-5 海淀各功能区春季垃圾物理成分

从图 4-5 可以看出：海淀 8 个功能区生活垃圾中所含的 10 种成分差异较大，各组分所占的比重无一相同。总体上看，8 个功能区的生活垃圾组成中以厨余类、纸类和橡胶类为主，三者合计占到了垃圾组分的 90% 以上，其平均含量分别为厨余类 44.29%、纸类 28.64%、橡胶类 19.05%；除平房区的生活垃圾含有较多的灰土类外，其他 7 个功能区的生活垃圾中均不含灰土类；事业区、广场区、商业区及医院的生活垃圾成分较为单一，除厨余类、橡胶类和纸类外，其他组分只有木竹类和金属类（以易拉罐饮料拉环为主）；但事业区的纸类以印刷品类和复印纸张为主，纸张干燥，含水率低，利于垃圾分类回收；而广场区、商业区及医院生活垃圾中的纸类以餐巾纸类为主，成团状，含水率高；事业区、商业区及医院生活垃圾中的木竹类大多为一次性筷子，而广场区的木竹类来源于树木修剪的枝杈等；三种居民区中，平房区垃圾含灰土较多，所以密度大；高档住宅区与双气区的生活垃圾组成相差不大。由于北京垃圾的收集方式为混合收集，所以垃圾中含有废电池等重金属类污染物。

为验证 4 次取样存在的随机误差，使用 SPSS 软件进行了方差分析，结果表明：4 次取样垃圾中 10 种组分统计检验的双尾 P 值均 $> F_{0.10}$，说明取样次数对垃圾的 10 种组分所造成的影响不显著；Caruth 等也认为垃圾的主要成分有一个相对对称的频率分布，即符合正态分布。4 次垃圾取样的结果有统计学意义。

③ 丰台区不同功能区生活垃圾物理组成比较

来自北京丰台区的不同功能区的垃圾物理组成如图 4-6 所示。

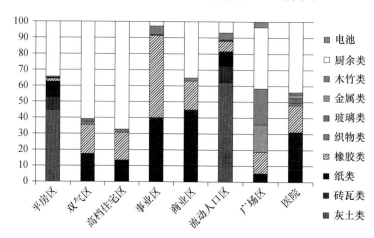

图 4-6　丰台各功能区春季垃圾物理成分

从图 4-6 可知：丰台各功能区的垃圾成分与海淀区差异较大。

丰台的 8 个功能区中，除平房区和流动人口区的生活垃圾组成较为相似外，其他 6 个功能区垃圾所含的 10 种成分各不相同。平房区的生活垃圾组成以灰土类和厨余类为主，而流动人口区的生活垃圾中灰土类高达 60% 以上；双气区、高档住宅区、商业区和医院的垃圾组成中以厨余类、橡胶类和纸类为主，三者合计占到了垃圾组分的 90%以上；事业区的垃圾中橡胶类最多，占 51.60%，其次是印刷品类和复印纸等纸类，其含量为 39.76%；广场区的生活垃圾中含量较多的组分依次是厨余类、木竹类、金属类和橡胶类，且广场区垃圾中多含有游客丢弃的废电池类污染物。

④ 北京市城六区生活垃圾物理组成比较

2017 年，北京市城六区的垃圾物理组成比较如图 4-7 所示。

从图 4-7 可知：北京各功能区的垃圾物理成分差异较大。总体来说，北京市的垃圾组成以厨余类、橡胶类和纸类为主，三者合计占到了垃圾组分的 90%以上。

⑤ 北京城区、郊区生活垃圾物理组成比较

2017 年，北京市城六区、郊区新城和周边农村地区生活垃圾物理成分的调查结果见表 4-10。

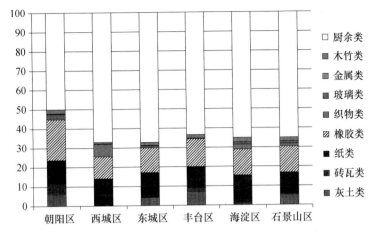

图 4-7　北京市不同城区垃圾物理成分

表 4-10　北京平原区垃圾成分（湿基％）

区域	纸类	橡胶类	织物类	玻璃类	金属类	木竹类	厨余类	砖瓦类
城八区	22.55	15.26	7.03	2.51	3.04	2.14	45.55	1.92
郊区新城	21.23	17.03	7.93	1.37	2.87	3.39	36.57	9.61
郊区农村	13.47	5.81	5.04	2.51	1.32	6.02	34.16	31.67

从表 4-10 可以看出：北京市平原区各部分的生活垃圾组分相差很大，城市的核心六城区中，生活垃圾的湿基百分比最高的组分依次是厨余类 45.55％、纸类 22.55％ 和橡胶类 15.26％；郊区新城的生活垃圾物理组成中，厨余类、纸类和橡胶类的湿基百分比均低于城六区，但砖瓦类比例高于城中心，达到了 9.61％；郊区农村的垃圾组成中，含量最多的是砖瓦类灰土，湿基百分比高达 30％ 左右。

总体来说，无论是城市核心区还是农村地区，北京市的生活垃圾物理组成中，以厨余类、橡胶类、纸类为主，三者合计占到了生活垃圾全部组成的 50％ 以上。

五、生活垃圾含水率举例

以北京市为例，分析不同区域生活垃圾的含水率差异。

（一）不同城区生活垃圾四季含水率比较

2017 年，北京市城六区的生活垃圾四季含水率比较如图 4-8 所示。

从图 4-8 可以看出：北京市城六区的生活垃圾含水率差异较大，以东城区、西城区等核心城区的生活垃圾含水率较高，周边城区的生活垃圾含水率较低，如丰台区、石景山区等。

四季相比，以夏季的生活垃圾含水率最高，原因可能是夏季水果多，加上雨水进入垃圾桶等。冬季含水率较低，尤其是周边城区，这是因为周边城区灰土含量较多。

（二）不同功能区生活垃圾含水率比较

2017 年，北京市不同功能区春季的生活垃圾含水率比较见表 4-11。

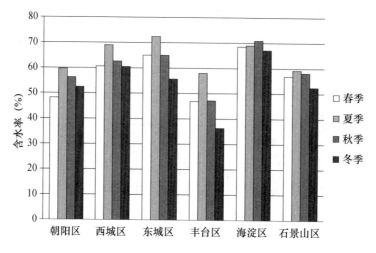

图 4-8　北京市城六区生活垃圾四季含水率

表 4-11　北京市不同功能区春季的生活垃圾含水率比较（%）

	朝阳区	西城区	东城区	丰台区	海淀区	石景山区
平房区	48.9	50.15	50.6	34.21	55.3	48.1
双气区	52.4	71.98	62.7	44.94	65	56.3
高档住宅区	56.3	62.28	52.4	51.05	75.2	65.1
事业区	22.5	24.81	21.9	20.73	28.6	28.88
商业区	37.6	50.12	40.6	46.56	32.9	39.9
交通站	46.8	47.63	53.1	65.11	45.9	45.8
广场区	56.9	58.78	45.1	58.41	55.6	55.9
医院	43.9	50.01	55.7	45.83	50.1	56.9

从表 4-11 可以看出：北京市不同功能区，生活垃圾的含水率差异较大，以事业区的生活垃圾含水率最低，这是因为事业区的垃圾中，含有较多的纸张和橡胶类，含有的厨余类垃圾较少。

（三）生活垃圾不同组分中的含水率比较

2017 年，随机采集海淀区 15 个垃圾样品，测试不同组分中的含水率，结果见表 4-12。

表 4-12　垃圾不同组分的含水率（%）

		不可燃类	纸类	橡胶类	织物类	木竹类	厨余类
生活 垃圾	范围	0～9.35	5.15～25.08	1.77～32.64	0～10.9	1.52～11.64	21.65～71.34
	均值	7.47	17.73	11.10	8.33	6.35	76.02

生活垃圾中，有机质占主要部分，含水率也较高，在 71.5%～90.3% 之间，高水分、高有机质的有机物是生活垃圾中导致微生物滋生和产生恶臭的必要条件。

（四）生活垃圾在物流过程中的含水率变化

（1）收集—压缩转运—填埋流向中含水率变化

沿着北京海淀区生活垃圾的收集—压缩转运—填埋流向，分别采集生活垃圾样品，测定其含水率。收集—压缩转运—填埋流向中的垃圾含水率变化见表4-13。

表4-13　收集—压缩转运—填埋流向中含水率变化（％）

	投放点	居民区垃圾站	转运站压缩前	转运站压缩后	填埋场
平房区	40.15				
双气区	71.98				
高档住宅区	62.28				
事业区	24.81	53.2	56.2	43.92	43.07
商业区	50.12				
交通站	47.63				
广场区	68.78				
医院	50.01				

从表4-13可以看出：来自海淀区的8个不同功能区投放点的生活垃圾，含水率差异很大：事业区最低，仅为24.81%，而双气区、高档住宅区等则高达60%以上，但经过密闭式垃圾站的混合后，变为53.2%，在大型垃圾压缩转运站经过压缩后，垃圾水分大量散失，降为43.92%，最后，运至填埋场时仅为43.07%。统计分析的结果表明：大型垃圾压缩转运站至垃圾填埋场的生活垃圾其水分 P 值$<F_{0.01}$，转运站对垃圾水分的改变差异显著。

（2）收集—筛分转运—填埋流向中含水率变化

沿着北京丰台区生活垃圾的收集—转运—填埋流向，分别采集生活垃圾样品，测定其含水率。收集—筛分转运—填埋流向中的垃圾含水率变化见表4-14。

表4-14　收集—筛分转运—填埋流向中含水率变化（％）

	投放点	居民区垃圾站	转运站筛分前	转运站筛分后			填埋场
				<15mm粒径	15~60mm粒径	>60mm粒径	
平房区	34.21						
双气区	44.94						
高档住宅区	51.05						
事业区	20.73	49.27	47.11	39.05	50.43	19.92	34.32
商业区	46.56						
交通站	75.11						
广场区	58.41						
医院	45.83						

从表 4-14 可以看出：来自丰台区的 8 个不同功能区投放点的生活垃圾，含水率差异很大：事业区最低，仅为 20.73%，而流动人口区则高达 70% 以上，但经过密闭式垃圾站的混合后，变为 49.27%，在马家楼转运站经过筛分后，变为 3 种粒径的垃圾：15～60mm 粒径和 <15mm 粒径的生活垃圾，其水分含量均为 50% 左右，而 >60mm 粒径的生活垃圾含水率仅为 20%。<15mm 粒径的生活垃圾和 >60mm 粒径的生活垃圾经混合后，运至填埋场，水分含量为 30% 左右。统计分析的结果表明：马家楼转运站筛分前后垃圾的水分 P 值 $<F_{0.01}$，说明筛分工艺对垃圾的水分改变差异显著。

（3）垃圾堆肥过程中的含水率变化

分别采集不同堆肥时间的垃圾，测定其含水率。堆肥过程中的含水率变化见表 4-15。

表 4-15　垃圾在堆肥过程中的含水率变化（%）

项目	鲜垃圾	2 周	5 周	8 周			填埋场
				<12mm 粒径	12～25mm 粒径	>25mm 粒径	
水分	55.6	47.3	30.2	25.7	28.9	19.1	32.3

从表 4-15 可以看出：从马家楼垃圾转运站进入南宫堆肥厂的 15～60mm 粒径的垃圾在堆肥过程中水分含量逐步下降；堆肥 8 周后，成品堆肥分别经过 25mm 粒径和 12mm 粒径筛分，>25mm 粒径的堆肥水分含量最低，在 20% 以下；<12mm 粒径的堆肥水分含量最高，为 25% 以上；12～25mm 粒径的堆肥水分含量居中。

六、生活垃圾密度举例

（一）不同城区不同季节比较

2017 年，北京市城六区四季的生活垃圾密度比较如图 4-9 所示。

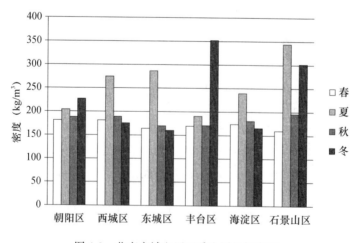

图 4-9　北京市城六区四季生活垃圾密度

从图 4-9 可以看出：北京市城六区四季的生活垃圾密度差异较大，春秋冬三季，以东城区、西城区等核心城区的生活垃圾密度较小，周边城区的生活垃圾密度较大，如石景山区等；夏季则相反。

四季相比，中心城区的生活垃圾密度以夏季最大，冬季密度最小，如东城区、西城区等。朝阳区、丰台区、石景山等城区则冬季的垃圾密度较大。

（二）不同功能区比较

2017 年，北京市不同功能区的生活垃圾密度比较如图 4-10 所示。

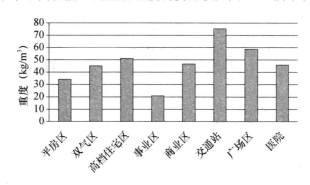

图 4-10　北京市不同功能区生活垃圾密度

从图 4-10 可以看出：北京市不同功能区的生活垃圾密度差异较大，事业区的生活垃圾密度最小，这是因为事业区里含有较多的纸张和塑料类，含有的厨余类垃圾较少。

（三）不同生活垃圾组分密度比较

2017 年，随机采集海淀区 15 个垃圾样品，测试不同组分中的密度，结果见表 4-16。

表 4-16　垃圾不同组分的密度（kg/m³）

垃圾		不可燃	纸类	橡胶类	织物类	木竹类	厨余类
	范围	19.0～22.3	17.9～45.1	17.8～35.2	10.1～10.9	21.5～54	242.7～360.5
	均值	20.2	35.2	28.3	10.4	36.8	268.0

生活垃圾中，有机质占主要部分，密度也较大，高水分、高有机质的有机物，密度大，容易厌氧发酵，是导致微生物滋生和产生恶臭的必要条件。

（四）生活垃圾在物流过程中的密度变化

（1）收集—压缩转运—填埋流向中密度变化

沿着北京海淀区生活垃圾的收集—压缩转运—填埋流向，分别采集生活垃圾样品，测定其密度。海淀区垃圾收集系统—压缩转运—填埋流向中的垃圾密度变化见表 4-17。

表 4-17　海淀区垃圾收集—压缩转运—填埋流向中垃圾密度变化（kg/m³）

	投放点	居民区垃圾站	转运站压缩前	转运站压缩后	填埋场
平房区	212				
双气区	136				
高档住宅区	108				
事业区	36	150.3	150.3	241.5	247.3
商业区	70				
交通站	66				
广场区	28				
医院	54				

从表 4-17 可以看出：来自海淀区的 8 个不同功能区投放点的生活垃圾，其垃圾密度的差异很大：商业区、事业区和广场区的较小，在 100kg/m³ 以下；平房区因含有灰土等物质，密度最大，为 200kg/m³ 以上；但经过密闭式垃圾站的混合后，变为 150kg/m³ 左右；在五路居转运站经过压缩后，密度增加为 240kg/m³ 以上；运至填埋场时为 240～250kg/m³ 之间。

（2）收集—筛分转运—填埋流向中密度变化

沿着北京市丰台区生活垃圾的收集—筛分转运—填埋流向，分别采集生活垃圾样品，测定其密度。丰台区垃圾收集—筛分转运—填埋流向中的垃圾密度变化见表 4-18。

表 4-18　丰台区垃圾收集—筛分转运—填埋流向中垃圾密度变化（kg/m³）

	投放点	居民区垃圾站	转运站筛分前	转运站筛分后			填埋场
				<15mm 粒径	15～60mm 粒径	>60mm 粒径	
平房区	195						
双气区	151						
高档住宅区	122						
事业区	50	182	190	527	248	90	240
商业区	90						
交通站	69						
广场区	40						
医院	51						

从表 4-18 可以看出：来自丰台 8 个不同功能区投放点的生活垃圾，密度的差异很大：商业区、事业区和广场区较小，在 110kg/m³ 以下；平房区因含有灰土等物质，密度最大，为 190kg/m³ 以上；但经过马家楼垃圾转运站筛分后，变为 3 种粒径的垃圾：15～60mm 粒径的垃圾，密度为 240～250kg/m³；<15mm 粒径的生活垃圾，密度高达 500kg/m³；而 >60mm 粒径的生活垃圾，密度仅为 90kg/m³ 左右。<15mm 粒径的生活垃圾和 >60mm 粒径的生活垃圾经混合后，运至填埋场，密度为 240kg/m³ 左右。

（3）垃圾堆肥过程中的密度变化

分别采集不同堆肥时间的垃圾，测定其密度。堆肥过程中的密度变化见表4-19。

表4-19　垃圾堆肥过程中的密度变化（kg/m³）

项目	鲜垃圾	2周	5周	8周			填埋场
				<12mm 粒径	12～25mm 粒径	>25mm 粒径	
水分	248	329	480	95	323	820	430

从表4-19可以看出：从马家楼垃圾转运站进入南宫堆肥厂的15～60mm粒径的垃圾在堆肥过程中密度逐渐增大。堆肥8周后，成品堆肥分别经过 ϕ25mm和 ϕ12mm筛分，>25mm粒径的堆肥密度最小，仅为100kg/m³以下；<12mm粒径的堆肥密度最大，达800kg/m³以上；12～25mm粒径堆肥密度居中。

七、生活垃圾主要特性分析

（一）生活垃圾组分聚类分析

从前述内容可知：生活垃圾的主要成分是厨余类、纸类、橡胶类（含塑料）以及其他。但是，不同功能区的垃圾组成有差异。

（1）聚类分析

聚类分析又称群分析，它是研究（样品或指标）分类问题的一种多元统计方法。所谓类，通俗地说，就是指相似元素的集合（苏金明等，2000）。

聚类分析起源于分类学，在考古的分类学中，人们主要依靠经验和专业知识来实现分类。随着生产技术和科学的发展，人类的认识不断加深，分类越来越细，要求也越来越高，有时光凭经验和专业知识是不能进行确切分类的，往往需要定性分析和定量分析结合起来去分类，于是数学工具逐渐被引进分类学中，形成了数值分类学。后来随着多元分析的引进，聚类分析又逐渐从数值分类学中分离出来而形成一个相对独立的分支。

聚类分析的基本思想是：在样品之间定义距离，在变量之间定义相似系数，距离或者相似系数代表着样品或者变量之间的相似程度。按相似程度的大小，将样品（或变量）逐一归类，关系密切的类聚集到一个小的分类单位，然后逐步扩大，使得样品关系疏远的聚合到一个大的分类单位，直到所有的样品（或者变量）都聚集完毕，形成一个表示亲疏关系的谱系图，依次按照某些要求对样品（或者变量）进行分类。样品聚类通常称为Q型聚类，在SAS或SPSS系统中，采用欧氏聚类或先将数据标准化，再计算欧氏距离进行聚类，实际上采用了方差加权距离。

本分析采用SPSS系统的Hierarchical Classify聚类法。SPSS系统在选择Method时，系统提供7种聚类方法供用户选择：Between-groups linkage（类间平均链锁法）、Within-groups linkage（类内平均链锁法）、Nearest neighbor（最近邻居法）、Furthest neighbor（最远邻居法）、Centroid clustering（重心法，应与欧氏距离平方方法一起使用）、Median clustering（中间距离法，应与欧氏距离平方方法一起使用）、Ward's method（离差平方和法，应与欧氏距离平方方法一起使用）。在选择距离测量技术上，系统提供 8 种形式供用户选择：Euclidean distance（Euclidean 距离，即两观察单位间的距离为其值差的平方和的平方根，该技术用于 Q 型聚类）、Squared Euclidean distance（Euclidean 距离平方，即两观察单位间的距离为其值差的平方和，该技术用于 Q 型聚类）、Cosine（变量矢量的余弦，这是模型相似性的度量）、Pearson correlation（相关系数距离，适用于 R 型聚类）、Chebychev（Chebychev 距离，即两观察单位间的距离为其任意变量的最大绝对差值，该技术用于 Q 型聚类）、Block（City-Block 或 Manhattan 距离，即两观察单位间的距离为其值差的绝对值和，适用于 Q 型聚类）、Minkowski（距离是一个绝对幂的度量，即变量绝对值的第 p 次幂之和的平方根，p 由用户指定）、Customized（距离是一个绝对幂的度量，即变量绝对值的第 p 次幂之和的第 r 次根，p 与 r 由用户指定）。

（2）生活垃圾聚类分析

以北京市海淀区为例，生活垃圾的聚类分析结果如图 4-11 所示。

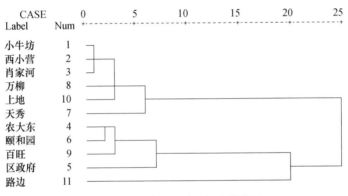

图 4-11　海淀区生活垃圾聚类分析

聚类分析的结果表明：海淀区的生活垃圾按其物理组成可以聚为四种类型：

① 农村平房区生活垃圾：此类生活垃圾主要来自农村及城乡接合部的平房区，可分为三类：厨余垃圾、其他垃圾和渣土。三类垃圾按湿基质量比例（厨余垃圾∶其他垃圾∶渣土）约为 6∶2∶2。

② 办公区和事业区生活垃圾：此类生活垃圾主要来自办公区，其特点是厨余垃圾较少，纸类、橡胶类垃圾较多。垃圾可分为两类：纸类、橡胶类垃圾和其他垃圾。两类垃圾按湿基质量比例（纸类＋橡胶类垃圾∶其他垃圾）约为 7.5∶2.5。

③ 高档住宅区及广场垃圾，如万柳、上地的生活垃圾：此类生活垃圾主要来自高档住宅区和休闲广场。其特点是厨余与其他类垃圾比例大约相等。此类垃圾可分为两类：厨余垃圾和其他垃圾。两类垃圾按湿基质量比例（厨余垃圾∶其他垃圾）约为 5.5∶4.5。

④ 普通居民垃圾，如天秀小区的生活垃圾：此类生活垃圾主要来自普通居民住宅区。其特点是垃圾中占绝大比例的是厨余垃圾，其他垃圾比例较少。此类垃圾可分为两类：厨余垃圾和其他垃圾。两类垃圾湿基质量比例约为 8∶2。

（二）生活垃圾特性总结

（1）生活垃圾的主要成分是厨余类、纸类、橡胶类（含塑料）以及其他。但是不同功能区的垃圾组成有差异。

（2）生活垃圾含水率较高。

高水分、高有机质的垃圾，密度大，容易厌氧发酵，是导致微生物滋生和产生恶臭的必要条件。

第三节　生活垃圾化学特性测定

垃圾的化学指标由后期处理方式决定。例如，将垃圾堆肥处理时，需要测定其 pH 值、C/N、有机质含量、重金属类含量等。进入炉窑焚烧处理时，需要进行工业分析和测定热值、元素组成等。

一、相关标准规范

垃圾检测的标准规范为《生活垃圾化学特性通用检测方法》（CJ/T 96—2013）。该标准规定了垃圾中氯、有机质、总铬、汞、pH 值、镉、铅、砷、全氮、全磷、全钾以及碳、氢、氟、硫、氧的测定方法。

二、其他测定方法

（一）垃圾工业分析

灰土类、挥发分、固定碳等含量可参照《煤的工业分析方法》（GB/T 212—2008）中的缓慢灰化法测定。

（二）垃圾热值测定

垃圾中的热值可采用《煤的发热量测定方法》（GB/T 213—2008）测定。

生活垃圾的干基热值可采用氧弹仪测定。

生活垃圾的湿基热值也可采用经验式（4-6）计算：

$$Q_L = [4400(1-a) + 8500a]R - 600W \tag{4-6}$$

式中　R——垃圾中可燃成分含量（质量分数），%；

　　　a——可燃成分中橡胶类的百分含量，%；

　　　W——垃圾含水率（质量分数），%。

（三）垃圾化学元素分析

垃圾中的化学元素可采用《水泥化学分析方法》（GB/T 176—2017）中的方法测定。

（四）垃圾重金属类元素分析

垃圾中的重金属类元素可采用《水泥窑协同处置固体废物技术规范》（GB 30760—2014）中的方法测定。

（五）C/N分析

将垃圾彻底风干后，用植物粉碎机粉碎并过 0.149mm 筛。总有机碳（TOC）采用重铬酸容量法-外加热法测定；总氮（TN）采用凯氏定氮法测定。固相 C/N＝总有机碳/总氮。

（六）微生物分析

采用高通量测序技术分析垃圾中的微生物特性。

三、垃圾热值特性分析

（一）不同城区生活垃圾热值比较

2017 年，北京市不同城区的生活垃圾干基热值比较如图 4-12 所示。

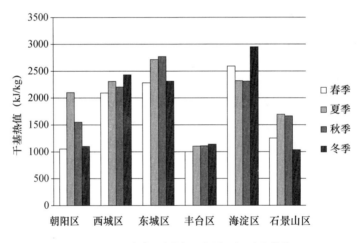

图 4-12　北京市不同城区生活垃圾干基热值

当生活垃圾的干基热值达到 3350kJ/kg 以上时，焚烧过程无需添加辅助燃料，即可实现自燃烧。从图 4-12 可知：北京市各城区的混合生活垃圾，其干基热值无一达到 3350kJ/kg 以上，因此，均需要添加辅料。

（二）不同功能区生活垃圾热值比较

2017 年，北京市不同功能区的生活垃圾干基热值比较如图 4-13 所示。

从图 4-13 可知：北京市各功能区的混合生活垃圾，其干基热值以事业区最高，这是因为事业区中含有较多的纸类和橡胶类；以平房区最低，在 1000kJ/kg 以下。因此，若后端有垃圾焚烧处理厂，则应该采用干湿分类的方式提高生活垃圾热值。

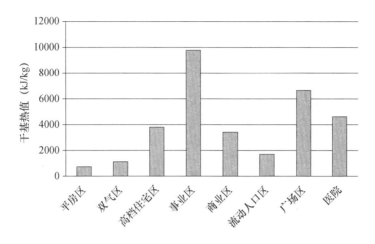

图 4-13 北京市不同功能区生活垃圾干基热值

（三）生活垃圾中不同组分的热值比较

生活垃圾及其不同物理组分的热值比较如图 4-14 所示。

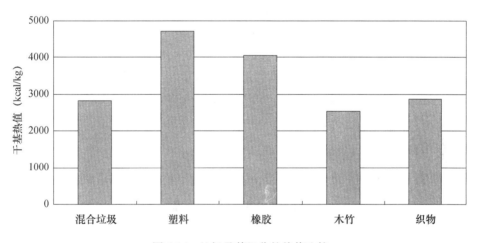

图 4-14 垃圾及其组分的热值比较

从图 4-14 可以看出：混合垃圾的干基热值为 2821.85kcal/kg。垃圾各组分中，以塑料类、橡胶类的热值最高，均为 4000kcal/kg 以上，木竹类和织物类的热值较为接近，在 2500kcal/kg 左右。但是，垃圾中的塑料类、橡胶类、木竹类、织物类四类组分的含量均较低，对热值的贡献不大。

（四）含水率和热值的关系

生活垃圾湿基热值与含水率之间的关系分析如图 4-15 所示。

从图 4-15 可以看出：生活垃圾的含水率与湿基热值之间均存在显著的相关性关系。因此，生活垃圾在焚烧、热解等热处理利用之前，必须先进行干化处理，降低含水率。

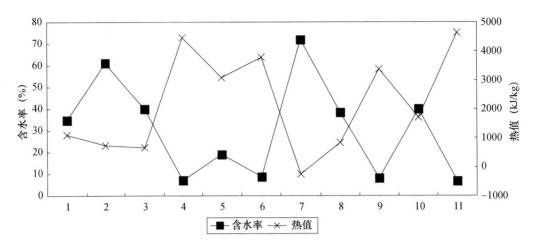

图 4-15　生活垃圾湿基热值与含水率关系

四、城市生活垃圾的元素分析

对垃圾中分选出的各类可燃物进行元素分析可以了解它们的组成，推算燃烧时气体的组成和含量，尤其是对研究污染气体 NO_x、SO_x、HCl 有重要意义，而且还可以通过元素分析结果推算物质的热值。

C、H 是物质中主要的提供能量的元素。N、S 元素在燃烧过程中不会提供太多热量，反而会生成氮氧化物、硫氧化物等有害气体。因此，测定垃圾中的元素含量很有必要。

（一）不同城区垃圾中的元素含量

随机采集 3 个城区各 15 个样品，测试垃圾中的元素含量，结果见表 4-20。

表 4-20　垃圾元素含量（%）

		C	H	O	N	S	Cl
海淀区	范围	41.4～81.3	4.75～11.3	6.44～45.67	1.43～5.52	0.66～3.52	0.09～0.31
	均值	54.87	5.65	28.06	3.54	2.08	0.22
西城区	范围	20.1～51.7	1.5～4.9	5.83～44.9	1.43～8.11	1.62～4.16	0.07～0.27
	均值	36.20	3.81	29.33	5.72	2.59	0.17
石景山区	范围	47.11～78.03	5.05～11.88	0.02～25.61	0.12～0.96	0.41～4.30	0.02～0.29
	均值	53.24	7.59	22.03	0.35	2.31	0.19

从表 4-20 可以看出：C 是三种垃圾筛上物中的主要元素，其含量均在 35% 以上；居第二位的是 O 元素，含量在 20% 以上。虽然垃圾中的 C 元素含量较高，利于燃烧，但由于垃圾中均含有一定的 Cl 元素，因此，在燃烧时必须保证足够的氧量和温度，以消除二噁英类污染物。

（二）不同垃圾组分中的元素含量

混合垃圾及其不同组分中的元素含量见表4-21。

表4-21 混合垃圾及各组分元素含量（%）

元素含量	C	N	H	S	Cl	O
混合垃圾	53.24	0.85	7.59	0.41	0.47	22.03
塑料类	78.03	0.35	11.59	3.34	0.49	—
橡胶类	47.11	0.31	5.19	4.30	0.47	14.06
木竹类	61.04	0.32	6.58	2.31	0.20	25.61

从表4-21可以看出：由于垃圾中含有厨余类营养物质，因此，混合垃圾中N元素的含量较高，而塑料类、橡胶类、木竹类中的N含量较少。含S量最高的是橡胶类，其次是塑料类；混合垃圾、塑料类、橡胶类的含Cl量均较高，因此，垃圾焚烧时必须考虑到S、Cl的影响以及如何降低它们的排放浓度。混合垃圾和木竹类中的C、H、O含量都较高，说明混合垃圾和木竹类都比较适合燃烧。橡胶类中C、H元素的含量较高，虽然利于燃烧，但燃烧过程中需氧量较大，在燃烧时必须保证足够的氧量，以消除二噁英类污染物。

五、城市生活垃圾的工业分析

从垃圾的工业分析结果可以了解垃圾的基本性质，是判断垃圾回收再生利用途径的基本依据。灰土类、挥发分和固定碳的含量对以回收能源作为主要用途的垃圾具有重要意义。高挥发分、低灰土类的垃圾不仅易于燃烧，而且对锅炉设备的破坏性也小。

垃圾及其部分组分中的工业分析结果如图4-16所示。

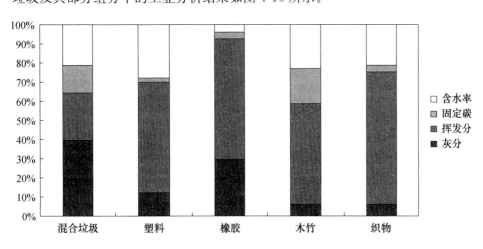

图4-16 垃圾及其不同组分中的工业分析

图 4-16 为北天堂填埋场陈腐垃圾筛上物混合垃圾及垃圾中各组分的工业分析结果，其中：含水率是应用基的含水率，灰分和挥发分是干燥基下测定的，换算为应用基的。固定碳由公式 $F_c = 100 - (M + A + V)$ 计算得出，式中 M 为水分，A 为灰分，V 为挥发分。

从图 4-16 中可知：混合垃圾由于含有较多的无机物如石块、砖瓦等，所以灰分含量达 40% 左右，挥发分仅为 25.19%。而橡胶类、织物类、木竹类、塑料类等可燃物的挥发分含量都较高，均在 50% 以上，高挥发分对于点燃燃料和缩短燃烧时间都非常有利。在灰分含量中，橡胶类的灰分最高，占到近 30%，但垃圾中橡胶的占比较少。固定碳是物质发热量的重要来源，但是固定碳含量高，物质不易燃烧。固定碳含量以木竹类为主，达 15% 以上，但垃圾中木竹类也较少。

六、城市生活垃圾的重金属类含量分析

化学上一般将密度等于或大于 $4.59g/cm^3$ 的金属类元素称为重金属类，而环境污染研究中的重金属类主要指汞、镉、铅及类似金属类砷等生物毒性显著的元素。

重金属类污染的特点在于其存在形态的多变性，且毒性随其存在形态不同而有所差异，使得大多数重金属类的传播途径相当复杂，且具难分解性与累积性，因此极受人类的重视。重金属类可直接导致或由生物链累积对人类健康造成危害，且其危害性均具有特定的目标脏器，如神经系统、生殖系统、免疫系统及肝、肾等器官，当超过临界浓度时，会产生症状和病变。

重金属类元素通常呈现多种价态。呈现不同价态的元素离子，则表现出不同的毒性和离子结构。例如：在含 Cr 化合物中，Cr^{6+} 毒性最强，Cr^{3+} 次之，Cr^{2+} 和 Cr 元素本身的毒性很小。

重金属类的测定方法参考国家相关标准，采用原子吸收法测定（GB 5085.3—2007，CJ/T 221—2005）。

重金属类汞采用国土资源部物化探研究所生产的 XGY-1012 原子荧光光度计测量，测量条件为：主灯电流 40mA，负高压 220V，炉温 100℃，载气为氩气，流量为 800mL，测量时间为 15s，测量方式为冷原子，标准样单位为 ng/mL，样品含量单位为 $\mu g/L$，进样体积 2mL，取样量和稀释体积均为 100mL。其余几种重金属类如 Cu、Zn、Pb、Cd、Cr、Ni、Cu 等使用美国热电公司 Unicam969 原子吸收分光光度计测量，测量采用自动进样，灯电流为 75%，测量时间以及火焰稳定时间均为 4s，火焰类型为空气-乙炔火焰，相应的测定波长为 324.8nm、213.9nm、217.0nm、228.8nm、357.9nm、232.0nm，通带宽度除 Ni 为 0.2nm 外，其余均为 0.5nm，样品含量单位为 mg/L。为获取最大收益率，物料消解采用 $HCl/HNO_3/HF/HClO_4$ 消解法。

（一）不同城区垃圾中的重金属类比较

北京市城六区垃圾中的重金属类含量见表4-22。

表 4-22　北京市城六区垃圾中重金属类含量（mg/kg）

	As	Cd	Hg	Cu	Pb	Cr	Zn	Ni
西城区	6.42	1.33	2.9	166	80.7	263	512	81.1
东城区	9.86	2.62	3.88	314	123	296	813	158.6
丰台区	6.43	1.32	2.98	167	81.4	267	528	89.6
海淀区	7.06	2.02	3.3	238	98.7	290	720	110
朝阳区	8.74	1.91	3.53	173	97.2	331	939	89.8
石景山区	7.50	1.90	3.4	167	93.2	320	932	88.7

从表4-22可以看出：8种重金属中，含量由高到低的依次顺序为 Zn＞Cr＞Cu＞Ni＞Pb＞As＞Hg＞Cd。三种不同城区的垃圾中，以重金属类 Cd、Hg、Pb、Cr、Zn 差异较为显著。

（二）不同垃圾组分中的重金属类比较

随机采取海淀区的垃圾，测定不同组分中的重金属类含量，结果见表4-23。

表 4-23　海淀区的垃圾各组分中8种重金属离子总量比较（mg/kg）

	As	Cd	Hg	Cu	Pb	Cr	Zn	Ni
橡胶类	7.82	1.45	3.01	221	84.4	254	736	102
纸张	5.14	1.67	2.16	700	89.5	278	744	269
织物类	7.98	1.47	3.5	553	99.8	276	952	210
木竹类	7.86	0.17	0.49	47.3	23.5	68.6	187	33
厨余类	0.81	0.50	0.28	78.6	17.5	53.2	257	19.1
灰土	7.61	1.34	2.94	213	84.0	245	730	101

从表4-23可以看出：在垃圾各组分中，As 的总量以织物类、灰土、橡胶类中含量较高，在 7.8 mg/kg 以上，其次为纸张，为 5.14 mg/kg，厨余类中含量较低，仅为 0.81 mg/kg；Cd 的总量以纸张、织物类、橡胶类中较高，厨余类中 Cd 的总量达到 0.50mg/kg；Hg 的总量以织物类、橡胶类和纸张中较高，均在 2.0mg/kg 以上；Cu 的总量以纸张中最高，达 700mg/kg，其次为织物类，高于 550mg/kg，橡胶类中的 Cu 含量为 221mg/kg，厨余类中 Cu 为 78.6mg/kg；Pb、Cr、Zn、Ni 的总量均以纸张、织物类、橡胶类中较高，分别高于 80 mg/kg、250mg/kg、730mg/kg 和 100 mg/kg。

七、城市生活垃圾的微生物特性分析

由于生活垃圾中的有机物主要为厨余垃圾，因此，除了对生活垃圾的混合样品进行微生物特性分析外，还采集厨余垃圾并对其中的物料类别进行分类，测定厨余垃圾混合样品、主食类样品、肉类样品、蔬菜类样品。分类的原则以有机物组成为出发点：主食类样品主要成分为碳水化合物；肉类样品主要成分为蛋白质；蔬菜类样品主要成分为纤维素类。

（一）生活垃圾混合样品的微生物特性分析

（1）微生物收集曲线

生活垃圾混合样品中的微生物收集曲线如图 4-17 所示。

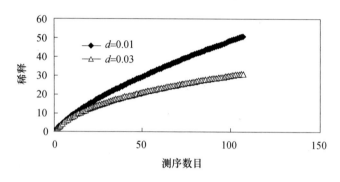

图 4-17　生活垃圾混合样品中的微生物收集曲线

图 4-17 中，在测序数目达到 100 的情况下，曲线斜率渐缓，说明测序数目足够。

（2）有效 OTU 数目及其归属

生活垃圾混合样品在进化距离 2% 情况下，有效 OTU 数目及各 OTU 归类数目及其归属见表 4-24。

表 4-24　生活垃圾混合样品 OTU 分类

OTU	代表序列	数目	分类单元
1	lajiSH-129（27F）（20130702-E27-B10）	1	Lactobacillus parabuchneri（AB205056）
2	lajiSH-89（27F）（20130702-E27-B05）	13	Lactobacillus gallinarum（AJ417737）
3	lajiSH-86（27F）（20130702-E27-G04）	7	Lactobacillus odoratitofu（AB365975）
4	lajiSH-85（27F）（20130702-E27-F04）	7	Lactobacillus pentosus（D79211）
5	lajiSH-124（27F）（20130702-E27-E09）	8	Lactobacillus hamsteri（AJ306298）
6	lajiSH-137（27F）（20130702-E27-B11）	1	Lactobacillus amylovorus（AY944408）
7	lajiSH-138（27F）（20130702-E27-C11）	2	Lactobacillus brevis（M58810）
8	lajiSH-75（27F）（20130709-E22-D02）	3	Weissella confusa（AB023241）
9	lajiSH-55（27F）（20130709-E21-H11）	13	Leuconostoc lactis（AB023968）
10	lajiSH-95（27F）（20130702-E27-H05）	1	Lactobacillus pontis（X76329）
11	lajiSH-96（27F）（20130702-E27-A06）	2	Ralstonia pickettii（AY741342）

OTU	代表序列	数目	分类单元
12	lajiSH-79（27F）（20130709-E22-H02）	3	Lactobacillus sanfranciscensis（X76327）
13	lajiSH-97（27F）（20130702-E27-B06）	2	Lactobacillus parabuchneri（AB205056）
14	lajiSH-97（27F）（20130709-E22-B05）	1	Lactobacillus manihotivorans（AF000162）
15	lajiSH-99（27F）（20130702-E27-D06）	1	Lactobacillus zeae（D86516）
16	lajiSH-100（27F）（20130702-E27-E06）	1	Nicotiana tabacum（Z00044）
17	lajiSH-100（27F）（20130709-E22-E05）	1	Lactobacillus parabrevis（AM158249）
18	lajiSH-102（27F）（20130702-E27-G06）	1	Lactobacillus parabuchneri（AB205056）
19	lajiSH-104（27F）（20130702-E27-A07）	1	Lactobacillus hamsteri（AJ306298）
20	lajiSH-78（27F）（20130709-E22-G02）	6	Lactobacillus brevis（M58810）
21	lajiSH-106（27F）（20130702-E27-C07）	1	Weissella confusa（AB023241）
22	lajiSH-107（27F）（20130702-E27-D07）	1	Pseudomonas fragi（AF094733）
23	lajiSH-108（27F）（20130702-E27-E07）	2	Klebsiella oxytoca（AF129440）
24	lajiSH-109（27F）（20130702-E27-F07）	1	Pediococcus pentosaceus（AJ305321）
25	lajiSH-115（27F）（20130702-E27-D08）	3	Weissella cibaria（AJ295989）
26	lajiSH-114（27F）（20130702-E27-C08）	1	Lactobacillus kimchii（AF183558）
27	lajiSH-87（27F）（20130709-E22-H03）	12	Lactobacillus sanfranciscensis（X76327）
28	lajiSH-52（27F）（20130709-E21-E11）	1	Lactobacillus parabrevis（AM158249）
29	lajiSH-54（27F）（20130709-E21-G11）	1	Leuconostoc lactis（AB023968）
30	lajiSH-59（27F）（20130709-E21-D12）	1	Lactobacillus paraplantarum（AJ306297）
31	lajiSH-60（27F）（20130709-E21-E12）	1	Weissella viridescens（AB023236）
32	lajiSH-64（27F）（20130709-E22-A01）	2	Leuconostoc lactis（AB023968）
33	lajiSH-69（27F）（20130709-E22-F01）	2	Lactobacillus nantensis（AY690834）
34	lajiSH-80（27F）（20130709-E22-A03）	1	Lactobacillus manihotivorans（AF000162）
35	lajiSH-81（27F）（20130702-E27-B04）	1	Weissella confusa（AB023241）
36	lajiSH-82（27F）（20130702-E27-C04）	1	Weissella confusa（AB023241）
37	lajiSH-83（27F）（20130709-E22-D03）	1	Lactobacillus manihotivorans（AF000162）

从表 4-24 中可以看出，生活垃圾混合样品的优势种群主要是 *Lactobacillus* 属，处于绝对优势地位。

（3）生活垃圾混合样品的系统进化树

生活垃圾混合样品的系统进化树如图 4-18 所示。

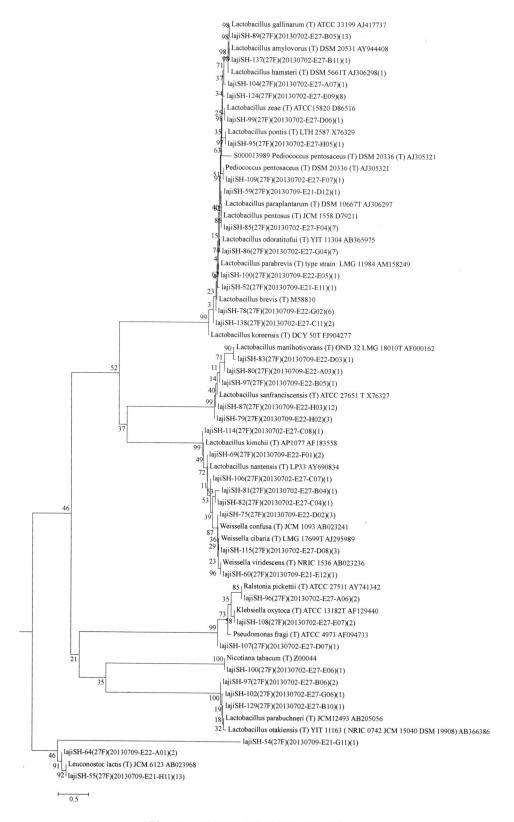

图 4-18　生活垃圾混合样品的系统进化树

从图 4-18 中可以看出，大部分序列与 *Lactobacillus* 属聚在一起，表明 *Lactobacillus* 属为生活垃圾混合样品中的微生物优势种群。

（二）厨余垃圾混合样品的微生物特性分析

（1）微生物收集曲线

厨余垃圾混合样品中的微生物收集曲线如图 4-19 所示。

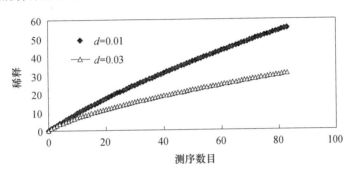

图 4-19　厨余垃圾混合样品中的微生物收集曲线

图 4-19 中，在测序数目达到 100 的情况下，曲线斜率渐缓，说明测序数目足够。

（2）有效 OTU 数目及其归属

厨余垃圾混合样品在进化距离 2% 的情况下，有效 OTU 数目及各 OTU 归类数目及其归属见表 4-25。

表 4-25　厨余垃圾混合样品 OTU 分类情况

OTU	代表序列	数目	分类单元
1	laji-S1-56（27F）（20130626-E01-H07）	2	Lactobacillus acetotolerans（M58801）
2	laji-S1-49（27F）（20130626-E01-A07）	7	Lactobacillus odoratitofui（AB365975）
3	laji-S1-20（27F）（20130626-E01-D03）	4	Lactobacillus kefiri（AJ621553）
4	laji-S1-75（27F）（20130626-E01-C10）	19	Lactobacillus gallinarum（AJ417737）
5	laji-S1-62（27F）（20130626-E01-F08）	1	Lactobacillus gallinarum（AJ417737）
6	laji-S1-63（27F）（20130626-E01-G08）	1	Lactobacillus otakiensis（AB366386）
7	laji-S1-66（27F）（20130626-E01-B09）	1	Acidimicrobium ferrooxidans（U75647）
8	laji-S1-73（27F）（20130626-E01-A10）	3	Lactobacillus panis（X94230）
9	laji-S1-68（27F）（20130626-E01-D09）	1	Stenotrophomonas terrae（AM403589）
10	laji-S1-69（27F）（20130626-E01-E09）	1	Lactobacillus odoratitofui（AB365975）
11	laji-S1-70（27F）（20130626-E01-F09）	1	Lactobacillus pentosus（D79211）
12	laji-S1-72（27F）（20130626-E01-H09）	1	Lactobacillus kefiri（AJ621553）
13	laji-S1-78（27F）（20130626-E01-F10）	1	Lactobacillus pentosus（D79211）

OTU	代表序列	数目	分类单元
14	laji-S1-39（27F）（20130626-E01-G05）	5	Lactobacillus kefiri（AJ621553）
15	laji-S1-82（27F）（20130626-E01-B11）	1	Klebsiella variicola（AJ783916）
16	laji-S1-18（27F）（20130626-E01-B03）	2	Lactobacillus gallinarum（AJ417737）
17	laji-S1-85（27F）（20130626-E01-E11）	1	Lactobacillus odoratitofui（AB365975）
18	laji-S1-95（27F）（20130626-E01-G12）	1	Achromobacter spanius（AY170848）
19	laji-S1-97（27F）（20130626-E16-A01）	1	Lactobacillus kefiri（AJ621553）
20	laji-S1-100（27F）（20130626-E16-D01）	1	Acetobacter orientalis（AB052706）
21	laji-S1-10（27F）（20130626-E01-B02）	3	Lactobacillus paracasei（AB181950）
22	laji-S1-7（27F）（20130626-E01-G01）	3	Lactobacillus gallinarum（AJ417737）
23	laji-S1-13（27F）（20130626-E01-E02）	1	Lactobacillus pentosus（D79211）
24	laji-S1-15（27F）（20130626-E01-G02）	1	Propionibacterium acnes（AB042288）
25	laji-S1-23（27F）（20130626-E01-G03）	2	Lactobacillus kefiri（AJ621553）
26	laji-S1-17（27F）（20130626-E01-A03）	1	Lactobacillus pentosus（D79211）
27	laji-S1-21（27F）（20130626-E01-E03）	1	Lactobacillus pentosus（D79211）
28	laji-S1-22（27F）（20130626-E01-F03）	1	Erwinia persicina（U80205）
29	laji-S1-27（27F）（20130626-E01-C04）	3	Lactobacillus pontis（X76329）
30	laji-S1-26（27F）（20130626-E01-B04）	2	Lactobacillus pentosus（D79211）
31	laji-S1-31（27F）（20130626-E01-G04）	1	Veillonella dispar（AF439639）
32	laji-S1-37（27F）（20130626-E01-E05）	2	Lactobacillus kefiri（AJ621553）
33	laji-S1-34（27F）（20130626-E01-B05）	1	Wautersiella falsenii（AM084341）
34	laji-S1-40（27F）（20130626-E01-H05）	1	Stenotrophomonas terrae（AM403589）
35	laji-S1-41（27F）（20130626-E01-A06）	1	Klebsiella variicola（AJ783916）
36	laji-S1-42（27F）（20130626-E01-B06）	1	Lactobacillus kefiri（AJ621553）
37	laji-S1-45（27F）（20130626-E01-E06）	1	Acetobacter orientalis（AB052706）
38	laji-S1-51（27F）（20130626-E01-C07）	1	Lactobacillus pentosus（D79211）
39	laji-S1-54（27F）（20130626-E01-F07）	1	Lactobacillus pentosus（D79211）

从表 4-25 中可以看出，厨余垃圾混合样品的优势种群主要是 *Lactobacillus* 属，处于绝对优势地位。

（3）厨余垃圾混合样品的系统进化树

厨余垃圾混合样品的系统进化树如图 4-20 所示。

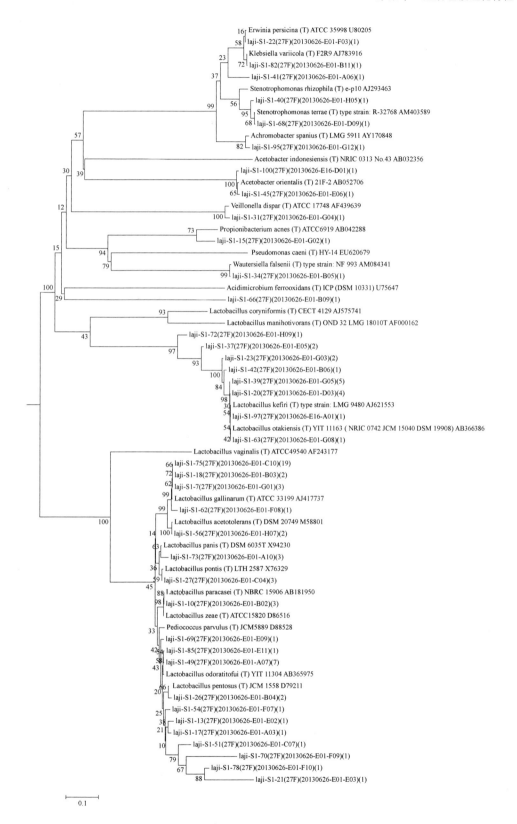

图 4-20 厨余垃圾混合样品的系统进化树

从图 4-20 中可以看出，大部分序列与 Lactobacillus 属聚在一起，表明 Lactobacil-lus 属为厨余垃圾混合样品中的微生物优势种群。

（三）厨余垃圾主食类样品的微生物特性分析

（1）微生物收集曲线

厨余垃圾中主食类样品的微生物收集曲线如图 4-21 所示。

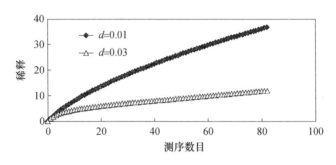

图 4-21　厨余垃圾主食类样品中的微生物收集曲线

图 4-21 中，在测序数目达到 100 的情况下，曲线斜率渐缓，说明测序数目足够。

（2）有效 OTU 数目及其归属

厨余垃圾主食类样品在进化距离 2% 的情况下，有效 OTU 数目及各 OTU 归类数目及其归属见表 4-26。

表 4-26　厨余垃圾主食类样品 OTU 分类情况

OTU	代表序列	数目	分类单元
1	laji-S2-62（27F）（20130626-E02-F08）	1	Lactobacillus pontis（X76329）
2	laji-S2-84（27F）（20130626-E02-D11）	15	Lactobacillus kefiri（AJ621553）
3	laji-S2-64（27F）（20130626-E02-H08）	1	Lactobacillus kefiri（AJ621553）
4	laji-S2-77（27F）（20130626-E02-E10）	36	Lactobacillus gallinarum（AJ417737）
5	laji-S2-74（27F）（20130626-E02-B10）	10	Lactobacillus pontis（X76329）
6	laji-S2-71（27F）（20130626-E02-G09）	1	Lactobacillus acetotolerans（M58801）
7	laji-S2-80（27F）（20130626-E02-H10）	1	Lactobacillus gallinarum（AJ417737）
8	laji-S2-82（27F）（20130626-E02-B11）	1	Lactobacillus pontis（X76329）
9	laji-S2-1（27F）（20130626-E02-A01）	5	Lactobacillus pontis（X76329）
10	laji-S2-88（27F）（20130626-E02-H11）	1	Lactobacillus pentosus（D79211）
11	laji-S2-89（27F）（20130626-E02-A12）	1	Lactobacillus odoratitofui（AB365975）
12	laji-S2-91（27F）（20130626-E02-C12）	1	Lactobacillus kefiri（AJ621553）
13	laji-S2-8（27F）（20130626-E02-H01）	1	Lactobacillus gallinarum（AJ417737）
14	laji-S2-20（27F）（20130626-E02-D03）	1	Lactobacillus kefiri（AJ621553）
15	laji-S2-32（27F）（20130626-E02-H04）	1	Lactobacillus pontis（X76329）
16	laji-S2-48（27F）（20130626-E02-H06）	1	Lactobacillus kefiri（AJ621553）
17	laji-S2-50（27F）（20130626-E02-B07）	1	Lactobacillus pontis（X76329）
18	laji-S2-51（27F）（20130626-E02-C07）	1	Lactobacillus kefiri（AJ621553）

OTU	代表序列	数目	分类单元
19	laji-S2-54（27F）（20130626-E02-F07）	1	Lactobacillus pontis（X76329）
20	laji-S2-55（27F）（20130626-E02-G07）	1	Lactobacillus gallinarum（AJ417737）
21	laji-S2-60（27F）（20130626-E02-D08）	1	Lactobacillus pentosus（D79211）

从表 4-26 中可以看出，厨余垃圾主食类样品的优势种群主要是 *Lactobacillus* 属，处于绝对优势地位。

（3）厨余垃圾主食类样品的系统进化树

厨余垃圾主食类样品的系统进化树如图 4-22 所示。

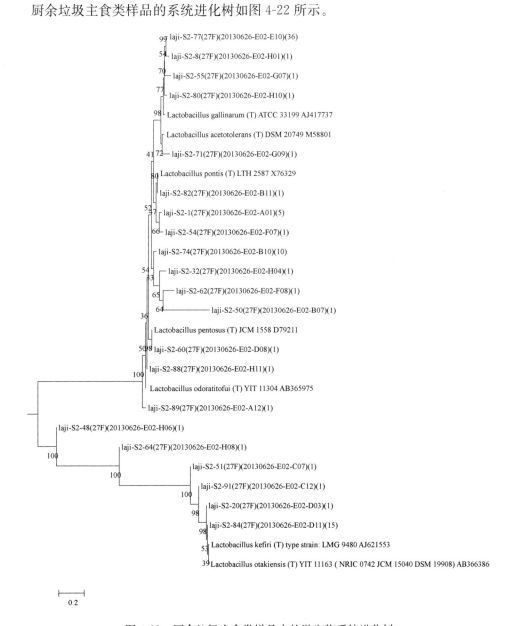

图 4-22　厨余垃圾主食类样品中的微生物系统进化树

从图 4-22 中可以看出，大部分序列与 Lactobacillus 属聚在一起，表明 Lactobacillus 属为厨余垃圾主食类样品中的微生物优势种群。

（四）厨余垃圾肉类样品的微生物特性分析

（1）微生物收集曲线

厨余垃圾中肉类样品的微生物收集曲线如图 4-23 所示。

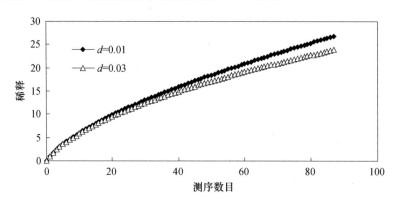

图 4-23　厨余垃圾中肉类样品的微生物收集曲线

图 4-23 中，在测序数目达到 100 的情况下，曲线斜率渐缓，说明测序数目足够。

（2）有效 OTU 数目及其归属

厨余垃圾肉类样品在进化距离 2% 的情况下，有效 OTU 数目及各 OTU 归类数目及其归属见表 4-27。

表 4-27　肉类样品 OTU 分类情况

OTU	代表序列	数目	分类单元
1	laji-S3-22（27F）（20130626-E03-F03）	38	Lactobacillus amylovorus（AY944408）
2	laji-S3-9（27F）（20130626-E03-A02）	1	Lactobacillus secaliphilus（AM279150）
3	laji-S3-12（27F）（20130626-E03-D02）	1	Lactobacillus tucceti（AJ576006）
4	laji-S3-13（27F）（20130626-E03-E02）	1	Lactobacillus versmoldensis（AJ496791）
5	laji-S3-75（27F）（20130626-E03-C10）	9	Lactobacillus mindensis（AJ313530）
6	laji-S3-47（27F）（20130626-E03-G06）	5	Lactobacillus odoratitofui（AB365975）
7	laji-S3-21（27F）（20130626-E03-E03）	1	Lactobacillus amylovorus（AY944408）
8	laji-S3-23（27F）（20130626-E03-G03）	5	Cetobacterium somerae（AJ438155）
9	laji-S3-24（27F）（20130626-E03-H03）	1	Stenotrophomonas maltophilia（AB294553）
10	laji-S3-25（27F）（20130626-E03-A04）	5	Lactobacillus pontis（X76329）
11	laji-S3-40（27F）（20130626-E03-H05）	3	Lactobacillus gallinarum（AJ417737）

OTU	代表序列	数目	分类单元
12	laji-S3-32（27F）（20130626-E03-H04）	1	Yersinia entomophaga（DQ400782）
13	laji-S3-45（27F）（20130626-E03-E06）	1	Stenotrophomonas maltophilia（AB294553）
14	laji-S3-49（27F）（20130626-E03-A07）	1	Yersinia entomophaga（DQ400782）
15	laji-S3-55（27F）（20130626-E03-G07）	2	Yersinia entomophaga（DQ400782）
16	laji-S3-56（27F）（20130626-E03-H07）	1	Lactobacillus amylovorus（AY944408）
17	laji-S3-100（27F）（20130626-E16-D02）	2	Paludibacter propionicigenes（AB078842）
18	laji-S3-67（27F）（20130626-E03-C09）	1	Lactobacillus pentosus（D79211）
19	laji-S3-69（27F）（20130626-E03-E09）	1	Novosphingobium resinovorum（EF029110）
20	laji-S3-70（27F）（20130626-E03-F09）	1	Lactobacillus zymae（AJ632157）
21	laji-S3-72（27F）（20130626-E03-H09）	1	Lactobacillus amylovorus（AY944408）
22	laji-S3-73（27F）（20130626-E03-A10）	1	Lactobacillus gallinarum（AJ417737）
23	laji-S3-80（27F）（20130626-E03-H10）	1	Citrobacter murliniae（AF025369）
24	laji-S3-86（27F）（20130626-E03-F11）	1	Lactobacillus amylovorus（AY944408）
25	laji-S3-87（27F）（20130626-E03-G11）	2	Acetobacter cibinongensis（AB052710）
26	laji-S3-99（27F）（20130626-E16-C02）	1	Lactobacillus versmoldensis（AJ496791）

从表 4-27 中可以看出，厨余垃圾肉类样品的优势种群主要是 *Lactobacillus* 属，处于绝对优势地位。

（3）厨余垃圾肉类样品的系统进化树

厨余垃圾肉类样品的系统进化树如图 4-24 所示。

从图 4-24 中可以看出，大部分序列与 *Lactobacillus* 属聚在一起，表明 *Lactobacillus* 属为厨余垃圾肉类样品中微生物的优势种群。

（五）厨余垃圾蔬菜类样品的微生物特性分析

（1）微生物收集曲线

厨余垃圾中蔬菜类样品的微生物收集曲线如图 4-25 所示。

图 4-25 中，在测序数目达到 100 的情况下，曲线斜率渐缓，说明测序数目足够。

（2）有效 OTU 数目及其归属

厨余垃圾蔬菜类样品在进化距离 2% 的情况下，有效 OTU 数目及各 OTU 归类数目及其归属见表 4-28。

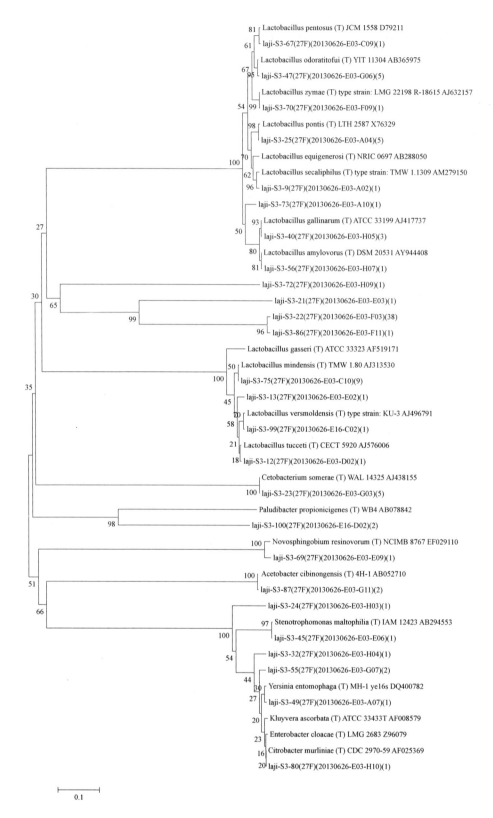

图 4-24　肉类样品进化树

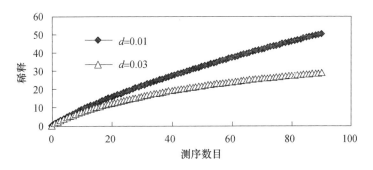

图 4-25　厨余垃圾中蔬菜类样品的微生物收集曲线

表 4-28　蔬菜类样品 OTU 分类情况

OTU	代表序列	数目	分类单元
1	laji-S4-55（27F）（20130626-E04-G07）	1	Lactobacillus acidifarinae（AJ632158）
2	laji-S4-56（27F）（20130626-E04-H07）	6	Lactobacillus mindensis（AJ313530）
3	laji-S4-57（27F）（20130626-E04-A08）	2	Rhodococcus qingshengii（DQ090961）
4	laji-S4-58（27F）（20130626-E04-B08）	17	Lactobacillus gallinarum（AJ417737）
5	laji-S4-59（27F）（20130626-E04-C08）	1	Lactobacillus nantensis（AY690834）
6	laji-S4-73（27F）（20130626-E04-A10）	12	Lactobacillus kefiri（AJ621553）
7	laji-S4-61（27F）（20130626-E04-E08）	2	Lactobacillus nantensis（AY690834）
8	laji-S4-62（27F）（20130626-E04-F08）	1	Lactobacillus parabuchneri（AB205056）
9	laji-S4-64（27F）（20130626-E04-H08）	3	Lactobacillus parabuchneri（AB205056）
10	laji-S4-65（27F）（20130626-E04-A09）	2	Lactobacillus pontis（X76329）
11	laji-S4-68（27F）（20130626-E04-D09）	1	Paracoccus sphaerophysae（GU129567）
12	laji-S4-71（27F）（20130626-E04-G09）	4	Achromobacter spanius（AY170848）
13	laji-S4-72（27F）（20130626-E04-H09）	1	Lactobacillus pontis（X76329）
14	laji-S4-74（27F）（20130626-E04-B10）	2	Lactobacillus parabrevis（AM158249）
15	laji-S4-75（27F）（20130626-E04-C10）	1	Propionibacterium acnes（AB042288）
16	laji-S4-40（27F）（20130626-E04-H05）	2	Lactobacillus buchneri（AB205055）
17	laji-S4-77（27F）（20130626-E04-E10）	1	Lactobacillus sanfranciscensis（X76327）
18	laji-S4-80（27F）（20130626-E04-H10）	1	Lactobacillus pontis（X76329）
19	laji-S4-81（27F）（20130626-E04-A11）	2	Arabidopsis thaliana（AP000423）
20	laji-S4-87（27F）（20130626-E04-G11）	1	Lactobacillus pontis（X76329）
21	laji-S4-88（27F）（20130626-E04-H11）	1	Lactobacillus parabuchneri（AB205056）
22	laji-S4-89（27F）（20130626-E04-A12）	4	Lactobacillus nantensis（AY690834）

OTU	代表序列	数目	分类单元
23	laji-S4-90 (27F) (20130626-E04-B12)	1	Lactobacillus intestinalis (AJ306299)
24	laji-S4-99 (27F) (20130626-E16-G02)	1	Lactobacillus parabuchneri (AB205056)
25	laji-S4-100 (27F) (20130626-E16-H02)	1	Lactobacillus crustorum (AM285450)
26	laji-S4-18 (27F) (20130626-E04-B03)	2	Acetobacter orientalis (AB052706)
27	laji-S4-13 (27F) (20130626-E04-E02)	1	Lactobacillus pontis (X76329)
28	laji-S4-47 (27F) (20130626-E04-G06)	3	Janibacter anophelis (AY837752)
29	laji-S4-17 (27F) (20130626-E04-A03)	1	Lactobacillus crustorum (AM285450)
30	laji-S4-19 (27F) (20130626-E04-C03)	1	Lactobacillus brevis (M58810)
31	laji-S4-20 (27F) (20130629-RO01-A01)	1	Lactobacillus pontis (X76329)
32	laji-S4-29 (27F) (20130629-RO01-A02)	1	Lactobacillus zeae (D86516)
33	laji-S4-49 (27F) (20130626-E04-A07)	2	Lactobacillus pontis (X76329)
34	laji-S4-31 (27F) (20130629-RO01-C02)	1	Lactobacillus parabuchneri (AB205056)
35	laji-S4-36 (27F) (20130626-E04-D05)	1	Propionibacterium acnes (AB042288)
36	laji-S4-38 (27F) (20130626-E04-F05)	1	Lactobacillus mindensis (AJ313530)
37	laji-S4-41 (27F) (20130626-E04-A06)	1	Lactobacillus nantensis (AY690834)
38	laji-S4-53 (27F) (20130626-E04-E07)	2	Lactobacillus parabuchneri (AB205056)
39	laji-S4-44 (27F) (20130626-E04-D06)	1	Lactobacillus sanfranciscensis (X76327)
40	laji-S4-46 (27F) (20130626-E04-F06)	1	Lactobacillus parabuchneri (AB205056)

从表 4-28 中可以看出，厨余垃圾蔬菜类样品的优势种群主要是 Lactobacillus 属，处于绝对优势地位。

（3）厨余垃圾蔬菜类样品的系统进化树

厨余垃圾蔬菜类样品的系统进化树如图 4-26 所示。

从图 4-26 中可以看出，大部分序列与 Lactobacillus 属聚在一起，表明 Lactobacillus 属为厨余垃圾蔬菜类样品中微生物的优势种群。

（六）生活垃圾中的微生物特性总结

生活垃圾中所有样品的优势种群均是 Lactobacillus，乳酸杆菌属。乳酸杆菌属是一群杆状或球状的革兰氏阳性菌。乳酸杆菌可发酵碳水化合物（主要指葡萄糖）并产生大量乳酸。乳酸杆菌不耐高温，通常情况下，40℃的时候就开始死亡，43℃时基本上全部死去。

乳酸杆菌属在显微镜下的照片如图 4-27 所示。

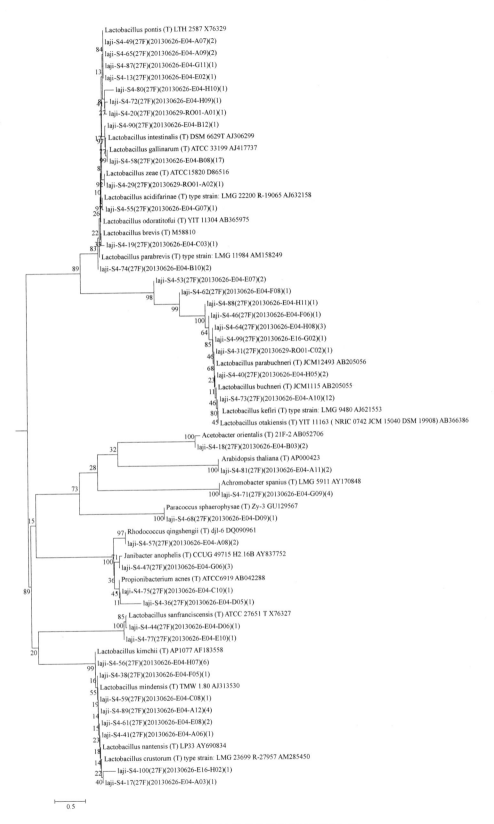

图 4-26　厨余垃圾蔬菜类样品的系统进化树

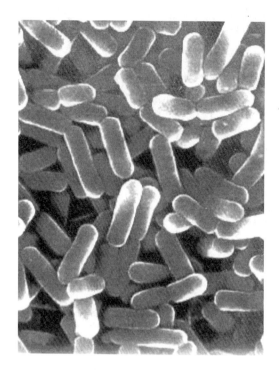

图 4-27　乳酸杆菌属

第五章　生活垃圾生物干化

我国垃圾含水率一般在 50% 以上，最高可达 70% 左右。大量的水分不仅成为填埋、堆肥处理时渗滤液的主要来源，也是垃圾焚烧处理中热值的主要影响因素。因此，在垃圾管理中，重要的前处理就是降低生活垃圾的含水率。

降低生活垃圾含水率的方法有：生物干化、热干化以及化学干化等，其中，以生物干化技术应用最多。

第一节　生物干化概述

一、生物干化的特点

（一）生物干化定义

生物干化（Biodrying）最早是由美国康奈尔大学 Jewell 等人于 1984 年提出。生物干化也叫做生物干燥、生物稳定，是指通过采取过程控制手段，利用微生物高温好氧发酵过程中有机物降解所产生的生物能，对有机固体废弃物中的有机物进行生物降解，同时配合强制通风，促进水分的蒸发去除，加快有机固体废弃物中的水分散失，最终生成具有较低含水率的、适合处置的固体废弃物。生物干化即实现快速干化的一种处理工艺。

（二）生物干化特点

生物干化的特点在于无需外加热源，干化所需能量来源于微生物的好氧发酵活动，属于物料本身的生物能，因此是一种非常经济节能的干化技术，这也是生物干化与其他干化工艺（如热干化）的最大区别。作为现代化的工业技术，生物干化的另一个特点是加入了人为的过程控制策略，对物料进行强制鼓风，从而促进整个干化过程，缩短干化周期。同时具备这两点才能算真正意义上的生物干化工艺。

由于好氧堆肥过程对物料也有一定的生物干燥作用，很多研究工作者将好氧堆肥等同于生物干化，而实际上两者在工艺目的和工艺参数上有很大的差别。好氧堆肥的主要目的是资源化和无害化，即通过微生物的好氧发酵活动促使垃圾中的易降解有机物向稳定的类腐殖质转化，杀死病原菌和寄生虫卵，钝化重金属获得高度腐熟的、满足土地安全施用标准的有机肥（营养土）。而生物干化的目的是在尽可能短的时间内去除垃圾中尽可能多的水分，实现脱水干化和减容减量。其产物一般不以土地农用为目的，而是填埋处置或焚烧回收热值，因此不需要达到高度腐熟。在以焚烧为最终处置目标时甚至要求适当限制微生物的降解能力，尽量保持产物中的有机组分，从而提高产物热值。由于不进行土地农用，生物干化产物只需达到部分稳定化和无害化，满足短期保存和运输即可，因此对高温保持时间和腐熟期没有要求。相比好氧堆肥处理，生物干化的发酵周期更短，为好氧堆肥周期的 $1/3\sim1/2$，因此其占地面积和单位产量投资成本大幅度减少，具有很强的工艺技术优势。

二、影响生物干化的因素

对生物干化的研究文献不多，但由于有机固体废物生物干化的生化原理来自好氧发酵，因此其影响因素可以参考好氧堆肥化的影响因素进行分析。

（一）初始含水率

（1）堆肥对含水率的要求

水分是微生物生存环境十分重要的条件之一。好氧堆肥中，适宜的含水率有助于这些营养物质在系统中向微生物的运输。因此生物干化物料必须保持一定的含水率。通常含水率较高时，微生物的活性也较大。但若含水率过高，透气性会显著降低，使好氧反应转化为厌氧反应。通常认为好氧发酵的最佳含水率为 $50\%\sim60\%$。生物干化的最佳含水率应不高于 70%，并且不低于 45%。

（2）堆肥过程中的含水率变化

在堆肥过程中，由于高温和通风作用，随着热量损失和排放气体，将有一部分水分损失掉，所以在堆肥过程中，有机固体废弃物中的水分含量是呈下降趋势的。

北京某垃圾堆肥厂春夏秋冬四季的垃圾在堆肥过程中的含水率变化如图 5-1 所示。

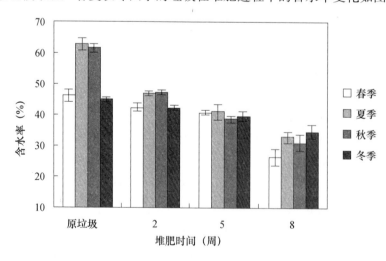

图 5-1　垃圾在堆肥过程中的含水率变化

从图 5-1 中可以看出，夏、秋两季，堆肥原生垃圾含水率大约在 60%，基本达到堆肥的含水率要求；而春、冬两季的原生垃圾含水率大约在 45%，未达到堆肥的含水率要求。因此，春、冬两季的原生垃圾进入隧道发酵仓后，需要通过喷洒渗滤液来补充水分的不足，最终使水分达到 60% 左右。但是在隧道发酵仓发酵 2 周过程中，为了供给微生物的氧气，需要进行强制通风，而且通风量往往是堆肥生物化学反应所需的空气量的 8～9 倍，过量通风和高温蒸发过程会造成大量水分散失，因此，也需要不断地向堆肥垛中鼓入已加湿的空气以补充水分。尽管如此，堆肥过程中水分还是呈现下降趋势，在堆肥发酵 2 周后，四个季节堆肥的含水率从堆肥发酵前的 60% 下降到 42%～47%，在后熟化和最终熟化两个阶段完成时，堆肥含水率已降到 30% 左右。

（二）C/N 比

（1）堆肥对 C/N 的要求

碳是好氧堆肥过程中微生物所需能量的主要来源，氮是微生物合成蛋白质的必需成分，堆肥过程中氮含量会影响微生物的种群变化，因此碳和氮的比例是好氧堆肥过程中影响生物转化的一个重要控制因素，必须控制物料的 C/N，确保微生物顺利地降解有机物。如果氮含量过多，则氮将变成氨态氮而挥发，导致氮元素大量损失而降低肥效，系统内就会有氨气等臭气产生。反之，如果碳含量过量，微生物会努力氧化多余的碳，以降低系统内的 C/N，这样便会延长处理时间；另外，微生物在氧化多余的碳的同时，还将从土壤中吸收氮以维持生存，从而导致与植物竞争氮肥的行为。

对于好氧微生物，C/N 在 20∶1～40∶1 比较适宜。若 C/N 过高，则影响微生物的生长和增殖，有机物降解缓慢；若 C/N 过低，则不仅微生物活动所需能源不足，而且过量的氮以 NH_3 的形式释放出来，对环境造成二次污染，影响大气质量。

（2）堆肥过程中的 C/N 变化

随着好氧堆肥过程的进行，碳和氮同时在减少，而碳的损失要比氮高，因此导致体系中 C/N 不断减小，直到微生物对有机垃圾的降解反应完成为止。

北京某垃圾堆肥厂春夏秋冬四季的垃圾在堆肥过程中的 C/N 变化如图 5-2 所示。

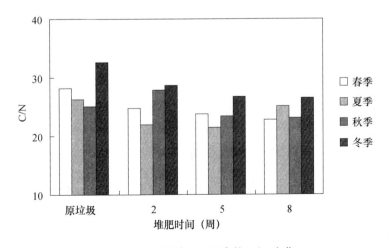

图 5-2　垃圾在堆肥过程中的 C/N 变化

从图 5-2 可以看出，在整个堆肥过程中，四个季节的 C/N 均呈下降趋势。其中，以冬季堆肥 C/N 下降最大，由堆肥最初的 32.47 降低到 26.47。春、秋 C/N 居中，到堆肥完成时，达 23 左右。夏季堆肥中的 C/N 最小，由堆肥初始的 26.22 降低到 18.31。C/N 的变化跟初始堆料的 C/N 高低有关，为了保证成品堆肥中一定的碳氮比（一般为 10：1～20：1）和在堆肥过程中有理想的分解速度，必须调整好堆肥原料的 C/N。生活垃圾 C/N 一般在 25：1～35：1，若城市生活垃圾的 C/N 太高，为了更适合于堆肥，调整的方法是加入含氮高的人粪尿、牲畜粪以及城市污泥等；若城市生活垃圾的 C/N 太低，则要增加含碳废物，如庭院垃圾、秸秆、烂菜等。

（3）腐熟堆肥的 C/N

C/N 也是最常用于评价腐熟度的参数，对于起始 C/N 为 25：1～30：1 的堆肥物料，当 C/N 降到 16 左右时，认为堆肥基本腐熟。理论上腐熟的堆肥产品中的 C/N 应像腐殖质一样，约为 10。

（三）通风量

（1）堆肥对通风的要求

堆肥需要大量空气，一方面生化反应需要氧气，另一方面热量和水分要靠空气带出。以降低含水率为目的的生物干化更需要大量的通风量。

堆肥中通风的目的是通过蒸发冷却控制温度，并达到干化和供氧的目的。空气通过堆体各层时，氧气被微生物利用，空气自身得到加热，获得二氧化碳和水，相对湿度也增加。因此，空气蒸发的显热和潜热也随之升高，即蒸发冷却。在堆肥过程中，热量的移出机制主要是潜热的蒸发。普遍认为强制通风系统中，空气的蒸发冷却能力在空气入口区域最高，随空气通过物料层而降低。由于空气和堆体间的传热传质，堆体沿气流方向形成了明显的温度和水分梯度。

但是，通风量大小必须综合考虑各种因素。如果通风量过大，则产生的热量很快被带走，嗜热菌活性降低；通风量过小，则热量和水分在物料中累积，造成供氧不足，发生厌氧发酵。例如，污泥堆肥化较适宜的通风量为 2.0L/min/kg（以初始物料的干固体计）。

目前主要的通风管理策略包括：间歇通风（intermittent aeration，IA）；气流循环（air recirculation，AR）；正反向交替通风（reversed direction air flow，RDAF）；正反向交替通风的气流循环（AR-RDAF）。

（2）通风方式对垃圾堆体温度的影响

不同的通风方式对垃圾堆体温度的影响如图 5-3 所示。

从图 5-3 可以看出：采用连续通风方式，垃圾堆体的温度很难上升到 50℃ 以上，说明生化反应不佳；采用恒量和变量两种间歇的通风方式，垃圾堆体的温度呈现先升后降，50℃ 以上持续一段时间，表明生化反应 50℃ 进行良好。恒量与变量两种间歇的通风方式相比，以变量间歇式通风方式最好。

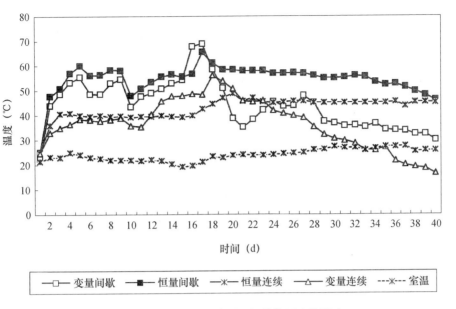

图 5-3　不同的通风方式对垃圾堆体温度的影响

（3）通风方式的优选

实际生产中，不应该采用连续通风的工艺，而是采用变量间歇式通风方式。在垃圾生物干化的过程中，定期检测垃圾堆体中的有机质含量及堆体温度，按照有机质含量确定每天的通风量，调整风机频率，不仅起到最佳干化状态，而且节约了电费。

（四）温度

（1）堆肥对温度的要求

在诸多因素中，温度是影响堆肥过程的核心参数。

生物干化的基本依据是微生物好氧呼吸降解有机物并放出热量。有机物在好氧条件下被自然降解的温度变化模式如图 5-4 所示。

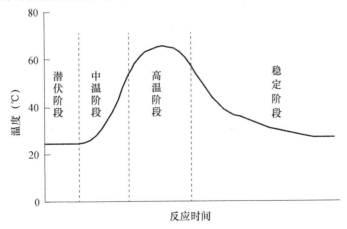

图 5-4　有机物好氧降解温度变化示意图

好氧发酵通常要经历中温阶段和高温阶段，两个阶段有机物的降解速率不同，微生物种群的特征也不同。生物干化实际是利用了高温阶段微生物的活性高这一特点，在这一阶段，微生物降解有机物的速率最快，放出热量最多，是水分散失的高效阶段。生物干化正是利用这一高效阶段，加速有机废弃物中水分的散失。

（2）堆肥过程中的温度变化

堆肥过程中，堆肥垛中不同深度的温度变化如图5-5所示。

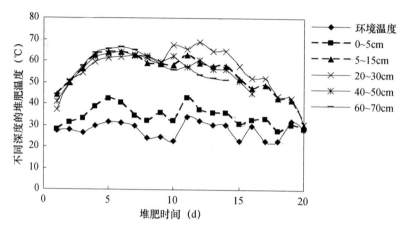

图5-5　堆肥垛不同深度温度变化

从图5-5中可以看出，堆肥过程中，堆肥垛不同深度温度分布并不一致，其中，以堆体中部的温度最高，顶部和底部的温度较低，呈明显的抛物线形状。

（3）生物干化受温度的影响

有人对生活垃圾的生物干化受温度的影响情况做了研究，发现在不同的温度下，生物干化的效果不同，如图5-6所示。

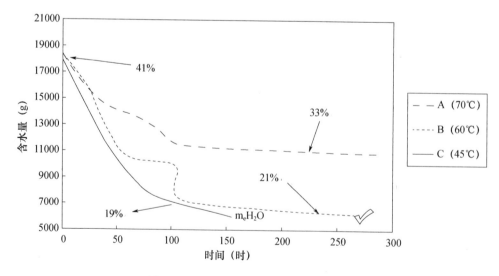

图5-6　不同温度下的垃圾生物干化效果

在该试验中，反应器为148L的反应仓，温度的控制是通过改变通风量来实现的。通风是控制温度的主要手段，通过改变通风方式，可以对干化温度进行控制。物料的初始含水率为41％，在不同的发酵温度下，水分散失不同，为达到含水率散失程度相同的目的，所需的干化时间不同，并且当干化温度低于一定程度时，不管时间多长也无法取得含水率散失达到一定程度的目的。

（五）调理剂

（1）堆肥调理剂的作用

使用调理剂可以调节孔隙率和C/N，调理剂包括：锯屑、稻草、麦秆、泥炭、稻壳、扎棉废屑、厩肥、庭院垃圾，以及废旧轮胎、花生壳、树枝等。

污泥、餐厨垃圾以及粪便类物质含氮较高，C/N较低，且这类物料密度较大，造成通风供氧困难。锯屑、稻草、麦秆等物质富含木质纤维素，含碳较多，将含有高碳的这类物质添加到生活垃圾和污泥堆肥堆垛中，不仅调整了C/N，而且起到了骨架作用，有效改善了堆肥体系孔隙结构和通风性，同时也加速了缓慢降解废物的降解过程。

（2）不同粒径调理剂对微生物呼吸的影响

在垃圾中添加秸秆与不添加秸秆进行对比，在堆肥过程中测定堆体中的氧含量。调理剂对氧含量的影响如图5-7所示。

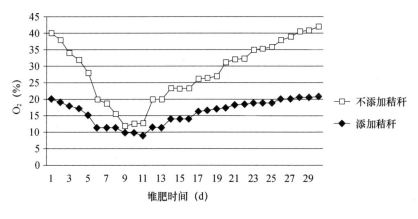

图 5-7 调理剂对氧含量的影响

从氧含量的变化来看，在堆肥过程中，氧含量呈现先降低后升高的趋势，主要原因是堆肥初期有机物降解强烈，氧气消耗量大，故堆体中氧气浓度下降。随着有机物降解速度变缓，氧气消耗量减少，氧含量上升并趋于稳定，堆肥20d后，添加秸秆的堆体，其氧含量上升到18％以上，表明有机物的分解趋于稳定。未添加秸秆的堆体，氧含量上升趋势较为缓慢，说明添加的秸秆起到了骨架作用，有效改善了堆肥体系孔隙结构和通风性，同时也加速了废物的降解过程。

（六）翻堆

目前堆肥工艺提倡的高温好氧发酵工艺，如果堆肥内部厌氧发酵会使物料产生难闻的氨气味道，污染环境，有损操作人员健康，同时也会造成氮元素损耗。翻堆操作可以为堆肥内部提供充足的氧气，使物料不会处于厌氧状态，避免堆肥内部厌氧发酵，同时使物料发酵更为均匀。在生物干化中，翻堆可以加快物料内部的水分散发。另外，翻堆可以让物料的温度降低：当堆肥内部温度高于 70℃ 的时候如果不翻堆，堆肥中的大部分中低温微生物会被杀灭，最关键的是如此高的温度会加快物料的分解，物料的损耗会大大提高，因此温度高于 70℃ 对堆肥是不利的，一般控制堆肥温度在 60℃ 左右。翻堆还可以加快物料的腐熟：翻堆控制得好，物料的腐熟可以加快，从而极大地缩短发酵时间。

（七）pH 值

一般来说，固体废物进行生物干化不必进行 pH 值调整，如果前处理时添加了消石灰，如污泥，则需要调整 pH 值，通常用具有 pH 值缓冲能力的成品回流来实现。

（八）接种

一般来说，固体废物中已存在发酵微生物（见第四章），只要条件合适，不接种也能发酵。但是为了加速反应，可以将发酵完成后的有机料与原料污泥混合，也可以接种专门的发酵菌种，其发酵效率比普通菌种高很多。

三、生物干化技术的应用

生物干化技术适用性强，无论是混合收集垃圾，还是分类之后的垃圾均可。垃圾生物干化技术在欧洲等国家普遍应用，作为制作衍生燃料（RDF）或者作为垃圾焚烧预处理手段。如：意大利 Eco-Deco、希腊 HerhoF、德国 Nehlsen 公司都拥有该技术，并在多个国家建有生物干化工程。我国垃圾焚烧发电厂在垃圾入炉之前，延长时间并增加翻堆等措施，也是采用了生物干化原理。

第二节　生物干化工艺参数优化

生物干化中，空气需要量是达到最佳降解速率及最快热量去除的关键因素，因此，空气需要量本质上是个优化问题。在最大化降解速率的同时，最佳空气需要量也应得到优化，以节约动力消耗。另外，生物干化的费用-效率不仅要考虑通风量，还需要增加有效的去除水分的措施，如翻堆操作。

一般来说，垃圾处理厂都是接收原生混合垃圾。因此，在不调整垃圾的含水率、C/N 等条件下，垃圾处理厂为了通过生物干化实现降低含水率的目的，都是依靠调整通风量外加翻堆措施。所以，有必要优化通风量和翻堆措施，确保较低的通风费用。

在堆肥中，一般把锯末、作物秸秆、粉碎的废橡胶轮胎等作为调理剂来平衡 C/N，提高通风效果，因此，本节在比较不同调理剂的基础上，筛选出合适的调理剂。

本节采用实验室内模拟实验的方法，对垃圾生物干化的工艺参数进行优化，包括通风量、翻堆次数、调理剂三个工艺条件。

一、生物干化实验装置

（一）实验设备示意图

参照垃圾堆肥原理，采用的生活垃圾生物干化实验设备示意图如图 5-8 所示。

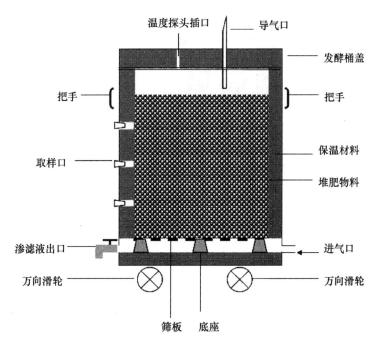

图 5-8　干化实验设备示意图

装置为圆柱状，体积为 60L，分为内外两层，内桶直径 36cm，高 60cm，外桶直径 46cm，高 75cm。为保持干化过程中温度不散失，外设置保温层，保温层厚度为 5cm。自内桶底部起 10cm、25cm、40cm 处各设置 1 个取样口，取样口口径为 3cm。罐顶设置温度探头检测口和伸出桶外的不锈钢管导气口，检测口口径 1m，导气口口径 1.5cm。为保证微生物发酵过程需要的氧气，罐底部设置不锈钢管制成的进气口伸出桶外，进气口口径 1.5cm。罐底部还设置过滤渗滤液的筛板，筛板孔径 6mm，设置在底部 5cm 处，筛板上部为通气层，通气层高度亦为 5cm。为方便操作，在自发酵罐外桶顶部 20cm 处的侧面设置把手。

（二）实验系统示意图

参照垃圾堆肥原理，采用的生活垃圾生物干化实验系统示意图如图 5-9 所示。

生物干化过程，采用温度自动记录分析软件实现数据 24h 连续记录分析。产生的 NH_3 由导气口接入带有密封塞的广口瓶中，采用硼酸吸收，人工滴定。采用便携式气体检测仪检测堆体的 O_2、CO_2、H_2S 等。

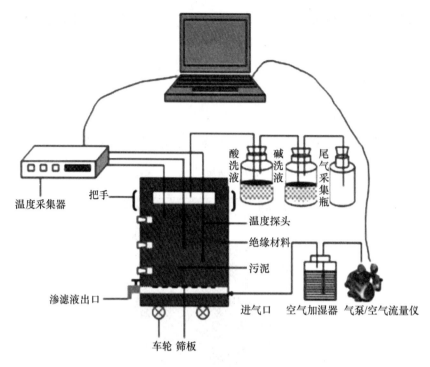

图 5-9　生物干化实验系统

（三）实验设备实际图

采用的生活垃圾生物干化实验设备实际图如图 5-10 所示。

图 5-10　生物干化实验设备

为达到实验数据可重复性，一组实验同时采用 6 个实验设备完成。

二、生物干化通风量理论计算

如果通风不足易造成局部厌氧状态，反之，通风量过大又会带走太多热量，使温度降低。通风量的计算有多种方法，应以不同方法进行理论计算，并根据实际情况来确定。

（一）按照堆肥工艺计算通风量

（1）堆肥过程中通风量设定

堆肥过程中通风量设定参考式（5-1）：

$$V = M_{氧气} \div (W_{氧气/空气} \times P_{空气}) \tag{5-1}$$

式中　V——降解单位质量的有机物所需空气体积，m^3/kg；

$M_{氧气}$——降解单位质量的有机物所需氧气质量，kg/kg；

$W_{氧气/空气}$——氧气在空气中的质量分数；

$P_{空气}$——空气密度，kg/m^3。

（2）堆肥通风量的计算

根据垃圾元素分析的结果，写出垃圾中挥发分的分子式为 $C_7H_{12.9}NO_{2.4}$。以此代表垃圾中有机物的化学式，根据堆肥原理，垃圾中的有机物完全降解，即：碳氢化合物全部转化为 CO_2 和 H_2O，含 N 物质全部转化为氨气，则可以写出有机物降解的化学方程式如下：

$$C_7H_{12.9}NO_{2.4} + 8.3O_2 = 7CO_2 + 4.95H_2O + NH_3$$

以此方程式计算得到 1kg 有机物降解需要的氧气质量为 1.78kg，空气中氧气的质量分数为 23%，空气的密度约为 $1.2kg/m^3$，由此得到降解单位质量有机物所需空气体积为：

$$V = M_{氧气} \div (W_{氧气/空气} \times P_{空气}) = 1.78 \div (23\% \times 1.2) = 6.45 \ (m^3/kg)$$

而一次进料中可降解有机物的质量可按式（5-2）计算：

$$M_{降解成分} = M_{污泥} \times (1 - W_{污泥}) \times VS \times 60\% \times 95\% \tag{5-2}$$

式中　$M_{降解成分}$——一次进料中可降解成分的质量，kg；

$M_{污泥}$——一次进料的物料质量，kg；

$W_{污泥}$——物料的含水率；

VS——物料中挥发性固体含量（与干基相比）；

垃圾挥发性固体中易降解成分占 60%，降解率为 95%。

根据实际配料情况，一次进料中垃圾质量约 50kg，含水率取均值 50%，VS 取均值 73%，假设挥发性固体中易降解成分占 60%，降解率为 95%，则一次进料中易降解成分质量为：

$$M_{降解成分} = 1.5 \times (1 - 50\%) \times 73\% \times 60\% \times 95\% = 10.4 \ (kg)$$

假设易降解成分在三天的时间内完全降解，则一天的需氧量约为总需氧量的33％，这样可以计算出单位时间内降解有机物所需的空气量为：

$$Q_{降解} = V \times M_{降解成分} \div T \tag{5-3}$$

式中　$Q_{降解}$——单位时间内降解有机物所需的空气量，m^3/kg；

　　　V——降解单位质量的有机物所需空气体积，m^3/kg；

　$M_{降解成分}$——一次进料中可降解成分的质量，kg；

　　　T——易降解有机物降解时间，h。

代入数据，则：

$$Q_{降解} = 6.45 \times 10.4 \div (3 \times 24) = 0.93 \ (m^3/h)$$

以上计算出的是降解有机物所需空气量，通风除了提供氧气降解有机物之用外，还起到除湿和降温的作用，通常实际通风量是上述理论通风量的9倍，因此总通风量应为 $9 \times 0.93 = 8.37 \ (m^3/h) = 837 \ (L/h)$。

（二）按照污泥相关规范计算通风量

（1）污泥规范要求

按照《城镇污水处理厂污泥处理技术规程》（CJJ 131—2009），对污泥生物干化通风量的计算见公式：

$$Q = q \times M_{ds} = q \times M_w \times (1 - W_{总}) \tag{5-4}$$

式中　Q——通风速率，m^3/h；

　　　q——单位通风量，一般取 $15 \sim 60 m^3/ (h \cdot tDS)$；

　　M_{ds}——干固体质量，t；

　　M_w——物料湿重，t；

　　$W_{总}$——物料总含水率，％。

（2）通风量计算

实验中，一次进料约50kg，垃圾总含水率取50％（而不是污泥的80％），则最小和最大通风量分别为：

$$Q_{min} = q_{min} \times M_w \times (1 - W_{总}) = 15 \times 10^{-3} \times 10^3 \times 50 \times (1 - 50\%) = 375 \ (L/h)$$

$$Q_{max} = q_{max} \times M_w \times (1 - W_{总}) = 60 \times 10^{-3} \times 10^3 \times 50 \times (1 - 50\%) = 1500 \ (L/h)$$

因此，通风量的范围可在375～1500L/h之间选择。

（三）按照一次发酵计算通风量

（1）一次发酵的通风量

一次发酵的通风量通常选择 $0.1 \sim 0.2 m^3/ (min \cdot m^3)$，则通风速率计算公式为：

$$Q = q \times V \tag{5-5}$$

式中　Q——通风速率，m^3/min；

　　　q——单位体积单位时间通风量，$m^3/ (min \cdot m^3)$；

　　　V——物料体积，m^3。

（2）一次发酵的通风量计算

V 取 60L，q 取 0.1m³/（min·m³），代入式（5-5），则通风量为：

$$Q=60×0.1=6（m³/min）=360L/h$$

（四）通风量选择

根据以上三种方法的计算，通风量可以在 360～1500L/h 之间选择。实际实验中，风量随温度变化而调整，当温度上升时，增大通风量，当温度下降时，减小通风量，并且最大通风量不超过理论计算的 2 倍。

三、通风量实验验证

（一）实验参数设计

根据本节的理论计算结果，将本实验的通风量设定为 450L/h、675L/h 及 1000L/h（分别记为 A1、A2、A3），在实验中验证不同通风量对生物干化的影响。

（二）不同通风量对温度的影响

不同通风量对垃圾生物干化堆体温度的影响如图 5-11 所示。

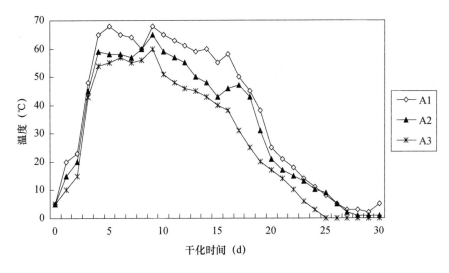

图 5-11　不同通风量对温度的影响

从图 5-11 可以看出：不同通风量下，垃圾干化过程中堆体温度升高速度较快，A1、A2 和 A3 均在干化的第 3d 温度上升到 55℃，并分别维持了 15d、10d 和 8d，完全满足《生活垃圾堆肥厂运行管理规范》（DB11/T 272—2014）要求。

（三）不同通风量对含水率的影响

不同通风量对垃圾堆体物料中的含水率的影响如图 5-12 所示。

从图 5-12 可以看出：通风量增加，有助于水分散失，也利于生化反应的进行，但过高的通风量不仅不利于有机物的分解转化，而且浪费能源。因此，生产中应适度通风为宜。

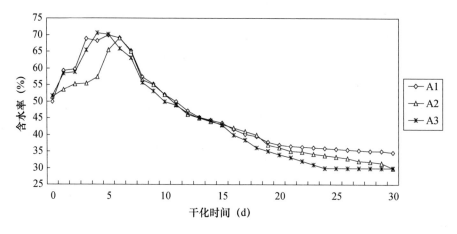

图 5-12　不同通风量对含水率的影响

（四）最佳通风方式选择

本实验中，以通风量为 675L/h 的间歇式通风效果最好。

实际生产中，多采用控制通风总量的间歇通风方式，间歇通风优于连续通风是因为连续通风时，如果通风量超过微生物的耗氧速率，会带走过多的热量，而使干化体温度降低较大。间歇式操作的气量控制实际上是控制温度，使其处于生物干化的最佳温度范围并予以保持。同时，在不同的生物干化阶段，间歇式通风的气量控制可相应分为不同阶段：初始时气量应尽量小，以保证在好氧条件的前提下使气体对生物干化的散热作用最小，使生物干化反应器内的温度迅速升高；温度迅速升高到 40℃ 后应逐渐加大通风量，为大量繁殖的微生物提供充足的氧气，同时使反应热与散热量持平；当有机质含量减少时，反应速率会明显下降，此时反应器内温度也会逐渐降低，此时应减小通风量以保持足够热量来维持反应器内的温度。

综上所述，垃圾生物干化工艺中宜采用间歇式通风方式，通风总量通过物料特性计算，间歇通风与温度控制系统相连接，通过温度调节通风量，这样可最大化地减少动力消耗。

四、翻堆次数确定

（一）翻堆次数设计

根据垃圾焚烧厂的实际运行情况，结合工艺的操作可行性，将翻堆次数设置为 1 次/7d、1 次/10d、1 次/14d（分别记为 B1、B2、B3），在实验中验证不同翻堆次数对干化的影响。

（二）不同翻堆次数对温度的影响

不同翻堆次数对垃圾生物干化堆体温度的影响如图 5-13 所示。

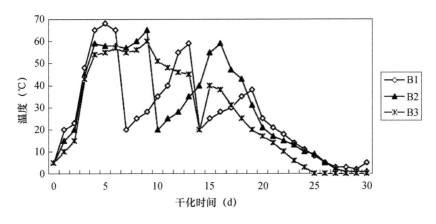

图 5-13　不同翻堆次数对堆体温度的影响

从图 5-13 可以看出：翻堆时堆体温度急剧下降，随后上升，说明翻堆有助于氧气的进入，促进生化反应进行。三种翻堆方式相比，以 1 次/7d 和 1 次/10d 效果较好，1 次/14d 翻堆后，温度一直呈现下降趋势，说明 14 天时生化反应已经基本完成，翻堆没有起到促进生化反应进行的作用。

（三）不同翻堆次数对含水率的影响

不同翻堆次数对垃圾堆体物料中的含水率的影响如图 5-14 所示。

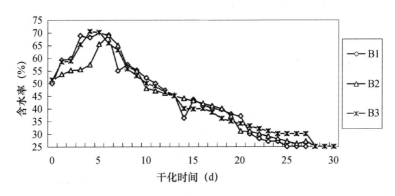

图 5-14　不同翻堆次数对含水率的影响

从图 5-14 可知：物料含水率随翻堆次数增加逐渐下降，翻堆 2 次的干化产品含水率最终达到 25％，翻堆 3 次的含水率达到 22.5％，翻堆 4 次的含水率达到 19.1％，由此可见，翻堆工艺对干化产品含水率有一定影响，增加翻堆次数可显著降低物料含水率。

（四）最佳翻堆方式选择

实际生产中，应在生化反应阶段增加翻堆措施，促进生化反应进行，以 7d 翻堆一次较好。生化反应后期，翻堆措施应结合间歇式通风，促进水分挥发。

五、调理剂选择

（一）调理剂种类

根据调理剂的作用不同，可将其分为调节剂、膨胀剂和重金属钝化剂。常用的调理剂包括：锯屑、秸秆、泥炭、棉废屑、厩肥、花生壳、树枝等生物质可降解型调理剂以及废旧轮胎、粉煤灰、斜发沸石、铝土矿渣、合成塑料等不可降解型调理剂两大类。

因垃圾经过生物干化后，多以焚烧处理为主。因此，在生物干化中，堆肥中不应选择使用不可降解型调理剂，而是应该以生物质可降解型调理剂以及可增加热值的调理剂为主，如：锯屑、秸秆、泥炭、棉废屑、厩肥、花生壳、树枝等生物质可降解型调理剂以及废旧轮胎、合成塑料等不可降解型调理剂两大类。

综合考虑水泥窑的适用性和热值影响，兼顾除臭性能，采用玉米秸秆、生物菌剂、活性炭为调理剂，探索调理剂对生物干化及臭味控制的作用。

（二）不同调理剂对温度的影响

在垃圾中添加活性炭、玉米秸秆及生物菌等3种不同添加剂，原生垃圾作为对照，记为T1，其他处理依次为T2、T3、T4，保持将总通风量设置为675L/h，采用间歇通风方式，不同调理剂对垃圾生物干化温度的影响如图5-15所示。

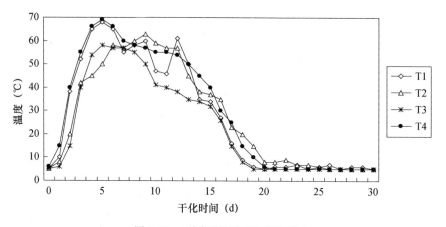

图 5-15　不同调理剂对温度的影响

在生物干化的第7d至第15d温度持续升高，达到55℃以上，并在此温度下持续了7d，说明有机物进行快速分解的同时释放出大量热能，从而使得干化堆体的温度快速升高。总体来看，4种干化处理经过高温发酵都达到了无害化的温度要求。

（三）不同调理剂对含水率的影响

在垃圾中添加活性炭、玉米秸秆及生物菌等3种不同调理剂，原生垃圾作为对照，记为T1，其他处理依次为T2、T3、T4，保持将总通风量设置为675L/h，采用间歇通风方式，不同调理剂对垃圾含水率的影响如图5-16所示。

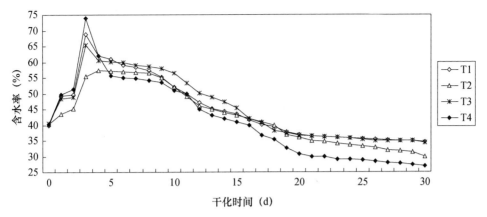

图 5-16　不同调理剂对垃圾含水率的影响

从图 5-16 可以看出：相比于原生垃圾，在垃圾中添加活性炭、玉米秸秆及生物菌等 3 种不同调理剂，垃圾物料中的含水率差异不大。

（四）调理剂选择

由于几种调理剂差异不大，但活性炭和生物菌剂的成本相应较高，因此，在距离农村较近的垃圾焚烧厂和水泥厂协同处置企业，可将秸秆作为生物干化调理剂的首选。

第三节　原生垃圾恶臭产生机理

由于生活垃圾含有较多的有机物、一定的水分和微生物，在堆放过程中由于微生物的活动，会产生一定量的氨、硫化氢、有机胺、甲烷等异味气体，习惯上统称为垃圾臭气。垃圾收集、中转、运输、填埋场、堆肥、焚烧厂储存仓所产生的垃圾臭气一直是令人头痛的问题。

一、恶臭种类及特性

（一）恶臭定义

（1）恶臭污染的出现

1858 年夏季，泰晤士河发生严重的恶臭污染，使在河边工作的英国议会和政府感受到了污染的危害，议员们因受不了河面飘来的恶臭而逃离议会，英国国会曾一度休会，各项工作陷入停滞。20 世纪五六十年代，恶臭污染问题大面积显现出来，主要集中在发达国家。20 世纪 80 年代后期，恶臭污染问题开始在发展中国家出现。

日本是第一个将恶臭防治立法的国家。1967 年《日本公害对策基本法》中将恶臭单独列为公害。1971 年 6 月公布了《恶臭防治法》。

（2）恶臭定义

① 恶臭气体：能产生令人不愉快感觉的气体统称为恶臭气体，是各种气味（异味）的总称。

② 恶臭物质：指一切刺激人们嗅觉器官引起人们不愉快及损坏生活环境质量的气体物质。

③ 恶臭污染：当环境中的异味使人感觉不愉快，对人产生心理影响和生理危害，即恶臭污染。

（3）恶臭来源

恶臭来源广泛，除少部分来自动植物自然分解外，多数来自工业企业，例如：垃圾处理厂、污水处理厂、饲料厂和肥料加工厂、畜牧产品农场、皮革厂、纸浆厂以及以石油为原料的化工厂等。特别是石油中含有微量且多种结构形式的硫、氧、氮等烃类化合物，在储存、运输和加热、分解、合成等工艺过程中产生臭气逸散到大气中，造成环境的恶臭污染。

（二）恶臭物质种类

目前所知的 200 多万种化合物中，约有 40 万种是有气味的。这些物质包括：含硫化合物、含氮化合物、含磷化合物、酯类化合物、酚类化合物、醇类化合物、醛类化合物、酮类化合物、芳香族衍生物以及杂环化合物等。

常见的恶臭物质种类及其气味见表 5-1。

表 5-1　常见的恶臭物质种类及其气味

类别			种类	气味
无机物	含硫化合物		硫化氢、二氧化硫、二硫化碳	腐蛋臭、刺激臭
	含氮化合物		二氧化氮、氨、碳酸氢铵、硫化铵	刺激臭、尿臭
	卤素及其化合物		氯、溴、氯化氢	刺激臭
	其他		臭氧、磷化氢	刺激臭
有机物	烃类		丁烯、乙炔、丁二烯、苯乙烯、苯、甲苯、二甲苯、萘	刺激臭、电石臭、卫生球臭
	含硫化合物	硫醇类	甲硫醇、乙硫醇、丙硫醇、丁硫醇、戊硫醇、己硫醇、庚硫醇、二异丙硫醇	烂洋葱臭
		硫醚类	二甲二硫、甲硫醚、二乙硫、二丙硫、二丁硫、二苯硫	烂甘兰臭、蒜臭
	含氮化合物	胺类	一甲胺、二甲胺、三甲胺、二乙胺、乙二胺	烂鱼肉臭、腐肉臭、尿臭
		酰胺类	二甲基甲酰胺、二甲基乙酰胺、酪酸酰胺	汗臭、尿臭
		吲哚类	吲哚、β-甲基吲哚	粪臭
		其他	吡啶、硝基苯、丙烯腈	芥子气臭
	含氧化合物	醇和酚	甲醇、乙醇、丁醇、苯酚、甲酚	刺激臭
		醛	甲醛、乙醛、丙烯醛	刺激臭
		酮	丙酮、丁酮、己酮、乙醚、二苯醚	汗臭、刺激臭、尿臭
		酸	甲酸、醋酸、酪酸	刺激臭
		酯	丙烯酸乙酯、异丁烯酸甲酯	香水臭、刺激臭
	卤素衍生物	卤代烃	甲基氯、二氯甲烷、三氯甲烷、四氯化碳、氯	刺激臭
		氯醛	三氯乙醛	刺激臭

（三）恶臭特性

（1）人对气味的感觉

人对气味的感觉与气味刺激强度之间的关系符合韦伯-费希纳（Wber-Fecher）定律，如式（5-6）所示：

$$P = K\log C_s \qquad (5\text{-}6)$$

式中　P——感觉强度；

C_s——恶臭物质在空气中的浓度；

K——常数，恶臭物质种类不同，K 值也不同。

恶臭物质种类不同，K 值也不同。以嗅觉阈值为基准，将臭气强度划分为 6 个等级：0 级为无臭，1 级为勉强感知臭味（检知阈值）；2 级为可知臭味种类的弱臭（认知阈值）；3 级为容易感到臭味；4 级为强臭；5 级为不可忍耐的巨臭。

根据上式，即使恶臭物质浓度削减了 90% 左右，人的嗅觉也只认为恶臭强度减少了一半。这也是恶臭污染难于控制的一个重要原因。

（2）恶臭指数

也有文献用恶臭指数来评价臭气的强度大小。恶臭指数的计算式见式（5-7）：

$$Q_i = P/O \qquad (5\text{-}7)$$

式中　Q_i——恶臭指数；

P——恶臭气体饱和蒸气压，ppm 或 $\mu g \cdot m^{-3}$；

O——气体的感觉阈值，ppm 或 $\mu g \cdot m^{-3}$。

Q_i 实质上是恶臭物质迁移到空气中的能力与恶臭物质引发感官反应的比值，是衡量某种恶臭物质在蒸发条件下引发臭气问题的潜力。恶臭指数将气体蒸气压与恶臭感觉阈值联合起来考虑，是比较科学的评价臭味气体强度的方法。根据 Q_i 值高低可将恶臭化合物分为三类：高恶臭物质（$Q_i > 106$）、中恶臭物质（$105 < Q_i < 106$）、低恶臭物质（$Q_i < 104$）。

（四）恶臭检测方法

恶臭污染的分析方法分为感官检测和仪器检测两大类。

我国对于臭气浓度的测定采用《空气质量 恶臭的测定三点比较式臭袋法》（GB/T 14675—1993），主要借鉴了日本对恶臭污染的检测方法，原理是：用无臭空气连续稀释臭源气体样，得到一个达到感觉阈值的稀释倍数。其缺点是操作费时，易受人员身体状况影响，重复性与再现性差。

恶臭的仪器检测是采用气相色谱、质谱、电子鼻等仪器单独或组合后对环境大气中的化合物进行分析的技术，可以对恶臭污染物进行定性和定量的描述。

二、恶臭污染物治理技术

（一）恶臭治理技术分类

恶臭治理技术按照位置来分，可分为异位治理方法和原位处理方法。

（二）恶臭异位处理方法

国内外对于臭气治理主要采用异位方法，即：采用负压引风的方式，将臭气从产生源进行集中收集，然后在配套的臭气处理系统中进行处理。

异位处理方法包括物理法、化学法、物理化学法以及生物法等。

异位治理技术可以分为：

（1）物理法：物理吸收法、物理吸附法、掩蔽法等；

（2）化学法：化学吸收剂法、化学反应法、化学燃烧法等；

（3）生物法：生物滤池法和土壤滤体法等；

（4）物理化学法：离子法、光催化法等。

因我国现有臭气源种类较多，往往单一的处理设备效率不高，另外，由于恶臭物质的特性，异位处理投资较大、运行昂贵但效果不佳。

（三）臭气的原位控制技术

原位控制技术是在产生恶臭的物料中添加某种添加剂，减少恶臭物质外排或者从根本上消除恶臭物质的处理方法。这种处理方法在很大程度上可以减少异位控制配套臭气处理系统的投资和运行成本。目前研究最多的是堆肥过程中的 NH_3 的原位控制技术，但是对于城市生活垃圾生物干化过程中的其他恶臭物质的原位控制技术的研究，鲜见报道。

三、原生垃圾的恶臭产生机理分析

（一）原生垃圾特性及有机物分解

原生垃圾中含有较多的有机碳、水分及适宜的 C/N，在优势微生物种群乳酸杆菌的发酵作用下，有机物被逐步分解。有机物分解过程示意图如图 5-17 所示。

从蛋白质、脂类和碳水化合物这三种有机物的分解速度来看，碳水化合物的分解速度最高，脂肪次之，蛋白质的分解速度最低。所以，垃圾中有机物的降解首先是从碳水化合物开始，这也是乳酸菌占绝对优势的原因。碳水化合物分解后，带动了蛋白质类物质和脂肪类物质的分解，随着蛋白质开始分解，恶臭物质增加。蛋白质在被微生物的分解代谢过程中，逐步分解为氨基酸、脂肪酸、有机胺类、含硫化合物及氨、硫化氢等。这些代谢产物中，醛类、酮类、脂肪酸、有机胺类、含硫化合物、氨、硫化氢等物质均为恶臭化合物。在此期间异味主要是由酸、醇、酮等引起。脂肪在被微生物的分解代谢过程中，首先分解为甘油和脂肪酸，再进一步分解为低级脂肪酸、醛类、酮类及二氧化碳等。

（二）原生垃圾挥发性有机物（VOCs）排放特性

参照《土壤和沉积物 挥发性有机物的测定 吹扫捕集/气相色谱-质谱法》（HJ 605—2011）中的测试方法测定垃圾及其不同组分中的挥发性有机物（VOCs）成分。

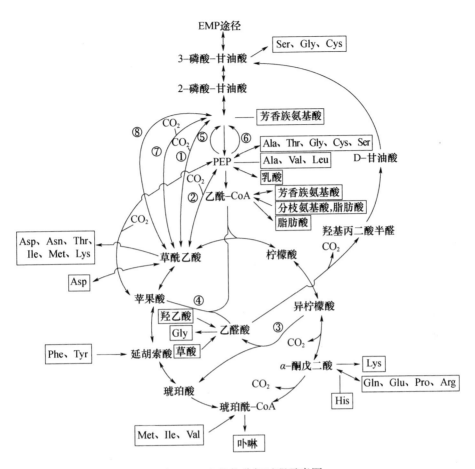

图 5-17　有机物分解过程示意图

垃圾不同组分的选择同第四章，分别是：生活垃圾混合样品、厨余垃圾混合样品、主食类样品、肉类样品、蔬菜类样品。

（1）生活垃圾混合样品中的 VOCs 排放特性

生活垃圾混合样品中的 VOCs 图谱及 VOCs 组分分别如图 5-18、表 5-2 所示。

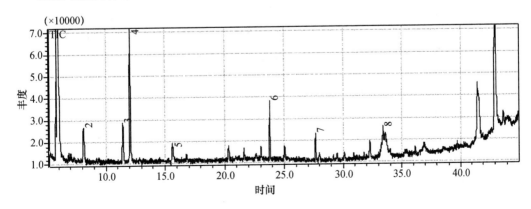

图 5-18　生活垃圾混合样品中的 VOCs 图谱

表 5-2　生活垃圾混合样品中的 VOCs 组分

	化合物中文名称	化合物英文名称	保留时间（min）	峰面积	相似度（%）
生活垃圾混合样品中VOCs组成	乙醇	Ethanol	5.898	2098694	98
	环戊烷	Cyclopentane	8.100	311253	98
	2,3-丁二酮	2,3-Butanedione	11.455	33771	79
	乙酸乙酯	Ethyl Acetate	12.049	2440532	98
	庚烷	Heptane	15.607	10314	80
	氟苯	Fluorobenzene	15.667	7450	53
	己醛	Hexanal	23.771	7441	85
	己醇	1-Hexanol	27.655	12121	90

从图 5-18、表 5-2 可以看出：生活垃圾混合样品中的 VOCs 组分有 8 种，包括醇类、醛类、酯类、烷烃、环烷烃、卤代苯等。

（2）厨余垃圾混合样品中的 VOCs 排放特性

厨余垃圾混合样品中的 VOCs 图谱及 VOCs 组分分别如图 5-19、表 5-3 所示。

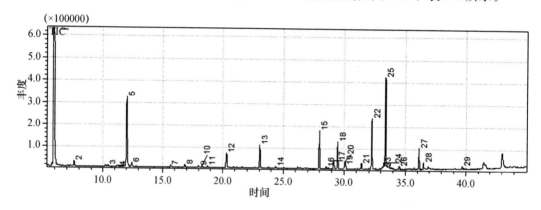

图 5-19　厨余垃圾混合样品中的 VOCs 图谱

表 5-3　厨余垃圾混合样品中的 VOCs 组分

	化合物中文名称	化合物英文名称	保留时间（min）	峰面积	相似度（%）
厨余类垃圾混合样品中VOCs组成	乙醇	Ethanol	5.900	4540970	98
	乙酸甲酯	Methyl acetate	7.592	88332	93
	丙烯硫醇	Allyl mercaptan	10.418	13560	81
	丙硫醇	n-Propyl mercaptan	11.264	5015	77
	乙酸乙酯	Ethyl Acetate	12.051	1057893	98
	2-丁醇	2-Butanol	12.473	55607	92
	氟苯	Fluorobenzene	15.666	16685	74
	甲基丙烯基硫化物	Methyl allyl sulfide	16.875	11585	89
	丙酸乙酯	Ethyl propionate	18.000	18956	83
	乙酸正丙酯	n-Propyl acetate	18.299	13901	78

续表

化合物中文名称	化合物英文名称	保留时间（min）	峰面积	相似度（%）
丁酸甲酯	Butanoic acid，methyl ester	18.733	7227	78
二甲基二硫醚	Dimethyl disulfide	20.324	115910	97
丁酸乙酯	Butanoic acid，ethyl ester	23.047	88889	98
戊酸甲酯	Pentanoic acid，methyl ester	24.360	9696	85
戊酸乙酯	Pentanoic acid，ethyl ester	27.972	110122	99
丙烯基异硫氰化物	Allyl Isothiocyanate	28.516	11225	85
罗勒烯	beta.-trans-Ocimene	29.175	32112	96
甲基-2-丙烯基-二硫化物	Disulfide, methyl 2-propenyl	29.481	176423	98
甲基丙基二硫化物	Methyl propyl disulfide	30.045	16283	77
莰烯	Camphene	30.122	31841	92
月桂烯	beta.-Myrcene	31.423	25919	96
己酸乙酯	Hexanoic acid，ethyl ester	32.261	164638	99
异硫氰酸-3-丁烯酯	Isothiocyanic acid, 3-butenyl ester	33.141	12517	76
罗勒烯	beta.-trans-Ocimene	33.252	18054	92
D-柠檬烯	D-Limonene	33.385	267917	99
萜品烯	gamma.-Terpinene	34.502	14391	90
庚酸甲酯	Heptanoic acid，ethyl ester	36.137	74557	98
二丙烯基二硫化物	Diallyl disulphide	36.516	41672	94
辛酸乙酯	Octanoic acid，ethyl ester	39.696	12073	92

表格最左侧合并单元格：厨余类垃圾混合样品中VOCs组成

从图 5-19、表 5-3 可以看出：厨余垃圾混合样品中的 VOCs 组分较为复杂，有 29 种，包括醇类、醛类、酯类、烯烃、烷烃、卤代苯以及含硫化合物等。其中，罗勒烯还有同分异构体，表现在图中具有不同的峰值。

（3）厨余垃圾主食类样品中的 VOCs 排放特性

厨余垃圾主食类样品中的 VOCs 图谱及 VOCs 组分分别如图 5-20、表 5-4 所示。

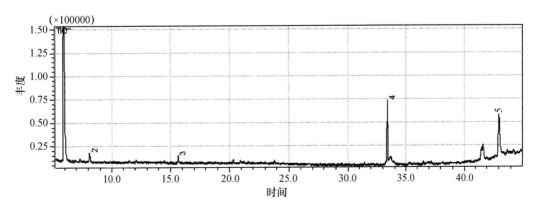

图 5-20 厨余垃圾主食类样品中的 VOCs 图谱

表 5-4 厨余垃圾主食类样品中的 VOCs 组分

	化合物中文名称	化合物英文名称	保留时间（min）	峰面积	相似度（%）
厨余垃圾主食类样品中 VOCs 组成	乙醇	Ethanol	5.896	1484091	98
	1-戊烯	1-Pentene	8.106	25152	85
	乙酸乙酯	Ethyl Acetate	12.053	625906	98
	氟苯	Fluorobenzene	15.659	18008	84
	D-柠檬烯	D-Limonene	33.393	38029	97

从图 5-20、表 5-4 可以看出：厨余垃圾主食样品中的 VOCs 组分有 5 种，包括醇类、酯类、烯烃、卤代苯等。

（4）厨余垃圾肉类样品中的 VOCs 排放特性

厨余垃圾肉类样品中的 VOCs 图谱及 VOCs 组分分别如图 5-21、表 5-5 所示。

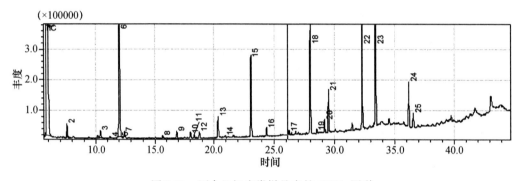

图 5-21 厨余垃圾肉类样品中的 VOCs 图谱

表 5-5 厨余垃圾肉类样品中的 VOCs 组分

	化合物中文名称	化合物英文名称	保留时间（min）	峰面积	相似度（%）
厨余垃圾肉类样品中 VOCs 组成	乙醇	Ethanol	5.902	7125600	98
	乙酸甲酯	Methyl acetate	7.586	167441	96
	丙烯硫醇	Allyl mercaptan	10.421	39395	92
	丙硫醇	n-Propyl mercaptan	11.243	8014	78
	2-丁酮	2-Butanone	11.881	15343	78
	乙酸乙酯	Ethyl Acetate	12.045	1779588	98
	2-丁醇	2-Butanol	12.467	58262	94
	氟苯	Fluorobenzene	15.662	20356	84
	甲基丙烯基硫货物	Methyl allyl sulfide	16.870	25419	95
	丙酸乙酯	Ethyl propionate	18.009	48024	91
	乙酸正丙酯	n-Propyl acetate	18.313	25969	86
	丁酸甲酯	Butanoic acid, methyl ester	18.747	22253	95
	二甲基二硫醚	Dimethyl disulfide	20.339	123181	97
	异戊醇	Isoamylo	20.931	5382	75
	丁酸乙酯	Butanoic acid, ethyl ester	23.067	239064	99
	戊酸甲酯	Pentanoic acid, methyl ester	24.385	30911	94
	二丙烯基硫货物	Diallyl sulfide	26.249	7018	90

	化合物中文名称	化合物英文名称	保留时间（min）	峰面积	相似度（%）
厨余垃圾肉类样品中VOCs组成	戊酸乙酯	Pentanoic acid，ethyl ester	28.004	262589	99
	丙烯基异硫氰化物	Allyl Isothiocyanate	28.551	16694	88
	己酸甲酯	Hexanoic acid，methyl ester	29.184	40474	97
	甲基-2-丙烯基-二硫化物	Disulfide，methyl 2-propenyl	29.515	200787	98
	己酸乙酯	Hexanoic acid，ethyl ester	32.302	282333	99
	D-柠檬烯	D-Limonene	33.428	308174	99
	庚酸甲酯	Heptanoic acid，ethyl ester	36.188	113763	98
	二丙烯基二硫化物	Diallyl disulphide	36.561	64744	97

从图 5-21、表 5-5 可以看出：厨余垃圾肉类样品中的 VOCs 组分较为复杂，有 25 种，包括醇类、酮类、酯类、有机氰化物、卤代苯以及含硫化合物等。

（5）厨余垃圾蔬菜类样品中的 VOCs 排放特性

厨余垃圾蔬菜类样品中的 VOCs 图谱及 VOCs 组分分别如图 5-22、表 5-6 所示。

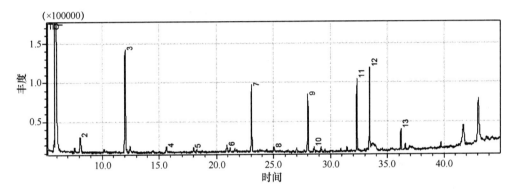

图 5-22　厨余垃圾蔬菜类样品中的 VOCs 图谱

表 5-6　厨余垃圾蔬菜类样品中的 VOCs 组分

	化合物中文名称	化合物英文名称	保留时间（min）	峰面积	相似度（%）
厨余垃圾蔬菜类样品中VOCs组成	乙醇	Ethanol	5.886	3610468	98
	环戊烷	Cyclopentane	8.097	51281	90
	乙酸乙酯	Ethyl Acetate	12.039	443406	98
	氟苯	Fluorobenzene	15.652	17199	88
	丙酸乙酯	Ethyl propionate	18.002	16536	88
	异戊醇	Isoamylo	20.921	9595	80
	丁酸乙酯	Butanoic acid，ethyl ester	23.061	78382	97
	2-羟基-丙酸乙酯	Propanoic acid，2-hydroxy-，ethyl ester，（S）-	25.020	18238	78
	戊酸乙酯	Pentanoic acid，ethyl ester	27.999	49197	98
	丙烯基异硫氰化物	Allyl Isothiocyanate	28.548	7567	81
	己酸乙酯	Hexanoic acid，ethyl ester	32.296	65857	98
	D-柠檬烯	D-Limonene	33.419	72255	98
	庚酸甲酯	Heptanoic acid，ethyl ester	36.188	37763	98

从图 5-22、表 5-6 可以看出：厨余垃圾蔬菜类样品中的 VOCs 组分有 13 种，包括醇类、酯类、有机氰化物、环烷烃、卤代苯以及烯烃等。

（6）原生垃圾不同组分中的 VOCs 排放特性比较

几种组分相比较，以厨余混合垃圾中的 VOCs 化合物种类最多，共有 29 种，其次是肉类垃圾，含有 VOCs 化合物种类有 25 种，以主食类垃圾中的 VOCs 化合物种类最少，仅有 5 种。因此，厨余混合垃圾及肉类垃圾在储存中恶臭最为严重。

（三）原生垃圾半挥发性有机物（SVOC）排放特性

参照《危险废物鉴别标准 浸出毒性鉴别》（GB 5085.3—2007）中的测试方法测定垃圾及其不同组分中的半挥发性有机物成分（SVOC）。垃圾不同组分的选择同第四章，分别是：生活垃圾混合样品、厨余垃圾混合样品、主食类样品、肉类样品、蔬菜类样品。

（1）生活垃圾混合样品中的 SVOC 排放特性

生活垃圾混合样品中的 SVOC 图谱及 SVOC 组分分别如图 5-23、表 5-7 所示。

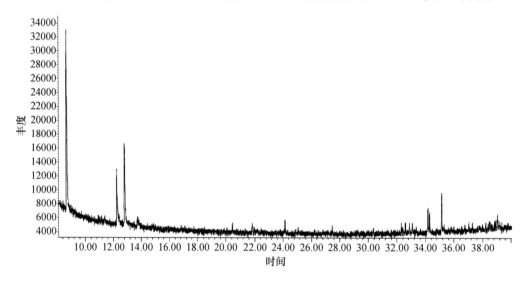

图 5-23 生活垃圾混合样品中的 SVOC 图谱

表 5-7 生活垃圾混合样品中的 SVOC 组分

	化合物中文名称	化合物英文名称	保留时间(min)	分子量	相似度（%）
生活垃圾混合样品中的 SVOC 组成	己醛	Hexanal	13.722	100	90
	癸烷	Decane	21.846	142	89
	右旋柠檬烯	D-Limonene	24.157	136	95
	柠檬烯	Limonene	24.157	136	94
	1-甲基-4-(1-甲基乙烯基)-环己烯	Cyclohexene,1-methyl-4-(1-methylethenyl)-	24.157	136	93
	4-乙烯基-1,4-二甲基环己烯	Cyclohexene,4-ethenyl-1,4-dimethyl-	24.157	136	76

	化合物中文名称	化合物英文名称	保留时间(min)	分子量	相似度(%)
生活垃圾混合样品中的SVOC组成	壬醛	Nonanal	27.475	142	91
	2-氮己环酮	2-Piperidinone	31.626	99	95
	1-甲氧基-4-(1-丙烯基)苯	Benzene,1-methoxy-4-(1-propenyl)-	34.279	148	95
	甲基胡椒酚	Estragole	34.279	148	93
	十五烷	Pentadecane	37.996	212	94
	十四烷	Tetradecane	37.996	198	80
	2,4-二(1,1-二甲基乙基)苯酚	Phenol,2,4-bis(1,1-dimethylethyl)-	39.080	206	94
	2,5-二(1,1-二甲基乙基)苯酚	Phenol,2,5-bis(1,1-dimethylethyl)-	39.080	206	76
	3,5-二(1,1-二甲基乙基)苯酚	Phenol,3,5-bis(1,1-dimethylethyl)-	39.080	206	74
	1-十六烯	1-Hexadecene	40.173	224	96
	环十六烷	Cyclohexadecane	40.173	224	95
	(Z)-3-十六烯	3-Hexadecene,(Z)-	40.173	224	95
	十六烷	Hexadecane	40.539	226	93
	8-十七烯	8-Heptadecene	42.556	238	96
	(Z)-3-十七烯	3-Heptadecene,(Z)-	42.556	238	95
	十七烷	Heptadecane	42.951	240	94
	2-甲基十八烷	Octadecane,2-methyl-	42.951	268	86
	2,2',5,5'-四甲基-1,1'-联苯	1,1'-Biphenyl,2,2',5,5'-tetramethyl-	44.396	210	94
	二十烷	Eicosane	45.224	282	89
	亚硫酸-2-丙基十四烷基酯	Sulfurous acid,2-propyl tetradecyl ester	45.224	320	80
	十八醛	Octadecanal	46.563	268	91
	十六醛	Hexadecanal	46.563	240	91
	15-十八碳烯醛	15-Octadecenal	46.563	266	91
	Z-2-十八烯-1-醇	Z-2-Octadecen-1-ol	46.563	268	90
	14-十七碳烯醛	14-Heptadecenal	46.563	252	87
	十九烷	Nonadecane	47.391	268	91
	二十烷	Eicosane	47.391	282	87
	二十四烷	Tetracosane	47.391	338	86
	二十一烷	Heneicosane	47.391	296	72
	十六烷酸甲酯	Hexadecanoic acid,methyl ester	48.508	270	98

续表

化合物中文名称	化合物英文名称	保留时间(min)	分子量	相似度(%)
14-甲基十五烷酸甲酯	Pentadecanoic acid, 14-methyl-,methyl ester	48.508	270	97
16-甲基十七烷酸甲酯	Heptadecanoic acid, 16-methyl-,methyl ester	48.508	298	90
十三烷酸甲酯	Tridecanoic acid, methyl ester	48.508	228	87
十七烷酸甲酯	Heptadecanoic acid, methyl ester	48.508	284	86
二十烷	Eicosane	49.466	282	93
二十八烷	Octacosane	49.466	394	90
二十四烷	Tetracosane	49.466	338	87
9-丁基二十二烷	Docosane,9-butyl-	49.466	366	87
酞酸二丁酯	Dibutyl phthalate	50.174	278	96
1,2-苯二羧酸丁基-2-甲基丙基酯	1,2-Benzenedicarboxylic acid, butyl 2-methylpropyl ester	50.174	278	90
1,2-苯二羧酸丁基辛基酯	1,2-Benzenedicarboxylic acid, butyl octyl ester	50.174	334	86
邻苯二甲酸丁基己基酯	Phthalic acid, butyl hexyl ester	50.174	306	78
3,7-二氢-1,3,7-三甲基-1氢-嘌呤-2,6-二酮	1H-Purine-2,6-dione,3, 7-dihydro-1,3,7-trimethyl-	50.328	194	94
(Z)-9-十八碳烯醛	9-Octadecenal,(Z)-	50.429	266	99
(Z)-13-十八碳烯醛	13-Octadecenal,(Z)-	50.429	266	94
Z,E-3,13-十八碳二烯-1-醇	Z,E-3,13-Octadecadien-1-ol	50.429	266	89
13-甲基-11-十五烯-1-醇醋酸盐	13-Methyl-11-pentadecen-1-ol acetate	50.429	282	89
二十一烷	Heneicosane	51.441	296	91
2,6,10,14-四甲基十六烷	Hexadecane,2,6, 10,14-tetramethyl-	51.441	282	90
二十烷	Eicosane	51.441	282	87
二十八烷	Octacosane	51.441	394	87
十八烷酸-2-丙烯基酯	Octadecanoic acid, 2-propenyl ester	51.522	324	90
Z,E-3,13-十八碳二烯-1-醇	Z,E-3,13-Octadecadien-1-ol	51.922	266	93

注：左侧合并单元格为"生活垃圾混合样品中的SVOC组成"

	化合物中文名称	化合物英文名称	保留时间(min)	分子量	相似度(%)
	Z,Z-9,12-十八碳二烯酸	9,12-Octadecadienoic acid (Z,Z)-	51.922	280	86
	Z-2-十八烯-1-醇	Z-2-Octadecen-1-ol	51.922	268	86
	2-十八烷基-丙烷-1,3-二醇	2-Octadecyl-propane-1,3-diol	51.922	328	83
	(E)-3-二十烯	3-Eicosene,(E)-	51.922	280	83
	(Z)-9-十八碳烯酸甲酯	9-Octadecenoic acid(Z)-,methyl ester	52.105	296	99
	(E)-8-十八碳烯酸甲酯	8-Octadecenoic acid,methyl ester,(E)-	52.105	296	99
	(Z)-6-十八碳烯酸甲酯	6-Octadecenoic acid,methyl ester,(Z)-	52.105	296	99
	10-十八碳烯酸甲酯	10-Octadecenoic acid,methyl ester	52.105	296	99
生活垃圾混合样品中的SVOC组成	(E)-8-十八碳烯酸甲酯	8-Octadecenoic acid,methyl ester,(E)-	52.211	296	98
	(Z)-9-十八碳烯酸甲酯	9-Octadecenoic acid (Z)-,methyl ester	52.211	296	95
	(Z)-11-十八碳烯酸甲酯	11-Octadecenoic acid,methyl ester,(Z)-	52.211	296	94
	10-十八碳烯酸甲酯	10-Octadecenoic acid,methyl ester	52.211	296	93
	(Z)-6-十八碳烯酸甲酯	6-Octadecenoic acid,methyl ester,(Z)-	52.211	296	93
	十八烷酸甲酯	Octadecanoic acid,methyl ester	52.476	298	94
	14-甲基十七烷酸甲酯	Heptadecanoic acid,14-methyl-,methyl ester	52.476	298	90
	16-甲基十七烷酸甲酯	Heptadecanoic acid,16-methyl-,methyl ester	52.476	298	86
	15-甲基十七烷酸甲酯	Heptadecanoic acid,15-methyl-,methyl ester	52.476	298	83
	二十烷	Eicosane	53.333	282	95
	十九烷	Nonadecane	53.333	268	90
	二十一烷	Heneicosane	53.333	296	87
	二十七烷	Heptacosane	53.333	380	87

续表

化合物中文名称	化合物英文名称	保留时间(min)	分子量	相似度(%)
十六碳酰胺	Hexadecanamide	54.460	255	87
十二碳酰胺	Dodecanamide	54.460	199	86
十四碳酰胺	Tetradecanamide	54.460	227	83
十八碳酰胺	Octadecanamide	54.460	283	72
(Z,Z)-9,12-十八碳二烯酸	9,12-Octadecadienoic acid (Z,Z)-	54.989	280	86
(Z)-9,17-十八碳二烯醛	9,17-Octadecadienal,(Z)-	54.989	264	78
12-甲基-E,E-2,13-十八碳二烯-1-醇	12-Methyl-E,E-2,13-octadecadien-1-ol	54.989	280	78
(Z)-6-十八碳烯酸	6-Octadecenoic acid,(Z)-	54.989	282	70
2,6,10,15-四甲基十七烷	Heptadecane,2,6,10,15-tetramethyl-	55.129	296	93
二十三烷	Tricosane	55.129	324	91
二十一烷	Heneicosane	55.129	296	87
8-庚基十五烷	Pentadecane,8-heptyl-	55.129	310	86
二十八烷	Octacosane	55.129	394	86
4,4'-(1-甲基亚乙基)二苯酚	Phenol,4,4'-(1-methylethylidene)bis-	55.644	228	98
(Z)-6-十八碳烯酸	6-Octadecenoic acid,(Z)-	55.794	282	78
油酸	Oleic Acid	55.794	282	70
(Z)-13-十八碳烯醛	13-Octadecenal,(Z)-	55.794	266	70
二十四烷	Tetracosane	56.863	338	97
2-甲基二十三烷	Tricosane,2-methyl-	56.863	338	94
8-己基十五烷	Pentadecane,8-hexyl-	56.863	296	93
10-甲基二十烷	Eicosane,10-methyl-	56.863	296	93
二十一烷	Heneicosane	56.863	296	91
己二酸二(2-乙基己基)酯	Hexanedioic acid,bis(2-ethylhexyl) ester	57.416	370	91
(Z)-9-十八碳烯酰胺	9-Octadecenamide,(Z)-	57.768	281	87
(Z)-9-十八碳烯酸-2-羟基-1-(羟甲基)乙酯	9-Octadecenoic acid (Z)-,2-hydroxy-1-(hydroxymethyl) ethyl ester	58.399	356	91
二十烷	Eicosane	58.529	282	97
8-己基十五烷	Pentadecane,8-hexyl-	58.529	296	93
二十八烷	Octacosane	58.529	394	91
二十一烷	Heneicosane	58.529	296	91

左侧合并单元格：生活垃圾混合样品中的SVOC组成

续表

	化合物中文名称	化合物英文名称	保留时间(min)	分子量	相似度(%)
生活垃圾混合样品中的SVOC组成	二十七烷	Heptacosane	58.529	380	91
	(Z)-9,17-十八碳二烯醛	9,17-Octadecadienal, (Z)-	59.179	264	95
	(Z)-9-十八碳烯酸-2-羟基-1-(羟甲基)乙酯	9-Octadecenoic acid (Z)-, 2-hydroxy-1-(hydroxymethyl) ethyl ester	59.179	356	91
	(Z)-13-十八碳烯醛	13-Octadecenal, (Z)-	59.179	266	86
	2-甲基-Z,Z-3,13-十八碳二烯醇	2-Methyl-Z,Z-3, 13-octadecadienol	59.270	280	99
	(Z)-9,17-十八碳二烯醛	9,17-Octadecadienal, (Z)-	59.270	264	95
	12-甲基,E-2,13-十八碳二烯-1-醇	12-Methyl-E,E-2, 13-octadecadien-1-ol	59.270	280	92
	(Z,Z)-9,12-十八碳二烯酸	9,12-Octadecadienoic acid (Z,Z)-	59.270	280	89
	(Z)-9-十八碳烯酸-2,3-二羟丙基酯	9-Octadecenoic acid (Z)-, 2, 3-dihydroxypropyl ester	59.270	356	70
	1,2-苯二羧酸一(2-乙基己基)酯	1,2-Benzenedicarboxylic acid, mono(2-ethylhexyl) ester	60.084	278	91
	邻苯二甲酸-2-乙基己基己基酯	Phthalic acid, 2-ethylhexyl hexyl ester	60.084	362	72
	7-己基十三烷	Tridecane, 7-hexyl-	60.123	268	93
	10-甲基二十烷	Eicosane, 10-methyl-	60.123	296	93
	8-己基十五烷	Pentadecane, 8-hexyl-	60.123	296	93
	9-己基十七烷	Heptadecane, 9-hexyl-	60.123	324	93
	二十四烷	Tetracosane	60.123	338	90
	二十烷	Eicosane	61.784	282	90
	二十一烷	Heneicosane	61.784	296	90
	2,6,10,15-四甲基十七烷	Heptadecane, 2,6, 10,15 tetramethyl-	61.784	296	87
	三十六烷	Hexatriacontane	61.784	507	87
	二十四烷	Tetracosane	61.784	338	87
	二十四烷	Tetracosane	63.652	338	97
	三十六烷	Hexatriacontane	63.652	507	87
	11-(1-乙基丙基)二十一烷	Heneicosane, 11-(1-ethylpropyl)-	63.652	366	87
	二十八烷	Octacosane	63.652	394	86
	二十四烷	Tetracosane	65.819	338	96
	二十八烷	Octacosane	65.819	394	90
	二十一烷	Heneicosane	65.819	296	90
	二十九烷	Nonacosane	65.819	408	87

从图 5-23、表 5-7 可知：生活垃圾混合样品中的 SVOC 组分有 138 种，包括醇类、酯类、醛类、酚类、酮类、烷烃、烯烃、环烯烃、杂环有机物以及有机盐等。其中有些物质具有同分异构体，因此表现出不同的峰值。

与生活垃圾混合样品中的 8 种 VOCs 组分相比，生活垃圾混合样品中的 SVOC 组分更多，这些常温下半挥发的有机物，在生物干化或热干化条件下，SVOC 就会全部挥发出来，加重恶臭。

（2）厨余垃圾混合样品中的 SVOC 排放特性

厨余垃圾混合样品中的 SVOC 图谱及 SVOC 组分分别如图 5-24、表 5-8 所示。

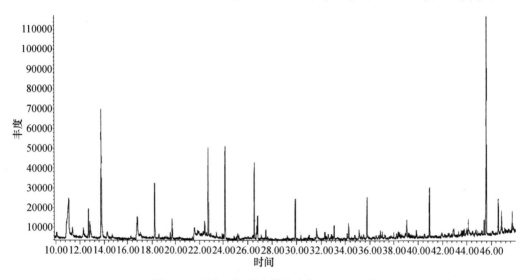

图 5-24　厨余垃圾混合样品中的 SVOC 图谱

表 5-8　厨余垃圾混合样品中的 SVOC 组分

	化合物中文名称	化合物英文名称	保留时间（min）	分子量	相似度（%）
厨余垃圾混合样品中SVOC组成	丁酸乙酯	Butanoic acid, ethyl ester	12.702	116	96
	2-羟基丙酸乙酯	Propanoic acid, 2-hydroxy-, ethyl ester	13.746	118	83
	戊酸乙酯	Pentanoic acid, ethyl ester	18.225	130	90
	己酸乙酯	Hexanoic acid, ethyl ester	22.722	144	90
	右旋柠檬烯	D-Limonene	24.152	136	97
	柠檬烯	Limonene	24.152	136	93
	庚酸乙酯	Heptanoic acid, ethyl ester	26.531	158	90
	辛酸乙酯	Octanoic acid, ethyl ester	29.892	172	87
	1-甲氧基-4-(1-丙烯基)苯	Benzene, 1-methoxy-4-(1-propenyl)-	34.269	148	97
	甲基胡椒酚	Estragole	34.269	148	91
	癸酸乙酯	Decanoic acid, ethyl ester	35.772	200	96
	正十二烷酸乙酯	Dodecanoic acid, ethyl ester	40.929	228	90

	化合物中文名称	化合物英文名称	保留时间(min)	分子量	相似度(%)
厨余垃圾混合样品中SVOC组成	十四酸乙酯	Tetradecanoic acid, ethyl ester	45.576	256	99
	11-十六碳烯酸甲酯	11-Hexadecenoic acid, methyl ester	48.181	268	96
	9-十六碳烯酸甲酯	9-Hexadecenoic acid, methyl ester	48.181	268	70
	十六烷酸甲酯	Hexadecanoic acid, methyl ester	48.489	270	98
	E-9-十六碳烯酸乙酯	Ethyl 9-hexadecenoate	49.481	282	99
	E-11-十六碳烯酸乙酯	E-11-Hexadecenoic acid, ethyl ester	49.481	282	99
	十六烷酸乙酯	Hexadecanoic acid, ethyl ester	49.779	284	98
	9,12-十八碳二烯酸甲酯	9,12-Octadecadienoic acid, methyl ester	52.081	294	99
	8,11-十八碳二烯酸甲酯	8,11-Octadecadienoic acid, methyl ester	52.081	294	99
	10,13-十八碳二烯酸甲酯	10,13-Octadecadienoic acid, methyl ester	52.081	294	99
	9,15-十八碳二烯酸甲酯	9,15-Octadecadienoic acid, methyl ester	52.081	294	98
	11,14-十八碳二烯酸甲酯	11,14-Octadecadienoic acid, methyl ester	52.081	294	97
	9,12,15-十八碳三烯酸甲酯	9,12,15-Octadecatrienoic acid,methyl ester	52.279	292	91
	亚油酸乙酯	Linoleic acid ethyl ester	53.266	308	99
	9,12-十八碳二烯酸乙酯	9,12-Octadecadienoic acid, ethyl ester	53.266	308	99
	油酸乙酯	Ethyl Oleate	53.381	310	98
	(E)-9-十八碳烯酸乙酯	(E)-9-Octadecenoic acid ethyl ester	53.381	310	93
	(Z,Z,Z)-9,12,15-十八碳三烯酸乙酯	9,12,15-Octadecatrienoic acid,ethyl ester, (Z,Z,Z)-	53.463	306	99

	化合物中文名称	化合物英文名称	保留时间（min）	分子量	相似度（%）
厨余垃圾混合样品中SVOC组成	十八烷酸乙酯	Octadecanoic acid, ethyl ester	53.627	312	98
	15-甲基-十七烷酸乙酯	Heptadecanoic acid, 15-methyl-，ethyl ester	53.627	312	87
	8,11-二十碳二烯酸甲酯	8,11-Eicosadienoic acid, methyl ester	55.014	322	95
	异丙基亚油酸酯	Isopropyl linoleate	55.014	322	94
	11,14-二十碳二烯酸甲酯	11,14-Eicosadienoic acid, methyl ester	55.014	322	90
	己二酸二（2-乙基己基）酯	Hexanedioic acid, bis(2-ethylhexyl) ester	57.402	370	95
	二异辛基己二酸酯	Diisooctyl adipate	57.402	370	91
	己二酸二辛酯	Hexanedioic acid, dioctyl ester	57.402	370	83
	二十八烷	Octacosane	65.805	394	87
	二十九烷	Nonacosane	65.805	408	86
	2,6,10,15-四甲基十七烷	Heptadecane,2,6,10,15-tetramethyl-	65.805	296	83

从图 5-24、表 5-8 可知：厨余垃圾混合样品中的 SVOC 组分有 41 种，包括醇类、酯类、醛类、酚类、酮类、烷烃、烯烃、环烯烃、杂环有机物以及有机盐等。

与厨余垃圾混合样品中的 29 种 VOCs 组分相比，厨余垃圾混合样品中的 SVOC 组分更多，这些常温下半挥发的有机物，在生物干化或热干化条件下，SVOC 就会全部挥发出来，加重恶臭。

（3）厨余垃圾主食类样品中的 SVOC 排放特性

厨余垃圾主食类样品中的 SVOC 图谱及 SVOC 组分分别如图 5-25、表 5-9 所示。

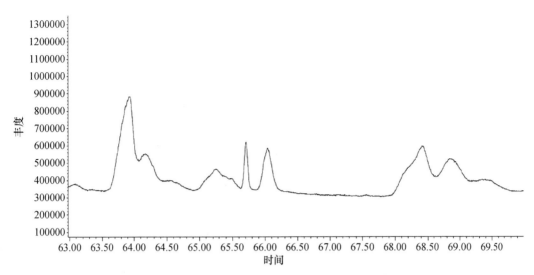

图 5-25　厨余垃圾主食类样品中的 SVOC 图谱

表 5-9　厨余垃圾主食类样品中的 SVOC 组分

	化合物中文名称	化合物英文名称	保留时间(min)	分子量	相似度(%)
厨余垃圾主食类样品中SVOC组成	2,4-二(1,1-二甲基乙基)苯酚	Phenol,2,4-bis(1,1-dimethylethyl)-	39.080	206	94
	2,5-二(1,1-二甲基乙基)-苯酚	Phenol,2,5-bis(1,1-dimethylethyl)-	39.080	206	87
	3,5-二(1,1-二甲基乙基)-苯酚	Phenol,3,5-bis(1,1-dimethylethyl)-	39.080	206	78
	8-十七碳烯	8-Heptadecene	42.556	238	95
	(Z)-3-十七碳烯	3-Heptadecene,(Z)-	42.556	238	87
	1-十七碳烯	1-Heptadecene	42.556	238	83
	9-十八碳烯醛	9-Octadecenal,(Z)-	50.434	266	93
	Z,Z-3,13-十八碳二烯-1-醇	Z,Z-3,13-Octadecadien-1-ol	50.434	266	92
	(Z)-8-十二烯1-醇	8-Dodecen-1-ol,(Z)-	50.434	184	91
	(Z,Z)-9,12-十八碳二烯-1-醇	9,12-Octadecadien-1-ol,(Z,Z)-	50.434	266	90
	(Z)-13-十八碳烯醛	13-Octadecenal,(Z)-	50.434	266	81
	9,12-十八碳二烯酸乙酯	9,12-Octadecadienoic acid,ethyl ester	53.261	308	99
	亚油酸乙酯	Linoleic acid ethyl ester	53.261	308	99
	11,13-二甲基-12-十四碳烯-1-醇乙酸盐	11,13-Dimethyl-12-tetradecen-1-ol acetate	54.879	282	72
	十八烷酸-2-丙烯酸酯	Octadecanoic acid,2-propenyl ester	55.235	324	76
	(Z)-9-十八碳烯酸-2-羟基-1-(羟甲基)乙酯	9-Octadecenoic acid (Z)-,2-hydroxy-1-(hydroxymethyl)ethyl ester	58.399	356	86

从图 5-25、表 5-9 可知：厨余垃圾主食类样品中的 SVOC 组分有 16 种，包括醇类、酯类、醛类、酚类、烯烃以及有机盐等。

与厨余垃圾主食类样品中的 5 种 VOCs 组分相比，厨余垃圾主食类样品中的 SVOC 组分更多，这些常温下半挥发的有机物，在生物干化或热干化条件下，SVOC 就会全部挥发出来，加重恶臭。

（4）厨余垃圾肉类样品中的 SVOC 排放特性

厨余垃圾肉类样品中的 SVOC 图谱及 SVOC 组分分别如图 5-26、表 5-10 所示。

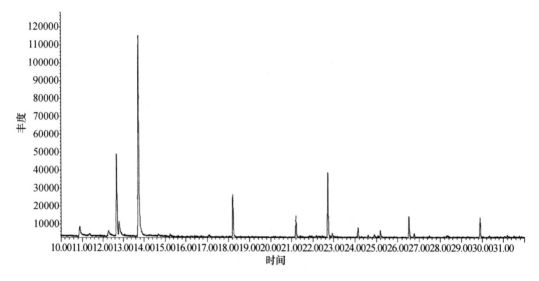

图 5-26　厨余垃圾肉类样品中的 SVOC 图谱

表 5-10　厨余垃圾肉类样品中的 SVOC 组分

	化合物中文名称	化合物英文名称	保留时间（min）	分子量	相似度（%）
厨余垃圾肉类样品中 SVOC 组成	丁酸乙酯	Butanoic acid，ethyl ester	12.687	116	94
	2-羟基丙酸乙酯	Propanoic acid，2-hydroxy-，ethyl ester	13.737	118	78
	戊酸乙酯	Pentanoic acid，ethyl ester	18.225	130	86
	4-甲基戊酸乙酯	Pentanoic acid，4-methyl-，ethyl ester	21.205	144	74
	己酸乙酯	Hexanoic acid，ethyl ester	22.717	144	87
	右旋柠檬烯	D-Limonene	24.148	136	92
	柠檬烯	Limonene	24.148	136	91
	庚酸乙酯	Heptanoic acid，ethyl ester	26.526	158	90
	辛酸乙酯	Octanoic acid，ethyl ester	29.883	172	72
	1-甲氧基-4-(1-丙烯基)苯	Benzene，1-methoxy-4-(1-propenyl)-	34.269	148	93
	甲基胡椒酚	Estragole	34.269	148	90

	化合物中文名称	化合物英文名称	保留时间(min)	分子量	相似度(%)
厨余垃圾肉类样品中SVOC组成	苯丙酸乙酯	Benzenepropanoic acid, ethyl ester	35.483	178	94
	癸酸乙酯	Decanoic acid, ethyl ester	35.772	200	98
	2,4-二(1,1-二甲基乙基)苯酚	Phenol, 2,4-bis (1,1-dimethylethyl)-	39.041	206	87
	2,5-二(1,1-二甲基乙基)苯酚	Phenol, 2,5-bis (1,1-dimethylethyl)-	39.041	206	74
	5-羟基戊酸-2,4-二-异丁基酯	Pentanoic acid, 5-hydroxy-, 2,4-di-t-butylphenyl esters	39.041	306	72
	正十二烷酸乙酯	Dodecanoic acid, ethyl ester	40.983	228	90
	十四烷	Tetradecane	42.922	198	90
	十六烷	Hexadecane	42.922	226	90
	十五烷	Pentadecane	42.922	212	83
	十四酸乙酯	Tetradecanoic acid, ethyl ester	45.566	256	99
	十四醛	Tetradecanal	46.543	212	90
	1-环己基壬烯	1-Cyclohexylnonene	46.543	208	87
	十四烷基环氧乙烷	Oxirane, tetradecyl-	46.543	240	87
	十六烷基环氧乙烷	Oxirane, hexadecyl-	46.543	268	87
	十五醛	Pentadecanal-	46.543	226	72
	十五烷酸乙酯	Pentadecanoic acid, ethyl ester	47.723	270	96
	9-十六碳烯酸乙酯	Ethyl 9-hexadecenoate	49.365	282	93
	11 十六碳烯酸乙酯	11-Hexadecenoic acid, ethyl ester	49.471	282	99
	十六烷酸乙酯	Hexadecanoic acid, ethyl ester	49.770	284	99
	10,13-十八碳二烯酸甲酯	10,13-Octadecadienoic acid, methyl ester	52.076	294	99
	9,12-十八碳二烯酸甲酯	9,12-Octadecadienoic acid, methyl ester	52.076	294	99
	11,14-十八碳二烯酸甲酯	11,14-Octadecadienoic acid, methyl ester	52.076	294	96
	9-十八碳烯酸甲酯	9-Octadecenoic acid, methyl ester	52.076	296	93
	11-十八碳烯酸甲酯	11-Octadecenoic acid, methyl ester	52.076	296	92

续表

	化合物中文名称	化合物英文名称	保留时间(min)	分子量	相似度(%)
厨余垃圾肉类样品中SVOC组成	9,12-十八碳二烯酸乙酯	9,12-Octadecadienoic acid, ethyl ester	53.261	308	99
	亚油酸乙酯	Linoleic acid ethyl ester	53.261	308	99
	9-十八碳烯酸乙酯	9-Octadecenoic acid ethyl ester	53.376	310	91
	油酸乙酯	Ethyl Oleate	53.376	310	87
	9,12,15-十八碳三烯酸乙酯	9,12,15-Octadecatrienoic acid, ethyl ester	53.453	306	99
	十八烷酸乙酯	Octadecanoic acid, ethyl ester	53.617	312	98
	5,8,11,14-二十碳四烯酸乙酯	5,8,11,14-Eicosatetraenoic acid, ethyl ester	56.275	332	94
	5,8,11,14-二十碳四烯酸甲酯	5,8,11,14-Eicosatetraenoic acid, methyl ester	56.275	318	91
	5,8,11,14,17-二十碳五烯酸甲酯	5,8,11,14,17-Eicosapentaenoic acid, methyl ester	56.468	316	74
	1,5-二乙烯基-3甲基-2亚甲基-(1α,3α,5α)环己烷	Cyclohexane, 1,5-diethenyl-3-methyl-2-methylene-, (1. alpha. ,3. alpha. , 5. alpha.)-	56.468	162	70
	7,10,13-二十碳三烯酸甲酯	7,10,13-Eicosatrienoic acid, methyl ester	56.569	320	90
	三环[5.3.0.0(3,9)]并癸烷	Tricyclo[5.3.0.0(3,9)] decane	56.569	136	76
	反式-三环[6.2.1.0(2,6)]并十一烷	Trans-tricyclo[6.2.1.0(2,6)]undecane	56.569	150	72
	1,3,12-十九碳三烯-5,14-二醇	1,3,12-Nonadecatriene-5,14-diol	56.824	294	93
	9-十八碳烯酸-2-羟基-1-(羟甲基)乙酯	9-Octadecenoic acid, 2-hydroxy-1-(hydroxymethyl)ethyl ester	57.691	356	84
	4,7,10,13,16,19-二十二碳六烯酸甲酯	4,7,10,13,16,19-Docosahexaenoic acid, methyl ester	59.612	342	93
	5,8,11,14,17-二十碳五烯酸甲酯	5,8,11,14,17-Eicosapentaenoic acid, methyl ester	59.612	316	93
	2,6,10,15,19,23-六甲基-2,6,10,14,18,22-二十四碳六烯	2,6,10,14,18,22-Tetracosahexaene 2,6,10,15,19,23-hexamethyl-	64.273	410	90
	三十碳六烯	Squalene	64.273	410	90

从图 5-26、表 5-10 可知：厨余垃圾肉类样品中的 SVOC 组分有 54 种，包括醇类、酯类、醛类、烯烃、烷烃以及环烷烃等。

与厨余垃圾肉类样品中的 25 种 VOCs 组分相比，厨余垃圾肉类样品中的 SVOC 组分更多，这些常温下半挥发的有机物，在生物干化或热干化条件下，SVOC 就会全部挥发出来，加重恶臭。

（5）厨余垃圾蔬菜类样品中的 SVOC 排放特性

厨余垃圾蔬菜类样品中的 SVOC 图谱及 SVOC 组分分别如图 5-27、表 5-11 所示。

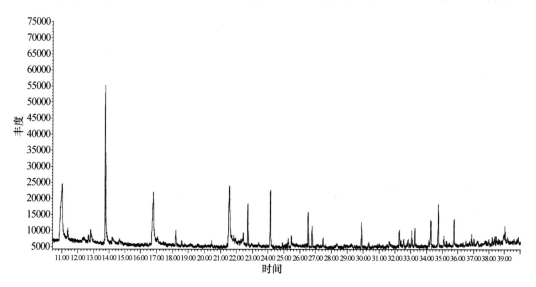

图 5-27　厨余垃圾蔬菜类样品中的 SVOC 图谱

表 5-11　厨余垃圾蔬菜类样品中的 SVOC 组分

	化合物中文名称	化合物英文名称	保留时间（min）	分子量	相似度（%）
厨余垃圾蔬菜类样品中 SVOC 组成	丁酸	Butanoic acid	10.973	88	91
	2-羟基丙酸乙酯	Propanoic acid,2-hydroxy-,ethyl ester	13.742	118	64
	戊酸	Pentanoic acid	16.809	102	83
	己酸	Hexanoic acid	21.566	116	80
	己酸乙酯	Hexanoic acid,ethyl ester	22.727	144	90
	右旋柠檬烯	D-Limonene	24.157	136	94
	柠檬烯	Limonene	24.157	136	94
	4-乙烯基-1,4-二甲基环己烯	Cyclohexene,4-ethenyl-1,4-dimethyl-	24.157	136	92
	1-甲基-4-(1-甲基乙烯基)环己烯	Cyclohexene,1-methyl-4-(1-methylethenyl)-	24.157	136	86
	庚酸乙酯	Heptanoic acid,ethyl ester	26.521	158	90
	辛酸乙酯	Octanoic acid,ethyl ester	26.521	172	72

化合物中文名称	化合物英文名称	保留时间（min）	分子量	相似度（%）
3,7-二甲基-1,6-辛二烯-3-醇	1,6-Octadien-3-ol,3,7-dimethyl-	26.777	154	72
辛酸乙酯	Octanoic acid,ethyl ester	29.882	172	80
2-甲基-3-苯基丙醛	Propanal,2-methyl-3-phenyl-	33.253	148	91
4-(1-甲基乙基)苯甲醛	Benzaldehyde,4-(1-methylethyl)-	33.253	148	91
1-甲氧基-4-(1-丙烯基)苯	Benzene,1-methoxy-4-(1-propenyl)-	34.260	148	97
甲基胡椒酚	Estragole	34.260	148	93
α-羟基苯乙酸-2-甲氧乙基酯	Benzeneaceticacid,.alpha.-hydroxy-,2-methoxyethyl ester	34.741	210	72
癸酸乙酯	Decanoic acid,ethyl ester	35.767	200	96
2,5-二(1,1-二甲基乙基)苯酚	Phenol,2,5-bis(1,1-dimethylethyl)-	39.036	206	90
2,4-二(1,1-二甲基乙基)苯酚	Phenol,2,4-bis(1,1-dimethylethyl)-	39.036	206	86
3,5-二(1,1-二甲基乙基)苯酚	Phenol,3,5-bis(1,1-dimethylethyl)-	39.036	206	78
壬酸乙酯	Nonanoic acid,ethyl ester	40.929	186	72
十四烷酸乙酯	Tetradecanoic acid,ethyl ester	45.556	256	80
9-十六碳烯酸乙酯	Ethyl 9-hexadecenoate	49.471	282	96
十六烷酸乙酯	Hexadecanoic acid,ethyl ester	49.774	284	98
9,12-十八碳二烯酸甲酯	9,12-Octadecadienoic acid,methyl ester	52.071	294	99
11,14-十八碳二烯酸甲酯	11,14-Octadecadienoic acid,methyl ester	52.071	294	95
8,10-十八碳二烯酸甲酯	8,11-Octadecadienoic acid,methyl ester	52.071	294	94
10,13-十八碳二烯酸甲酯	10,13-Octadecadienoic acid,methyl ester	52.071	294	93
7,10-十八碳二烯酸甲酯	7,10-Octadecadienoic acid,methyl ester	52.071	294	91
9,12-十八碳二烯酸乙酯	9,12-Octadecadienoic acid,ethyl ester	53.251	308	99

厨余垃圾蔬菜类样品中SVOC组成

续表

化合物中文名称	化合物英文名称	保留时间(min)	分子量	相似度(%)
亚油酸乙酯	Linoleic acid ethyl ester	53.251	308	99
油酸乙酯	EthylOleate	53.362	310	70
9,12,15-十八碳三烯酸乙酯	9,12,15-Octadecatrienoic acid,ethyl ester	53.453	306	99
十八烷酸乙酯	Octadecanoic acid, ethyl ester	53.612	312	91
己二酸二(2-乙基己基)酯	Hexanedioic acid,bis(2-ethylhexyl) ester	57.392	370	91
己二酸二辛酯	Hexanedioic acid, dioctyl ester	57.392	370	87
二异辛基己二酸酯	Diisooctyl adipate	57.392	370	83
1,2-苯二羧酸二异辛酯	1,2-benzenedicarboxylic acid,diisooctyl ester	60.005	390	78
(3β)-胆固醇-5-烯-3-醇	Cholest-5-en-3-ol (3. beta.)-	64.081	386	97
17-(1,5-二甲基己基-10,13-二甲基-2,3,4,7,8,9,10,11,12,13,14,15,16,17-十四氢-1氢-环戊烷并[a]菲-3-醇	17-(1,5-Dimethylhexyl)-10,13-dimethyl-2,3,4,7,8,9,10,11,12,13,14,15,16,17-tetradecahydro-1H-cyclopenta[a]phenanthren-3-ol	64.081	386	96
(4α,5α)-4,5-环氧基-胆甾烷	Cholestane,4,5-epoxy-,(4. alpha. ,5. alpha.)-	64.081	386	81
三十一烷	Hentriacontane	65.790	437	72

从图 5-27、表 5-11 可以看出：厨余垃圾蔬菜类样品中的 SVOC 组分有 44 种，包括有机酸、醇类、酯类、醛类、酚类、烯烃、烷烃以及环烯烃等。

与厨余垃圾蔬菜类样品中的 12 种 VOCs 组分相比，厨余垃圾蔬菜类样品中的 SVOC 组分更多，含有更多短链的有机酸等物质，这些常温下半挥发的有机物，在生物干化或热干化条件下，SVOC 就会全部挥发出来，加重恶臭。

（6）垃圾不同组分中的 SVOC 比较

生活垃圾及其不同组分含有的 SVOC 化合物种类各不相同，有烷烃、烯烃、有机酸、酯类、醛、酚类、苯类、苯酚等。垃圾几种组分相比较，以混合垃圾中的 SVOC 化合物种类最多，共有 138 种，其次是肉类垃圾，含有 54 种 SVOC 化合物，以主食类垃圾中的 SVOC 化合物种类最少，仅有 16 种。因此，应抑制混合垃圾及肉类垃圾的 SVOC 化合物。

公认的发臭基团有羟基、酯基、疏基等。从化合物类别来看，公认的恶臭化合物类别有硫化物、卤化物、含氮化合物、芳香烃等。从原生垃圾中的 VOCs 和 SVOC 组分来看，几种致臭基团及大部分恶臭化合物均有，因此垃圾会产生恶臭。

第四节　生物干化恶臭产生机理

堆肥化过程特别是畜禽粪便作原料的堆肥化过程中会产生大量的臭气。臭气成分也比较复杂，主要含氨、硫化物、胺类和一些低级脂肪酸类等化学物质。堆肥化初期，易分解的有机物快速分解，消耗大量 O_2，造成局部缺氧并产生大量含硫化合物，与此同时，也有少量有机酸和氨气。臭气的挥发不仅给操作人员带来不快，引起人和家畜的呼吸道疾病，而且造成大气污染。国内外从事堆肥研究的学者都对这个问题进行了多方面的研究，成为近年来堆肥研究的热点。

和堆肥一样，垃圾生物干化过程也会产生恶臭。因此，有必要研究垃圾生物干化过程中的恶臭排放和控制技术。

一、垃圾生物干化过程中的恶臭排放

采用本章第二节的实验装置，将总通风量设置为 675L/h，采用间歇通风方式，每天采集垃圾生物干化的气体样品，连续采集 25d，分别测定臭气组成，探索垃圾生物干化过程中的恶臭气体排放特征。

（一）垃圾生物干化中的硫化物排放特性

在垃圾生物干化过程中，硫化氢、甲硫醇、甲硫醚、二硫化碳、二甲二硫醚等五种硫化物的排放特征如图 5-28 所示。

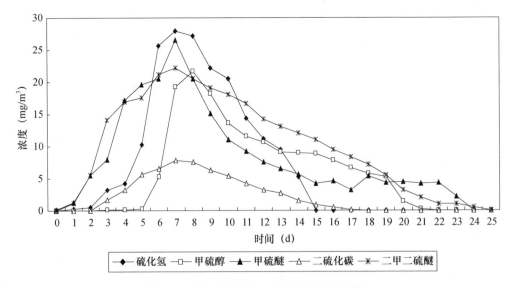

图 5-28　垃圾生物干化中的硫化物排放特性

从图 5-28 中可以看出：随着垃圾生物干化的进行，硫化氢、甲硫醇、甲硫醚、二硫化碳、二甲二硫醚等五种硫化物的排放都逐渐增加，各种硫化物在生物干化的第 7d 达到峰值。五种硫化物中，以硫化氢的排放最多，其次是甲硫醚，以二硫化碳的排放最少。

（二）垃圾生物干化中的烯烃类排放特性

在垃圾生物干化过程中，烯烃类化合物的排放特征如图 5-29 所示。

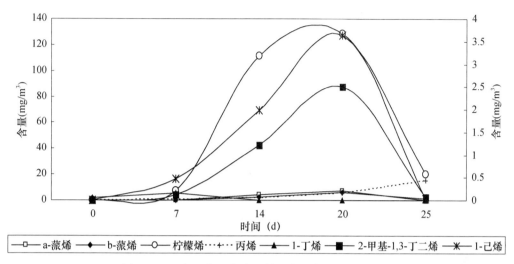

图 5-29 垃圾生物干化中的烯烃类化合物的排放特性

从图 5-29 中可以看出：随着垃圾生物干化的进行，烯烃类化合物的排放逐渐增加，各种烯烃化合物在生物干化的第 20d 达到峰值。烯烃类中，以柠檬烯的排放最多，其次是 1-己烯，第三是 2-甲基-1，3 丁二烯，其他烯烃类化合物含量较少。

（三）垃圾生物干化中的烷烃类排放特性

在垃圾生物干化过程中，烷烃类化合物的排放特征如图 5-30 所示。

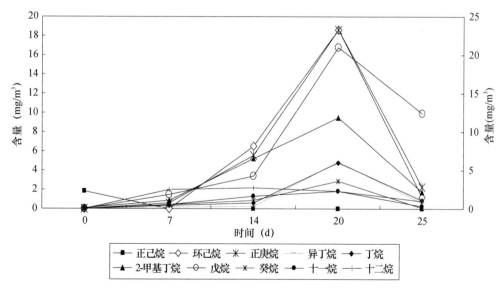

图 5-30 垃圾生物干化中的烷烃类化合物的排放特性

从图 5-30 中可以看出：随着垃圾生物干化的进行，烷烃类化合物的排放逐渐增加，各种烷烃化合物在生物干化的第 20d 达到峰值。烷烃类化合物中，以环己烷和正庚烷的排放最多，其次是戊烷和 2-甲基丁烷，然后是正己烷和异丁烷，其他烷烃类化合物含量较少。

（四）垃圾生物干化中的苯类排放特性

在垃圾生物干化过程中，苯类化合物的排放特征如图 5-31 所示。

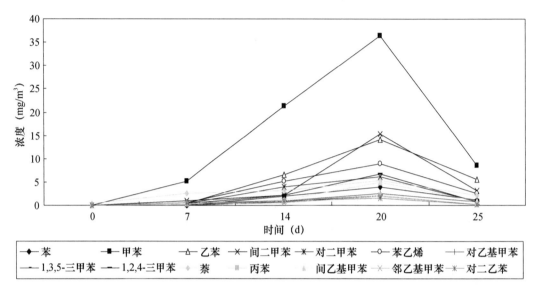

图 5-31　垃圾生物干化中的苯类化合物的排放特性

从图 5-31 中可以看出：随着垃圾生物干化的进行，苯类化合物的排放逐渐增加，各种烷烃化合物在生物干化的第 20d 达到峰值。苯类化合物中，以甲苯的排放最多，其次是间二甲苯。其他苯类化合物含量较少。

（五）垃圾生物干化中的含氯有机物排放特性

在垃圾生物干化过程中，含氯有机物的排放特征如图 5-32 所示。

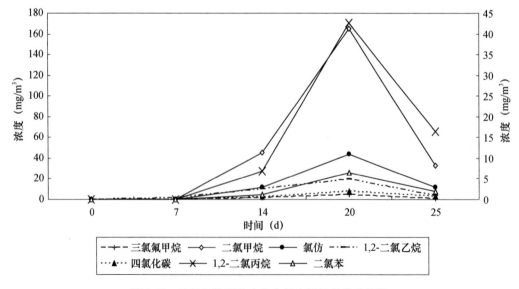

图 5-32　垃圾生物干化中的含氯有机物的排放特性

从图 5-32 中可以看出：随着垃圾生物干化的进行，含氯有机物的排放逐渐增加，各种含氯有机物的排放在生物干化的第 20d 达到峰值。含氯有机物中，以 1，2-二氯丙烷的排放最多，其次是二氯甲烷，再次是氯仿和二氯苯，其他含氯有机物含量较少。

（六）垃圾生物干化中的含氧有机物排放特性

在垃圾生物干化过程中，含氧有机物的排放特征如图 5-33 所示。

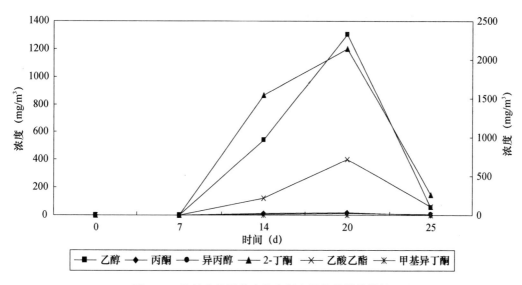

图 5-33 垃圾生物干化中的含氧有机物的排放特性

从图 5-33 中可以看出：随着垃圾生物干化的进行，含氧有机物的排放逐渐增加，各种含氧有机物的排放在生物干化的第 20d 达到峰值。含氧有机物中，以乙醇的排放最多，其次是 2-丁酮，再次是乙酸乙酯，其他含氧有机物含量较少。

（七）垃圾生物干化中的氨气和臭气浓度排放特性

在垃圾生物干化过程中，氨气和臭气浓度的排放特征如图 5-34 所示。

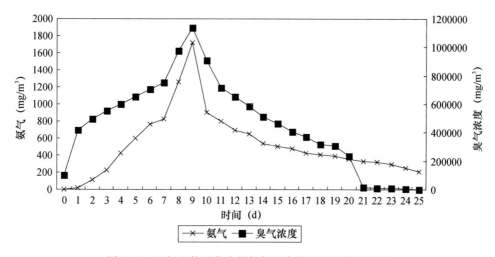

图 5-34 垃圾生物干化中的氨气和臭气浓度的排放特性

从图 5-34 中可以看出：随着垃圾生物干化的进行，氨气和臭气浓度的排放逐渐增加，氨气和臭气浓度的排放在生物干化的第 7d 达到峰值。

虽然垃圾生物干化时，第 20d 释放的恶臭物质最多，有烯烃类化合物、烷烃类化合物、苯类化合物、含氧有机物和含氯有机物等，但由于含硫物质的嗅阈值普遍较小，加上氨气在第 7d 的释放总量较大，因此，臭气浓度与氨气及含硫化合物的趋势一致。

二、垃圾生物干化的微生物分析

垃圾生物干化 30d 后，测定其微生物特性，与原生垃圾的微生物进行比较。

（一）收集曲线

生物干化 30d 后的微生物收集曲线，如图 5-35 所示。

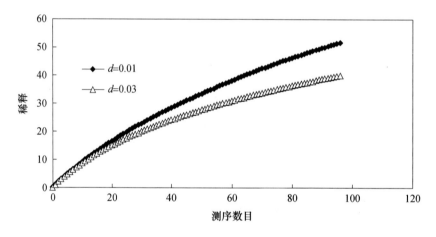

图 5-35　垃圾生物干化的微生物收集曲线

图 5-35 为垃圾生物干化 30d 后的样品收集曲线，在测序数目达到 100 的情况下，曲线斜率渐缓，说明测序数目足够。

（二）OTU 归属

垃圾生物干化 30d 后的样品，在进化距离 2% 的情况下，有效 OTU 数目及各 OTU 归属见表 5-12。

表 5-12　有效 OTU 数目及各 OTU 归属

OTU	代表序列	数目	分类单元
1	lajiduifeiDF-81（27F）（20130702-E26-A08）	13	Parapedobacter koreensis（DQ680836）
2	lajiduifeiDF-71（27F）（20130702-E26-G06）	2	Porphyrobacter tepidarius（AB033328）
3	lajiduifeiDF-83（27F）（20130702-E26-C08）	2	Parapedobacter koreensis（DQ680836）
4	lajiduifeiDF-86（27F）（20130702-E26-F08）	2	Tistlia consotensis（EU728658）
5	lajiduifeiDF-90（27F）（20130702-E26-B09）	2	Parapedobacterkoreensis（DQ680836）
6	lajiduifeiDF-75（27F）（20130702-E26-C07）	7	Fodinicurvata sediminis（FJ357426）

OTU	代表序列	数目	分类单元
7	lajiduifeiDF-24（27F）（20130702-E25-H12）	2	Actinotalea fermentans（X79458）
8	lajiduifeiDF-49（27F）（20130702-E26-A04）	4	Pseudomonas xiamenensis（DQ088664）
9	lajiduifeiDF-60（27F）（20130702-E26-D05）	2	Ohtaekwangia koreensis（GU117702）
10	lajiduifeiDF-62（27F）（20130702-E26-F05）	3	Parapedobacter koreensis（DQ680836）
11	lajiduifeiDF-64（27F）（20130702-E26-H05）	1	Luteimonas terricola（FJ948107）
12	lajiduifeiDF-65（27F）（20130702-E26-A06）	1	Actinomadura sputi（FM957483）
13	lajiduifeiDF-66（27F）（20130702-E26-B06）	1	Parapedobacter koreensis（DQ680836）
14	lajiduifeiDF-68（27F）（20130702-E26-D06）	1	Flavobacterium ceti（AM292800）
15	lajiduifeiDF-69（27F）（20130702-E26-E06）	1	Acinetobacter lwoffii（X81665）
16	lajiduifeiDF-70（27F）（20130702-E26-F06）	1	Pseudomonas tuomuerensis（DQ868767）
17	lajiduifeiDF-12（27F）（20130702-E25-D11）	3	Ohtaekwangia koreensis（GU117702）
18	lajiduifeiDF-76（27F）（20130702-E26-D07）	1	Ornithobacterium rhinotracheale（U87101）
19	lajiduifeiDF-77（27F）（20130702-E26-E07）	1	Parapedobacter koreensis（DQ680836）
20	lajiduifeiDF-93（27F）（20130702-E26-E09）	5	Parapedobacter koreensis（DQ680836）
21	lajiduifeiDF-34（27F）（20130702-E26-B02）	4	Luteimonas terricola（FJ948107）
22	lajiduifeiDF-33（27F）（20130702-E26-A02）	2	Flavobacterium ceti（AM292800）
23	lajiduifeiDF-84（27F）（20130702-E26-D08）	1	Actinomadura sputi（FM957483）
24	lajiduifeiDF-99（27F）（20130702-E26-C10）	2	Flavobacterium ceti（AM292800）
25	lajiduifeiDF-89（27F）（20130702-E26-A09）	5	Actinomadura sputi（FM957483）
26	lajiduifeiDF-91（27F）（20130702-E26-C09）	1	Ohtaekwangia koreensis（GU117702）
27	lajiduifeiDF-96（27F）（20130702-E26-H09）	2	Actinomadura sputi（FM957483）
28	lajiduifeiDF-19（27F）（20130702-E25-C12）	2	Pseudomonas tuomuerensis（DQ868767）
29	lajiduifeiDF-3（27F）（20130702-E25-C10）	4	Tistlia consotensis（EU728658）
30	lajiduifeiDF-8（27F）（20130702-E25-H10）	2	Ohtaekwangia koreensis（GU117702）
31	lajiduifeiDF-7（27F）（20130702-E25-G10）	1	Parapedobacter koreensis（DQ680836）
32	lajiduifeiDF-9（27F）（20130702-E25-A11）	1	Actinomadura sputi（FM957483）
33	lajiduifeiDF-10（27F）（20130702-E25-B11）	1	Luteimonas terricola（FJ948107）
34	lajiduifeiDF-14（27F）（20130702-E25-F11）	1	Rhizobium vitis（U45329）
35	lajiduifeiDF-17（27F）（20130702-E25-A12）	1	Pseudomonas tuomuerensis（DQ868767）
36	lajiduifeiDF-27（27F）（20130702-E26-C01）	2	Acinetobacter lwoffii（X81665）
37	lajiduifeiDF-20（27F）（20130702-E25-D12）	1	Flavobacterium ceti（AM292800）
38	lajiduifeiDF-21（27F）（20130702-E25-E12）	1	Chelativorans multitrophicus（EF457243）
39	lajiduifeiDF-22（27F）（20130702-E25-F12）	1	Pseudomonas tuomuerensis（DQ868767）
40	lajiduifeiDF-28（27F）（20130702-E26-D01）	1	Tistlia consotensis（EU728658）

OTU	代表序列	数目	分类单元
41	lajiduifeiDF-31（27F）（20130702-E26-G01）	2	Echinicola pacifica（DQ185611）
42	lajiduifeiDF-40（27F）（20130702-E26-H02）	1	Pedobacter bauzanensis（GQ161990）
43	lajiduifeiDF-43（27F）（20130702-E26-C03）	1	Actinomadura sputi（FM957483）
44	lajiduifeiDF-44（27F）（20130702-E26-D03）	1	Geobacillus thermodenitrificans（AY608961）
45	lajiduifeiDF-51（27F）（20130702-E26-C04）	1	Ohtaekwangia koreensis（GU117702）

从表 5-12 可以看出，垃圾生物干化 30d 后的样品，其优势种群主要是 *Parapedobacter* 属，处于绝对优势地位。

（三）进化树

垃圾生物干化 30d 后的样品，微生物进化树如图 5-36 所示。

从图 5-36 中可以看出，大部分序列与 Parapedobacter 属聚在一起，表明 Parapedobacter 属为优势种群。

Parapedobacter 属，类土地杆菌属，细菌中种类最多的一个类型。其一般呈圆柱形，菌体多数平直，有的稍弯曲，其大小、长短、粗细很不一致。多数杆菌分裂后即分离，单独散开，称为"单杆菌"；有些杆菌分裂后两两相联，称为"双杆菌"；或者两个以上相连，成链状排列，称为"链杆菌"。

三、垃圾生物干化的致臭机理

（一）有机物降解

垃圾中含有丰富的有机质、水分及微生物，这是垃圾恶臭的重要来源。垃圾中的有机质如多糖和蛋白质在好氧状态下产生的恶臭气体主要为氧化性恶臭气体，其中包括挥发性有机恶臭气体，如醛酮类、苯系物、有机硫化物等；而厌氧状态则主要产生还原性恶臭气体，如硫化氢、氨等无机挥发性气体。

氨气主要来自生物干化过程中有机物（如蛋白质等）的降解；而含硫恶臭物质则是氧气供应不足时厌氧菌对有机物分解不彻底的产物。

当垃圾生物干化过程中含硫有机物降解不彻底时，可形成甲硫醇而被菌体暂时积累再转化成 H_2S，甲硫醚和二甲二硫均是由 H_2S 甲基化转化而来。

有机物降解通过微生物进行。各有机物之间的转化见本章第三节内容。

（二）微生物转化

从微生物分析可知，原生垃圾中的有机物主要为乳酸菌类，而生物干化 30d 后，微生物变为类土地杆菌属，说明经过生物反应，大部分有机物得到了分解。

（三）最终产物

垃圾堆肥的最终产物是有机肥。因此，垃圾中的有机物最后变成了腐殖酸类物质。

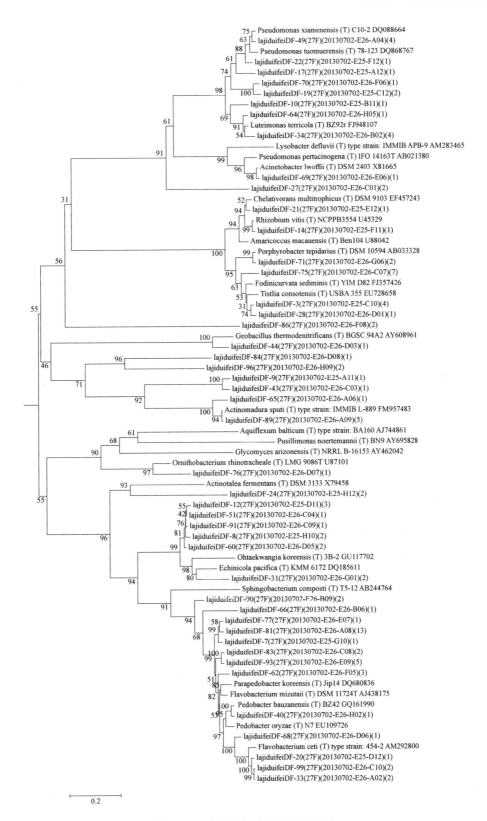

图 5-36 生物干化后微生物进化树

第五节　生物干化恶臭原位控制

一、垃圾生物干化调理型除臭剂筛选

（一）原位调理剂的选择

根据本章第二节的结果可知，将活性炭、玉米秸秆、微生物菌剂作为垃圾生物干化的调理剂，对垃圾生物干化有促进作用，但三者之间的差异不大。

活性炭作为普遍使用的一种尾气治理材料，对臭气的吸附已经得到了多方验证。因此，本实验采用活性炭和玉米秸秆作为垃圾生物干化的调理剂，比较两者对恶臭原位治理的效果。

由于垃圾生物干化的臭气浓度与氨气及含硫化合物密切相关，因此，本章节以硫化氢和氨气为例，比较添加活性炭和玉米秸秆作为垃圾生物干化的调理剂，对恶臭的原位控制效果。

（二）原位调理剂对硫化氢的控制效果

添加活性炭和玉米秸秆作为垃圾生物干化的调理剂，对硫化氢的原位控制效果如图 5-37 所示。

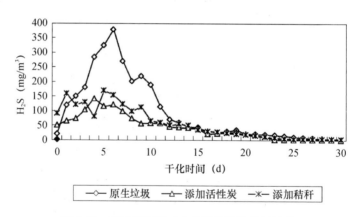

图 5-37　两种调理剂对硫化氢的原位控制效果

从图 5-37 可以看出：在垃圾生物干化过程中，硫化氢浓度呈现先上升后下降的趋势，在干化高温期臭气浓度达到最大，随着干化进程，臭气浓度不断降低。从变化周期来看，在干化初期含量均很小（0～2d），当干化达到高温期后（>55℃，7～9d），恶臭物质的浓度也相应达到最大，随着干化温度的回落，臭气浓度也相应降低。

与原生垃圾相比，添加剂活性炭和秸秆对硫化氢的排放有显著的抑制作用，因此，活性炭和秸秆作为生物干化的调理剂，对硫化氢的排放抑制作用较为突出，可作为生物干化的优选，但活性炭成本较高，因此，在距离农村较近的水泥厂，可将玉米秸秆作为垃圾生物干化的调理剂和除臭剂的首选。

（三）原位调理剂对氨气的控制效果

添加活性炭和玉米秸秆作为垃圾生物干化的调理剂，对氨气的原位控制效果如图5-38所示。

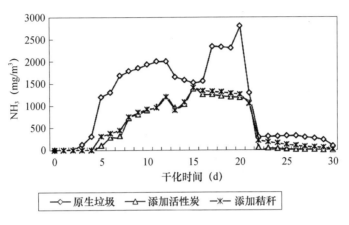

图 5-38　两种调理剂对氨气的原位控制效果

从图 5-38 可以看出：在垃圾生物干化过程中，氨气浓度呈现先上升后下降的趋势，在第 20d 臭气浓度达到最大，随着干化进程，臭气浓度不断降低。从变化周期来看，在干化初期含量均很小（0～4d），当生化反应达到峰值时，恶臭物质的浓度也相应达到最大，随着干化的进程，臭气浓度也相应降低。

与原生垃圾相比，添加剂活性炭和秸秆对氨气的排放有显著的抑制作用，因此，活性炭和秸秆作为生物干化的调理剂，对氨气的排放抑制作用较为突出，可作为生物干化的优选，但活性炭成本较高，因此，在距离农村较近的水泥厂，可将玉米秸秆作为垃圾生物干化的调理剂和除臭剂的首选。

（四）调理剂的除臭机理

在电镜下观察，活性炭和玉米秸秆的微观结构如图5-39所示。

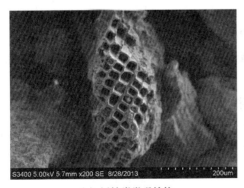
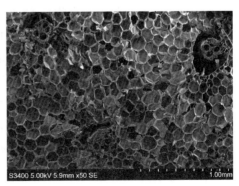

(a) 活性炭微观结构　　　　　　　　(b) 玉米秸秆微观结构

图 5-39　活性炭和玉米秸秆的微观结构

从图 5-39 可以看出：活性炭和玉米秸秆的相似之处是具有孔状的微观结构，因此，可以增加通风及吸附臭气。与玉米秸秆相比，活性炭的作用更佳，这是因为活性炭的微孔结构小，比表面积更大。

二、垃圾生物干化调理型除臭剂制备

由于活性炭购买价格较高，而玉米秸秆又比较难以获取，所以，本章节参考玉米秸秆和活性炭的微观结构机理，研发专用于垃圾生物干化的调理型除臭剂。

（一）调理剂的制备方法

本研究采用有机固体废弃物制备调理型除臭剂。原料包括：餐厨垃圾、生活垃圾、污泥、园林废弃物、农业植物纤维性废弃物等固体废弃物，实现了以废治废，不仅一举解决困扰城市的恶臭处理难题，而且可以减少大气 $PM_{2.5}$ 类物质排放总量。

本研究制备调理型除臭剂的原理是：在催化剂的作用下，改变有机固体废弃物的微观结构，无论生物处理过程中添加还是在末端尾气处理中使用均可减少臭气排放，减少城市 $PM_{2.5}$ 排放总量，使得固体废弃物堆肥、焚烧等处理设施不再受到周边居民的抵制。

本研究制备调理型除臭剂的步骤是：

（1）分选：将餐厨垃圾、生活垃圾分别通过两级振动筛分机及磁选机去除无机杂物，分成有机和无机两大组成部分；

（2）破碎：将餐厨垃圾、生活垃圾经过分选后有机部分及园林废弃物、农业植物纤维性废弃物分别破碎至 20～50mm；

（3）混合：将破碎后的餐厨垃圾、生活垃圾、园林废弃物、农业植物纤维性废弃物及污泥配制成有机混合物，其中，餐厨垃圾：生活垃圾：园林废弃物：农业植物纤维性废弃物：污泥＝（1～3）：（1～3）：（10～20）：（10～20）：（20～50）；餐厨垃圾和生活垃圾也可选择其中的一种，园林废弃物及农业植物纤维性废弃物也可选择其中的一种，这两种物质与污泥相混合，混合比例为：餐厨垃圾（生活垃圾）：园林废弃物（农业植物纤维性废弃物）：污泥＝（1～5）：（5～10）：（10～15）；

（4）活化：将配制好的混合物在 80～100℃的烘箱中烘至含水率为 10％以下，按照质量比为 5％的比例，在 5％的 KOH 溶液中浸泡 24h 后再放入 10％硫酸亚铁溶液中浸泡 24h，形成浸溶物。

其中：KOH 和硫酸亚铁对有机质起润涨、胶溶以及溶解作用，便于餐厨垃圾、生活垃圾及污泥形成孔隙，还可起到骨架作用，让碳元素沉积；

（5）干化：将浸泡后获得的浸溶物在离心机中以 300r/min 的转速离心后，去除上清液，将剩下的固形物在 80～100℃的烘箱中烘至含水率为 10％以下；

（6）碳化：将烘干的固形物在 650℃、体积含量为 80％～90％的水蒸气或 CO_2 气氛下热处理 2.5～3h，得到碳化产物；

（7）冲洗、烘干：将气化得到的碳化产物使用 0.1％的稀盐酸反复冲洗 10～15 次，再用蒸馏水浸泡 2h，然后取出在 $80 \sim 100℃$ 的烘箱中烘至含水率为 10% 以下，再放入植物粉碎机中破碎，便得到中孔与微孔复合的粉末状除臭剂成品。

（二）制备的调理剂特性

制备出的调理型除臭剂为粉末状固体。

在电镜下，制备出的调理型除臭剂为中孔与微孔的复合结构，孔体积达 $0.3cm^3/g$ 以上，孔径为 $1 \sim 3nm$，比表面积大于 $600m^2/g$。

制备出的调理型除臭剂微观结构的电镜扫描结果如图 5-40 所示。

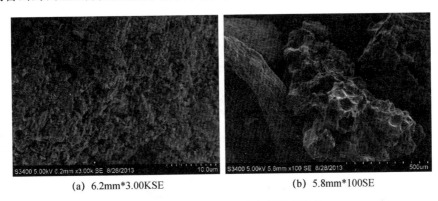

| (a) 6.2mm*3.00KSE | (b) 5.8mm*100SE |

图 5-40 自制的调理型除臭剂微观结构

从图 5-40 可以看出：自制的除臭剂，其微观孔隙结构呈现出蜂窝状的微孔结构，还有部分中空结构，因此，单位面积中的孔隙分布更多，比表面积更大，孔径分布及排列特性优于活性炭。

三、自制调理型除臭剂的除臭效果及机理

将制备的调理型除臭剂以 10% 添加到生物干化中，同时以玉米秸秆和活性炭为对照，将总通风量设置为 675L/h，采用间歇通风方式。

（一）自制调理剂对硫化氢的控制效果

与玉米秸秆和活性炭相比，自制调理剂对硫化氢的原位控制效果如图 5-41 所示。

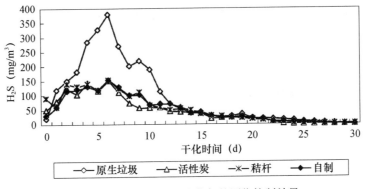

图 5-41 自制调理剂对硫化氢的原位控制效果

从图 5-41 可以看出：自制调理剂对硫化氢的排放有显著的抑制作用。自制调理剂对硫化氢的原位控制效果与玉米秸秆和活性炭差异不大，因此，可以替代活性炭，作为垃圾生物干化调理剂控制硫化氢的优选。

（二）自制调理剂对氨气的控制效果

将制备的调理型除臭剂以 10％添加到生物干化中，同时以玉米秸秆和活性炭为对照，将总通风量设置为 675L/h，采用间歇通风方式。与玉米秸秆和活性炭相比，自制调理剂对氨气的原位控制效果如图 5-42 所示。

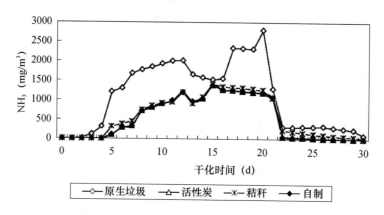

图 5-42　自制调理剂对氨气的原位控制效果

从图 5-42 可以看出：自制调理剂对氨气的排放有显著的抑制作用。自制调理剂对氨气的原位控制效果与玉米秸秆和活性炭差异不大，因此，可以替代活性炭，可作为垃圾生物干化调理剂控制氨气的优选。

（三）自制调理剂的除臭机理

调理型除臭剂的除臭原理是：利用中孔与微孔的复合结构，在尾气处理及生物处理中强力吸附臭气，其吸附能力为普通活性炭的 1.5～2 倍，而且，在固体废物的堆肥或生物干化等生物处理中，在硫酸亚铁浸泡过程中，附载在污泥表面的铁元素可以迅速固定硫，减少含硫臭气的排放，另外，该除臭剂还可以作为生物处理的水分及粒径的调理剂，利于调节物料含水率和增加通风量，促进生物反应的进行，减少由于含水率高和通风不足时，物料发生厌氧反应，厌氧细菌将有机物分解为不彻底的氧化产物如含硫的化合物 H_2S 和 SO_2。

（四）自制调理剂的添加方法

在进场原生垃圾中添加调理剂，添加量为 5％～10％。其具体工艺为：在垃圾进场卸料时，按照垃圾质量的 5％～10％添加调理剂，添加时用抓斗将除臭剂与垃圾混合3～5 次。

四、生物干化液态除臭剂制备

（一）除臭剂制备原理

从前面的实验研究可知，垃圾中的优势微生物种群是乳酸菌，在生物干化成品中，微生物优势种群变为地杆菌属。因此，根据乳酸菌的发酵原理，研发一种可以促进有机质快速发酵的有机质，加快乳酸菌向地杆菌转化，实现除臭的目的。

（二）液态除臭剂配方

经过实验，液态除臭剂配方为：

乙酸、环戊酮、2-丁烯乙酸酯、糖醛、2,5-己二酮、正丁酸、甲酸、丁酸及表面活性剂与发泡剂的混合物。以上物质均为液体，复配比例为：乙酸：环戊酮：2-丁烯乙酸酯：糖醛：2,5-己二酮：正丁酸：甲酸：丁酸为（10～20）：（5～10）：（5～10）：（10～20）：（10～20）：（10～20）：（10～20）：（10～20）。

甲酸、乙酸、丁酸、正丁酸的作用是致臭基团改性剂，2-丁烯乙酸酯是缓冲剂，环戊酮、2,5-己二酮的作用是恶臭物质的络合剂，糖醛的作用是恶臭的固定剂，三类物质复合作用，将致臭基团改性、络合、固定，达到除臭的目的。其中：甲酸、乙酸、2,5-己二酮、糖醛、2-丁烯乙酸酯、表面活性剂与发泡剂是必不可少的物质，丁酸与正丁酸可以相互替换。

在除臭剂的配制过程中，将乙酸、正丁酸、甲酸、丁酸分别称量后，直接混合，再先后加入2,5-己二酮和环戊酮，边搅拌边混合，再加入2-丁烯乙酸酯，最后加入糖醛。将所有的混合溶液搅拌，在搅拌过程中先后加入表面活性剂与发泡剂，调制成除臭剂产品。

五、液态除臭剂效果分析

将制备的液态除臭剂分别以1%、1.5%、2%添加到垃圾生物干化中，同时以不添加除臭剂的垃圾为对照（表示为Y1、Y2、Y3、Y4），将总通风量设置为675L/h，采用间歇通风方式。

（一）液态除臭剂对生物干化的影响

（1）添加不同比例的自制除臭剂对垃圾温度的影响

添加不同比例的自制除臭剂对垃圾温度的影响如图5-43所示。

从图5-43可以看出：在垃圾中添加不同比例的液态除臭剂后，在生物干化的第2d，温度就快速上升，第4d就达到55℃以上，以后温度一直保持高温状态达30d；而垃圾中未添加自制的调理剂的处理，在生物干化的第5d才开始升温，第16d才达到55℃。因此，添加该液态除臭剂可促进垃圾生化反应进行。

（2）添加不同比例的自制除臭剂对微生物活性的影响

添加不同比例的自制除臭剂对微生物活性的影响如图5-44所示。

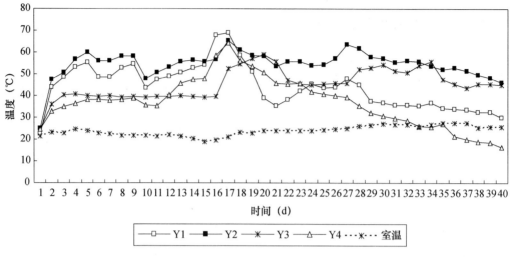

图 5-43 添加不同比例的自制除臭剂对垃圾温度的影响

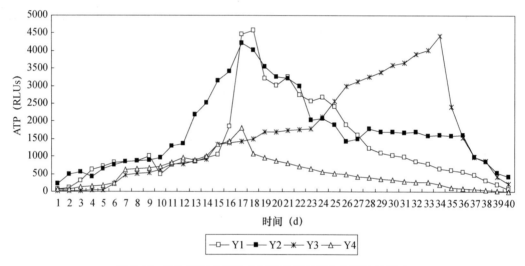

图 5-44 添加不同比例的自制除臭剂对微生物活性的影响

从图 5-44 可知：在垃圾中添加不同比例的液态除臭剂后，微生物活性快速增加，说明自制的调理剂可以促使微生物生长，从而将有机物快速分解，释放出大量热能、水分和 CO_2，使得干化堆体的温度及呼吸强度均快速升高。

几种添加量相比，添加 1.5% 的液态除臭剂可促进微生物繁殖，而添加 2% 的除臭剂，由于是高浓度有机物，前期会抑制微生物生长，表现为升温较慢、ATP 数值较低。因此，实际工程中，以添加 1.5% 的除臭剂为宜。

（3）添加不同比例的自制除臭剂对呼吸强度的影响

添加不同比例的自制除臭剂对呼吸强度的影响如图 5-45 所示。

从图 5-45 可知：在垃圾中添加不同比例的液态除臭剂后，呼吸强度趋势与微生物活性一致，说明自制的调理剂可以促使微生物生长，从而将有机物快速分解，释放出大量热能、水分和 CO_2，使得干化堆体的温度、微生物活性及呼吸强度均快速升高。

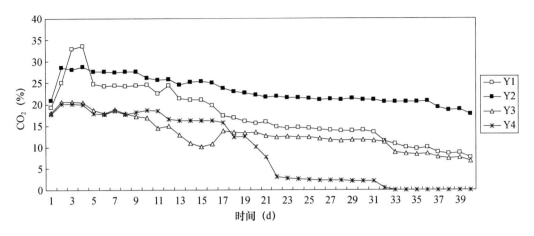

图 5-45　添加不同比例的自制除臭剂对呼吸强度的影响

（4）添加不同比例的自制除臭剂对物料含水率的影响

添加不同比例的自制除臭剂对物料含水率的影响如图 5-46 所示。

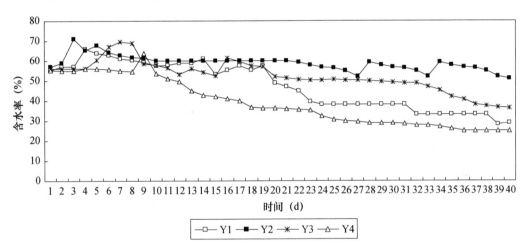

图 5-46　添加不同比例的自制除臭剂对物料含水率的影响

从含水率的数值变化来看，添加液体除臭剂后，垃圾中的含水率变化不大，如果含水率降低到 30％需要 30d 以上，时间较长。因此，在生物干化的后期，应增加翻堆措施并加强通风，使得有机物分解产生的水分快速散失。

（二）液态除臭剂对恶臭的控制效果

（1）液态除臭剂对硫化氢的控制效果

添加不同比例的自制除臭剂对硫化氢的控制效果如图 5-47 所示。

从硫化氢的变化周期来看，在干化初期（0～2d）就很快上升，这与其他垃圾处理生物干化规律不同，但添加 2％除臭剂后，硫化氢浓度降低速度较慢，这可能是添加液态除臭剂后，垃圾中的水分含量较大，造成局部厌氧环境，因此，添加液体除臭剂后，应加强通风。

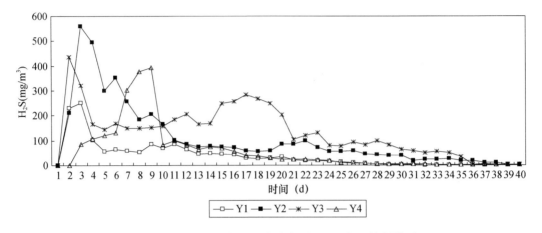

图 5-47　添加不同比例的自制除臭剂对硫化氢的控制效果

（2）液态除臭剂对氨气的控制效果

添加不同比例的自制除臭剂对氨气的控制效果如图 5-48 所示。

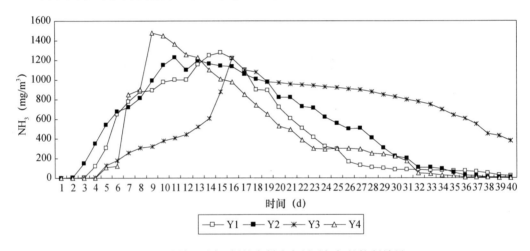

图 5-48　添加不同比例的自制除臭剂对氨气的控制效果

4 个处理在干化过程中的两种臭气浓度均呈先上升后下降的趋势，在干化高温期，氨气浓度达到最大，随着干化进程，氨气浓度总体趋势是降低的。

总体来看，添加 1% 及 1.5% 的液态除臭剂，对 H_2S 和 NH_3 的排放均有显著的抑制作用，因此，可作为垃圾生物干化的优选。

（三）液态除臭剂添加方式

液态除臭剂在进场原生垃圾中添加，添加量为 5%～10%。其具体工艺为：在垃圾进场卸料时，按照垃圾质量的 0.3%～0.5% 添加液态除臭剂，雾化后添加，添加时用抓斗将除臭剂与垃圾混合 3～5 次。

辅助设施：垃圾仓顶部需要配置雾化设备。

（四）液态除臭剂成本分析

本液态除臭剂的价格为 2000 元/t，按照添加量 1% 计算，则除臭剂为垃圾增加的成本为 20 元/t 垃圾。

由之前的研究结果可知，除臭剂添加量偏少时，除臭效果反而增加，如果在垃圾生物干化厂房内增加喷雾设备，则添加垃圾质量的 0.25%～0.5% 除臭剂即可达到除臭效果，则除臭剂为垃圾增加的成本为 4～10 元/t 垃圾。

第六章　生活垃圾热干化

固体废物的热干化技术中，以污泥热干化技术较为常见。垃圾热干化技术应用较少。本章节以实验室研究作为基础，探讨垃圾热干化工艺、热干化恶臭排放及热干化恶臭原位控制。

第一节　热干化概述

一、热干化的特点

（一）热干化定义

热干化是指利用热介质（高温烟气、蒸汽或导热油等），通过物料与热媒之间的传热作用，使物料中的湿分汽化，并将产生的蒸汽排除的一种工艺过程。

热干化不仅能去除物料中的水分，而且可使物料的臭味、病原体、稳定性能等得到显著改善，便于进一步处置。

（二）热干化机理

热干化可分为蒸发过程和扩散过程：

（1）蒸发过程：物料表面的水分汽化，由于物料表面的水蒸气压低于介质（气体）中的水蒸气分压，水分从物料表面移入介质。

（2）扩散过程：这是与汽化密切相关的传质过程。当物料表面水分被蒸发掉，形成物料表面的湿度低于物料内部湿度，此时，需要热量的推动力将水分从内部转移到表面。

上述两个过程的持续、交替进行，最终达到干化的目的。

（三）热干化特点

（1）热源要求

热干化工艺必须有热源。一般热干化都与余热利用相结合，很少单独设置热干化工艺。可利用的余热包括：厌氧消化处理过程中产生的沼气热能、垃圾和污泥焚烧余热、热电厂余热或水泥厂余热等。

（2）能耗较高

干化意味着水的蒸发，水分从环境温度（20℃）升温至沸点（100℃），每升水需要吸收大约 80 大卡的热量，之后从液相转变为气相，每升水大约需要吸收 539 大卡（环境压力下）。两者之和，相当于 620 大卡/升水蒸发量的热能，如果不采用余热，则需要的能耗较高。

（3）恶臭

根据第五章的分析可知：有机固体废物在加热的过程中，必然会挥发大量的恶臭气体。如广东越堡水泥厂的污泥干化项目，因为恶臭严重，运行问题较多。

二、热干化设备

热干化设备按热介质与污泥接触方式可分为直接加热式、间接加热式和直接、间接加热联合式三种。

（1）直接加热干化设备

直接干化的实质是对流干燥技术的运用，即将燃烧室产生的热气与污泥直接进行接触混合，使物料得以加热，水分得以蒸发并最终得到干污泥产品。代表设备为转筒式干燥器。

（2）间接加热干化设备

间接干燥实质上就是传导干燥，即将燃烧炉产生的热气通过蒸汽、热油介质传递，加热器壁，从而使器壁另一侧的湿物料受热、水分蒸发而加以去除。代表设备为圆盘式干燥器。

（3）直接-间接加热联合干化设备

直接-间接加热联合式干燥系统则是对流-传导技术的整合。代表设备为流化床。

三、影响热干化的因素

对垃圾热干化的研究文献几乎没有，但污泥热干化的报道较多，因此其影响因素可以参考污泥热干化的影响因素进行分析。

（一）物料特性

物料特性包括：物料的粒径大小、黏度、初始含水率与最终含水率等。

（1）物料粒径大小：物料粒径越小，水分散发越困难，需要穿透物料的能耗越高。

（2）物料黏度：物料黏度越大，水分散发越困难，需要穿透物料的能耗越高。

（3）初始含水率：初始含水率越高，需要蒸发的水分越多，需要能耗越高。

（4）最终含水率：需要的最终含水率越低，需要蒸发的水分越多，需要能耗越高。

（二）热源温度

能源消耗是干化工艺最重要的指标，约占系统运行成本的 80%，包括热能和电能，以每千克水蒸发量的热能消耗和电能消耗来衡量。

热源温度越高，水分散发越快，物料干化效率越高。

（三）翻堆

增加翻堆工艺可以促进水分散发，尤其是对于黏稠、小粒径的物料来说，翻堆工艺必不可少。

四、热干化技术的应用

国内外固体废物的热干化工艺在污泥领域应用较多，在垃圾热干化方面，未见报道。

在20世纪40年代，美国、日本和欧洲国家就开始采用转鼓干化技术干化污泥。80年代末期，污泥热干化研究也越来越成熟，干化设备不断改进，使污泥热干化技术得到迅速发展和推广。1994年年底，欧盟国家已经有110家专业的污泥干化处理厂。2001年7月，英国颁布了世界上第一个关于污泥热干化处理厂设计、运行、管理方面的标准。

第二节　垃圾热干化工艺

一、垃圾热干化效率的影响因素

（一）干化时间对垃圾含水率的影响

将20kg垃圾放入烘箱，烘箱温度设定为100℃，每10min测定一次垃圾含水率，烘10h。干化时间对垃圾含水率的影响如图6-1所示。

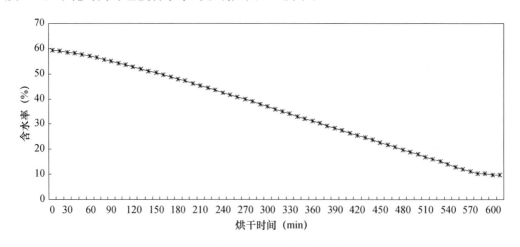

图6-1　干化时间对垃圾含水率的影响

从图6-1可以看出：原生垃圾的含水率为59%，随着热干化时间的延长，垃圾中的含水率持续下降，5h后，含水率降低为36%；6h后，含水率降低为30%；降低为同样的含水率，垃圾生物干化至少需要7～10d。因此，热干化效率远远高于垃圾生物干化的效率，而且没有渗滤液问题。连续热干化 10h 后，垃圾含水率可降低为 9.5％。

（二）翻堆对垃圾含水率的影响

同时准备 2 个烘箱，温度均设定为 100℃。将 20kg 垃圾放入 1 个烘箱，每 3h 测定一次含水率，烘 10h；将 20kg 垃圾放入第 2 个烘箱，每 30min 手工翻动 1 次，每 3h 测定一次含水率，烘 10h。两种不同烘干方式的烘干效率如图 6-2 所示。

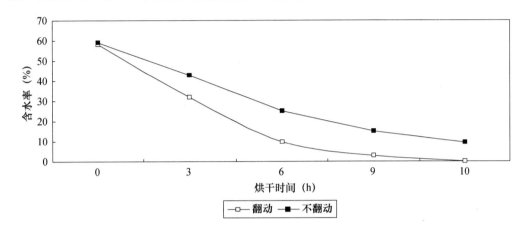

图 6-2 干化时间对垃圾含水率的影响

由图 6-2 结合图 6-1 可知：同样是烘干 10h，每 30min 手工翻动 1 次，含水率降低最多，原生垃圾的含水率为 59％，9h 即可降低为 2.7％；不翻动的垃圾，原生垃圾的含水率为 59％，10h 后仍为 9.5％。每 10min 测定一次垃圾含水率的样品，由于不停拿出，热量散失较多，10h 后含水率仍为 9.7％。因此，在采用热烘干垃圾的工程中，应以带翻动工艺的设备为佳，如旋转式烘干设备等，以便提高烘干的效率，快速降低垃圾含水率。

二、垃圾热干化工艺设计

（一）工艺参数选择

综合考虑垃圾热干化效率和恶臭排放，水泥窑协同处置垃圾时，垃圾热干化为首选工艺，但垃圾热干化应采取低温余热干化的方式，即：采用不高于 300℃ 的余热，可充分利用余热发电后剩余的热风，并采用旋转式垃圾烘干桶或孔板式垃圾烘干床的方式，增加垃圾与热量的交换面积，缩短垃圾干化时间。干化产生的尾气可送入篦式冷却机处理。

（二）工艺设计

水泥窑协同处置垃圾热干工艺流程设计如图 6-3 所示。

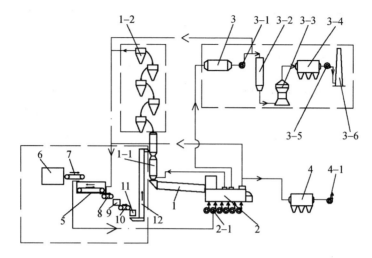

图 6-3　水泥窑协同处置垃圾热干工艺流程设计

1—水泥窑；1-1—分解炉；1-2—一级预热器；2—篦式冷却机；2-1—风机；3—发电机；

3-1—风机；3-2—增湿塔；3-3—生料磨；3-4—布袋除尘器；3-5—风机；3-6—烟囱；

4—布袋除尘器；4-1—风机；5—干化床；6—垃圾料仓；7—带式送料机；

8—带式送料机；9—储料仓；10—带式送料机；11—破碎机；12—斗提机

（三）干化步骤

水泥窑余热干化生活垃圾的步骤如下：

（1）将垃圾以 15～30cm 的厚度平铺在不锈钢板的干化床上，干化床表面布满圆孔，孔直径为 15～30 mm。干化床宽度为 30～50 m，长度为 100～200m；

（2）采用内部砌有耐火材料的耐高温风管将水泥窑窑尾废气逆向送入垃圾干化床，即：废气与垃圾干化床的运行方向相反，进行垃圾热干化。垃圾热干化的工艺参数控制范围是：采用水泥窑余热干化后的 100～300℃ 的废气，风量为 23000～85000m³/h，干化床的运行速度为 0.6～1.5m/min，烘干时间为 3～5h，经过热干化后，生活垃圾的含水率从 50%～65% 降低为 15%～20%；

（3）干化产生的 VOCs 物质送回篦式冷却机 800℃以上的高温段作为冷却空气送入烧成系统排放；

（4）这个温度段避开了垃圾的热解，不产生焦油，而且充分利用了水泥窑的余热和风量，干化时间短，垃圾水分在 5h 之内即可将含水率从 50% 以上降为 20% 以下，占用的土地面积不足生物干化的 2%，有利于连续处理大量垃圾。

（5）将经过干化后的、含水率为 20% 以下的垃圾通过链板输送机送至储仓，经过破碎后通过提升机被送入水泥窑分解炉焚烧处理。

（四）水泥窑热干化优点

水泥窑余热干化垃圾具有以下优点和效果：

（1）适用于高含水率的垃圾，干化时间短，迅速降低垃圾含水率；

（2）将干化产生的臭气送回篦式冷却机热端，经过高温处理后，不会对环境产生危害；

（2）完全利用水泥窑废气余热，不需消耗外界热源；

（3）在垃圾干化的同时还能消除恶臭，利于后续处理；

（4）温度段的选择避开了垃圾热解产生焦油，而且充分利用了水泥窑的风量，干化时间短，垃圾水分在 5h 之内即可将含水率从 50％以上降为 20％以下，有利于增加处理量并实现连续运转；

（5）干化产生的 VOCs 送回篦式冷却机热端作为冷却风处理，而不是进入水泥窑烧成系统，避免了过多冷风进入增加煤耗。

第三节　热干化恶臭排放特征

采用热干化工艺必然会产生恶臭污染。文献报道了污泥间接干化和直接干化过程的恶臭排放。由于垃圾热干化工艺尚未开展，因此，对垃圾恶臭排放特性的研究多集中于生物干化或堆肥领域，对垃圾热干化过程中的恶臭排放研究较少。

一、垃圾热干化实验装置

（一）垃圾热干化实验装置原理图

研发的垃圾热干化实验装置原理图如图 6-4 所示。

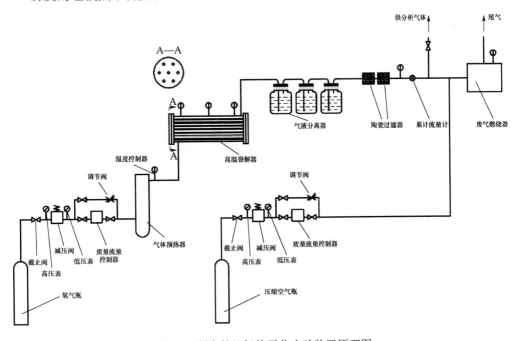

图 6-4　研发的垃圾热干化实验装置原理图

（二）垃圾热干化实验装置图

垃圾热干化实验装置如图 6-5 所示。

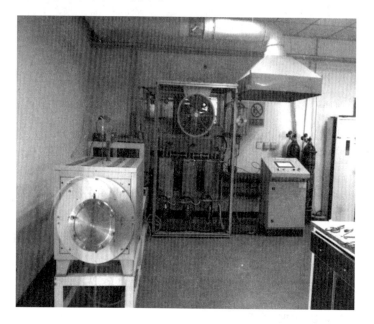

图 6-5　垃圾热干化实验装置

（三）垃圾热干化气体收集

垃圾热干化气体收集装置如图 6-6 所示。

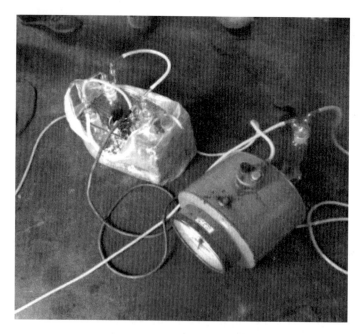

图 6-6　垃圾热干化气体收集装置

（四）实验装置说明

热干化实验装置的净容积大于 10L，即可以容纳相对密度 0.5 的试验物料 5kg 以上。内腔尺寸为 $\phi300mm\times350mm$。该装置的最高加热温度可设置为 1500℃。气体通过减压、质量流量控制进入气体预热器，然后进入主料仓，以保证冷空气的进入不致使得料仓温度降低。两端采用法兰加密封结构，开闭方便，以便装填物料和清理废物。所有管路采用快换接口，易拆易换。管路设计尽量减少弯头，以防堵塞。管路和各加热器、冷却器的适当位置配置温度控制器，以保证实验温度可准确控制。管路、阀门和加热器使用不锈钢为主要材料，保证耐高温、耐腐蚀。排出的气体，采用图 6-6 的装置收集，14h 内检测恶臭成分。干化后的固体，打开高温裂解器两端的法兰进行收集和称重计量。

二、垃圾热干化过程中的恶臭排放

将 5kg 垃圾放入自制的垃圾烘干装置中，采用氮气作为载气，将垃圾烘干温度设定为 100～800℃，每 100℃ 干化 1h，同时在每个烘干温度段的第 25～45min，采集 3 个恶臭气体样品，测定垃圾在不同烘干温度下的恶臭气体组成，测定结果取平均值。

（一）100℃烘干臭气排放

（1）100℃干化时的臭气图谱

垃圾在 100℃的温度下干化，排放臭气图谱如图 6-7 所示。

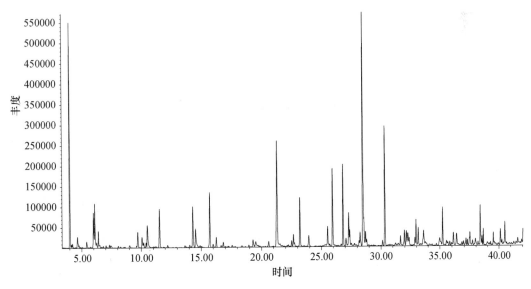

图 6-7　100℃干化时的臭气图谱

（2）100℃干化时的臭气组分

垃圾在100℃的温度下干化，排放臭气组分如图6-8所示。

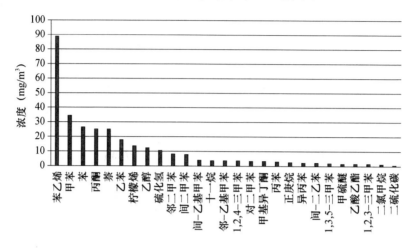

图6-8　100℃干化时的臭气组分

从图6-8可以看出：垃圾在100℃的温度下干化，排放的臭气组分有27种。各组分中，以苯系物最多，例如苯乙烯达88.48mg/m³，其次是甲苯、苯。

（二）200℃烘干臭气排放

（1）200℃干化时的臭气图谱

垃圾在200℃的温度下干化，排放臭气图谱如图6-9所示。

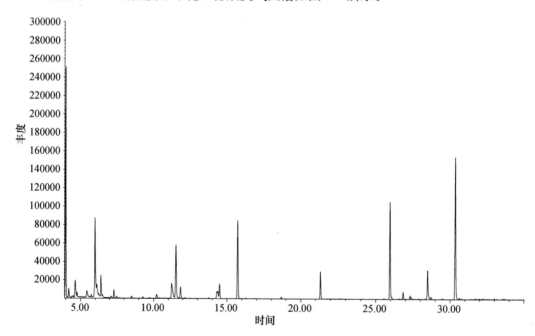

图6-9　200℃干化时的臭气图谱

（2）200℃干化时的臭气组分

垃圾在200℃的温度下干化，排放臭气组分如图6-10所示。

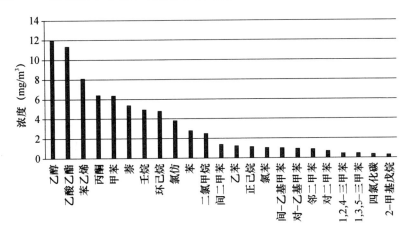

图6-10　200℃干化时的臭气组分

从图6-10可以看出：垃圾在200℃的温度下干化，排放的臭气组分有23种。各组分中，以乙醇最多，达11.92mg/m³，其次是乙酸乙酯、苯乙烯、丙酮、甲苯等。

（三）300℃烘干臭气排放

（1）300℃干化时的臭气图谱

垃圾在300℃的温度下干化，排放臭气图谱如图6-11所示。

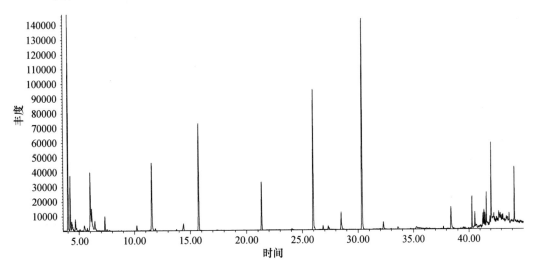

图6-11　300℃干化时的臭气图谱

（2）300℃干化时的臭气组分

垃圾在300℃的温度下干化，排放臭气组分如图6-12所示。

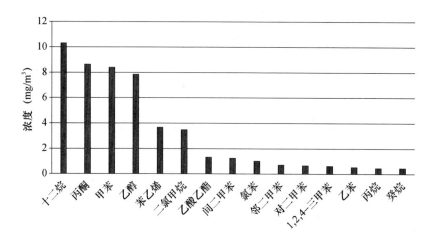

图 6-12　300℃干化时的臭气组分

从图 6-12 可以看出：垃圾在 300℃的温度下干化，排放的臭气组分有 15 种。各组分中，以十二烷最多，达 10.3mg/m³，其次是丙酮、甲苯、乙醇等。

（四）400℃烘干臭气排放

（1）400℃干化时的臭气图谱

垃圾在 400℃的温度下干化，排放臭气图谱如图 6-13 所示。

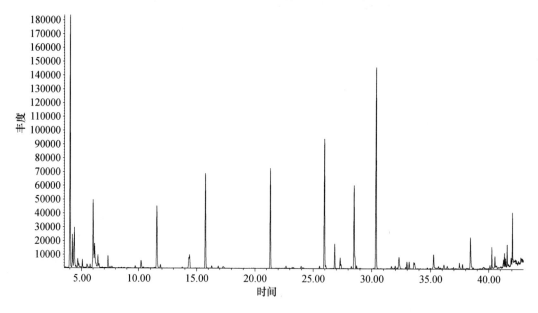

图 6-13　400℃干化时的臭气图谱

（2）400℃干化时的臭气组分

垃圾在 400℃的温度下干化，排放臭气组分如图 6-14 所示。

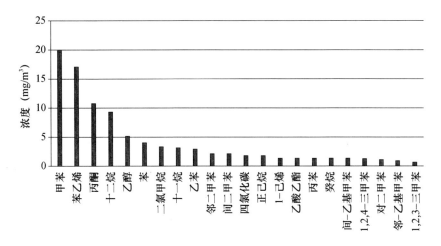

图 6-14 400℃干化时的臭气组分

从图 6-14 可以看出：垃圾在 400℃ 的温度下干化，排放的臭气组分有 22 种。各组分中，以甲苯最多，达 19.82mg/m³，其次是苯乙烯、丙酮、十二烷等。

（五）500℃ 烘干臭气排放

（1）500℃ 干化时的臭气图谱

垃圾在 500℃ 的温度下干化，排放臭气图谱如图 6-15 所示。

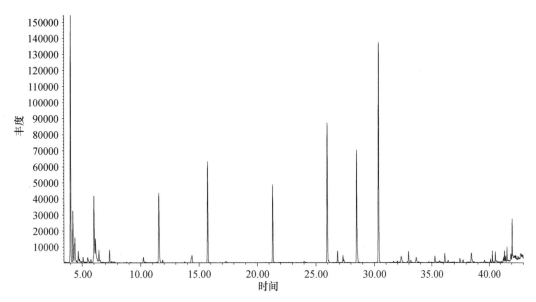

图 6-15 500℃ 干化时的臭气图谱

（2）500℃ 干化时的臭气组分

垃圾在 500℃ 的温度下干化，排放臭气组分如图 6-16 所示。

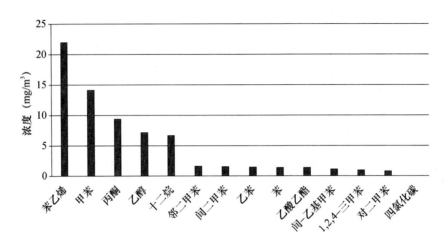

图 6-16　500℃干化时的臭气组分

从图 6-16 可以看出：垃圾在 500℃的温度下干化，排放的臭气组分有 14 种。各组分中，以苯乙烯最多，达 21.96mg/m³，其次是甲苯、丙酮、乙醇、十二烷等。

（六）600℃烘干臭气排放

（1）600℃干化时的臭气图谱

垃圾在 600℃的温度下干化，排放臭气图谱如图 6-17 所示。

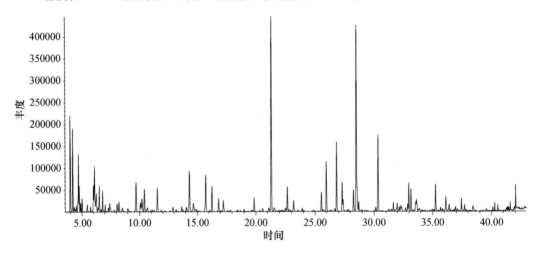

图 6-17　600℃干化时的臭气图谱

（2）600℃干化时的臭气组分

垃圾在 600℃的温度下干化，排放臭气组分如图 6-18 所示。

从图 6-18 可以看出：垃圾在 600℃的温度下干化，排放的臭气组分有 26 种。各组分中，以甲苯最多，达 274.45mg/m³，其次是苯乙烯、丙烯、苯、乙苯等。

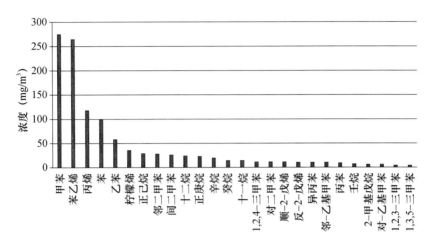

图 6-18 600℃干化时的臭气组分

（七）700℃烘干臭气排放

（1）700℃干化时的臭气图谱

垃圾在 700℃的温度下干化，排放臭气图谱如图 6-19 所示。

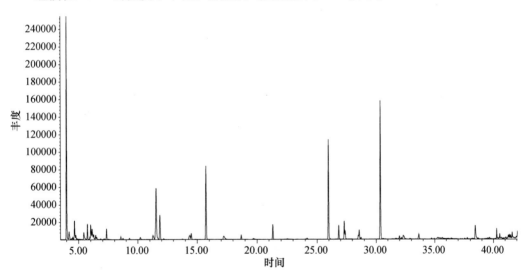

图 6-19 700℃干化时的臭气图谱

（2）700℃干化时的臭气组分

垃圾在 700℃的温度下干化，排放臭气组分如图 6-20 所示。

从图 6-20 可以看出：垃圾在 700℃的温度下干化，排放的臭气组分有 24 种。各组分中，以乙醇最多，达 30.8mg/m³，其次是氯仿、十二烷、萘、乙酸乙酯、丙酮、苯类等。

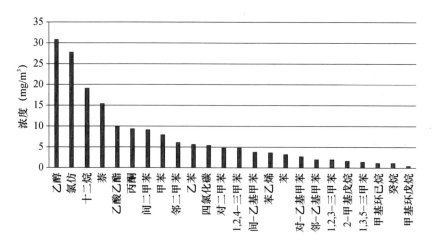

图 6-20　700℃干化时的臭气组分

（八）800℃烘干臭气排放

（1）800℃干化时的臭气图谱

垃圾在 800℃的温度下干化，排放臭气图谱如图 6-21 所示。

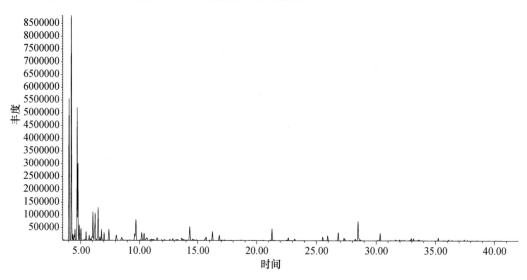

图 6-21　800℃干化时的臭气图谱

（2）800℃干化时的臭气组分

垃圾在 800℃的温度下干化，排放臭气组分如图 6-22 所示。

从图 6-22 可以看出：垃圾在 800℃的温度下干化，排放的臭气组分最多，有 41 种，而且排放的臭气量也最大，最高浓度（丙烯）高达 $3498.9mg/m^3$，$500mg/m^3$ 以上的臭气还有 1-己烯、苯等。

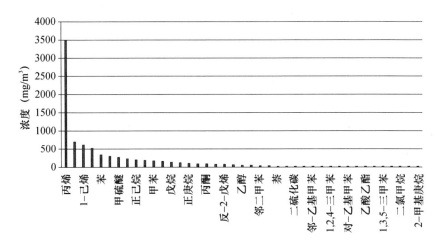

图 6-22 800℃干化时的臭气组分

（九）100～800℃下臭气浓度对比

垃圾在 100～800℃的温度下干化，排放臭气浓度对比如图 6-23 所示。

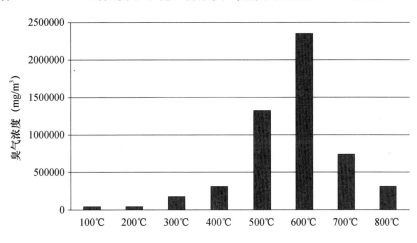

图 6-23 100～800℃干化排放臭气浓度对比

垃圾在不同温度下干化后，臭气浓度并不相同，以 600℃最高，其次是 500℃、700℃、400℃和 800℃。

结合垃圾热干化效率及垃圾热干化排放的恶臭与物质种类分析，在 800℃时产生的臭气总量最多，但 800℃的臭气浓度并不是最高，这是因为：臭气浓度除了与物质的总量有关外，还与物质的嗅阈值有关。从工程应用来说，综合考虑臭气总量与臭气浓度，垃圾热干化的温度应不超过 300℃，以 100℃左右为宜。

第四节　热干化恶臭原位控制

从垃圾的 VOCs、SVOC 及垃圾生物干化过程中释放的化合物性质来看，化合物中有不饱和有机物、同系物等。从化学性质分析：化合物不饱和性增强气味，聚合则减弱气味；从分子量来看：同系物中一般分子量越大，气味越大，但达到一定分子量后气味又会减弱下来，例如，当碳原子数超过 18 时，多数没气味。恶臭气体气味越大的物质，化学性质越活泼，挥发性越强，易溶于有机溶剂。化合物结构不同，有时产生类似气味，结构相似，也会产生不同气味。

因此，本章节在筛选出主要恶臭物质的基础上，利用恶臭分子中的不饱和、同系物、低碳分子、性质活泼的特点，采用合成高分子有机物的方式，合成一种液态有机除臭剂，利用高分子的加成、同分异构体转化、碳链加长、惰性化原理，达到除臭的目的。

一、垃圾热干化主要恶臭物质筛选

按照恶臭物质浓度及嗅阈值两个因素对主要恶臭污染物进行分级筛选。

（一）嗅阈值

嗅阈值是指人的嗅觉器官对某种气味物质的最低检出量或能感觉到的最低浓度。嗅阈值越小，表明它所能被闻到的浓度越小，对环境的影响越大。

在本章节所测定的恶臭物质中，只能检索到 76 种物质的嗅阈值，其中：74 种物质的嗅阈值参考日本环境管理中心发布的嗅阈值数据，其他 2 种物质参考美国加利福尼亚州嗅觉实验室的嗅阈值数据。

76 种物质的嗅阈值见表 6-1。

表 6-1　76 种物质的嗅阈值（ppm）

名称	嗅阈值	名称	嗅阈值	名称	嗅阈值	名称	嗅阈值
乙硫醇	8.7×10^{-6}	异丙苯	0.0084	1,3,5-三甲苯	0.17	正己烷	1.5
乙硫醚	3.3×10^{-5}	间乙基甲苯	0.018	甲基异丁酮	0.17	3-甲基庚烷	1.5
甲硫醇	7×10^{-5}	α-蒎烯	0.018	萘	0.2	氨	1.5
异戊醛	0.0001	β-蒎烯	0.033	二硫化碳	0.21	辛烷	1.7
1-丁烯	0.36	苯乙烯	0.035	1,3-丁二烯	0.23	甲基环戊烷	1.7
邻二甲苯	0.38	柠檬烯	0.038	甲苯	0.33	壬烷	2.2
2,3-二甲基丁烷	0.42	间二甲苯	0.041	乙醇	0.52	苯	2.7
2-甲基己烷	0.42	异戊二烯	0.048	癸烷	0.62	氯仿	3.8
对二乙苯	0.00039	对二甲苯	0.058	2,2,4-三甲基戊烷	0.67	三氯乙烯	3.9
硫化氢	0.00041	间二乙苯	0.07	正庚烷	0.67	2,3-二甲基戊烷	4.5

续表

名称	嗅阈值	名称	嗅阈值	名称	嗅阈值	名称	嗅阈值
戊醛	0.00041	邻乙基甲苯	0.074	氯苯	0.68	1,4-二氯苯	4.57
丁醛	0.00067	1-戊烯	0.1	四氯乙烯	0.77	四氯化碳	4.6
丙醛	0.001	2-甲基庚烷	0.11	3-甲基己烷	0.84	丙烯	13
二甲二硫醚	0.0022	十二烷	0.11	十一烷	0.87	2,2-二甲基丁烷	20
甲硫醚	0.003	1,2,4-三甲苯	0.12	乙酸乙酯	0.87	异丙醇	26
丙苯	0.0038	1-乙烯	0.14	2,4-二甲基戊烷	0.94	丙酮	42
2-己酮	0.0068	甲基苯己烷	0.15	三溴甲烷	1.3	1,2-二氯苯	46.48
对乙基甲苯	0.0083	乙苯	0.17	戊烷	1.4	1,2,4-三氯苯	46.48
叔丁基甲醚	72	二氯甲烷	160	丁烷	1200	丙烷	1500

（二）主要恶臭物质

根据恶臭物质的测定结果并综合考虑恶臭物质的嗅阈值，筛选出主要的恶臭物质有两大类：硫化物和苯系物。

硫化物主要为硫化氢、甲硫醇、甲硫醚、二甲二硫醚等。

苯系物主要有：丙苯、苯乙烯、间二甲苯、异丙苯、对乙基甲苯、间乙基甲苯、乙苯以及邻乙基甲苯。

二、垃圾热干化原位除臭剂

除臭剂中的主要成分有乙酸、环戊酮、2-丁烯乙烯酯及糠醛等，除臭剂呈中性，pH 值为 7~7.5。

三、垃圾热干化原位除臭效果

在 5kg 垃圾中添加 5% 的除臭剂，充分混合均匀，放入自制的垃圾烘干装置中，采用氮气作为载气，将垃圾烘干温度设定为 100~800℃，每 100℃ 干化 1h，同时在每个烘干温度段的第 25~45min，采集 3 个恶臭气体样品，测定垃圾在不同烘干温度下的恶臭气体组成，测定结果取平均值。

（一）100℃烘干臭气排放

（1）100℃干化时的臭气图谱

添加除臭剂后的垃圾在 100℃ 的温度下干化，排放臭气图谱如图 6-24 所示。

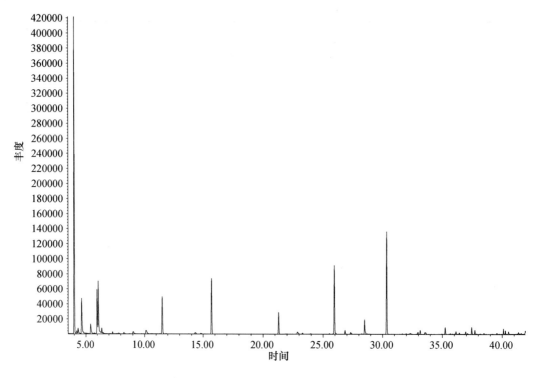

图 6-24 添加除臭剂后的 100℃ 干化时的臭气图谱

（2）100℃ 干化时的臭气组分

添加除臭剂后的垃圾在 100℃ 的温度下干化，排放臭气组分如图 6-25 所示。

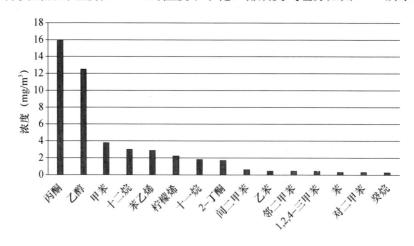

图 6-25 添加除臭剂后的 100℃ 干化时的臭气组分

从图 6-25 可以看出：添加除臭剂后的垃圾在 100℃ 的温度下干化，排放的臭气组分有 15 种。原垃圾在 100℃ 的温度下干化产生的含硫化合物，添加除臭剂后，全部未检出。各组分中，以丙酮浓度最高，达 15.89mg/m³，其次是乙醇、甲苯、十二烷、苯乙烯、柠檬烯、十一烷等。

（二）200℃烘干臭气排放

（1）200℃干化时的臭气图谱

添加除臭剂后的垃圾在 200℃的温度下干化，排放臭气图谱如图 6-26 所示。

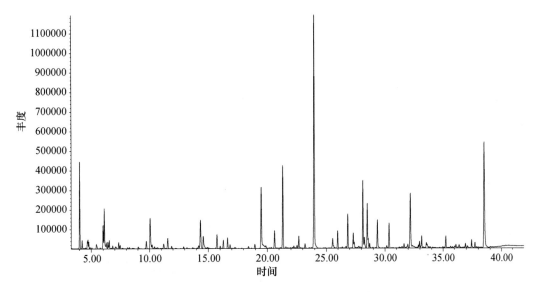

图 6-26 添加除臭剂后的 200℃干化时的臭气图谱

（2）200℃干化时的臭气组分

添加除臭剂后的垃圾在 200℃的温度下干化，排放臭气组分如图 6-27 所示。

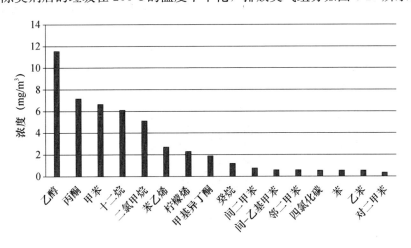

图 6-27 添加除臭剂后的 200℃干化时的臭气组分

从图 6-27 可以看出：添加除臭剂后的垃圾在 200℃的温度下干化，排放的臭气组分有 16 种。各组分中，以乙醇浓度最高，达 11.49mg/m³，其次是丙酮、甲苯、十二烷、二氯甲烷等。

（三）300℃烘干臭气排放

（1）300℃干化时的臭气图谱

添加除臭剂后的垃圾在300℃的温度下干化，排放臭气图谱如图6-28所示。

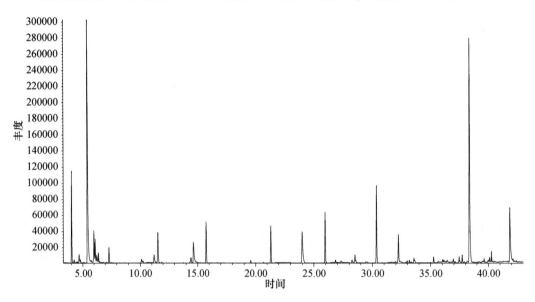

图6-28　添加除臭剂后的300℃干化时的臭气图谱

（2）300℃干化时的臭气组分

添加除臭剂后的垃圾在300℃的温度下干化，排放臭气组分如图6-29所示。

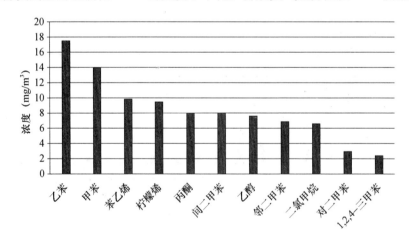

图6-29　添加除臭剂后的300℃干化时的臭气组分

从图6-29可以看出：添加除臭剂后的垃圾在300℃的温度下干化，排放的臭气组分有11种。各组分中，以苯系物最多，最高为乙苯，浓度为17.48mg/m³，其次是甲苯、苯乙烯等。

（四）400℃烘干臭气排放

（1）400℃干化时的臭气图谱

添加除臭剂后的垃圾在400℃的温度下干化，排放臭气图谱如图6-30所示。

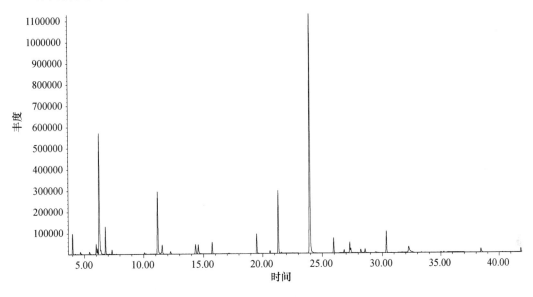

图 6-30 添加除臭剂后的400℃干化时的臭气图谱

（2）400℃干化时的臭气组分

添加除臭剂后的垃圾在400℃的温度下干化，排放臭气组分如图6-31所示。

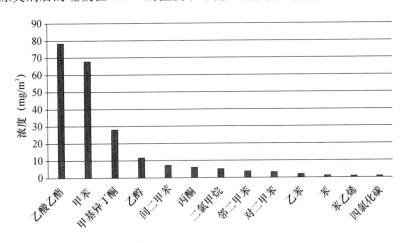

图 6-31 添加除臭剂后的400℃干化时的臭气组分

从图6-31可以看出：添加除臭剂后的垃圾在400℃的温度下干化，排放的臭气组分有13种。各组分中，以乙酸乙酯浓度最高，达78.39mg/m³，其次是甲苯、甲基异丁酮等。

（五）500℃烘干臭气排放

（1）500℃干化时的臭气图谱

添加除臭剂后的垃圾在 500℃的温度下干化，排放臭气图谱如图 6-32 所示。

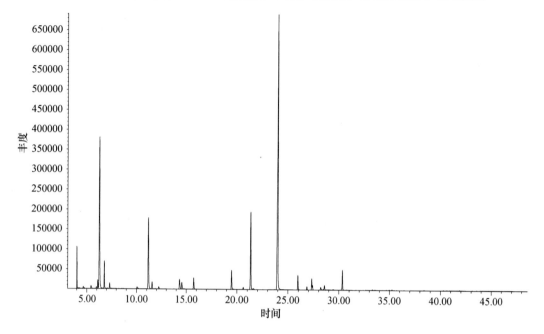

图 6-32　添加除臭剂后的 500℃干化时的臭气图谱

（2）500℃干化时的臭气组分

添加除臭剂后的垃圾在 500℃的温度下干化，排放臭气组分如图 6-33 所示。

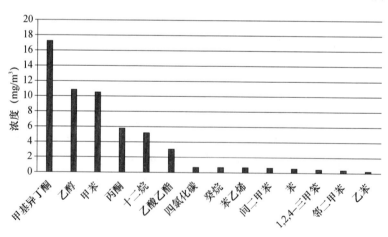

图 6-33　添加除臭剂后的 500℃干化时的臭气组分

从图 6-33 可以看出：添加除臭剂后的垃圾在 500℃的温度下干化，排放的臭气组分有 14 种。各组分中，以甲基异丁酮的浓度最高，达 17.2mg/m³，其次是乙醇、甲苯、丙酮、十二烷以及乙酸乙酯等。

（六）600℃烘干臭气排放

（1）600℃干化时的臭气图谱

添加除臭剂后的垃圾在600℃的温度下干化，排放臭气图谱如图6-34所示。

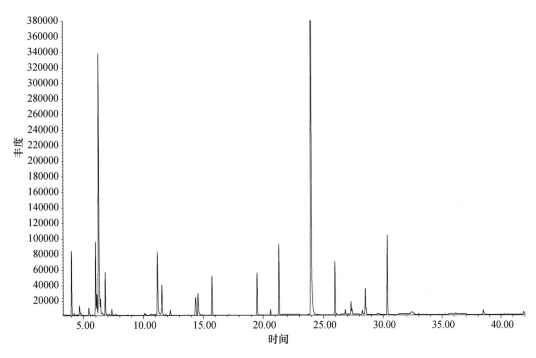

图6-34　添加除臭剂后的600℃干化时的臭气图谱

（2）600℃干化时的臭气组分

添加除臭剂后的垃圾在600℃的温度下干化，排放臭气组分如图6-35所示。

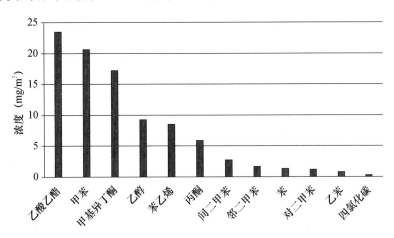

图6-35　添加除臭剂后的600℃干化时的臭气组分

从图 6-35 可以看出：添加除臭剂后的垃圾在 600℃的温度下干化，排放的臭气组分有 12 种。各组分中，以乙酸乙酯浓度最高，达 23.43mg/m³，其次是甲苯、甲基异丁酮、乙醇、苯乙烯以及丙酮等。

（七）700℃烘干臭气排放

（1）700℃干化时的臭气图谱

添加除臭剂后的垃圾在 700℃的温度下干化，排放臭气图谱如图 6-36 所示。

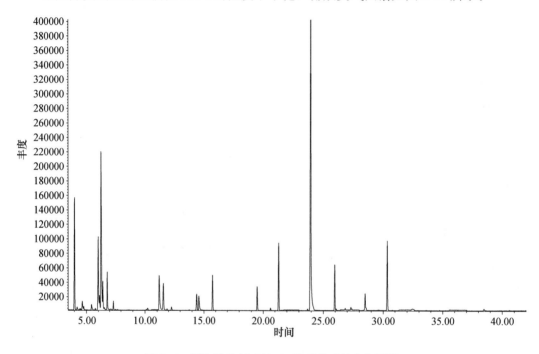

图 6-36　添加除臭剂后的 700℃干化时的臭气图谱

（2）700℃干化时的臭气组分

添加除臭剂后的垃圾在 700℃的温度下干化，排放臭气组分如图 6-37 所示。

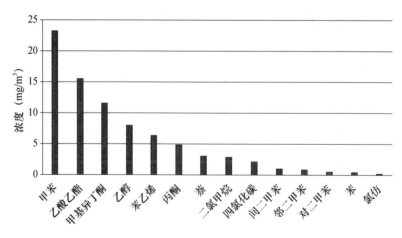

图 6-37　添加除臭剂后的 700℃干化时的臭气组分

从图 6-37 可以看出：添加除臭剂后的垃圾在 700℃ 的温度下干化，排放的臭气组分有 14 种。各组分中，以甲苯浓度最高，达 23.2mg/m³，其次是乙酸乙酯、甲基异丁酮、乙醇、苯乙烯、丙酮等。

（八）800℃ 烘干臭气排放

（1）800℃ 干化时的臭气图谱

添加除臭剂后的垃圾在 800℃ 的温度下干化，排放臭气图谱如图 6-38 所示。

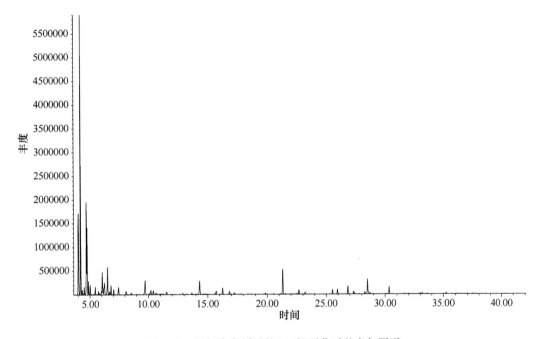

图 6-38 添加除臭剂后的 800℃ 干化时的臭气图谱

（2）800℃ 干化时的臭气组分

添加除臭剂后的垃圾在 800℃ 的温度下干化，排放臭气组分如图 6-39 所示。

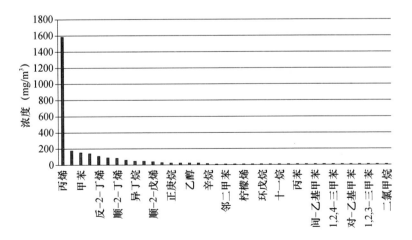

图 6-39 添加除臭剂后的 800℃ 干化时的臭气组分

从图 6-39 可以看出：添加除臭剂后的垃圾在 800℃的温度下干化，排放的臭气组分最多，有 37 种。各组分中，以丙烯的浓度最高，达 1585.26mg/m³，其次是甲苯等。

（九）100～800℃下臭气浓度对比

添加除臭剂前后，垃圾在 100～800℃的温度下干化，排放臭气浓度对比如图 6-40 所示。

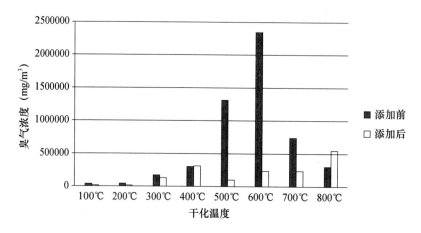

图 6-40　添加除臭剂前后臭气浓度对比

添加除臭剂后，垃圾在 100～700℃的温度下干化，排放臭气浓度均极显著下降。但 800℃的臭气浓度上升，这是因为：垃圾在 800℃下，发生快速分解，大分子物质迅速转变为小分子物质，提高了臭气浓度。

结合垃圾热干化排放的恶臭与物质种类分析，从工程应用来说，垃圾热干化的温度应不超过 300℃，以 100℃左右为宜。

第七章　生活垃圾衍生燃料制备

随着垃圾填埋用地的日趋紧张，"十三五"期间，生活垃圾发电项目和水泥窑协同处置项目迅速发展。垃圾用于焚烧发电或水泥窑协同处置，不仅可以处置废物，还可以回收能源，是具有广阔发展前景的新能源技术。然而，由于生活垃圾成分复杂，其焚烧很不稳定，因此，1980年英国科学家提出了垃圾衍生燃料RDF的概念。后来美国、德国等西方发达国家迅速投资进行研发并将成果应用于实践。

本章以水泥窑协同处置为出发点，探讨生活垃圾的衍生燃料制备技术。

第一节　衍生燃料概述

一、垃圾衍生燃料分类

（一）垃圾衍生燃料定义

"垃圾衍生燃料"一词来自英文 Refuse Derived Flue（RDF），直译为：源于垃圾的燃料。垃圾衍生燃料（RDF）技术是一种将垃圾经不同处理程序制成燃料的技术。

将垃圾制备成RDF的处理程序一般分为：分拣、破碎、涡电流除铝、磁选除铁，再破碎、风选、压缩和干燥等，垃圾经过以上一种或几种工序，被制成固体燃料。

RDF的制备工序决定了不同的分类。

（二）RDF分类

按照美国ASTM（American Society for Testing and Materials）的分类标准，RDF可以分为7类，见表7-1。

表7-1　美国 ASTM 标准 RDF 分类

分类	内　容
RDF-1	仅仅是将普通城市生活垃圾中的大件垃圾除去而得到的可燃固体废弃物
RDF-2	将城市生活垃圾中去除金属和玻璃，粗碎通过152mm的筛后得到的可燃固体废弃物
RDF-3	将城市生活垃圾中去除金属和玻璃，粗碎通过50mm的筛后得到的可燃固体废弃物
RDF-4	将城市生活垃圾中去除金属和玻璃，粗碎通过1.83mm的筛后得到的可燃固体废弃物
RDF-5	将城市生活垃圾中去除金属和玻璃等不燃物，粉碎、干燥、加工成型后得到的可燃固体废弃物
RDF-6	将城市生活垃圾加工成液体燃料
RDF-7	将城市生活垃圾加工成气体燃料

RDF 研究报道中，以 RDF-2、RDF-3、RDF-5 研究较多。美国所讲的 RDF 一般指 RDF-2 和 RDF-3。欧洲的意大利、德国等国家，所讲的 RDF 一般是 RDF-2、RDF-3 和 RDF-4。瑞士、日本等国家所讲的 RDF 一般是 RDF-5。

二、RDF-2,3,4 制备工艺

RDF-2,3,4 的制备工艺包括分选、破碎等工艺。

（一）分选

垃圾成分较复杂，处理前需要把其中所混杂的金属废品、玻璃、沙土等，采用不同的分选设备分选出来。

分选是利用固体废物的物理和物理化学性质，将固体废物中可回收利用的或不利于后续处理和处置工艺要求的物料采用适当的工艺分离出来的过程。分选原理是根据物质的粒度、密度、磁性、电性、光电性、摩擦性、弹性以及表面润湿性等性质的差异而进行分离的。分选分为筛分、重力分选、磁力分选、电力分选、光电分选、摩擦弹性分选以及浮选等。

分选效果采用回收率和品位（纯度）作为评价指标。回收率是指单位时间内从某一排料口中排出的某一组分的质量与进入分选机的这种组分的质量之比。品位（纯度）是指某一排料口排出的某一组分的质量与从这一排料口排出的所有组分质量之比。

RDF-2,3,4 制备中，常用的分选方式包括：磁力分选（磁选）、重力分选、筛选等。

（1）磁力分选

物质按磁性大小可分为强磁性、弱磁性和非磁性等组分。磁选就是利用固体废物中各种物质的磁性差异，在不均匀磁场中进行分选的一种处理方法。若作用在磁性物体上的磁力大于作用于磁性物体上的机械力的合力（重力、离心力、静电力、介质阻力等），则为磁性产品，可以通过磁选分离；若作用在非磁性物体上的磁力小于作用于磁性物体上的机械力的合力（重力、离心力、静电力、介质阻力等），则为非磁性产品，无法通过磁选分离。

① 磁选原理

磁选设备的磁选原理示意图如图 7-1 所示。

磁选适用于固体废物中磁性物质的回收。磁选常用于固体废物中的铁、镍等的分选。

② 常用的磁选设备

垃圾分选工艺中，常用的磁选设备有除铁器和磁滑轮等。

A. 除铁器：除铁器主要用来从料流中除去夹杂的铁块或铁屑，如图 7-2 所示。

B. 磁滑轮：又称磁力滚筒，有电磁和永磁两种。永磁滑轮结构简单，不耗电能，工作可靠，易于维修，应用较广。磁滑轮主要由锶铁氧体组成磁包角 360° 的多极磁系，套在磁系外面的是由非导磁材料制成的旋转圆筒，如图 7-3 所示。

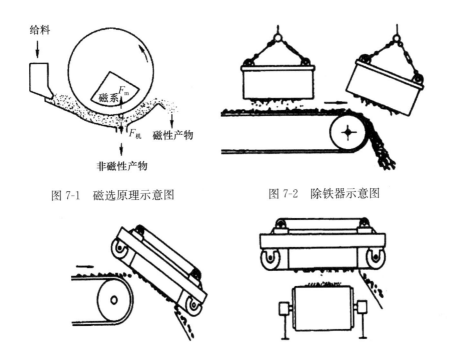

图 7-1　磁选原理示意图　　　　图 7-2　除铁器示意图

图 7-3　磁滑轮示意图

磁滑轮分选物料中铁的过程是：物料均匀地给在皮带上，当经过磁滑轮时，非磁性或者磁性很弱的物料在离心力和重力的作用下脱离皮带面，而磁性较强的物料受磁力的作用被吸在皮带上，并由皮带带到磁滑轮的下部，当皮带离开磁滑轮伸直后，磁性矿粒所受的磁力减弱而落于磁性产品中。

（2）重力分选

重力分选是根据固体废物中不同物质颗粒间的密度差异，在运动介质中受到重力、介质动力和机械力的作用，使颗粒群产生松散分层和迁移分离，从而得到不同密度产品的分选过程。颗粒在介质中的沉降是重力分选的基本行为。密度和粒度不同的颗粒根据其在介质中沉降速度的不同而分离。

重力分选的工艺特点是：固体废物颗粒之间存在密度差；分选过程是在运动介质中进行的；在重力、介质动力和机械力的共同作用下，颗粒群松散并分层；分层的物料在运动介质流的推动下互相迁移，彼此分离，并获得不同密度的最终产品。

重力分选的介质有空气、水、重液（密度大于水的液体）、重悬浮液等。固体废物重力分选的方法很多，按作用原理可分为重介质分选、跳汰分选、摇床分选以及风力分选等。

① 重介质分选

重介质分选是在重介质（密度大于水的非均匀介质，包括重液和重悬浮液两种流体）中使固体废物中的颗粒群按其密度的大小分开以达到分离目的的方法。重介质分选常用的分选介质有四种类型：有机溶液、矿物盐类的水溶液、风砂介质（砂粒中充空气形成悬浮体）、矿物悬浮液。

重介质分选工艺流程如图 7-4 所示。

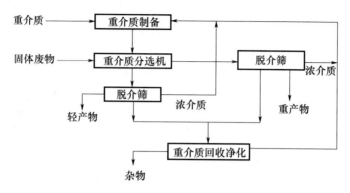

图 7-4　重介质分选工艺流程

由于重介质分选是在液相介质中进行，因此，不适用于包含可溶性物质的分选，也不适用于成分复杂的城市垃圾分选。该法主要应用于矿业废物的分选过程。

② 跳汰分选

跳汰分选是指物料垂直交变介质流中按密度进行分选的重选作业。跳汰分选常用的分选介质有水介质和风介质。

跳汰选矿的应用距今已有 500 多年的历史，但对跳汰分选原理的研究较晚，早在 1867 年奥地利人雷廷智开始研究单个颗粒在介质中的运动规律，至今已有百余年的历史。但由于跳汰过程影响因素过于复杂，因而跳汰原理的研究遇到了较大的困难，所以，至今对跳汰过程的机理的认识还不充分，虽然提出了许多假说，大多是从不同方面对跳汰过程进行的研究和探讨，只能反映跳汰选矿过程某些方面的规律性，对生产起到一定的指导作用，但是还没有一种能为大家公认的理论。

跳汰机的分类方法很多，根据设备结构和脉动水流的运动方式不同分为：活塞跳汰机、隔膜跳汰机、空气脉动跳汰机、动筛跳汰机及离心跳汰机等。离心跳汰机示意图如图 7-5 所示。

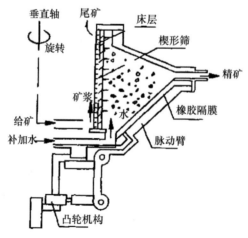

图 7-5　离心跳汰机示意图

③ 摇床分选

摇床分选是在一个倾斜的床面上，借助床面的不对称往复运动和薄层斜面水流的综合作用，使细粒固体废物按密度差异在床面上呈扇形分布而进行分选的一种方法。摇床分选目前主要用于从含硫铁矿较多的煤矸石中回收硫铁矿，是一种分选精度很高的单元操作。

在摇床分选设备中，最常用的是平面摇床。平面摇床的示意图如图 7-6 所示。

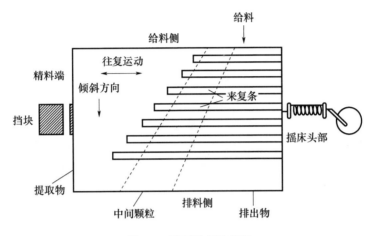

图 7-6　平面摇床示意图

④ 风力分选

风力分选也叫气流分选，作用是将轻物料从较重的物料中分离出来。风力分选的基本原理是利用风的气流作用，将较轻的物料向上带走或在水平方向带向较远的地方，而重物料则由于向上气流不能支承它而沉降或是由于重物料的足够惯性而不被剧烈改变方向穿过气流沉降。被气流带走的轻物料可再进一步从气流中分离出来。

由于分离精度不太高，风力分选常作为城市垃圾的粗分手段，把密度相差较大的有机组分和无机组分分开。

按气流送入的方向不同，风选设备可分为两种类型：卧式风力风选机和立式风力风选机。

风力分选的原理如图 7-7 所示。

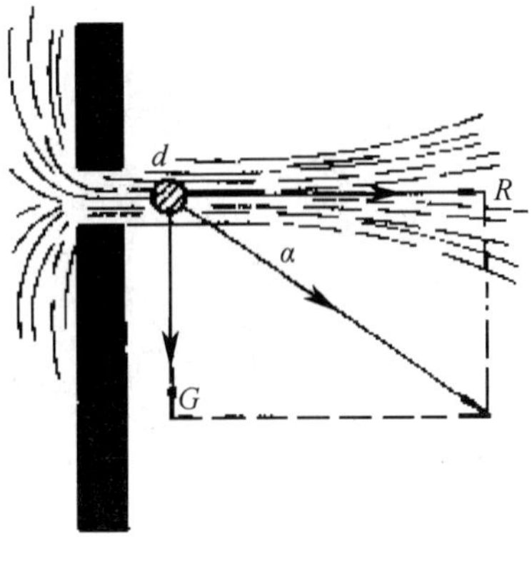

（3）筛分

物料通过筛面（筛网、筛板、棒条）上一定大小的筛孔来完成颗粒分级的作业称为筛分。

原料颗粒度的大小由筛孔直径来决定。筛孔表示方法通常有两种：英制是以每英时筛网长度上筛孔的数量来表示，其单位为目/时。公制是以每平方厘米面积上筛孔个数来表示。单位是孔/cm²。

筛分效率是筛分作业的主要指标。在筛分时筛下

图 7-7　风力分选原理示意图

级别不可能全部透过筛孔而随筛上物排出，只有一部分筛下级别透过筛孔，透过筛孔的越多，筛分效率就越高。透过筛孔的物料称为筛下物，反之，称为筛上物。

影响筛分效率的因素有：物料组分、物料含水率；筛孔形状、筛孔厚度以及给料均匀度等。

筛分机械的品种较多，通常可分为格筛、筒形筛、摇动筛和振动筛四类。

① 格筛：

格筛是指筛分物料时，筛面固定不动的筛分设备。筛面由许多平行排列的筛条组成，可以水平或倾斜安装。又分棒条筛和固定格筛等，如图 7-8 所示。

图 7-8　棒条筛和固定格筛

棒条筛：由平行排列的棒条组成，筛孔尺寸为筛下粒度的 1.1～1.2 倍，一般不小于 50mm，棒条宽度应大于固体废物中最大块度的 2.5 倍。适于筛分粒度大于 50mm 的粗粒废物，主要用在初碎和中碎之前，安装倾角一般为 30°～35°。

固定格筛：由纵横排列的格条组成，一般安装在初碎机之前，以保证入料块度适宜。

② 筒形筛：

包括滚筒筛、圆锥筛、角柱筛（如六角筛）和角锥筛等。其工作原理是：物料从入料管流入主轴上固定着的由型钢焊接形成的筛箱，在回转时小于筛板孔的物料落入排料口，而没有透过筛的物料则从入料端逐渐流向出料端，最后从排渣口排出。

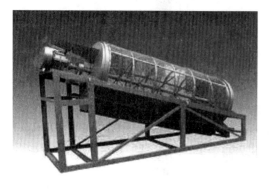

图 7-9　滚筒筛

滚筒筛是固体废弃物处理中重要的运行设备。该设备为一缓慢旋转的圆柱形筛分面，一般旋转速度为 10～15r/min，以筛筒轴线倾角为 3°～5°安装。筛面可用各种材料制作，最常见的是用钢板冲孔卷制而成，如图 7-9 所示。

使用滚筒筛对物料筛分时，固体废弃物由较高的一端进料，随着转筒在筛内不断滚动，细颗粒通过筛孔而透筛。滚筒筛倾角大小决定了物料运行的轴向速度。物料在筛子中的运动有三种状态：

A. 沉落状态：当筛子的转速很低，物料颗粒由于筛子的圆周运动而被带动，然后滚落到向上运动的颗粒层上面，物料混合不充分，物料中间的细料不易运动到与筛面接触而透筛；

B. 抛落状态：当转速足够高但又小于临界速度时，颗粒能克服自生的重力作用沿转筒壁上升，当重力大于离心力时，颗粒沿抛物线轨迹落到筛底，物料翻滚程度最剧烈，很少有物料堆积现象发生，筛分效率最高，物料以螺旋状方式移出滚筒筛；

C. 离心状态：当滚筒筛的转速进一步提高，达到了临界速度，物料由于离心力的作用贴在滚筒壁上而无法下落，此时的筛分效率最低。随着物料过多进入筛筒内，在筒内所占容积比例增加，这时，要求达到抛落状态的转速和功率要求也随之增加，否则，筛分效率很快会下降。

③ 摇动筛：

分单筛框和双筛框等。其工作原理是：摇动筛利用曲柄连杆机构进行传动，电机通过皮带传输运动使偏心轴旋转，然后利用连杆带动筛框做一定方向的往复运动。筛框的运动使筛面上的物料能够以一定速度向排料端移动，并进行筛分。

④ 振动筛：

按传动方式可分为机械振动筛和电力振动筛两类。振动筛的工作原理与其他类型的筛机有所不同，其筛面做上下振动，振动方向与筛面互相垂直，或接近垂直，而摇动筛的运动方向基本上平行于筛面。振动筛的运动特性加剧了物料颗粒之间、颗粒与筛面之间的相对运动，再加上筛面具有强烈的高频振动，即使用来筛分黏性或潮湿的物料，筛孔也不会被物料堵塞，因而筛分效率很高。并且其生产能力强，筛面利用率高，应用范围较广，能筛分 $0.25\sim100\text{mm}$ 的粉粒料，加之构造简单，占地小，重量轻，动力消耗小，价格低，是目前应用最为广泛的一种筛分机械。

振动筛由于筛面振动强烈，消除了筛孔堵塞的现象，有利于湿物料的筛分，还可用于固体废弃物的脱水振动和脱泥筛分。如图 7-10 所示。

工业上通常将粉碎和筛分组成一个联合系统，所谓筛分流程实则就是粉碎筛分流程。由于粉碎机粉碎比的限制，很难在一次粉碎中达到要求的物料粒度，并且出于经济原则的考虑，往往会把几台粉碎机串联起来使用，而每一台只进行整个粉碎过程的一部分，这样的部分称为流程的段，并将只有一段粉碎的称为一段粉碎筛分流程，两段以上的称为多段粉碎筛分流程。

图 7-10　振动筛

⑤ 筛分效率比较

不同筛分设备的效率比较见表 7-2。

表 7-2　不同筛分设备的效率比较

筛分设备	筛分效率	特点
固定格筛	50%～60%	使用简单，造价低，更换容易，效率低
滚筒筛	60%	适用于湿物料的筛分，长时间使用后容易堵塞
振动筛	>90%	不易堵塞，适用于湿物料的筛分
弛张筛	70%～80%	适用于湿度较大、黏性较强的物料筛分；但筛面的寿命较短，价格高，更换不方便

（4）筛分设备选择

筛分设备的选择应考虑：

A. 废弃物的颗粒大小、形状、含水率、整体密度、粘结及缠绕的可能性；

B. 筛分设备的构造材料、筛孔的尺寸和形状、筛孔所占筛面比例等；

C. 筛分效率与总体效果的要求；

D. 运行特性如能耗、噪声、可靠性、堵塞的可能性等；

E. 筛子运动方式对筛分效率的影响等。

（二）破碎

（1）定义：破碎是指利用外力克服固体废物质点间的内聚力而使大块固体废物分裂成小块的过程。分离成小块的固体废物还可以进行粉磨，使小块固体废物颗粒分裂成细粉。

（2）破碎目的：减容，便于运输和储存；为分选提供所要求的入选粒度；增加比表面积，提高焚烧、热分解、熔融等作业的稳定性和热效率；若下一步需进行填埋处置时，破碎后压实密度高而均匀，可加快覆土还原；防止粗大、锋利的固体废物损坏分选等其他设备。

图 7-11　颚式破碎机

（3）破碎设备

固体废弃物的破碎设备很多，主要有颚式破碎机、锤式破碎机、冲击破碎机、辊式破碎机、剪切破碎机等。此外，还有专用的低温破碎机和混式破碎机等。

A. 颚式破碎机

广泛应用于选矿、建材和化工行业。适用于坚硬和中硬物料的破碎。动颚上面装有高锰钢破碎齿板，如图 7-11 所示。

B. 锤式破碎机

按转轴方向的不同，分为水平和垂直式锤式破碎机；按转子数目的不同，可分为单转子和双转子锤式破碎机。如图 7-12 所示。

C. 冲击破碎机

冲击破碎机利用冲击作用力进行破碎，这与锤式破碎机很相似，但其锤的数量要少很多，一般为2～4个。工作原理是：进入破碎机的物料，被绕中心轴以 25～40m/s 的线速度高速旋转的转子猛烈冲撞后，受到第一次破碎，然后物料从转子的撞击过程中，获得能量高速飞向坚硬的机壁，受到第二次破碎，在冲击过程中弹回的物料再次被转子击碎。难以破碎的物料，被转子和固定板剪断，破碎产品由下部排出。如图 7-13 所示。

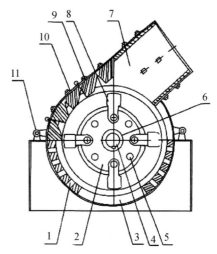

图 7-12　锤式破碎机

1—筛板；2—转子盘；3—出料口；
4—中心轴；5—支撑杆；6—支撑环；
7—进料嘴；8—锤头；9—反击板；
10—弧形内衬板；11—连接机构

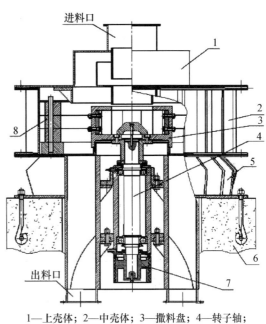

1—上壳体；2—中壳体；3—撒料盘；4—转子轴；
5—下壳体；6—地基；7—皮带轮；8—反击衬板

图 7-13　冲击破碎机

D. 辊式破碎机

辊式破碎机主要依靠剪切、挤压作用。根据辊子的特点，可将辊式破碎机分为光辊破碎机和齿辊破碎机。光棍破碎机的辊子表面光滑，主要作用为挤压与研磨，可用于硬度较大的废物的中碎与细碎。而齿辊破碎机辊子表面有破碎齿，其破碎作用为劈裂，可用于脆性或黏性较大的废物，也可用于堆肥物料的破碎。如图7-14所示。

E. 剪切破碎

剪切破碎机是依靠剪切作用力为主的破碎机，经过固定在机架上的刀和移动刀之间的啮合作用，破碎固体废弃物成为合适的大小。剪切破碎机特别适合松散固体废弃物的破碎。如图7-15所示。

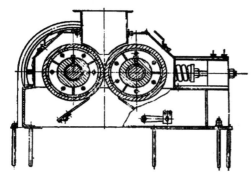 

图7-14　辊式破碎机　　　　　　　　图7-15　剪切破碎机

（4）破碎设备比较

五种破碎设备的比较见表7-3。

表7-3　五种破碎设备比较

破碎设备	特　　点
鄂式破碎机	适用于干垃圾的破碎；对石块、砖瓦等硬物料的破碎效果佳，对塑料类软体垃圾破碎效果不好
锤式破碎机	
冲击破碎机	
辊式破碎机	
剪切破碎机	干、湿垃圾均可破碎；对塑料类、纸类等破碎效果较好，对金属类破碎效果不好

（5）破碎设备选择

选择破碎方法时，需视固体废物的机械强度，特别是废物的硬度而定。坚硬物应选择挤压破碎和冲击破碎；脆性废物选择劈碎和冲击破碎为宜。

一般破碎机都是由两种或两种以上的破碎方法联合作用对固体废物进行破碎的，例如压碎和折断、冲击破碎和磨碎等。

影响破碎效果的主要因素是物料机械强度和破碎力。物料机械强度越大越不利于破碎，破碎力越大越利于破碎。

物料机械强度由物料的硬度、韧性、解理、脆性及结构缺陷等决定。硬度越大越不利于破碎。韧性大的物料不易破碎且不易磨细。解理多的物料容易破碎。结构缺陷越多越有利于破碎。

（6）破碎效果评价

固体废物的破碎效果用破碎比和破碎段来度量。破碎产物可用粒径及粒径分布等指标来度量。破碎比是指破碎过程中原废物粒度与破碎产物粒度比值，即废物粒度在破碎过程中减少的倍数，与破碎机能量消耗和处理能力有关。固体废物每经过一次破碎机或磨碎机称为一个破碎段。若要求破碎比不大，一段破碎即可满足。但对固体废物的分选，例如，浮选、磁选、电选等工艺来说，如要求的入选粒度很细，破碎比很大，需要几台破碎机串联，或根据需要把破碎机和磨碎机依次串联。破碎段数是决定破碎工艺流程的基本指标，它主要决定破碎废物的原始粒度和最终粒度。破碎段数越多，破碎流程就越复杂，工程投资相应增加。

（7）几种破碎流程

根据固体废物的性质、粒度大小，要求的破碎比和破碎机的类型，每段破碎流程可以有不同的组合方式，如图 7-16 所示。

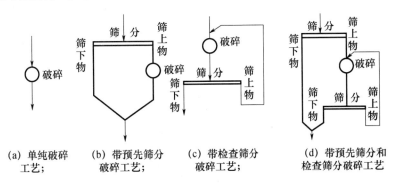

图 7-16　破碎工艺组合方式

① 单纯破碎工艺：具有简单、操控方便、占地少等优点，但只适用于对破碎产品粒度要求不高的场合；

② 带预先筛分破碎工艺：相对减少了进入破碎机的总给料量，有利于节能；

③ 带检查筛分破碎工艺：可获得全部符合粒度要求的产品；

④ 带预先筛分和检查筛分破碎工艺。

（8）其他破碎工艺

对于在常温下难以破碎的韧性固体废物，可以利用其低温变脆的性能而有效地破碎，也可以利用不同的物质脆化温度的差异进行选择性的破碎，即所谓低温破碎技术。低温破碎通常采用液氮作为制冷剂，液氮具有制冷温度低、无毒、无爆炸危险等优点。

三、RDF-5 制备工艺

RDF-5 的制备工艺包括干燥成型工艺和化学处理工艺等。

（一）干燥成型工艺

干燥成型工艺主要在美国、欧洲一些国家应用，由原生垃圾经粉碎、分选出厨余和不燃物、干燥、粉碎、高压成型后得到，产物呈圆柱状，适于长期储存、长途运输，性能较稳定，但是分选困难，不易将城市生活垃圾中的厨余除去，且干燥后短时间内较稳定，长时间储存后易吸湿。

（二）化学处理工艺

化学处理工艺主要有两种，即瑞士卡特热公司的 J-carerl 法和日本再生管理公司的 RMJ 法。

（1）J-carerl 法

J-carerl 法工艺流程如图 7-17 所示。其特点是先将含有厨余、不燃物的生活垃圾进行破碎，然后将金属、无机不燃物分选除去，在余下的可燃生活垃圾中加入垃圾量3％～5％的生石灰，最后进行中压成型和干燥得到圆柱状 RDF 产品，其热值为14600～21000kJ/kg。该法制得的 RDF 产品可长期储存不发臭，燃烧时可以抑制 NO_x、HCl 和 SO_x 的排放，并抑制二噁英的产生，且不需高压设备，运行费用低，设备投资少。

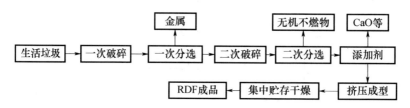

图 7-17　J-carerl 法工艺流程

在日本札幌市和小山町等地，分别建成处理能力 200t/d 和 150t/d 的 J-carerl 法 RDF 加工厂。

（2）RMJ 法

RMJ 法工艺流程如图 7-18 所示。该法是将金属、无机不燃物分选除去后，干燥，再加入消石灰添加剂，加入量约为垃圾的 10％，接着进行高压成型。

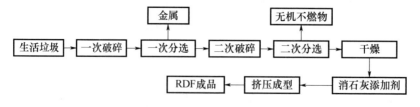

图 7-18　RMJ 法工艺流程

RMJ 法与 J-carerl 法的不同之处在于：RMJ 法是先干燥，再加入消石灰；J-carerl 法是先加入消石灰，再进行干燥。

在日本的资贺县和富山县，分别建成了生产能力为 3.3t/h 和 4t/h 的 RMJ 法 RDF 加工厂。

（三）成型设备选择

经过文献调研，将国内外常用的几种成型设备的工作原理、特点等介绍如下。

（1）团粒造粒机

根据结构不同，团粒造粒机可以分为圆盘造粒机和转鼓造粒机。

A. 圆盘造粒机

圆盘造粒机的主要原理是利用物料和粘合剂间的粘合力，使粉状物料包裹成粒。其成粒率较高（＞90%），颗粒自动分级，大小均匀，且能耗少，但对物料的细度要求较高。如图 7-19 所示。

B. 转鼓造粒机

转鼓造粒机的主要原理也是利用物料和粘合剂间的粘合力，使粉状物料包裹成粒。其成粒率较低（40%～60%），返料量较大，且造价高，物料有粘壁现象，但是对物料的细度和混和均匀程度要求较低。如图 7-20 所示。

图 7-19　圆盘造粒机　　　　　图 7-20　转鼓造粒机

（2）挤压造粒机

根据压辊和模孔的位置不同，挤压造粒机可分为对辊造粒机和辊压成型机两种类型。

挤压造粒机的主要成型机理是在一定的机械压力下，通过容积变化，在一定的机械压力下，使原来松散的物料由液向桥粘结力作用而捏聚成一定形状颗粒。在运转过程中，由于碾轮转动与摩擦产生的热量，物料升温至 45～55℃，可蒸发掉产品中多余的水分，因此可适用初始含水率稍高的物料。其成粒率高（接近 100%），颗粒强度高，基本无返料，但是单位能耗高，模具磨损严重。

A. 对辊造粒机

对辊造粒机的基本结构如图 7-21 所示。由于一定机型的对辊式造粒机其辊轮半径和模穴大小一定，作用力主要取决于物料填充度，因此对于较松散的物料，其所造颗粒的强度不高，易碎，返料率高。

B. 辊压成型机

辊压成型机基本结构如图 7-22 所示。其主要用于生产颗粒状成型燃料。辊压成型机主要是靠外部加压方式，使物料强制通过两个相对旋转的压辊间隙，压缩成片或者成粒。在辊压过程中，物料的实际密度能增大 1.5～3 倍，从而达到一定的强度要求。其成粒率高，样品适用含水率范围高，适用于黏度较大的样品。

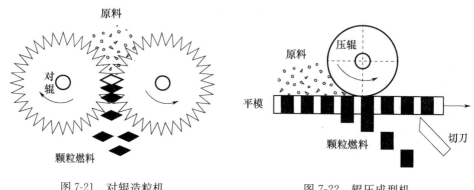

图 7-21　对辊造粒机　　　　　　　图 7-22　辊压成型机

根据压模形状的不同，可以分为平模成型机和环模成型机。

平模成型机的基本结构如图 7-23 所示。平模制粒机成型机理是：物料在加入平模辊压造粒机后，首先被辊轮压入模孔，此时，由于物料本身的液体粘结力而填满模孔。当物料继续填入后，在填充好的模孔和辊轮之间的微小空间中受压，其颗粒将进行重排并排出颗粒间的空气，从而去掉物料中的空隙。当进一步受压后，脆性物料和塑性物料将发生不同的变形。脆性物料中，部分颗粒破碎，从而将余下的空隙填实。另外，颗粒破碎时所形成的新的表面上的自由化学键若不能被环境中的原子或分子迅速饱和时，则新表面相互接触时将形成强有力的重组键。塑性物料中，颗粒会变形和流动，产生强范德华力。挤压造粒过程中由于摩擦会产生升温现象，物料颗粒的接触点上产生热能，使物料熔融，当物料温度下降，会形成固体桥接，使颗粒强度更高。

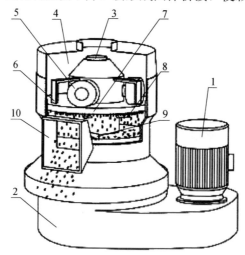

图 7-23　平模成型造粒机

1—电机；2—传动箱；3—主轴；4—进料；5—压辊；6—均料板；7—平模；8—切刀；9—扫料板；10—出料口

（3）生物质成型设备

生物质成型设备主要有螺旋挤压成型机和活塞冲压成型机。

A. 螺旋挤压成型机

螺旋挤压成型机开发最早，当前在国内应用最为普遍。这类成型机运行平稳，生产连续性好，然而螺杆磨损严重，使用寿命短，单位产品能耗高，已经被一些燃料棒生产技术较成熟的国家所淘汰。如图 7-24 所示。

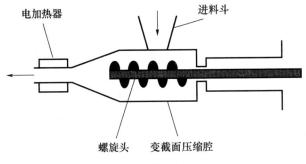

图 7-24　螺旋挤压成型机

B. 活塞冲压成型机

活塞冲压成型机按驱动动力的不同可以分为机械冲压活塞成型机和液压活塞成型机。这类成型机通常不需电加热，成型物密度稍低，以北欧和美国生产的大型成型机为代表。如图 7-25 所示。

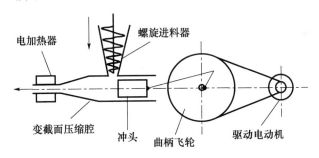

图 7-25　活塞冲压成型机

我国河南农业大学研制了 PB-I、HPB-I 等此类成型机。与螺旋挤压成型机相比，这类成型机明显改善了成型部件的磨损问题，但是存在较大的振动负荷，机器运行稳定性差，噪声大，润滑油污染也较严重。

（4）几种成型设备比较（表 7-4）

表 7-4　几种成型设备比较

成型设备	成型机理	成粒率	特点
圆盘造粒机	团粒法	较高	对进料混合度和细度要求较高；能耗低
转鼓造粒机	团粒法	较低	对进料混合度和细度要求较低；能耗高；有粘壁现象
螺旋挤压机	挤压法	高	颗粒强度高；能耗高；磨损严重

续表

成型设备	成型机理	成粒率	特点
活塞冲压机	挤压法	高	颗粒强度高；能耗高；运行稳定性差；噪声大
对辊造粒机	挤压法	高	颗粒强度高；能耗高； 成型过程中有温升现象，可蒸发掉部分水分
平模造粒机	挤压法	高	
环模造粒机	挤压法	高	

从表 7-4 可以看出，圆盘造粒机对进料混合度和细度要求较高，垃圾需要前端破碎到较高的细度才能符合进料要求，因此，不适用于垃圾造粒。转鼓造粒机因成粒率较低也不适用于垃圾造粒。挤压造粒机不仅成粒率高，而且成型过程中的温升现象可蒸发掉部分水分，相比之下较适用于垃圾造粒。因此，一般都选择挤压造粒机作为垃圾衍生燃料的制备设备。

四、不同 RDF 的特性

（一）RDF-2,3,4 特性

RDF-2,3,4 都是去除大件垃圾后，破碎而成的产品。

RDF-2,3,4 的制备工艺主要在美国、欧洲应用较多。RDF-2,3,4 的制备工艺简单，投资较少，但 RDF 产物不易长期储存和运输。

相比于原垃圾，RDF-2 只是减少了大件垃圾，其性质与原垃圾差异不大。而 RDF-3,4 经过了破碎和筛分，均匀性、热值和稳定性都明显提高。

（二）RDF-5 特性

RDF-5 的制备工艺除了大件垃圾去除、破碎、筛分外，还包括了成型工艺。

常见的 RDF-5 一般为直径在 10～20mm，高 20～80mm 的圆柱体，其热值为 14600～21000kJ/kg。

将垃圾制备成 RDF-5 产品后，大小均匀，所含热值均匀（约为标煤热值的 2/3，低位热值 21000kJ/kg 左右），易运输及储备，在常温下可储存 6～12 个月，且不会腐败。

RDF-5 的性状如图 7-26 所示。

图 7-26　RDF-5 的性状

五、RDF 应用

（一）RDF 在国外的应用

欧洲有许多专业的 RDF 加工厂，将有一定热值的固体废弃物如生活垃圾、废旧轮胎、动物尸体、污泥等加工成适合水泥厂处置的 RDF，然后送至水泥厂。每个水泥厂均对 RDF 有明确的验收标准，只有合格的 RDF 才能由水泥窑处置。由于经过预处理后，固体废弃物的热值、品质均匀性等都有了较大幅度的提高，降低了水泥企业处置的技术难度，加上还有一定数量的处置补贴费用，因此，水泥企业对焚烧 RDF 具有很大的积极性。

欧洲水泥窑协同处置生活垃圾，一般是将可燃固体废弃物制备成 RDF-3、RDF-4 两种不同的规格。如图 7-27 所示。

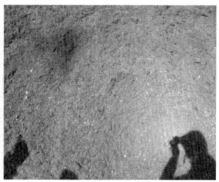

图 7-27　欧洲水泥窑协同处置制备的 RDF

（二）RDF 在国内的应用

国内垃圾焚烧厂，特别是采用炉排炉的垃圾焚烧厂，一般是在垃圾进行生物干化前，人工分选出大件垃圾，而后续的破碎、筛分工艺较少。

但是，国内水泥窑协同处置生活垃圾，尤其是华新水泥、拉法基水泥，由于其技术团队的背景，大多是借鉴了欧洲的经验，将垃圾制备成 RDF-3，制备成 RDF-4 和 RDF-5 的较为少见。

近几年发展的垃圾气化与水泥窑协同处置相结合的技术，是 RDF-7 在水泥工业的应用，如海螺水泥的循环流化床气化技术、北京金隅的气化炉技术等。

（三）RDF 研究进展

美国是世界上利用 RDF 发电最早的国家，已有 RDF 发电站 37 处，占垃圾发电站的 21.16%。日本电源开发公司在 20 世纪 90 年代就着手 RDF-5 燃料开发试验，1997 年进行设备设计、制造和安装等，1998 年实施燃烧试验。试验结果发现：发电效率达到 35%，比焚烧原生垃圾提高了 1.3 倍，并大幅度降低二次污染程度，在能源、资源回收及生态效益上具有绝对竞争优势，引起政府的高度重视。日本政府从国库出资，资助中小型焚化炉改建为联合处理方式的废弃衍生燃料的制造中心，以推动 RDF 技术的应用。目前，日本已有 40 多座 RDF 燃料制造厂正在运转，制成的 RDF 燃料一般运送到燃煤发电厂燃用。国外 RDF 的制备技术已相当成熟，目前的研究重点集中在 RDF 燃烧尾气排放特点及燃烧灰渣的重金属特性。我国目前 RDF 的制备技术尚处于探索阶段，也有部分研究。

第二节　RDF-5 制备工艺

一、原生垃圾 RDF-5 制备工艺流程与效果评价

（一）原生垃圾 RDF-5 制备工艺流程

原生垃圾 RDF-5 制备工艺流程如图 7-28 所示。

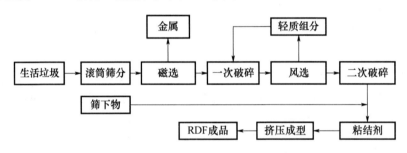

图 7-28　原生垃圾 RDF-5 制备工艺流程

（二）RDF-5 成型效果评价

采用成型率和抗压强度评价 RDF-5 的成型效果。

（1）成型率测定：将加工好的 RDF 成品放入烘箱，105℃充分干燥后，过 5mm 圆孔筛，称取筛上物的质量，用筛上物质量/总质量，得到样品成型率。

（2）抗压强度测定：RDF-5 的抗压强度采用万能电子实验机测定。

二、物理特性对 RDF-5 成型效果的影响

将垃圾进行分选，剔除金属、玻璃等不燃物后，分别进入剪切式破碎机破碎后筛分成不同粒径大小；然后调整成不同含水率、组合不同物理组分，采用图 7-28 的流程加工成 RDF，测定成型率和抗压强度。

（一）破碎粒径对成型效果的影响

调整剪切式破碎机的齿轮间隔，将经过分选的生活垃圾分为：不破碎、破碎成 50mm、破碎成 25mm、破碎成 20mm、破碎成 5mm、破碎成 100 目以下等 6 种不同粒径，分别用成型机加工成 RDF，将加工好的 RDF 成品放入烘箱，105℃充分干燥后，测定 RDF 的成型率和抗压强度，结果如图 7-29 所示。

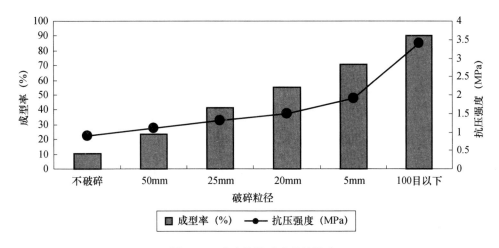

图 7-29 破碎粒径对成型的影响

从图 7-29 可以看出：随着垃圾粒径的降低，RDF 成型率逐渐增加，从未破碎的10％左右升高到粉末状的90％以上，差异显著。说明：垃圾破碎粒度越小，越有利于 RDF 成型。

当垃圾的粒径为 5mm 时，RDF 成型率达到 70.6％，由于采用的平模成型机模孔为 6mm，因此，垃圾破碎到与模孔接近或者略小于模孔的粒径大小较为合适。

随着垃圾粒径的降低，RDF 的抗压强度也逐渐增加，从未破碎的 0.9MPa 升高到 100 目以下粉末状的 3.4MPa，差异显著。说明：垃圾破碎粒度越小，越有利于垃圾之间的粘合，RDF 的抗压强度越高。

（二）含水率对成型效果的影响

根据破碎对成型影响的研究结果，将经过分选的生活垃圾破碎至 5mm，烘干后添加水分，调整成 20％、25％、30％、35％、40％、50％等 6 种不同的含水率，分别用成型机加工成 RDF，将加工好的 RDF 成品放入烘箱，105℃充分干燥后，测定 RDF 的成型率和抗压强度，结果如图 7-30 所示。

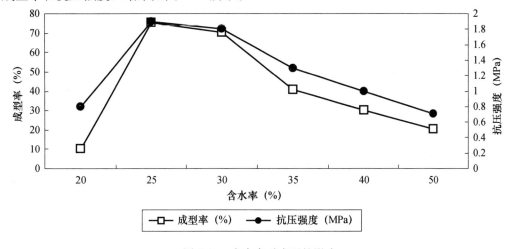

图 7-30 含水率对成型的影响

从图 7-30 可以看出：有利于 RDF 成型的最佳垃圾含水率为 25％，其次为 30％，成型率分别达到 75.3％和 70.4％。过高或过低的含水率均不利于 RDF 成型，强度相对也很低。

（三）灰土垃圾对成型效果的影响

在破碎成 5mm 的垃圾中分别添加部分灰土、炉渣灰土类等杂质，添加比例分别为 5％、10％、15％、20％、30％、40％、50％，用成型机加工成 RDF，将加工好的 RDF 成品放入烘箱，105℃充分干燥后，测定 RDF 的成型率和抗压强度，结果如图 7-31 所示。

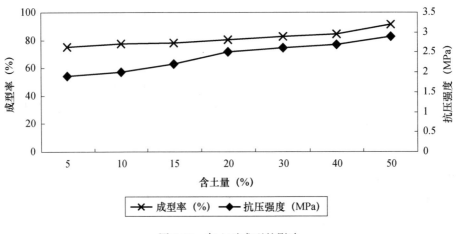

图 7-31　灰土对成型的影响

从图 7-31 可以看出：随着灰土添加量的增加，RDF 成型率和抗压强度也呈现增加的趋势，但差异不显著。但是，由于灰土组成为无机物，因此，添加大量的灰土会显著降低 RDF 成品的热值。灰土含量以不超过 10％为宜。

（四）厨余组分对成型效果的影响

由于生活垃圾中的主要组分是厨余、纸类和塑料，因此将这三类组分重点分析，探讨三组分对垃圾成型的影响。

在破碎成 5mm 的垃圾中，将厨余类的垃圾比例调整为 20％、30％、40％、50％、60％，用成型机加工成 RDF，将加工好的 RDF 成品放入烘箱，105℃充分干燥后，测定 RDF 的成型率和抗压强度，结果如图 7-32 所示。

从图 7-32 可以看出：随着厨余组分添加量的增加，RDF 成型率和抗压强度也呈现增加的趋势，即：在垃圾中增加厨余组分的含量，有助于垃圾成型。但是，由于厨余组分中含有一定的氯盐，因此，应测试成型后 RDF 中的氯含量，作为协同处置时的参考。

（五）纸类组分对成型效果的影响

在破碎成 5mm 的垃圾中，将纸类的垃圾比例调整为 5％、10％、15％、20％、

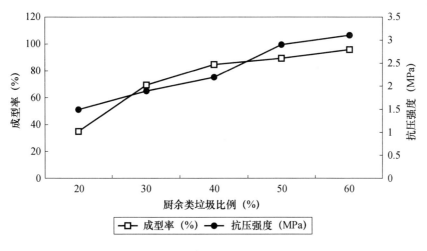

图 7-32 厨余组分对成型的影响

25％、30％，用成型机加工成 RDF，将加工好的 RDF 成品放入烘箱，105℃充分干燥后，测定 RDF 的成型率和抗压强度，结果如图 7-33 所示。

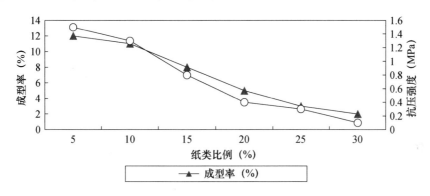

图 7-33 纸类组分对成型的影响

从图 7-33 可以看出：随着纸类组分添加量的增加，RDF 成型率和抗压强度呈现下降的趋势，即：在垃圾中增加纸类组分的含量，不利于垃圾成型。但是，由于纸类组分热值较高，因此，在不影响成型率的条件下，应增加纸类的含量，利于协同处置。

（六）塑料类组分对成型效果的影响

在破碎成 5mm 的垃圾中，将塑料类的垃圾比例调整为 5％、10％、15％、20％、25％、30％，用成型机加工成 RDF，将加工好的 RDF 成品放入烘箱，105℃充分干燥后，测定 RDF 的成型率和抗压强度，结果如图 7-34 所示。

从图 7-34 可以看出：随着塑料类组分添加量的增加，RDF 成型率和抗压强度呈现下降的趋势，即：在垃圾中增加塑料类组分的含量，不利于垃圾成型。由于塑料类组分热值较高，因此，在不影响成型率的条件下，应增加塑料类的含量，同时关注氯含量。

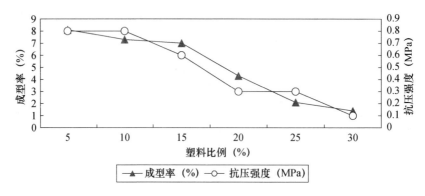

图 7-34 塑料类组分对成型的影响

三、RDF-5 添加剂选择

为了改善衍生燃料的物理特性及其在锅炉中的燃烧特性，需要向其中添加一定的添加剂，添加剂包括引燃剂、疏松剂、催化剂、固硫剂、防腐剂和粘结剂等。

（1）引燃剂

由于垃圾中的物理组分不同，垃圾的热值会发生波动。而且，由于垃圾中的主要可燃成分为极易释放和燃烧的挥发分，因此，当燃料中挥发分含量过高，大量挥发分会因为无法及时与足够的空气混合而导致燃烧不完全，并产生黑烟。所以，向垃圾衍生燃料中加入引燃剂，可改善其中的挥发分含量，使燃料易着火，并且使燃料热值稳定。可加入的引燃剂有煤、秸秆、木屑等。

（2）疏松剂

为改善燃烧状况，可以在垃圾制备 RDF 时添加一定的疏松剂，用于提高合成燃料的孔隙率，使空气可深入燃料内部，使燃料充分燃烧，降低炉渣的含碳量。

（3）催化剂

在燃料中掺入适量的金属氧化物能促进碳粒完全燃烧，并阻止 CO_2 被灼热的碳还原成 CO 而造成化学热损。英国的 MHT 工艺中，为改善型煤的燃烧条件，而加入少量的铁矿石粉作为催化剂。

（4）固硫剂

固硫剂主要用于降低烟气中的 SO_2 含量。一般采用石灰作为固硫剂，但是石灰不能助燃，若添加过多，会影响合成燃料的热值，另外也有以钙基化合物作为固硫剂。固硫可选择 CaO、Al_2O_3、Fe_2O_3 和 MnO_2 等。

（5）防腐剂

在固体废弃物中添加一定量的石灰，可使固体废弃物的 pH 值升至 12 以上，可以杀灭传染病菌，并防腐与抑制臭气的产生。

（6）粘结剂

目前广泛使用的 RDF 粘结剂包括有机粘结剂和无机粘结剂两类。

①有机粘结剂：有机粘结剂的粘结性能好，干燥固化后的燃料具有较高的机械强度。但是，有机粘结剂在高温下容易分解和燃烧，因而成品的热态机械强度和热稳定性较差。有些有机粘结剂具有一定的吸水性，从而使成品的防水性较差。

应用最多的有机粘结剂是制糖废液、造纸废液、淀粉和腐殖酸盐等。另外，生物质、制革和酿造废液、木质素磺酸盐等也很受重视。

②一般的无机粘结剂都能耐较高的温度，因而制成的燃料成品具有较好的热态强度和热稳定性。

最常用的无机粘结剂是石灰、水泥、黏土、硅酸钠、石膏、粉煤灰等。

参考文献中的介绍并综合考虑水泥熟料的特性要求，选择煤粉、CaO、粉煤灰、水泥和自制的有机无机混合物（ZY1）作为粘结剂，选择 CaO、Al_2O_3、Fe_2O_3 和自制的无机混合物（ZY2）作为固硫（氯）剂，探讨其对 RDF 成型率和抗压强度的影响。

四、粘结剂对 RDF-5 成型效果的影响

（一）粘结剂种类对成型效果的影响

在破碎后的垃圾中分别添加 20% 的煤粉、CaO、粉煤灰、水泥和自制的有机无机混合物（ZY1）作为粘结剂，5 种不同粘结剂对 RDF-5 成型效果的影响如图 7-35 所示。

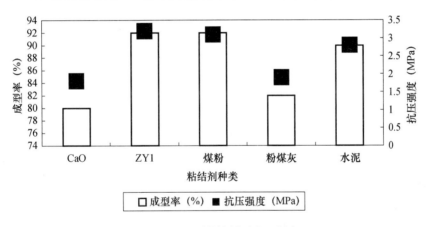

图 7-35 不同粘结剂对成型影响

从图 7-35 可以看出：煤粉、CaO、水泥、粉煤灰和自制的有机无机混合物（ZY1）作为粘结剂均可以提高生活垃圾 RDF 的成型率和抗压强度，成型率以添加煤粉、自制的有机无机混合物（ZY1）和水泥的最高，CaO 效果最差。抗压强度以添加煤粉和自制的有机无机混合物（ZY1）最高，其次为水泥，因此，以添加煤粉、自制的有机无机混合物（ZY1）和水泥作为粘结剂最为经济有效。但是，由于水泥为无机物，会降低 RDF-5 的热值，所以，生活垃圾制备 RDF-5 时，煤粉是最佳选择，其次是自制的有机无机混合物（ZY1）。

（二）粘结剂添加量对成型效果的影响

在粉碎后的生活垃圾中分别添加 5%、10%、15%、20% 的煤粉作为粘结剂，探讨

不同粘结剂添加量对 RDF 成型效果的影响，实验结果如图 7-36 所示。

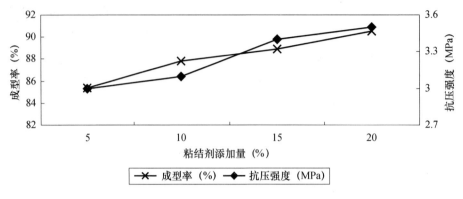

图 7-36　粘结剂添加量对成型影响

从图 7-36 可以看出：在粉碎后的生活垃圾中分别添加 5％、10％、15％、20％的煤粉作为粘结剂，随着粘结剂添加量的增加，RDF 成型率和抗压强度也随之增加，但 5％、10％、15％、20％之间差异不显著。因此，为节省购买煤粉的成本，添加量以不超过 10％为宜。

（三）ZY1 配方

研发的粘结剂原料为电石渣、粉煤灰、污泥。电石渣、粉煤灰、污泥的质量分数比为：电石渣 50％～80％，粉煤灰 5％～10％，污泥为 10％～45％。电石渣是电石法 PVC 生产中的废弃物，污泥为粉状干污泥。

五、固氯剂对 RDF-5 成型效果的影响

（一）固氯剂种类对成型效果的影响

在粉碎后的生活垃圾中分别添加 5％的 CaO、Al_2O_3、Fe_2O_3 和自制的无机混合物（ZY2）作为固氯剂，探讨不同种类固氯剂对 RDF 成型效果的影响，实验结果如图 7-37 所示。

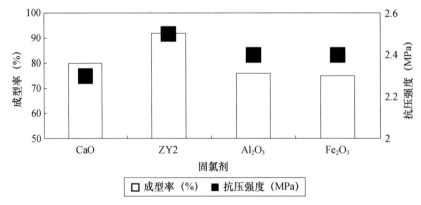

图 7-37　固氯剂种类对成型效果的影响

从图 7-37 可以看出：CaO、ZY$_2$、Al$_2$O$_3$ 和 Fe$_2$O$_3$ 作为固氯剂均可以提高垃圾 RDF 的成型率和抗压强度，以添加 ZY2 的效果最好，成型率达到 90％以上，抗压强度达到 2.5MPa 以上。因此，以添加 ZY2 作为固氯剂最为经济有效。

（二）固氯剂添加量对成型效果的影响

在破碎后的生活垃圾中分别添加 2％、5％、7％、10％的自制的无机混合物 （ZY2）作为固氯剂，对 RDF 成型效果的影响结果如图 7-38 所示。

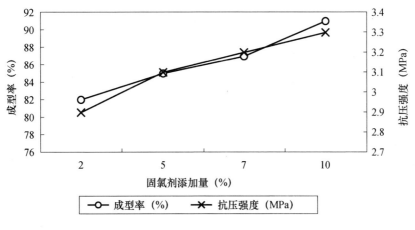

图 7-38　固氯剂添加量对成型影响

从图 7-38 可以看出：在粉碎后的生活垃圾中分别添加 2％、5％、7％、10％的自制的无机混合物（ZY2）作为固氯剂，随着粘结剂添加量的增加，RDF 成型率和抗压强度也随之增加，但 5％、7％、10％之间差异不显著。因此，固氯剂以添加 5％为宜。

（三）ZY2 配方

固氯剂的原料为电石渣、粉煤灰、激发剂。电石渣、粉煤灰、激发剂的质量分数比为：电石渣 60％～80％，粉煤灰 15％～30％，激发剂 3％～10％。电石渣是电石法 PVC 生产中的废弃物，激发剂为高锰酸钾。

第三节　自制固氯剂对 RDF-5 稳定性的影响

生活垃圾中含有大量微生物和有机质，极易腐败，不仅不利于其储存利用，而且在储运过程中容易产生渗滤液、恶臭、微生物等，影响环境和人体健康。在 RDF-5 中加入一定的防腐剂，可防止其腐败发臭、使其成分稳定，从而为长期保存和运输提供基础。

本研究选择自制的无机混合物（ZY2）固氯剂，考察添加 ZY2 对其长期稳定性的影响以及作为防腐剂的可行性。RDF-5 的稳定性以样品中渗滤液产生量、挥发分随时间的变化以及臭味控制来表征。

一、测定方法

（1）渗滤液产生量测定：采用带有刻度的烧杯接纳不同时间的渗滤液，测定其产生量。

（2）恶臭测定：采用感官法嗅辨 RDF-5 的恶臭。

（3）挥发分测定：将烘干样品在 600℃ 下马弗炉中隔绝空气加热 2h，用失重量除以烘干样品总质量即得到样品挥发分含量。

（4）热值测定：将样品磨成粉末，利用氧弹式热量计测定热值。

二、自制固氯剂对 RDF-5 渗滤液的影响

垃圾渗滤液是垃圾在收集、堆放和填埋过程中，由于生物发酵和雨水的淋浴、冲刷以及地表水和地下水的浸泡而渗沥出来的污水，蕴藏着周围环境中几乎所有的可溶物质，含有高浓度的 COD、BOD_5 以及氨态氮是垃圾渗滤液的重要水质特征。因此，垃圾渗滤液中的 COD、BOD_5 以及氨态氮等被列入我国和美国 EPA 环境优先控制污染物的"黑名单"。我国垃圾的有机物含量高、含水率高，而且各城市又多为混合收集方式，造成垃圾储存时产生的渗滤液的性质尤其复杂。

将 20kg 新鲜垃圾及在生活垃圾中添加不同比例 ZY2，制备 RDF-5 后分别置于下有排水管的容器内，在 25℃ 下存放 4 周，用有刻度的烧杯接收渗滤液，每周测定渗滤液的产生量。几种样品产生的渗滤液量如图 7-39 所示。

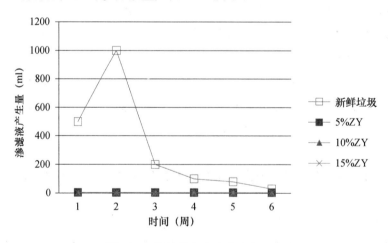

图 7-39 样品储存中渗滤液产生量

从图 7-39 可以看出：随着储存时间延长，新鲜垃圾中的渗滤液产生量也逐渐增加，第二周达到最高，产生量为 1000mL 以上，在第三周迅速下降，这与垃圾堆肥规律一致。添加不同比例的 ZY2 后，制备的 RDF-5 在储存过程中均无渗滤液产生。

三、自制固氯剂对恶臭的抑制

（一）恶臭分级

因国家、地区的不同，恶臭的分级也有所不同，例如美国采用 8 级分级制，而我国和日本目前都采用 6 级分级制。

本实验根据已有的资料及日本和北京市的恶臭分级，将恶臭分为 6 级，见表 7-5。

表 7-5　臭气强度分级

强度等级	0	1	2	3	4	5
嗅觉判别标准	无臭	勉强可以感觉到轻微臭味	容易感到微弱臭味	明显感到臭味	强烈臭味	无法忍受的强烈臭味

（二）自制固氯剂对恶臭的抑制

新鲜垃圾及在垃圾中添加不同比例 ZY2 制备的 RDF 在 25℃下存放 4 周后，样品中的臭味分级见表 7-6。

表 7-6　实验样品中的臭味分级变化

种类	新鲜垃圾	5％ZY$_2$	10％ZY$_2$	15％ZY$_2$
臭气强度	5	1	1	1

从表 7-6 可以看出：新鲜垃圾及在垃圾中添加不同比例 ZY2 制备的 RDF-5，在 25℃下存放 4 周后，样品中的臭味强度差异极显著：新鲜垃圾的臭味强度为 5，即有无法忍受的强烈臭味；但在垃圾中添加 5％、10％、15％的 ZY2 制备成 RDF-5 后，臭味强度降为 1 级以下，即勉强可以感觉到轻微臭味。

四、自制固氯剂对挥发分稳定性的影响

新鲜垃圾及在垃圾中添加不同比例 ZY2 制备的 RDF-5 在 25℃下存放 6 周后，各样品中的挥发分含量变化如图 7-40 所示。

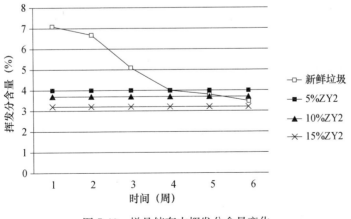

图 7-40　样品储存中挥发分含量变化

从图 7-40 中可以看出：随时间增加，除新鲜垃圾中的挥发分含量明显下降外，其他样品工业分析结果基本不变，具有较好的稳定性。而且，不同的 ZY2 添加量对 RDF 样品中的挥发分长期稳定性影响没有差异。

五、自制固氯剂对 RDF-5 热值的影响

在生活垃圾中添加不同比例 ZY2 制备的 RDF-5，其干基热值变化如图 7-41 所示。

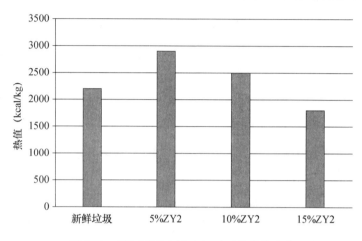

图 7-41　添加不同比例 ZY2 后干基热值变化

从图 7-41 中可以看出：由于制备过程进行了筛分，减少了含土量，而且经过挤压后，RDF-5 的密度提高，因此，将垃圾制备成 RDF-5，其干基热值升高。但是，随着 ZY2 添加量的继续增加，干基迅速下降，差异显著，即：随着 ZY2 的添加比例增加，对 RDF-5 的干基热值影响显著。

第四节　RDF-5 制备对重金属的影响

由于生活垃圾来源和组分复杂，在处理过程中往往发生重金属在环境中富集。废弃物中重金属含量及其生物有效性等直接关系到其生物毒性和迁移方式。本节探讨生活垃圾制备 RDF-5 对重金属总量及其形态影响。

一、重金属测试方法

（一）重金属总量测试方法

重金属的测试方法参见第四章。

（二）重金属生物形态测试方法

1979 年由 Tessier 等提出的基于沉积物中重金属形态分析的五步顺序浸提法已广泛应用于土壤样品的重金属形态分析及其毒性、生物可利用性等研究。该法将金属元素

分为可交换态、碳酸盐结合态、铁锰水合氧化物结合态、有机物和硫化物结合态以及残渣态。分析过程如下：

（1）可交换态：指交换吸附在沉积物上的黏土矿物及其他成分，如氢氧化铁、氢氧化锰、腐殖质上的重金属。由于水溶态的金属浓度常低于仪器的检出限，普遍将水溶态和可交换态合起来计算，也叫水溶态和可交换态。

（2）碳酸盐结合态：指碳酸盐沉淀结合一些进入水体的重金属。

（3）铁锰水合氧化物结合态：指水体中重金属与水合氧化铁、氧化锰生成结核这一部分。

（4）有机物和硫化物结合态：指颗粒物中的重金属以不同形式进入或包裹在有机质颗粒上同有机质螯合等或生成硫化物。

（5）残渣态：指石英、黏土矿物等晶格里的部分。

但是，由于测定重金属的含量很大程度上取决于所使用的提取方法，因此提取方法的差异，导致获得的结果没有可比较性。1987 年，欧共体标准局在 Tessier 方法的基础上提出了 BCR 三步提取法，并将其应用于包括底泥、土壤、污泥等不同的环境样品中。此方法解决了由于流程各异，缺乏一致性的步骤和相关标准物质而导致各实验室之间的数据缺乏可比性等问题。然而，在鉴定标准参考物质 BCR CRM601 时，各个实验室间的数据出现了明显的不同，尤其在提取过程的第二步。因此，Rauret 等人又在该方案的基础上提出了改进的 BCR 顺序提取方案，进一步优化了 BCR 提取方案的条件，并将其应用于底泥和土壤样品的金属形态分析。

因此，本研究采用改进的 BCR 法，探索 RDF-5 制备对重金属的固定效果。每个样品进行 3 个平行测定（测定数据为 3 次测定的平均值），每个批次实验平行两个空白样品。提取程序如下：

第一步：可交换态（Fraction A），取 0.5g 风干污泥样品，置于 50mL 聚乙烯离心管中，加入 20mL 醋酸溶液（0.11molPL），在室温下（20℃）震荡 16h，然后 4000r/min 下离心 20min，上层清液经过 0.45μm 微膜过滤，ICP2MS 测定各元素含量。残留物用 10mL 去离子水冲洗，离心 15min，洗涤液丢弃。

第二步：还原态（Fraction B），向上一级残留固体中加入 20 mL 0.5 molPL $NH_2OH \cdot HCl$（用 HNO_3 调节 pH 至 1.5），分离过程如上一步所描述。

第三步：氧化态（Fraction C），向上一级残留固体中加入 5mL30％H_2O_2，离心管加盖在室温下反应 1h，间歇震荡，然后在 85℃水浴中继续加热 1h，直到试管中 H_2O_2 体积减少到 1～2mL。再向其中加入 5mL H_2O_2，去盖在 85℃水浴中加热 1h，直到 H_2O_2 蒸发近干。待冷却后，向其中加入 25mL 醋酸铵溶液（1molPL，用 HNO_3 调节 pH 至 2）。像第一步描述的样品再次被震荡，离心，萃取分离。

第四步：残渣态（Fraction D），为了分析测定残渣态中金属元素的含量，在 BCR 提取方案的基础之上，采用了第四步提取方案。使用混合酸（2mLHNO$_3$＋1mL H_2O_2＋0.5mLHF）

对前三步提取所剩余的样品残渣进行消解，溶出存在于原生矿物当中的金属元素。

二、RDF-5 制备对重金属总量的影响

（一）RDF-5 制备对原生垃圾重金属总量的影响

将混合垃圾、居住区生活垃圾及事业区的生活垃圾均破碎至 5mm，调整含水率至 25%～30%，在不添加任何添加剂的情况下加工成 RDF，分别测定成型前后 8 种重金属的总量，结果如图 7-42 所示。

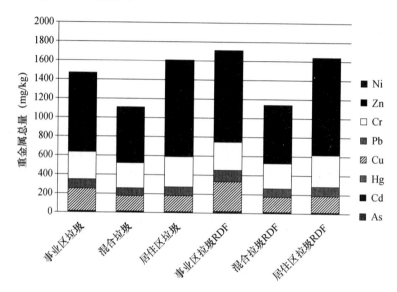

图 7-42　RDF-5 制备对重金属总量的影响

垃圾筛上物的 8 种重金属中，含量由高到低的顺序依次为：Zn＞Cr＞Cu＞Ni＞Pb＞As＞Hg＞Cd。将垃圾经过破碎直接加工成的 RDF 中，8 种重金属总量均有不同程度的上升，但差异不显著，这是因为将垃圾制备成 RDF-5 后，密度增加，单位质量中的重金属含量也有所增加。

（二）RDF-5 制备对垃圾各组分中重金属总量的影响

将生活垃圾进行手工分拣为塑料、织物、纸张、土、厨余垃圾，破碎至 5mm，调整含水率至 25%～30%，添加 5% 的 ZY2 并加工成 RDF，分别测定成型前后 8 种重金属的总量，测定结果如图 7-43 所示。

从图 7-43 中可知：在垃圾各组分中添加 5% 的 ZY2 加工成的 RDF 中，8 种重金属总量几乎没有变化。

（三）不同 RDF-5 添加剂对原生垃圾重金属总量的影响

将居住区垃圾破碎至 5mm，调整含水率至 25%～30%，分别添加 5% 的 $CaCO_3$、$Ca(OH)_2$、CaO、ZY1、ZY2 并加工成 RDF，测定成型前后 8 种重金属的总量，测定结果如图 7-44 所示。

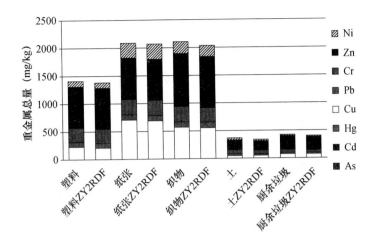

图 7-43 添加剂对各组分重金属总量的影响

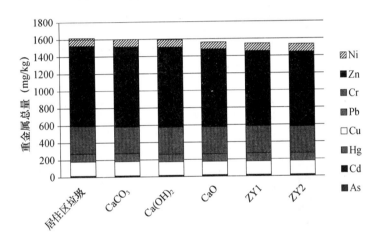

图 7-44 不同添加剂对重金属总量的影响

从图 7-44 中可知：在垃圾中添加 5％的 $CaCO_3$、$Ca(OH)_2$、CaO、ZY1、ZY2 加工成的 RDF 中，8 种重金属总量几乎没有变化。

三、RDF-5 制备对重金属形态的影响

（一）RDF-5 制备对原生垃圾重金属形态的影响

将原生混合垃圾破碎至 5mm，调整含水率至 25％～30％，在不添加任何添加剂的情况下直接加工成 RDF，分别测定成型重金属 Ni、Cd、Pb、Zn、Cu 的形态，结果如图 7-45 所示。

一般认为：酸可提取态重金属对人类和环境危害较大，铁锰氧化态、有机结合态较为稳定，残渣态一般称为非有效态，这部分重金属在自然条件下不易释放出来。

从图 7-45 中可知：原生垃圾中的各种金属，其形态各不相同，重金属 Ni 几乎没有酸可提取态，而 Cd、Pb、Zn、Cu 中均有酸可提取态存在。

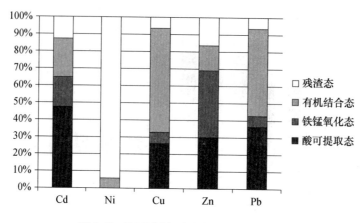

图 7-45　RDF 制备对重金属形态的影响

（二）不同 RDF-5 添加剂对重金属形态的影响

将居住区垃圾破碎至 5mm，调整含水率至 25%～30%，分别添加 5% 的 $CaCO_3$、$Ca(OH)_2$、CaO、ZY1、ZY2 并加工成 RDF，测定重金属 Cd 的形态，结果如图 7-46 所示。

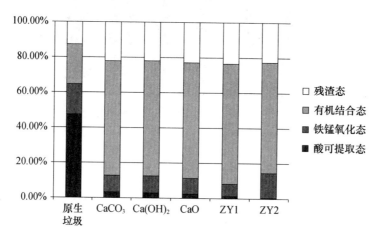

图 7-46　不同添加剂对重金属形态的影响

对比图 7-45 和图 7-46 可知：原生垃圾制备的 RDF-5 中，重金属 Cd 酸可提取态占 47%，而添加了不同添加剂后，酸可提取态的比例大幅度降低，有机结合态和残渣态的比例大幅度增加，说明：各添加剂均能降低重金属酸可提取态对人类和环境危害，添加剂对重金属有钝化作用。

第八章 RDF 热处理特性

第一节 RDF-5 热重特性

从本质上说，RDF-2,3,4 只是破碎的粒径不同，属于物理变化；但是对于燃烧来说，物料的粒径会影响与空气以及火焰的接触面积，继而影响燃烧特性。

本节采用粒径最小的 RDF-4，同时以 RDF-5 作为对比，探索不同 RDF 的热能特性。将混合生活垃圾、生活垃圾中的厨余、塑料、纸张、灰土等分别破碎筛分，制备成 RDF-4，然后采用热重分析仪逐一分析其热失重特性，并与 RDF-5 相比较。

一、测试方法

采用赛默飞综合热分析仪测定热重特性。高纯氮气为保护气，流速 150mL/min；空气为反应气，流速 100mL/min；升温程序：初始为室温，保持 1min 后，以 10℃/min 的速率升到 1000℃后保温 10min。刚玉坩埚，输送管温度 200℃。

二、混合垃圾不同组分的热重分析

混合垃圾的热重曲线如图 8-1 所示。

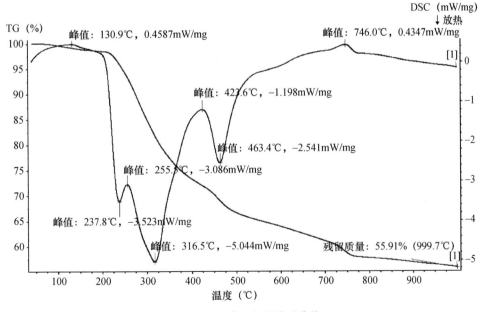

图 8-1　混合垃圾的热重曲线

由图 8-1 可见，从 230℃ 开始，随着温度的不断升高，厨余类垃圾的失重越来越大，一直持续到 750℃，其总失重约为 44%。在 800℃ 以前的失重可分为三个阶段：室温～230℃温度段，几乎不失重；230～480℃温度段，失重速率最快，出现多重失重速率峰；480～750℃温度段。表明混合生活垃圾的成分比较复杂，为多种燃烧速率不一致的可燃混合物组成。

三、厨余类垃圾的热重特性

厨余类垃圾的热重曲线如图 8-2 所示。

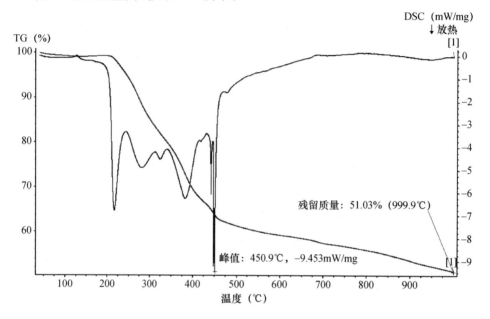

图 8-2　厨余类垃圾的热重曲线

由图 8-2 可见，从 220℃ 开始，随着温度的不断升高，厨余类垃圾的失重越来越大，一直持续到 1000℃，其总失重约为 49%。在 1000℃ 以前的失重可分为三个阶段：室温～220℃温度段，几乎没失重；220～450℃温度段，失重速率最快，且出现多重失重速率峰；450～1000℃温度段。表明厨余类垃圾为多种燃烧速率不一致的可燃混合物组成。

四、塑料类垃圾的热重特性

塑料类垃圾的热重曲线如图 8-3 所示。

由图 8-3 可见，从 220℃ 开始，随着温度的不断升高，塑料类垃圾的失重越来越大，一直持续到 700℃，其总失重约为 41%。在 700℃ 以前的失重可分为三个阶段：室温～220℃温度段，几乎没失重；220～450℃温度段，失重速率最快，且出现多重失重速率峰；450～700℃温度段。表明塑料类垃圾为多种燃烧速率不一致的可燃混合物组成。

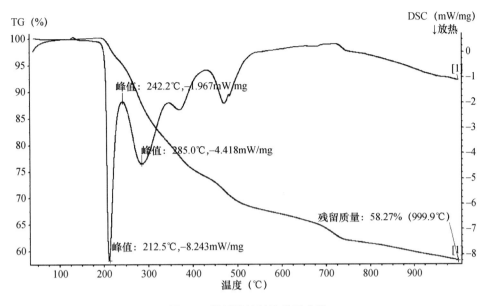

图 8-3 塑料类垃圾的热重曲线

五、纸张类垃圾的热重特性

纸张类垃圾的热重曲线如图 8-4 所示。

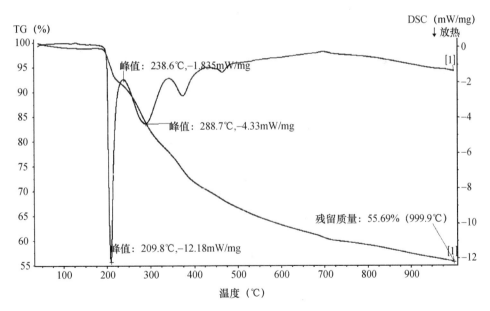

图 8-4 纸张类垃圾的热重曲线

由图 8-4 可见，从 210℃ 开始，随着温度的不断升高，纸张类垃圾的失重越来越大，一直持续到 500℃，其总失重约为 45%。在 700℃ 以前的失重可分为三个阶段：室温～210℃ 温度段，几乎没失重；220～380℃ 温度段，失重速率最快，且出现多重失重速率峰；380～500℃ 温度段。与塑料类垃圾相比，纸张类垃圾的热失重更快。

六、灰土类垃圾的热重特性

灰土类垃圾的热重曲线如图 8-5 所示。

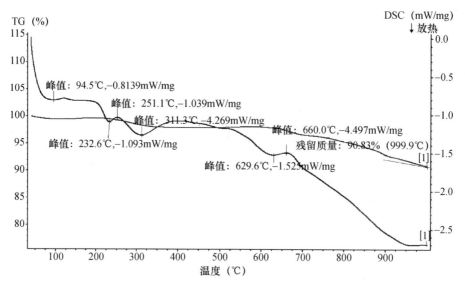

图 8-5　灰土类垃圾的热重曲线

由图 8-5 可见，从室温开始，随着温度的不断升高，纸张类垃圾的失重越来越大，一直持续到 900℃，其总失重约为 10%。在 900℃ 以前的失重可分为三个阶段：室温～100℃ 温度段；100～700℃ 温度段，出现多重失重速率峰；800～900℃ 温度段。

七、RDF-5 的热重特性

RDF-5 的热重曲线如图 8-6 所示。

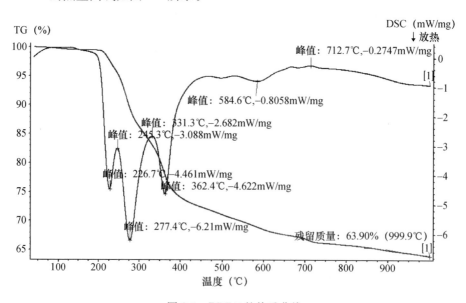

图 8-6　RDF-5 的热重曲线

由图 8-6 可见，从 200℃开始，随着温度的不断升高，RDF-5 的失重越来越大，一直持续到 700℃，其总失重约为 36%。在 1000℃以前的失重可分为三个阶段：室温～200℃温度段，几乎没失重；200～600℃温度段，失重速率最快，且出现多重失重速率峰；600～1000℃温度段。表明 RDF-5 为多种燃烧速率不一致的可燃混合物组成。

第二节　RDF-5 热解特性

一、热解与气化定义

垃圾热解气化技术不仅实现垃圾无害化、减量化和资源化，而且还能有效克服垃圾焚烧产生的二噁英污染问题，因而成为一种具有较大发展前景的垃圾处理技术。

垃圾热解气化是指在无氧或缺氧的条件下，垃圾中有机组分的大分子发生断裂，产生小分子气体、焦油和残渣的过程。热解与气化都是将可燃废弃物分为气体、液体和固体三部分的过程。但热解是指在完全无氧状态下进行，气化是指在缺氧状态下进行；热解产物是可燃气体、焦油和炭黑，气化产物是可燃气体、焦油和无机残渣。

与垃圾直接焚烧相比，热解气化技术具有以下优点：

（1）垃圾热解气化过程中，废弃物中的有机物成分能转化为可燃气体、焦油等不同的可利用能量形式，其经济性更好；

（2）垃圾气化时空气系数较低，大大降低排烟量，提高能量利用率、降低氮氧化物的排放量，减少烟气处理设备投资及运行费；

（3）还原气氛下，金属未被氧化，便于回收利用，同时 Cu、Fe 等金属不易生成促进二噁英形成的催化剂；

（4）热解气化法产生的烟气中，重金属、二噁英类等污染物的含量较少，二次污染小，污染控制问题得到简化，对环境更安全。

二、实验装置研发

研发的高温热解实验装置如图 8-7 所示。

高温裂解器为横向放置。净容积大于 10 立方分米，即可以容纳相对密度 0.5 的试验物料 5kg 以上。初定内腔尺寸为 $\phi 300\text{mm} \times 350\text{mm}$。最高加热温度为 1200℃。氮气通过减压、质量流量控制进入气体预热器，然后进入高温裂解器，以保证氮气的进入不致高温裂解器温度降低。高温裂解器采用两端法兰加密封结构，开闭方便，以便装填物料和清理废物。裂解产生的高温气体首先通过风冷却器将温度降低到 650～700℃，然后通过旋风分离器将气体中裹挟的固体颗粒分离出来。再通过两级陶瓷过滤器净化气体。气液分离器使用三级水冷却器，加装集液器。产生的气体，一部分分流供分析；其他气体与减压后的压缩空气混合，在废气燃烧器里加热、燃烧，然后排放。所有管

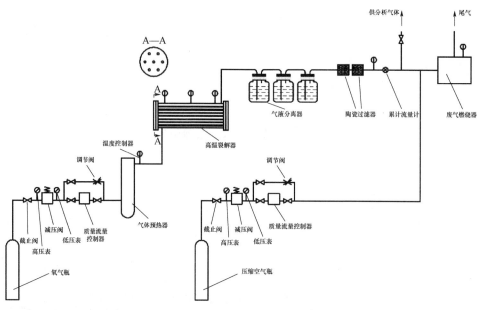

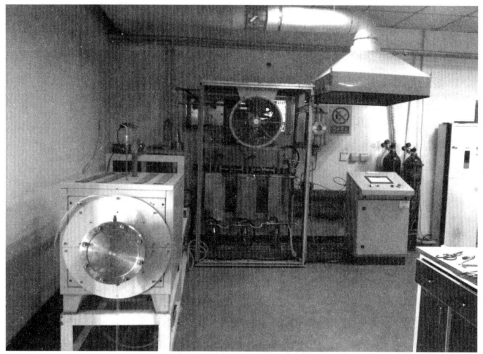

图 8-7　高温热解实验装置

路采用快换接口，易拆易换。管路设计尽量减少弯头，以防堵塞。管路和各加热器、冷却器的适当位置配置温度控制器，以保证试验温度可准确控制。管路、阀门和加热器使用不锈钢为主要材料，保证耐高温、耐腐蚀。气液分离器后，加装体积流量计，以监测试验产生的气体流量曲线和总量累计。热解试验产生的液体，由气液分离器集液器收集和称重计量，热解产生的固体，打开高温裂解器两端的法兰进行收集和称重计量。

本实验装置的特点是：

（1）温度可控，从 300～1200℃ 之间可以由中控系统调节；

（2）加热均匀，升温快，每升高 100℃ 只需 5min；

（3）采用先加热，后气压推送物料入炉形式，保证了炉内温度均匀；

（4）热解气体采用三级水冷＋风冷系统，保证了焦油的去除；

（5）可人工设定温度、冷却等参数，全程自动采集数据。

由于热解产生的气体大多为可燃气体，因此，需要配置专用的防爆集气泵及焦油过滤膜等。研发的热解气体收集装置如图 8-8 所示。

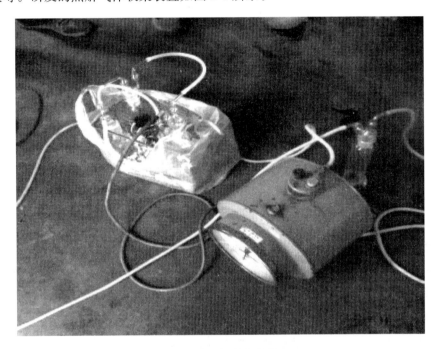

图 8-8　热解气体收集装置

用防爆真空泵收集所有的气体，经过精密流量计计量后，装入抗热的气体收集袋，送入实验室进行分析测定。

三、垃圾热解机理分析

（一）热解动力学模型

一般来说，固体废物的热解过程存在两个竞争反应：脱链解聚吸热反应和交联缩聚放热反应。热解反应的热效应由脱链解聚吸热反应和交联缩聚放热反应这两个竞争反应程度决定，占主导地位的反应可由热重曲线上的吸热峰或放热峰来确定。如果脱链解聚反应程度大于交联缩聚反应程度，热解反应呈吸热效应；反之，如果脱链解聚反应程度小于交联缩聚反应程度，热解反应呈放热效应。从垃圾热重曲线图可以看出：决定脱链解聚吸热反应和交联缩聚放热反应的节点在于热解物料的活化能，即物料本身的特性决定反应进程。

将塑料、纸张、灰土等近似看做一级反应，则热解动力学反应方程式可表示为：

$$\frac{\mathrm{d}v}{\mathrm{d}t}=A_\mathrm{o}\ (V_\mathrm{m}-V)\ \exp\left(\frac{-E}{RT}\right) \tag{8-1}$$

$$V=V_\mathrm{m}\left\{1-B\exp\left[-A_\mathrm{o}t\exp\left(\frac{-E}{RT}\right)\right]\right\} \tag{8-2}$$

式中　V——某时刻垃圾热解挥发分的产生量，kg；

　　　V_m——垃圾热解挥发分最大产生量，kg；

　　　T——热解物料的温度，K；

　　　t——热解进行时间，s；

　　　R——气体常数，8.314J/ (mol·K)；

　　　A_o——频率因子，s^{-1}；

　　　E——垃圾热解活化能，KJ/mol；

　　　B——常数。

混合固体废物的热解模型可以表示为：

$$\frac{\mathrm{d}v}{\mathrm{d}t}=A_o\ (V_\mathrm{m}-V)\ \exp\left(\frac{-E}{RT}\right)^{(1-n)a} \tag{8-3}$$

式中　n——垃圾不同组分；

　　　a——一级反应个数。

从垃圾的热重曲线图可知：垃圾中各可燃物的热解反应都服从热解动力学的基本方程，混合物料的热解反应可用多个一级反应来描述热解过程。不同类别的有机质混合在一起，它们的热解过程互不干扰，是相互独立完成的。

（二）热解活化能计算

保持加热速率不变，按照热解动力学方程式（8-1）、式（8-2）、式（8-3），垃圾典型组分的活化能计算结果见表8-1。

表 8-1　垃圾典型组分活化能分析

名称	指前因子 A（min^{-1}）	活化能 E（kJ/mol）	偏离指数 o（%）
塑料	8.15E+7	178.5	4.22
纸类	8.13E+6	254	4.03
木竹	5.15E+5	57.15	4.97
厨余	2.51E+7	67.4	4.58
橡胶	3.01E+8	167.9	5.14
化纤	4.26E+10	108	5.23

从表8-1可知，在加热速率保持不变的情况下，不同物质的热解活化能和频率因子的差别很大。因此，物料本身的特性决定了热解进程。

调整加热速率分别为 10℃/min、20℃/min 和 50℃/min，按照热解动力学方程，垃圾中塑料的活化能计算结果见表8-2。

表 8-2 不同升温速率下塑料活化能分析

升温速率（℃/min）	指前因子 A（min^{-1}）	活化能 E（kJ/mol）	温度区间（℃）
10	3.01E+8	171.2	680~750
20	8.55E+8	158	710~780
50	5.47E+5	114.2	690~850

从表 8-2 可以看出：改变加热速率，同一热解物质的活化能亦随之改变，而且，随着加热速率的提高，活化能随之降低。

对于特定的某种单质物料而言，其活化能和频率因子是确定的，只有热解温度和热解时间为热解反应进程的变量，因此，提高热解温度和缩短热解时间有利于增大热解反应速度，提高垃圾热解反应挥发分的转化率。

（三）热解反应阶段

原生混合垃圾、生活垃圾中的厨余、塑料、纸张、灰土等热失重过程中，随着温度的升高，气体组分依次为：CH_4、H_2、CO_2、C_nH_m、未知气体、CH_4、H_2 等。

根据原生垃圾、垃圾中的厨余、塑料、纸张、灰土等物料热失重过程中的气体组分检测结果可知，固体废物热解可分为以下几个阶段：

①初次热解反应：在受热条件下，首先发生一次裂解，析出挥发分、焦油和 CH_4、H_2 等气体产物，初次热解反应是造成初始反应失重的主要原因。

②二次热解反应：随着温度的升高，大分子物质再次裂解，生成组分更为复杂的气体及 CH_4、H_2。

（四）热解机理分析

从热解的动力学和化学机理分析，可将垃圾热解机理概括为：

① 在加热速率保持不变的情况下，不同物质的热解活化能和频率因子的差别很大，因此，决定热解反应的节点在于热解物料的活化能，即物料本身的特性决定热解反应进程；

② 同一物料的活化能随加热速率的改变而改变。一般来说，提高加热速率，活化能有所降低，因此，提高加热速率可以提高热解反应进程；

③ 固体废物热解可以分为两个阶段：初次热解反应和再次热解反应。初次热解反应生成的主要气体为 CH_2、H_2 及 C_5 以下的气体，600℃是热解的分水岭，生成的产物最复杂，再次热解反应在 700℃以上，温度越高，CH_4 含量越高；

④在活化能和频率因子确定的情况下，只有热解温度和热解时间为变量，因此，提高热解温度和缩短热解时间有利于增大热解反应速度，提高固体废物热解反应挥发分的转化率。

四、RDF-5 热解产物特性

采用自主研发的高温热值装置及气化中试装置将垃圾及其不同组分分别进行了无氧条件下的热解实验，通过测定不同温度热解温度下的可燃气体、焦油、残渣、二噁英等产物的组成、热值、官能团等变化特征并借助于数学模型分析，建立了 RDF-5 热解机理及二噁英的产生和控制技术，探讨了不同温度、电压、催化剂等热解条件下可燃气体、焦油及固体燃料的定向热解机制。

（一）实验参数设置

将热解温度设定为 300～1000℃，温度间隔为 100℃。试样的质量为 5000g，为了消除试样中水分的影响，试样在实验前放入 105℃的恒温炉中干燥 3h 以上。气化载气为纯度为 99.99％的 N_2，反应时间为 60min。采用气相色谱仪对热解及气化气体进行分析，气相色谱仪型号为 GC-9160。实验前取纯净的 H_2、CO_2、CO、CH_4、C_2H_6 等小分子烃气体作为标样，并测定其波峰位置。实验中以此为基础判断混合气体的组分及各组分的百分含量。色谱柱 A 柱温度设为 95℃，B 柱温度设为 80℃，分析时间为 90s。由于气体的停留时间可能因为环境的改变而略有偏移，除分析之前利用标准气进行校准外，每测 10 个样利用标准气再次进行校核。在运行工况稳定后，每隔 5min 取一次样，每袋气体至少分析两次，将平均值归一化之后作为可燃气的组成。RDF-5 热解产物的产率采用质量法测定，其中焦油的产量直接用电子天平称量，气态产物的质量采用差减法获得，气体产物的体积用流量计测定。焦油特性采用气相色谱-质谱（GC-MS）测定。气相色谱-质谱分析采用 HP6890 型气相色谱与 HP5973 型质谱联用仪。色谱条件：Hp-5Ms 石英毛细管柱（30m×0.25mm×0.25μm）。进样量 1～2μL，载气为氦气。质谱条件：电子轰击源，电离能量 70eV，电流为 200μA。GC 与 MS 接口温度 280℃。

（二）不同热解产物的产率

RDF-5 在 300～1000℃温度下热解后，底渣、焦油及可燃气体的产率如图 8-9 所示。

从图 8-9 可以看出：随着热解温度的升高，底渣的产率逐渐降低，可燃气体的产率逐渐升高，底渣和可燃气体的产率分别从 300℃时的 88.94％和 7.97％变为 1000℃时的 62.66％和 36.83％，可见，温度越高，越有利于挥发分的析出，这是因为 RDF-5 中的

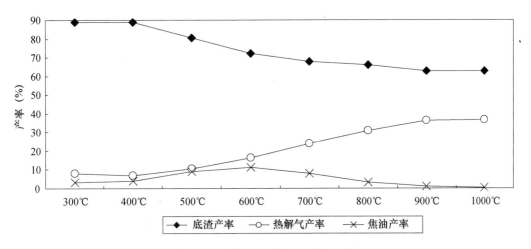

图 8-9　不同温度下热解产物的产率

有机大分子不断裂解，生成更多的焦油和可燃气，留下很多空隙，有利于气固反应的进一步发生，使得底渣的产率进一步降低。随着热解温度的升高，可燃气体的产率持续增加，当温度在 1000℃时，产气率达到最高值，为 36.83%。焦油产率在 600℃时达到最高，为 11.2%。

（三）可燃气体特性分析

（1）可燃气体组成

RDF-5 在 300～900℃温度下热解后，主要可燃气体产生的体积百分比含量如图 8-10 所示。

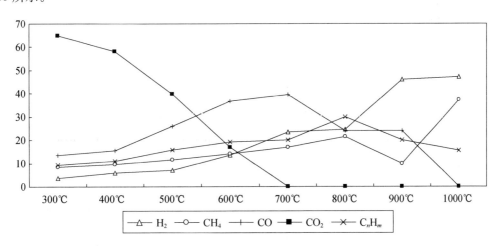

图 8-10　可燃气体以及百分含量

从图 8-10 可以看出：当热解温度在 400℃以下时，除 CO 外，各种可燃气体的含量均很少。随着温度的升高，各可燃气体的产生的体积百分比含量也逐渐增加，但产量最高点并不相同：H_2、CH_4、C_nH_m 在 1000℃达到最高，CO 则是在 800℃达到最高。这表明，随着热解终温的提高，垃圾中大分子量的物质得到裂解，产生了更多的烷烃类气体。

（2）烃类气体组成

RDF-5 在 300～1000℃ 温度下热解后，产生的主要烃类气体体积百分比含量如图 8-11 所示。

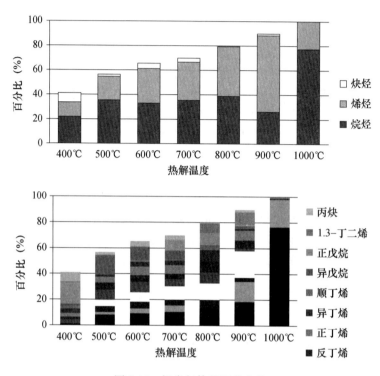

图 8-11　烃类气体的百分含量

从图 8-11 可以看出：当热解温度在 300℃ 时，烃类气体含量很少。当热解温度在 400℃ 时，主要为正戊烷，其他组分均很少。随着温度的升高，不仅各可燃气体的产生的体积百分比含量逐渐增加，而且主要气体逐渐向低分子物质偏移，异戊烷、正丁烷、丙烯及甲烷的产量逐渐增加，不同气体产量的最高点并不相同：异戊烷在 500～600℃ 达到最高；在 700℃ 时，以正丁烷为主；在 800～900℃，主要产物为丙烯；甲烷的产量随着温度的升高一直增加，在 1000℃ 达到最高。这表明，随着热解终温的提高，垃圾中大分子量的物质得到裂解，产生了更多的小分子类烷烃气体。

（3）烟温及可燃气体热值

炉体和烟气的温度均采用在线测温仪测定。

RDF-5 产生的热解气热值可由式（8-4）计算：

$$LHV = (30.0 \times CO + 25.7 \times H_2 + 85.4 \times CH_4 + 151.3 \times C_nH_m) \times 4.2 \qquad (8-4)$$

式中：CO、H_2、CH_4 和 C_nH_m 分别是气体产物中 CO、H_2、CH_4 和碳氢化合物的体积比率。

RDF-5 在 300～1000℃ 温度下热解产生的可燃气体热值计算结果如图 8-12 所示。

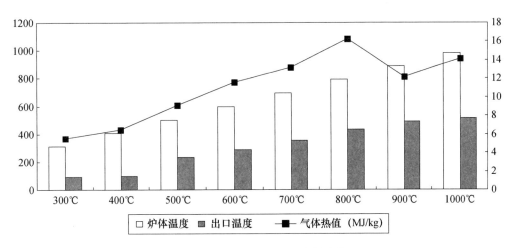

图 8-12　不同温度下可燃气体热值

从图 8-12 可以看出：随热解温度的升高，RDF-5 热解产生的可燃气体热值显著增加，这说明高热解温度更利于形成更多的高热值可燃气体。当热解温度达到 800℃时，可燃气体的热值最高，达到了 16.22MJ/m³。当热解温度达到 1000℃时，由于大分子有机物全部裂解，生成的可燃气体中以甲烷为主，因此热值有所降低，变为 14.14MJ/m³。

相比于原物料而言，可燃气的热值比原物料有所增加，热值增加的最主要原因在于：热解能够有效地排除其所含的氧元素，使碳元素含量提高；外加热的方式，使外部热量传递给物料。因此，热解可提高废弃物作为固体燃料的使用性能。

（四）焦油特性分析

经 GC-MS 测定，焦油的组分分析结果见表 8-3。

表 8-3　RDF-5 热解焦油组分分析

名称	相对含量（%）			
Acetic acid	500℃	600℃	700℃	800℃
Propenoic acid	15.01	16.42	24.12	
Propanoic acid	5.40	6.33	—	—
Crotonic acid	6.30	2.43	—	—
Butanoic acid	0.68	1.92	—	—
Furfural	1.89	0.66	—	—
4-Pentenoic acid	1.45	—	—	—
3-Penten-2-one，4-methyl	1.68	0.27	—	—
2-Pentanone，4-hydroxy-4-methyl	10.22	22.08	—	—
Hexanoic acid	2.02	3.54	6.37	12.06
3-Pyridinecarbonitrile	5.08	0.30	—	—

名称	相对含量（%）			
Phenol	—	—	2.05	—
Ethanone，1-(2-furanyl)	9.17	15.56	10.93	—
1,3-Cyclohexadiene	2.01	0.50	—	—
1,2-Cyclopentanedione,3-methyl	—	—	8.42	8.05
Cyclohexanone，2-(hydroxymethyl)	0.88	—	—	—
Benzonitrile	1.39	—	—	—
Phenol，4-methyl	1.02	2.53	3.44	3.26
Indene	9.22	1.57	0.99	—
Naphthalene	—	—	—	7.07
Naphthalene，2-methyl	9.50	10.18	8.22	33.04
Naphthalene，1-isocyano	6.38	2.85	1.35	2.42
Biphenyl	1.04	1.08	5.16	—
1,4,7,10,13,16-Hexaoxacyclooctadecane	3.49	2.45	3.17	2.61
Acenaphthylene	0.52	0.64	0.64	—
Fluorene	2.69	3.54	18.07	20.18
Benzene，1,1'-(diazomethylene) bis	—	1.92	5.45	8.25
Benzoic acid，2-formyl-4,6-dimethoxy-，8,8-dimethoxyoct-2-yl ester	—	—	1.31	—
Acetic acid	1.02	0.85	—	—
Propenoic acid	15.01	16.42	24.12	—

从表 8-3 可以看出：500℃和 600℃时，RDF-5 热解产生的焦油组分变化不大，然而随着热解温度的进一步提高，焦油中的许多含氧化合物发生了二次裂解，生成了水蒸气、氢气和 CO 等，使焦油的组分减少，烯烃和芳香化合物的组分和含量增加，如生成了较多的茚（Indene）、萘（Naphthalene）、苊烯（Acenaphthylene）和芴（Fluorene）等。而 600℃时焦油中含有更多的较高化工利用价值的乙酸（Acetic acid）、异亚丙基丙酮（3-Penten-2-one，4-methyl）和苯酚（Phenol）等，另外 600℃时焦油的产量最高，有价值的组分最多，因此，从焦油生成及后利用的角度来看，600℃是热解制油的最佳温度。

（五）热解底渣特性分析

热解底渣特性包括：减少率及热值、底渣微观结构及底渣红外分析等。RDF-5 减少率采用称重法测定，微观结构采用电镜扫描，红外分析采用红外仪测定。

（1）底渣灼减率及热值

RDF-5 在 300～1000℃温度下热解后，热灼减率和热值变化如图 8-13 所示。

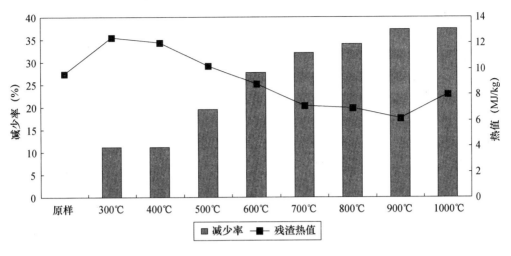

图 8-13　底渣灼减率及热值

（2）热解底渣微观形态

RDF-5 在 300～1000℃温度下热解后，不同温度下的底渣电镜扫描结果如图 8-14 所示。

图 8-14　不同温度下的底渣电镜扫描

从图 8-14 可以看出：RDF-5 在 300～1000℃温度下热解后，微观结构逐渐均匀，说明：热解有效地排除了其所含的氧等其他元素，使碳元素含量提高并使得残炭更加密实，结构更加紧凑，有效提高了后续作为燃料的使用效率，表明热解是一种很好的固碳方式。

（3）热解底渣红外分析

将 RDF-5 热解后的残渣进行红外扫描，分析其分子结构变化。RDF-5 原样及在 300～1000℃温度的残渣红外扫描结果如图 8-15 所示。

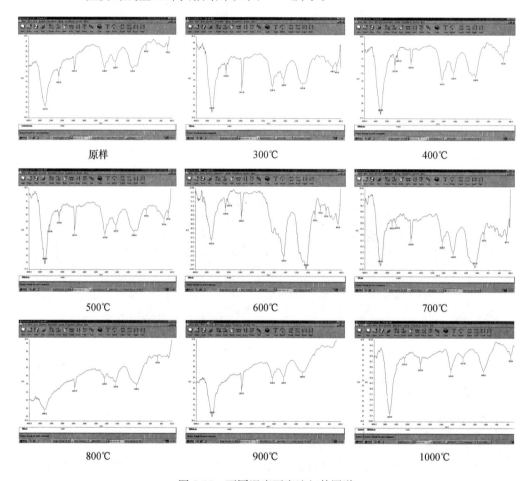

图 8-15　不同温度下底渣红外图谱

从图 8-15 可知：RDF-5 原样中，各红外吸收峰对应的主要化合物为—OH（游离水）、饱和 C—H、苯环、铵盐（仲、叔）、—CH$_3$、含氯化合物等，当热解温度升高为 300℃时，底渣基本无变化；400～500℃时，底渣中均出现了—CH$_3$ 峰值，表明复杂的化合物开始分解；600℃时，热解底渣成分最为复杂，出现了不饱和的三键碳氢化合物、双键碳氢化合物及五碳化合物等，表明此温度是个转折点；700℃时，底渣中双键碳氢化合物增加；当热解温度升高到 800℃后，炔烃含量增加，这与热解机理的研究结果相一致。此外，800℃时，含氯化合物含量也大幅度降低。当热解温度高达 1000℃

时，底渣中仍然含有饱和 C—H、苯环类化合物、铵盐、—CH₃等，有机碳被有效固定下来。这与底渣的电镜扫描结果相一致。

（4）热解底渣重金属及水泥窑有害元素分析

分别测定 RDF-5 在 800℃热解温度下和 800℃焚烧温度下残渣中的重金属及水泥窑有害元素含量，比较结果如图 8-16 所示。

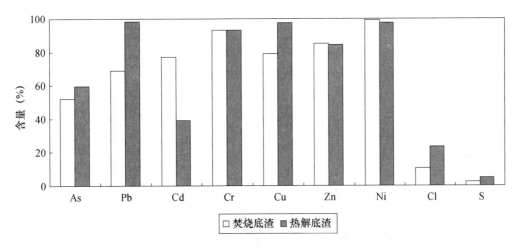

图 8-16　热解底渣中的元素及重金属含量

从图 8-16 可以看出：RDF-5 热解后，底渣中重金属含量及水泥窑有害元素含量如 Cl、S 含量分布显著高于焚烧底渣，说明：RDF-5 热解有助于将重金属及水泥窑有害元素固定在底渣中，减少了烟气中的重金属及水泥窑有害元素排放。

五、定向热解机制

（一）定向产生可燃气体的机制

根据热解机理的研究结果，在 RDF-5 中添加 5％的金属氧化物，如 Fe_2O_3、Al_2O_3、ZnO、CuO、CaO、TiO_2作为催化剂，分别在 800℃和 900℃下热解，测定气体的产生率，结果如图 8-17 所示。

从图 8-17 可以看出：在 RDF-5 中添加 5％的金属氧化物 Fe_2O_3、Al_2O_3、ZnO、CuO、CaO作为催化剂，分别在 800℃和 900℃下热解，与对照相比，气体产率均有不同程度的下降，而添加 5％的 TiO_2作为催化剂后，分别在 800℃和 900℃下热解，对照相比，气体产率从不添加的 36.26％分别增加到 45.68％和 51.45％，差异显著。因此，在需要 RDF-5 定向产生可燃气体的时候，可采用在 RDF-5 中添加 TiO_2作为催化剂，增加可燃气体产量。

（二）定向产生固定碳燃料的机制

根据前面的研究结果，在 300℃下热解后的底渣热值最高，因此，将热解温度调整为 100～1000℃，并以 105℃干燥温度为对照，分别测定底渣热值，结果如图 8-18 所示。

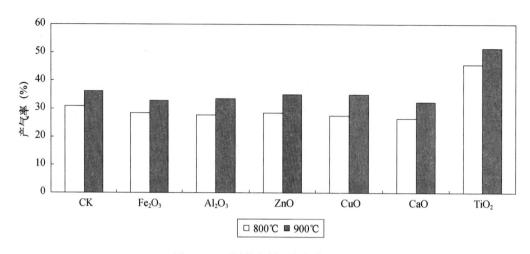

图 8-17　不同催化剂对产气率的影响

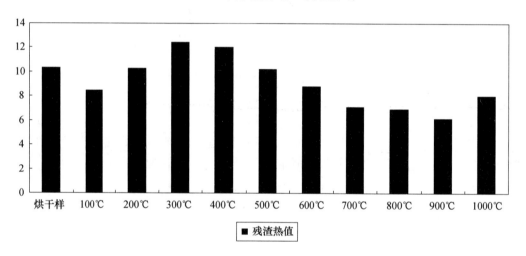

图 8-18　不同温度对底渣热值的影响

从图 8-18 可知：在热解温度为 $100 \sim 1000℃$ 时，以 $105℃$ 温度下的干燥 RDF-5 热值为对照，底渣热值最高的仍为 $300℃$。因此，为得到高热值的含固定碳的燃料，以 $300℃$ 的热解温度为宜。

（三）定向产生焦油的机制

根据前面的研究结果，产生焦油的最佳温度是 $600℃$，因此，在 $600℃$ 下将电压从 380V 变换为 220V、190V 和 160V，转换电压的实质是控制升温速率，分别测定焦油产量，结果如图 8-19 所示。

从图 8-19 可以看出：在 $600℃$ 下将电压从 380V 变换为 220V、190V 和 160V 后，焦油产率均有不同程度的增加，以 160V 最为显著，从 380V 的 11.2％ 增加到 160V 的 25.9％，差异极显著。因此，在需要 RDF-5 产生焦油的时候，可采用 $600℃$ 低压或者降低升温速率的手段，增加焦油产量。

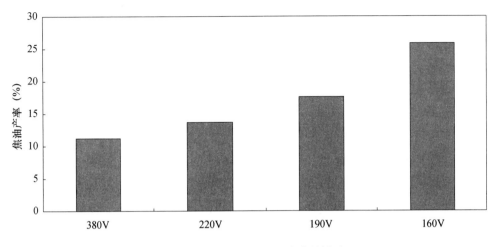

图 8-19 不同电压对焦油产率的影响

六、RDF-5 热解过程中二噁英产生及控制

(一) 热解过程二噁英成分检测

RDF-5 在不同温度下热解后，热解气体中的二噁英成分检测结果见表 8-4。

表 8-4 不同温度下的二噁英浓度（ng/m³）

	300℃	400℃	500℃	600℃	700℃	800℃	900℃	1000℃
$2,3,7,8-T_4CDD$	0.029	—	0.5	—	0.014	0.12	—	—
T_4CDDs	0.93	0.17	1.6	0.024	1.6	28	0.1	0.56
$1,2,3,7,8-P_5CDD$	0.09	—	1.6	—	—	0.27	—	—
P_5CDDs	1.4	0.04	3.3	0.08	0.91	20	0.092	0.4
$1,2,3,4,7,8-H_6CDD$	—	—	0.3	—	—	0.09	—	—
$1,2,3,6,7,8-H_6CDD$	0.11	—	5.7	—	—	0.31	—	—
$1,2,3,7,8,9-H_6CDD$	0.08	—	3.5	—	—	0.25	—	—
H_6CDDs	1.2	0.24	7.7	0.056	0.16	5.3	0.18	0.2
$1,2,3,4,6,7,8-H_7CDD$	0.48	0.1	0.24	—	—	0.74	0.14	0.06
H_7CDDs	1	0.23	0.48	0.024	0.12	1.7	0.28	0.14
O_8CDD	0.37		11		—	1.2	—	—
$2,3,7,8-T_4CDF$	0.13	—	3.7	—	0.078	0.97	0.018	0.027
T_4CDFs	5.5	0.32	0.19	0.19	2.5	27	0.49	0.72
$1,2,3,7,8-P_5CDF$	0.26	—	4	—	0.1	0.57	—	—
$2,3,4,7,8-P_5CDF$	0.4	—	10	—	—	0.7	—	—
P_5CDFs	7.2	0.17	0.13	0.11	2.1	17	0.28	0.56
$1,2,3,4,7,8-H_6CDF$	0.5	—	11	—	—	0.5	—	—
$1,2,3,6,7,8-H_6CDF$	0.48	—	15	—	0.11	0.57	0.05	0.04

续表

	300℃	400℃	500℃	600℃	700℃	800℃	900℃	1000℃
1,2,3,7,8,9-H$_6$CDF	—	—	2.2	—	0.06	0.05	—	—
2,3,4,6,7,8-H$_6$CDF	0.55	0.08	0.29	—	0.09	0.53	0.11	—
H$_6$CDFs	4.9	0.48	1.8	0.072	0.85	5.9	0.59	0.38
1,2,3,4,6,7,8-H$_7$CDF	1.9	0.28	0.5	0.05	0.2	1.3	0.46	0.1
1,2,3,4,7,8,9-H$_7$CDF	0.16	—	4.5	—	0.05	0.13	—	—
H$_7$CDFs	2.6	0.4	0.73	0.056	0.37	1.9	0.65	0.14
O$_8$CDF	—	—	1.5	—	—	—	—	—

从表 8-4 可以看出：热解温度为 800℃时，热解气体中的二噁英含量最高，各种组分均有，此时，大分子物质发生第二次裂解，生成了较为复杂的化合物，这与焚烧的二噁英产生规律完全不同。结合底渣的分析可知，热解温度为 800℃时，RDF-5 中的氯大部分挥发到烟气中，为二噁英合成提供了前驱物。其次是 300℃和 500℃。

（二）热解过程二噁英毒性当量

RDF-5 在 300～1000℃温度下热解后，不同温度下，热解气体中的二噁英毒性当量检测结果如图 8-20 所示。

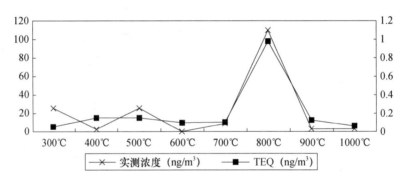

图 8-20　不同热解温度下的二噁英成分

从图 8-20 可以看出：热解温度为 800℃时，热解气体中的二噁英毒性当量最高，为 0.98ng/m³，超过了欧洲大气排放标准将近 10 倍，其次是 500℃，为 0.15ng/m³，逼近了我国标准限值，因此，在实际生产中，由于氧含量不同，热解不应照搬焚烧的工艺参数，而是应该避开 800℃的气化温度。

（三）热解过程二噁英控制机理

在垃圾焚烧过程中，垃圾中的大分子碳与氧、氯、氢等基本元素经金属物质的催化作用，合成了二噁英。二噁英合成反应主要包含氧化反应和缩合反应等历程：①氧化反应：氧在碳表面在催化剂作用下进行氧化降解作用，产生芳香烃氯化物。此外氯在大分子碳结构边缘，以并排的方式进行氯化反应，生成邻氯取代基的碳结构物。②缩合反应：氧化反应提供了二噁英生成所需芳香族羟基的结构，飞灰上的催化金属促使单环官能团芳香族（氯苯及氯酚等）缩合成二噁英。垃圾焚烧中，二噁英的生成反应如下：

$$3\ (-CH_2CH_2-)\ +\ (3/2)\ O_2 \xrightarrow{Cu/Fe} C_6H_6+3H_2O$$

$$C_6H_6+HCl+0.5O_2 \xrightarrow{Cu/Fe} C_6H_5Cl+H_2O$$

$$C_6H_5Cl+HCl+0.5O_2 \xrightarrow{Cu/Fe} C_6H_4Cl_2+H_2O$$

······

RDF-5 热解中，二噁英含量显著降低的控制途径主要有以下几点：

（1）降低了反应物的初始浓度

由底渣的测试结果可知：由于有机碳被固定在底渣中，含碳物质仅有部分参与到热解过程中，因此降低了反应物的碳浓度，二噁英生成量也相应降低。

此外，热解时，由于通入了氮气，隔绝了空气中的氧气，只靠物料中本身含有的氧进行反应，因此降低了反应物的氧浓度，二噁英生成量也相应降低。

（2）抑制了催化作用

添加有机氯（PVC）、固氯剂（ZY2）制备 RDF-5，在热解和焚烧时，残渣中的重金属含量对比如图 8-21 所示。

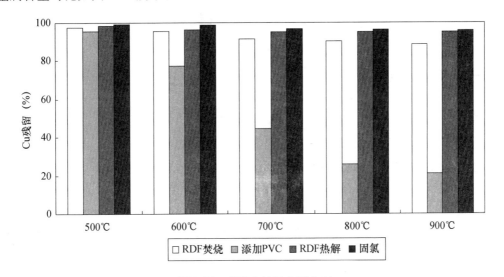

图 8-21　残渣中的重金属分布

从图 8-21 可以看出：在 RDF-5 中添加 PVC 有机氯，可以促进重金属 Cu 的挥发，残渣中 Cu 残留量显著降低。RDF-5 直接焚烧时，重金属挥发显著高于 RDF-5 热解；在 RDF-5 中添加固氯剂，能显著降低重金属的挥发。因此，RDF-5 热解时，由于重金属挥发减少，降低了烟气中二噁英的催化剂含量，抑制了二噁英合成。

（3）抑制了链式反应的氯生成

800℃下，重金属元素及水泥窑有害元素氯在烟气、焦油、底渣中的分配如图 8-22所示。

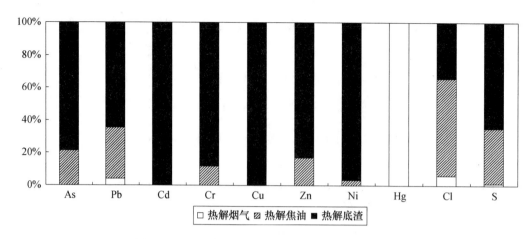

图 8-22　800℃热解时重金属及水泥窑有害元素分配

从图 8-22 可以看出：在 800℃热解条件下，氯被分配至底渣、烟气及焦油中，尤其在焦油中的分配比例最高。不像焚烧处理时，大量的氯均挥发到烟气中，即：热解烟气中氯的挥发量低于焚烧过程。由于氯是二噁英合成过程中链式反应不可缺少的元素，因此抑制了二噁英的合成。

第三节　RDF-5 气化特性

一、实验参数设置

在图 8-7 的实验装置中通入配置的气体，其体积含量为：氧气 10％，氮气 90％，人为营造缺氧的气化气氛，探索 RDF-5 气化特性。

二、RDF-5 气化气体组成

RDF-5 气化后，产生的气体全组分分析见表 8-5。

表 8-5　RDF-5 气化气体组分

序号	同一峰的相似化合物排序	化合物中文名称	化合物英文名称	相似度（％）
1	1	1-丁烯	1-Butene	83
	2	2-甲基-1 丙烯	1-Propene,2-methyl-	83
	3	2-丁烯	2-Butene	81
2	1	甲硫醇	Methanethiol	90
3	1	2-甲基-丁烷	Butane,2-methyl-	93
4	1	戊烷	Pentane	68
5	1	2-戊烯	2-Pentene	90
	2	2-甲基-2-丁烯	2-Butene,2-methyl-	90

序号	同一峰的相似化合物排序	化合物中文名称	化合物英文名称	相似度（%）
6	1	1,3-戊二烯	1,3-Pentadiene	96
7	1	1,3-环戊二烯	1,3-Cyclopentadiene	93
	2	2-甲基-1-丁烯-3-炔	1-Buten-3-yne,2-methyl-	86
	3	3-戊烯-1 炔	3-Penten-1-yne	86
8	1	环戊烯	Cyclopentene	91
	2	1,4 戊二烯	1,4-Pentadiene	70
9	1	丙腈	Propanenitrile	86
10	1	1-己烯	1-Hexene	95
	2	环己烷	Cyclohexane	86
	3	丁基-环丁烷	Cyclobutane,butyl-	72
11	1	己烷	Hexane	93
12	1	3-己烯	3-Hexene	70
13	1	2-己烯	2-Hexene	87
	2	1,1-二甲基-2-亚甲基-环丙烷	1,1-dimethyl-2-methylene-Cyclopropane	87
	3	1,4-己二烯	1,4-Hexadiene	70
14	1	3-甲基-2-戊烯	2-Pentene,3-methyl-	87
15	1	1-甲基亚乙基-环丙烷	Cyclopropane,(1-methylethylidene)-	81
	2	2,4-己二烯	2,4-Hexadiene	81
	3	1,3-己二烯	1,3-Hexadiene	81
	4	2-甲基-1,3-戊二烯	1,3-Pentadiene,2-methyl-	76
16	1	甲基-环戊烷	Cyclopentane,methyl-	81
17	1	2,4-己二烯	2,4-Hexadiene	90
	2	1,3 己二烯	1,3-Hexadiene	90
	3	2-甲基-1,3-戊二烯	1,3-Pentadiene,2-methyl-	90
	4	4-甲基-1,3-戊二烯	4-Methyl-1,3-pentadiene	90
	5	3-甲基-1,3-戊二烯	1,3-Pentadiene,3-methyl-	90
18	1	1-甲基-1,3-环戊二烯	1,3-Cyclopentadiene,1-methyl-	70
	2	1,3,5-己三烯	1,3,5-Hexatriene	70
19	1	1,3,5-己三烯	1,3,5-Hexatriene	76
	2	3-亚甲基-环戊烯	Cyclopentene,3-methylene-	76
	3	4-亚甲基-环戊烯	4-Methylenecyclopentene	76
20	1	3-甲基-环戊烯	Cyclopentene,3-methyl-	91
	2	1-甲基-环戊烯	Cyclopentene,1-methyl-	87
	3	2-甲基-1,4-戊二烯	1,4-Pentadiene,2-methyl-	87
	4	4-甲基-环戊烯	Cyclopentene,4-methyl-	87
	5	2,4-己二烯	2,4-Hexadiene	86

序号	同一峰的相似化合物排序	化合物中文名称	化合物英文名称	相似度（%）
21	1	苯	Benzene	91
22	1	2,4-己二烯	2,4-Hexadiene	93
	2	1,4-己二烯	1,4-Hexadiene	76
	3	1,3-己二烯	1,3-Hexadiene	76
23	1	环己烯	Cyclohexene	93
	2	乙烯基-环丁烷	Cyclobutane,ethenyl-	90
	3	亚乙烯基环丁烷	Ethylidenecyclobutane	87
	4	二环[3.1.0]己烷	Bicyclo[3.1.0]hexane	80
24	1	2-戊酮	2-Pentanone	81
25	1	1-庚烯	1-Heptene	96
	2	异丙基环丁烷	Isopropylcyclobutane	81
26	1	庚烷	Heptane	94
27	1	2-庚烯	2-Heptene	90
28	1	硫氰酸甲酯	Thiocyanic acid,methyl ester	93
29	1	2-庚烯	2-Heptene	92
	2	3-庚烯	3-Heptene	86
30	1	甲基环己烷	Cyclohexane,methyl-	93
	2	3,4-二甲基-2-戊烯	2-Pentene,3,4-dimethyl-	72
31	1	乙基环戊烷	Cyclopentane,ethyl-	91
32	1	1-甲基-1H-吡咯	1H-Pyrrole,1-methyl-	91
33	1	4-甲基-环己烯	Cyclohexene,4-methyl-	81
	2	3-甲基环己烯	Cyclohexene,3-methyl-	70
34	1	1-甲基-1,3-环己二烯	1-Methylcyclohexa-1,3-diene	93
	2	1,3-环庚二烯	1,3-Cycloheptadiene	93
	3	1,3-二亚甲基环戊烷	Cyclopentane,1,3-bis(methylene)-	87
	4	3-乙烯基环戊烯	Cyclopentene,3-ethenyl-	87
	5	1-甲基-1,4环己二烯	1,4-Cyclohexadiene,1-methyl-	87
35	1	吡啶	Pyridine	94
	2	二硝基亚甲基吡啶	Pyridinium,dinitromethylide-	83
	3	硼烷-吡啶络合物	Boron,trihydro(pyridine)-,(T-4)-	83
36	1	吡咯	Pyrrole	80
37	1	亚乙基环戊烷	Cyclopentane,ethylidene-	90
	2	1-乙基环戊烯	1-Ethylcyclopentene	80
38	1	2-甲基-1,3,5-己三烯	1,3,5-Hexatriene,2-methyl-	93
	2	1-甲基-2,4-环己烯	1-Methylcyclohexa-2,4-diene	70

序号	同一峰的相似化合物排序	化合物中文名称	化合物英文名称	相似度（%）
39	1	2,3-二甲基-1,3-戊二烯	1,3-Pentadiene,2,3-dimethyl-	94
	2	2,4-庚二烯	2,4-Heptadiene	81
	3	2-甲基-1,4-己二烯	1,4-Hexadiene,2-methyl-	72
40	1	1-甲基环己烯	Cyclohexene,1-methyl-	70
	2	1,3,5-环庚三烯	1,3,5-Cycloheptatriene	87
41	1	1-甲基环己烯	Cyclohexene,1-methyl-	70
42	1	戊腈	Pentanenitrile	70
43	1	1-辛烯	1-Octene	97
	2	顺式 1-丁基-2-甲基环丙烷	cis-1-Butyl-2-methylcyclopropane	94
	3	环辛烷	Cyclooctane	90
44	1	辛烷	Octane	90
45	1	2-辛烯	2-Octene	90
	2	1,2-二甲基环己烷	Cyclohexane,1,2-dimethyl-	81
46	1	2-辛烯	2-Octene	93
	2	3-辛烯	3-Octene	86
	3	4-辛烯	4-Octene,	76
47	1	1,3-辛二烯	1,3-Octadiene	95
48	1	乙基-环己烷	Cyclohexane,ethyl-	90
49	1	2,4-二甲基-1-庚烯	2,4-Dimethyl-1-heptene	87
50	1	乙苯	Ethylbenzene	90
51	1	1,3-二甲苯	Benzene,1,3-dimethyl-	95
	2	对-二甲苯	p-Xylene	93
	3	邻-二甲苯	o-Xylene	90
52	1	对-二甲苯	p-Xylene	95
	2	邻-二甲苯	o-Xylene	93
53	1	己腈	Hexanenitrile	94
54	1	苯乙烯	Styrene	95
	2	1,3,5,7-环辛四烯	1,3,5,7-Cyclooctatetraene	90
55	1	2-庚酮	2-Heptanone	70
56	1	1-壬烯	1-Nonene	97
	2	1-甲基-2-戊基环丙烷	Cyclopropane,1-methyl-2-pentyl-	95
57	1	壬烷	Nonane	96
58	1	顺式-2-壬烯	cis-2-Nonene	93
	2	2-壬烯	2-Nonene	89
59	1	1-乙基-2-甲基苯	Benzene,1-ethyl-2-methyl-	91

序号	同一峰的相似化合物排序	化合物中文名称	化合物英文名称	相似度（%）
60	1	1-乙基-2-甲基苯	Benzene,1-ethyl-2-methyl-	92
	2	1-乙基-4-甲基苯	Benzene,1-ethyl-4-methyl-	91
61	1	α-甲基苯乙烯	alpha.-Methylstyrene	96
62	1	1,2,3-三甲基苯	Benzene,1,2,3-trimethyl-	86
	2	1,3,5-三甲基苯	Benzene,1,3,5-trimethyl-	86
	3	1,2,4-三甲基苯	Benzene,1,2,4-trimethyl-	83
63	1	1-乙烯基-2-甲基苯	Benzene,1-ethenyl-2-methyl-	90
	2	1-乙烯基-3-甲基苯	Benzene,1-ethenyl-3-methyl-	90
	3	1-乙烯基-4-甲基苯	Benzene,1-ethenyl-4-methyl-	90
	4	1-丙烯苯	Benzene,1-propenyl-	83
64	1	1-癸烯	1-Decene	97
	2	1,2-二甲基环辛烷	Cyclooctane,1,2-dimethyl-	91
	3	3,7-二甲基-1-辛烯	1-Octene,3,7-dimethyl-	80
65	1	癸烷	Decane	94
66	1	4-癸烯	4-Decene	95
	2	2-癸烯	2-Decene	90
67	1	茚	Indene	91
	2	1-乙炔基-4-甲基苯	Benzene,1-ethynyl-4-methyl-	74
	3	1-苯基-1-戊炔基-4-醇	1-Phenyl-1-pentyn-4-ol	72
	4	1,2-丙二烯基苯	Benzene,1,2-propadienyl-	72
68	1	1-十一碳烯	1-Undecene	97
	2	1-十一醇	1-Undecanol	87
	3	2-十二碳烯	2-Dodecene	86
	4	辛基环丙烷	Cyclopropane,octyl-	86
69	1	1-十一碳烯	1-Undecene	97
	2	1-十一醇	1-Undecanol	87
	3	2-十二碳烯	2-Dodecene	86
	4	辛基环丙烷	Cyclopropane,octyl-	86
70	1	5-十一碳烯	5-Undecene	95
	2	3-十一碳烯	3-Undecene	92
	3	2-十一碳烯	2-Undecene	90
	4	4-十一碳烯	4-Undecene	80
71	1	萘	Naphthalene	87
	2	甘菊环	Azulene	87

序号	同一峰的相似化合物排序	化合物中文名称	化合物英文名称	相似度（%）
72	1	萘	Naphthalene	87
	2	甘菊环	Azulene	87
73	1	蒽	Anthracene	95
	2	菲	Phenanthrene	94
74	1	荧蒽	Fluoranthene	92
	2	芘	Pyrene	70

从表 8-5 可以看出：RDF-5 在实验装置中气化后，产生的气体组分与热解差异较大：除含有较多的烃类气体外，还含有二噁英类气体、恶臭气体等。这主要是因为气化过程中有氧存在，高分子化合物分解的产物与氧结合，生成了较为复杂的化合物。

三、RDF-5 气化焦油组成

RDF-5 气化后，产生的焦油组成分析见表 8-6。

表 8-6　RDF-5 气化焦油组成

序号	同一峰的相似化合物排序	化合物中文名称	化合物英文名称	相似度（%）
1	1	2-甲基吡啶	Pyridine,2-methyl-	95
	2	4-甲基吡啶	Pyridine,4-methyl-	93
2	1	甲基吡嗪	Pyrazine,methyl-	90
3	1	3-甲基-丁酸	Butanoic acid,3-methyl-	80
4	1	2-甲基-丁酸	Butanoic acid,2-methyl-	83
5	1	N-甲基-乙酰胺	Acetamide,N-methyl-	80
6	1	2-糠醇	2-Furanmethanol	90
	2	3-糠醇	3-Furanmethanol	86
7	1	间二甲苯	m-Xylene	89
8	1	戊酸	Pentanoicacid	90
9	1	对二甲苯	p-Xylene	78
10	1	苯乙烯	Styrene	96
	2	苯并环丁烯	Benzocyclobutene	96
11	3	1,3,5,7-环辛四烯	1,3,5,7-Cyclooctatetraene	86
12	1	N,N-二甲基乙酰胺	Acetamide,N,N-dimethyl-	76
13	1	己腈	Hexanenitrile	94
14	1	1-甲基乙基-苯	Benzene,(1-methylethyl)-	93
	2	1,2,3-三甲苯	Benzene,1,2,3-trimethyl-	83
15	1	2-甲基-2-环戊烯-1-酮	2-Cyclopenten-1-one,2-methyl-	87

序号	同一峰的相似化合物排序	化合物中文名称	化合物英文名称	相似度（%）
16	1	2,4-二甲基吡啶	Pyridine,2,4-dimethyl-	96
	2	3,5-二甲基吡啶	Pyridine,3,5-dimethyl-	96
	3	3,4-二甲基吡啶	Pyridine,3,4-dimethyl-	94
	4	2,5-二甲基吡啶	Pyridine,2,5-dimethyl-	91
17	1	癸烷	Decane	94
18	1	苯酚	Phenol	96
19	1	α-甲基苯乙烯	alpha.-Methylstyrene	94
20	1	苯胺	Aniline	95
21	1	1,2,4-三甲基苯	Benzene,1,2,4-trimethyl-	95
	2	1-乙基-3-甲基苯	Benzene,1-ethyl-3-methyl-	94
	3	1,2,3-三甲基苯	Benzene,1,2,3-trimethyl-	93
	4	1-乙基-4-甲基苯	Benzene,1-ethyl-4-methyl-	93
	5	1,3,5-三甲基苯	Benzene,1,3,5-trimethyl-	90
22	1	庚腈	Heptanonitrile	92
23	1	3-甲基-丁酰胺	Butanamide,3-methyl-	87
	2	戊酰胺	Pentanamide	80
24	1	苯甲腈	Benzonitrile	97
	2	2-乙炔基吡啶	2-Ethynyl pyridine	91
25	1	丁基苯	Benzene,butyl-	93
26	1	2-甲基酚	Phenol,2-methyl-	97
	2	3-甲基酚	Phenol,3-methyl-	97
	3	4-甲基酚	Phenol,4-methyl-	94
27	1	1-十一烯	1-Undecene	94
	2	3-十四烯	3-Tetradecene,(Z)-	90
	3	2-十四烯	2-Tetradecene,(E)-	87
	4	2-十三烯	2-Tridecene,(E)-	86
	5	五氟丙酸壬酯	Pentafluoropropionic acid,nonyl ester	86
28	1	十一烷	Undecane	94
	2	癸烷	Decane	86
	3	十四烷	Tetradecane	86
	4	十二烷	Dodecane	86
29	1	戊酰胺	Pentanamide	91
30	1	4-甲基酚	Phenol,4-methyl-	97
	2	3-甲基酚	Phenol,3-methyl-	90
	3	2-甲基酚	Phenol,2-methyl-	87

序号	同一峰的相似 化合物排序	化合物中文名称	化合物英文名称	相似度 （％）
31	1	2-乙酰吡咯	Ethanone,1-(1H-pyrrol-2-yl)-	90
32	1	辛腈	Octanenitrile	86
33	1	2-吡咯烷酮	2-Pyrrolidinone	90
34	1	3-氨基吡啶	3-Aminopyridine	91
	2	4-吡啶胺	4-Pyridinamine	91
	3	2-氨基吡啶	2-Aminopyridine	80
35	1	十二烯	1-Dodecene	96
	2	环十二烷	Cyclododecane	87
36	1	十二烷	Dodecane	90
	2	十一烷	Undecane	80
37	1	2,4-二甲基酚	Phenol,2,4-dimethyl-	96
	2	3,4-二甲基酚	Phenol,3,4-dimethyl-	94
	3	3,5-二甲基酚	Phenol,3,5-dimethyl-	94
	4	2,3-二甲基酚	Phenol,2,3-dimethyl-	93
	5	2,5-二甲基酚	Phenol,2,5-dimethyl-	93
38	1	4-乙基酚	Phenol,4-ethyl-	94
	2	2-乙基酚	Phenol,2-ethyl-	87
39	1	苄甲腈	Benzylnitrile	97
	2	2-甲基苄腈	Benzonitrile,2-methyl-	97
	3	1-异氰基-2-甲苯	Benzene,1-isocyano-2-methyl-	95
	4	异氰基甲基苯	Benzene,(isocyanomethyl)-	94
	5	吲哚	Indole	93
40	1	十三烷	Tridecane	95
	2	十六烷	Hexadecane	91
	3	十四烷	Tetradecane	86
	4	十二烷	Dodecane	86
41	1	丙腈苯	Benzenepropanenitrile	93
42	1	吲哚	Indole	97
	2	吲哚嗪	Indolizine	91
	3	5-氢-1-吡啶	5H-1-Pyrindine	91
	4	2-甲基苄腈	Benzonitrile,2-methyl-	91
	5	异氰甲基苯	Benzene,(isocyanomethyl)-	90
43	1	十四烷	Tetradecane	97
	2	十六烷	Hexadecane	87
	3	十二烷	Dodecane	80
	4	十三烷	Tridecane	80

序号	同一峰的相似化合物排序	化合物中文名称	化合物英文名称	相似度（%）
44	1	丁腈苯	Benzenebutanenitrile	93
45	1	十五烷	Pentadecane	96
	2	十四烷	Tetradecane	80
	3	2-甲基-十二烷	Dodecane,2-methyl-	80
46	1	苯乙酰胺	Benzeneacetamide	90
47	1	十二烷腈	Dodecanenitrile	91
	2	十一烷腈	Undecanenitrile	89
48	1	十六烷	Hexadecane	96
	2	十一烷	Undecane	93
	3	十九烷	Nonadecane	83
	4	十三烷	Tridecane	83
	5	十四烷	Tetradecane	80
49	1	十三烷	Tridecane	94
	2	十七烷	Heptadecane	93
	3	十二烷	Dodecane	90
	4	十九烷	Nonadecane	90
	5	十五烷	Pentadecane	87
50	1	十四腈	Tetradecanenitrile	99
	2	1,1'-(1,3-丙二基)二苯	Benzene,1,1'-(1,3-propanediyl)bis-	91
51	1	十三烷	Tridecane	95
	2	十九烷	Nonadecane	87
	3	十二烷	Dodecane	81
52	1	十五腈	Pentadecanenitrile	95
	2	十六腈	Hexadecanenitrile	90
	3	十三腈	Tridecanenitrile	81
	4	十四腈	Tetradecanenitrile	74
53	1	十四腈	Tetradecanenitrile	91
	2	十五腈	Pentadecanenitrile	90
	3	十三腈	Tridecanenitrile	87
54	1	十九烷	Nonadecane	95
	2	十六烷	Hexadecane	95
	3	十二烷	Dodecane	90
	4	十四烷	Tetradecane	87
	5	10-甲基十九烷	10-Methylnonadecane	87

序号	同一峰的相似化合物排序	化合物中文名称	化合物英文名称	相似度（%）
55	1	邻苯二甲酸乙基戊基酯	Phthalic acid，ethyl pentyl ester	81
	2	邻苯二甲酸二丁酯	Dibutyl phthalate	72
	3	邻苯二甲酸丁基异辛基酯	1,2-Benzenedicarboxylic acid，butyl 2-ethylhexyl ester	72
	4	邻苯二甲酸一丁酯	1,2-Benzenedicarboxylic acid，monobutyl ester	72
56	1	十六烷酸甲酯	Hexadecanoic acid，methyl ester	96
	2	14-甲基-十五烷酸甲酯	Pentadecanoic acid，14-methyl-，methyl ester	95
57	1	十五腈	Pentadecanenitrile	99
	2	十六腈	Hexadecanenitrile	94
	3	十八腈	Octadecanenitrile	90
58	1	二十烷	Eicosane	96
	2	十五烷	Pentadecane	95
	3	十六烷	Hexadecane	95
	4	二十八烷	Octacosane	90
59	1	邻苯二甲酸二丁酯	Dibutyl phthalate	95
	2	邻苯二甲酸丁基异丁基酯	1,2-Benzenedicarboxylic acid，butyl 2-methylpropyl ester	93
	3	邻苯二甲酸丁基辛基酯	1,2-Benzenedicarboxylic acid，butyl octyl ester	86
60	1	十六腈	Hexadecanenitrile	97
	2	十七腈	Heptadecanenitrile	97
	3	十八腈	Octadecanenitrile	91
	4	十五腈	Pentadecanenitrile	87
61	1	二十烷	Eicosane	96
	2	二十一烷	Heneicosane	96
	3	二十八烷	Octacosane	90
	4	十五烷	Pentadecane	87
	5	十四烷	Tetradecane	87
62	1	十六腈	Hexadecanenitrile	99
	2	十八腈	Octadecanenitrile	99
	3	十七腈	Heptadecanenitrile	98
	4	十四腈	Tetradecanenitrile	81

续表

序号	同一峰的相似化合物排序	化合物中文名称	化合物英文名称	相似度（%）
63	1	十七烷	Heptadecane	97
	2	二十烷	Eicosane	95
	3	十五烷	Pentadecane	93
	4	2,6,10-三甲基-十四烷	Tetradecane,2,6,10-trimethyl-	87
	5	7-丙基十三烷	Tridecane,7-propyl-	86
64	1	十六碳酰胺	Hexadecanamide	87
	2	十七碳酰胺	Tetradecanamide	78
65	1	7,9-二甲基十六烷	Hexadecane,7,9-dimethyl-	89
	2	8-甲基十七烷	Heptadecane,8-methyl-	87
	3	十二烷	Dodecane	81
	4	十八烷	Octadecane	74
	5	7-己基二十烷	Eicosane,7-hexyl-	74

从表8-6可以看出：RDF-5气化后，生成的焦油共显示65个峰，其化合物组成较为复杂，共有110种。

四、RDF-5气化底渣特性分析

（一）重金属及水泥窑有害元素分配

与焚烧对比，RDF-5气化后，重金属及水泥窑有害元素在烟气、焦油及底渣中的分配如图8-23所示。

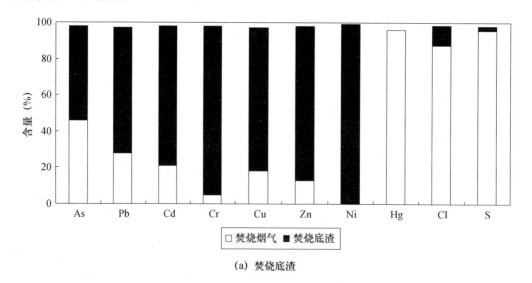

（a）焚烧底渣

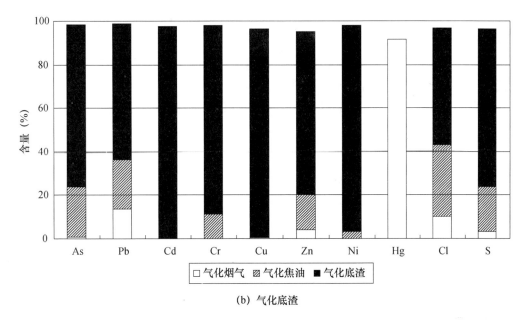

（b）气化底渣

图 8-23　气化与焚烧后重金属及水泥窑有害元素分配

从图 8-23 可以看出：与焚烧相比，RDF-5 经气化后，重金属及水泥窑有害元素 Cl、S 在烟气中的分配大幅度降低，气化烟气进入水泥窑焚烧，符合国家标准限值规定，对水泥窑工况影响最低。

（二）底渣的重金属浸出特性

参考国家相关标准（GB 5085.3—2007，CJ/T 221—2005）测定浸出液中的重金属 As、Cd、Hg、Cu、Pb、Cr、Zn 的总量。经测定，底渣的重金属浸出毒性结果见表 8-7。

表 8-7　底渣的重金属浸出毒性（μg/L）

	Zn	Cu	Pb	Cd	Cr	As	Ni	Hg
浸出浓度	186.50	459.80	1.39	0.84	0.16	27.4	0.57	—

从表 8-7 可以看出：气化后的底渣，其重金属的浸出液浓度值均低于《危险废物鉴别标准 浸出毒性鉴别》（GB 5085.3—2007）和《地表水环境质量标准》（GB 3838—2002）中Ⅴ类水要求，可作为一般固体废物再次利用。

（三）底渣的化学全分析

RDF-5 在气化后的底渣，其化学全分析结果见表 8-8。

表 8-8　气化与焚烧底渣组分（%）

	SiO_2	Al_2O_3	Fe_2O_3	CaO	K_2O	Na_2O	MgO	Cl
气化底渣	42.15	11.06	6.78	16.39	1.81	3.44	3.97	0.56
焚烧底渣	43.61	11.43	4.85	17.60	1.82	3.29	3.44	0.43

从表 8-8 可以看出：RDF-5 气化后的底渣，其化学组成与热解底渣完全不同，主要成分为 Si，气化底渣组成与垃圾焚烧厂焚烧底渣近似。由于气化过程中有害元素的分配效应，而且 RDF-5 制备过程中添加了固氯剂，故气化底渣中残留的氯含量高于焚烧底渣，说明固氯剂有显著的固硫和固氯作用。

根据底渣性质，判断其可建材利用，例如，用此底渣制备免烧砖、透水砖等。

五、底渣建材利用

（一）底渣替代水泥混合材

在水泥熟料及石膏的混合物中添加 10％、20％、30％的气化底渣，做成水泥胶砂，放入养护箱养护，分别测定 3d 和 28d 的抗压强度、抗折强度，结果如图 8-24 所示。

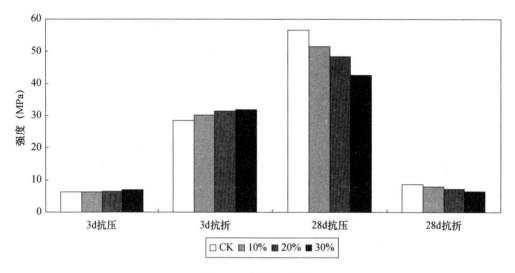

图 8-24　水泥胶砂强度

从图 8-24 可以看出：在水泥熟料及石膏的混合物中分别添加 10％、20％、30％气化底渣后做成的水泥胶砂，其 3d 的抗压强度和抗折强度均比对照有所升高，这是因为底渣中含有较高的 K、Na 成分，起到了碱激发的作用。而 28d 的抗压强度、抗折强度均低于对照，其中添加 30％的气化底渣做成的胶砂勉强达到标准值。因此，将气化底渣作为水泥混合材时，添加量不宜超过 30％，而且要考虑底渣对水泥产品后续强度的影响。

（二）底渣制备免烧砖

为解决气化底渣的出路，从根本上实现固体废物零填埋的目标，本节探索以垃圾 RDF-5 气化后底渣为主要原料制备免烧砖的原料复配技术以及对重金属固化效果。同时，将垃圾直接焚烧后的底渣作为对照，比较相同配方下两种底渣的免烧砖特性。

（1）实验方法和测试指标

参考文献，选择垃圾 RDF-5 气化后的底渣和垃圾直接焚烧后的底渣为免烧砖的基本原料，选择电石渣、碱性化合物、水泥、粉煤灰、减水剂等为激发剂、粘结剂和外加剂，采用常温压制的方式制备免烧砖。

制备工艺为：将两种底渣、水泥等配料破碎、过 80 目筛并混合均匀后，采用自制的试块成型磨具在 20MPa 压力下压制成型，成型模具为三面钢板焊接而成，尺寸为 200mm×100mm×100mm。压制出的砖块尺寸为 200mm×100mm×50mm，在砂浆养护箱内养护 28d，参考 JC/T 239—2014、JC/T 525—2007 标准测定 3d、7d 和 28d 抗压强度。

底渣活性测定参考 GB/T 1596—2017。矿物组成参考 GB/T 176—2017 中的方法，采用 XRD 测定。抗压强度参考 JC/T 239—2014、JC/T 525—2007 标准测定。浸出液中的重金属浓度采用 ICP 测定。重金属活性采用改进的 BCR 法测定（Paola Adamo et al.，2003），每个样品进行 3 个平行测定（测定数据为 3 次测定的平均值），每个批次实验平行两个空白样品。

（2）配料选择

根据废弃物 3R 处理原则及 JC/T 422—2007《非烧结垃圾尾矿砖》MU15 标准，添加 10% 水泥作为粘结剂，选择电石渣、粉煤灰作为激发剂，采用 XRF 和国家相关标准测定三种添加剂的元素组成和活性，见表 8-9。

表 8-9　三种添加剂特性分析（%）

材料名称	28d 活性指数	SiO$_2$	Al$_2$O$_3$	Fe$_2$O$_3$	CaO	K$_2$O	Na$_2$O	MgO	Cl
水泥	100	18.26	5.29	3.25	59.82	1.11	0.18	2.80	0.04
电石渣	40	5.12	2.65	0.55	61.88	0.09	0.62	0.39	0.37
粉煤灰	45	41.72	30.33	4.70	8.30	0.70	0.47	1.08	0.36

（3）免烧砖强度

采集垃圾焚烧底渣和气化底渣，将水泥和粉煤灰的比重固定为 10%，分别添加 5%、10%、15%、20% 和 25% 的电石渣作为激发剂，共设计 10 种处理，采用自制的试块成型磨具在 20MPa 压力下压制成型，在砂浆养护箱内养护 28d，在第 3d、7d 和 28d 分别测定抗压强度，测定结果如图 8-25 所示。

从图 8-25 可以看出：将水泥和粉煤灰的比重固定为 10%，分别在焚烧底渣和气化底渣中添加 5%、10%、15%、20% 和 25% 的电石渣作为激发后，10 组处理之间，水泥、粉煤灰、电石渣与气化底渣按比率分别为 10%、10%、10% 和 70% 制备的免烧砖，其 3d、7d 和 28d 的抗压强度均最高，分别为 10.55MPa、19.29MPa 和 20.14MPa；其次是在气化底渣中添加 15% 电石渣制备的免烧砖，其 3d、7d 和 28d 的抗压强度分别为 7.31MPa、15.58MPa 和 16.80MPa，其中，添加 15% 电石渣制备的免烧砖达到了按照 JC/T 422—2007《非烧结垃圾尾矿砖》合格标准，而添加 10% 电石渣制备的免烧砖则达到了优质砖标准，其他处理均不合格，因此，实际生产中，以水泥、粉煤灰、电石渣与气化底渣比率分别为 10%、10%、10% 和 70% 制备免烧砖为宜。

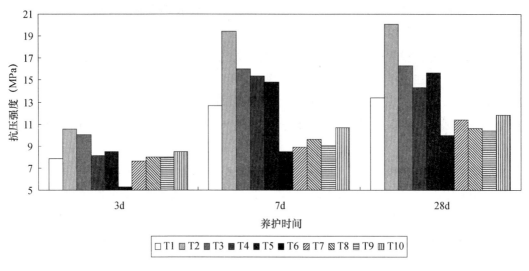

图 8-25　免烧砖强度比较

（4）免烧砖微观形态

将水泥和粉煤灰的比重固定为 10％，分别在气化底渣中添加 5％、10％、15％、20％和 25％的电石渣作为激发后，以水泥、粉煤灰、电石渣与气化底渣比率分别为 25％、10％、10％和 55％制备的免烧砖为对照，几种处理分别记为：M1、M2、M3、M4、M5 及 CK。不同配比制备的免烧砖养护 30d 的电镜扫描结果如图 8-26 所示。

从图 8-26 可以看出：在免烧砖中，起胶结作用的是水泥；部分 $Ca(OH)_2$ 与 SiO_2、Al_2O_3 等反应生成硅酸钙。由于配料不同，免烧砖的微观形态差异较大，电石渣含量较高的，多以硅酸钙形态存在；水泥含量较高时，除硅酸钙外，还有一部分结晶体。

（5）免烧砖的重金属形态分析

采用 T2 配比制备免烧砖，从制备的砖块样品中截取部分试样，经研磨并过 100 目筛，分别测定重金属 Pb、Zn、Cu、Cd 的形态，结果如图 8-27 所示。

从图 8-27 可以看出：采用 T2 配比制备的免烧砖中，其重金属 Pb、Zn、Cu、Cd 大多以有机结合态和残渣态存在，有机结合态和残渣态分别占总形态的 99.97％、82.93％、89.55％和 74.20％，即：重金属比较稳定，不易随降水淋溶出来而转移到周边环境中。

（三）底渣制备透水砖

（1）实验方法和测试指标

透水砖目前在国内没有固定统一的配比方法。本试验借鉴日本的体积法，以原有集料孔隙率为基础，依据目标孔隙率，经过计算，得出填浆的体积。单位体积透水砖浆体的质量应为单位体积集料的质量和胶结材料质量之和。按照体积法进行配合比计算，配制 $1m^3$ 透水砖原料理论配合比为：水泥 453.94kg/m^3，硅灰 28.97kg/m^3，减水剂 3.86kg/m^3，集料 1345.88kg/m^3，水 135.21kg/m^3。

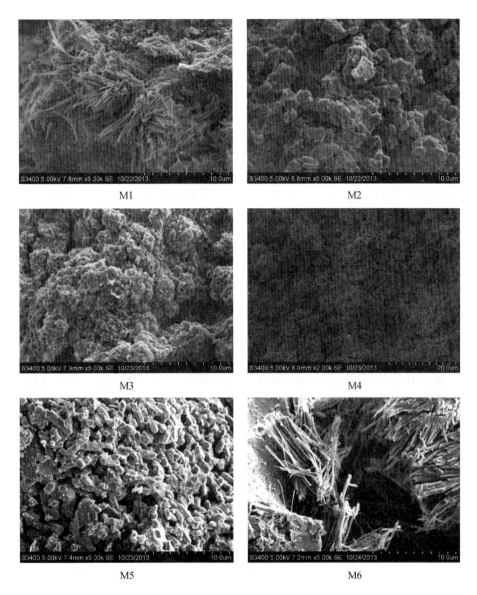

图 8-26 不同配比免烧砖 SEM 图

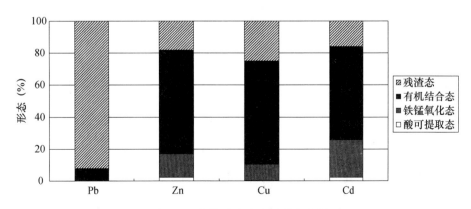

图 8-27 免烧砖中重金属形态分析

根据理论计算结果，在保证孔隙率和水灰比一定情况下，在不同集灰比下调整气化底渣的不同掺量，设计 15 组实验配合比，见表 8-10。

表 8-10　实验配合比（kg/m³）

配方	底渣	石子	水泥	硅灰	减水剂	水	水灰比	集灰比
A	集料 1351.19		444.54	28.37	3.56	132.41	0.28	3.00
B	集料 1398.68		399.05	25.47	3.40	118.87	0.28	3.50
C	集料 1436.58		359.15	21.55	2.87	100.56	0.28	4.00

15 组实验配合比分别是：A-1、B-1、C-1，气化底渣 10%，石子 90%；A-2、B-2、C-2，气化底渣 20%，石子 80%；A-3、B-3、C-3，气化底渣 30%，石子 70%；A-4、B-4、C-4，气化底渣 40%，石子 60%；A-5、B-5、C-5，气化底渣 50%，石子 50%。

将所有物料采用水泥裹石法搅拌（刘兰和马瑞强，2007），用自制磨具制备尺寸 200mm×100mm×60mm 的试件在 3MPa 压力下加压成型，静置 1d 后拆模，拆模后试件放入温度（20±5）℃、湿度大于 90% 的标准养护箱中养护，将在标准养护箱中养护 28d 后的试件进行孔隙率、保水性、透水系数、抗压强度等性能测试。

（2）透水砖性能

不同配合比制备的透水砖养护 28d 后，其孔隙率、保水性、透水系数及抗压强度如图 8-28 所示。

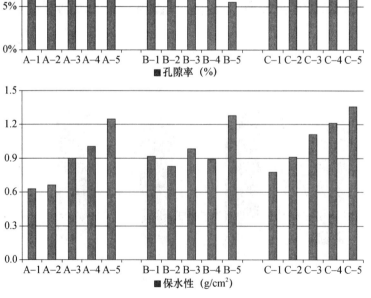

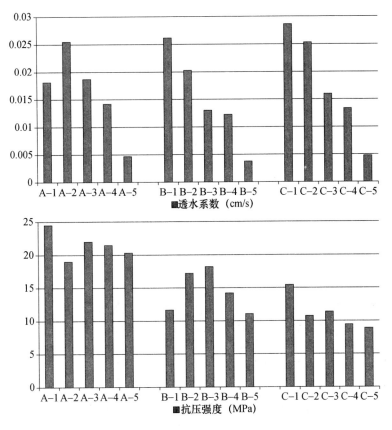

图 8-28　透水砖 28d 性能

从图 8-28 可以看出：当底渣掺量在 10％～20％之间时，透水砖孔隙率达到最大，在 50％时为最小。不同集灰比下，底渣掺量在 20％左右最接近目标孔隙率，证明掺量为 20％时试验的可行性。随着底渣掺量增多，保水性逐渐增强，在掺量达到 50％时保水性最佳。在不同集灰比情况下，保水性随着集灰比增大而增强，在集灰比为 4 时达到最大 $1.4g/cm^2$，因此，利用气化底渣自身特性制备透水砖，可以在降水多的季节加快积水排放，在炎热的季节储存蒸发的水分，降低地表温度。透水系数随着掺量增加而下降，这与孔隙率的结果是一致的。但是，当底渣掺量达到 50％时，透水系数均低于标准中 $1.0×10^{-2}cm/s$，因此，底渣掺量为 50％，孔隙率在 5％～6％，此透水砖的透水性能较差。在不同集灰比情况下，透水系数大体上随着集灰比的增加而增加。在相同集灰比情况下，底渣掺量为 10％时强度较高，随着底渣掺量增多，强度先下降后上升，掺量为 30％时出现高点，随后强度又下降，在集灰比为 3 时整体强度偏高，而集灰比为 4 时整体强度偏低，即：影响透水砖强度的主要因素是集灰比，次要因素是集料粒径。因此，在保证孔隙率一定的条件下，应进一步提高废弃物底渣在透水砖中的掺量和透水砖的抗压强度。

第四节 RDF-5 焚烧特性

一、RDF-5 着火特性

（一）着火性能评价方法

在煤质分析与评价中，常利用工业分析结果计算煤的着火性能参数，用于初步评价煤的着火特性，其计算式如下：

$$F_z = (V^f + W^f)^2 C_{GD}^f \times 100 \tag{8-4}$$

式中 F_z——一个与煤质有关的无因次参数，此值越大，着火性能越好；

V^f——挥发分含量；

W^f——水分含量；

C_{GD}^f——固定碳含量。

一般认为，挥发分和内在水分析出后在燃料颗粒内部形成的空隙度较大，有利于着火。而固定碳含量较高时，化学反应放热较大，也有利于着火。

（二）RDF-5 着火性能评价

根据样品的工业分析结果，利用式（8-4），计算出原垃圾、RDF-2,3,4 和添加 5% ZY2 制备的 RDF-5 的着火性能参数，结果如图 8-29 所示。

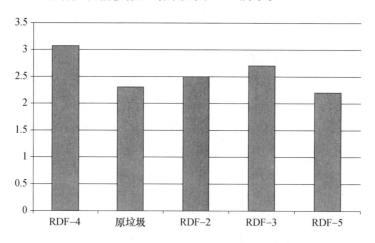

图 8-29 着火性能比较

从图 8-29 中可以看出：垃圾制备成 RDF-2,3,4 后，着火性能提高；但是将垃圾添加 ZY2 制备成 RDF-5 后，燃料的着火性能降低了 25%。因此，如果生活垃圾制备成 RDF-2,3,4 后直接送入分解炉焚烧，需要在分解炉增加挡板，避免立刻着火，进入分解炉之后，着火性能提高，利于快速燃尽。RDF-5 送入分解炉，不会在投放口着火，有利于安全性，但 RDF-5 在水泥窑分解炉内不宜快速燃尽，需要测定燃烧速率，计算燃烧时间，选择合适的投加点。

二、RDF-5 焚烧烟气特性

（一）ZY2 固硫、固氯效果

（1）实验方法

称取一定量燃料样品，置于坩埚中，在 800℃通风良好的马弗炉中加热 2h 后，分析焚烧前及焚烧后坩埚中剩余样品的 N、S、Cl 元素含量。根据焚烧前后样品中 N、S 元素的变化量计算焚烧尾气中 NO_x、SO_2、HCl 的理论排放浓度。

（2）N、S、Cl 元素含量

煤粉、原生垃圾、垃圾 RDF-5 及添加 5% ZY2 的 RDF-5，其焚烧前后 N、S、Cl 元素含量对比见表 8-11。

表 8-11　焚烧前后 N、S、Cl 元素含量对比

项目		N	S	Cl
煤粉	焚烧前	0.93	1.45	0.03
	焚烧后	0.00	0.16	0.002
原生垃圾	焚烧前	0.71	0.41	0.47
	焚烧后	0.00	0.01	0.05
直接加工 RDF-5	焚烧前	0.53	0.39	0.45
	焚烧后	0.00	0.05	0.07
固氯剂 RDF-5	焚烧前	0.42	0.35	0.44
	焚烧后	0.00	0.13	0.37

从表 8-11 可以看出：煤粉、垃圾、垃圾 RDF-5 以及添加固氯剂的 RDF-5 中的 N 元素在 800℃焚烧 2h 后，100% 挥发到大气中。煤粉中的 S 元素在 800℃下 89% 挥发、Cl 元素 90% 挥发。垃圾中的 S、Cl 元素在 800℃下的挥发率分别为 95% 和 89%，但是添加了固氯剂的 RDF-5，焚烧后 S、Cl 元素在 800℃下的挥发率分别为 62.8%、15.9%，固硫固氯效果极显著。

（3）S、Cl 元素挥发率对比

S、Cl 元素挥发率对比如图 8-30 所示。

经过 RDF-5 加工，S、Cl 元素在 800℃下的挥发率略有降低，但差异不显著。在添加 5% ZY2 后，S、Cl 元素在 800℃下的挥发率分别降为 63% 和 16%，即：在垃圾中添加 5% ZY2 可显著降低 S、Cl 元素挥发率，固硫、固氯效果极显著。

（二）焚烧尾气中 NO_x、SO_2 理论排放浓度计算

根据表 8-11 的元素分析结果，计算焚烧尾气中 NO_x 和 SO_2 的理论排放浓度。具体计算过程如下：

设 1kg 燃料中含有碳 Ckg，氧 Okg，硫 Skg，氮 Nkg 和水分 Wkg，则：

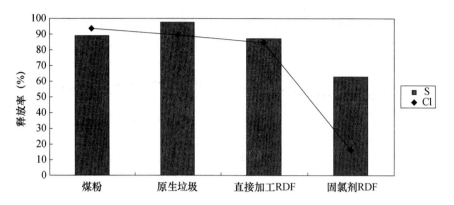

图 8-30　S、Cl 元素挥发率对比

$$理论需氧量 = \frac{C}{12} + \frac{H}{4} + \frac{S}{32} - \frac{O}{32} \tag{8-5}$$

$$理论空气量 = \left(\frac{C}{12} + \frac{H}{4} + \frac{S}{32} - \frac{O}{32}\right) \times 4.78 \times 22.4 \tag{8-6}$$

$$实际空气量 = 理论空气量 \times \alpha \tag{8-7}$$

$$理论烟气量 = \left(\frac{C}{12} + \frac{H}{4} + \frac{S}{32} + \frac{N}{28} + \frac{W}{18} + 理论需氧量 \times 3.78\right) \times 22.4 \tag{8-8}$$

$$实际烟气量 = 理论烟气量 + 理论空气量 \times (\alpha - 1) \tag{8-9}$$

$$NO_x 浓度 = \frac{(\Delta N/14) \times 16}{实际烟气量} \times \beta_N \ (以 NO_2 计) \tag{8-10}$$

$$SO_2 浓度 = \frac{(\Delta S/32) \times 64}{实际烟气量} \times \beta_S \tag{8-11}$$

$$HCl 浓度 = \frac{(\Delta Cl/35.5) \times 36.5}{实际烟气量} \times \beta_{Cl} \tag{8-12}$$

式中　　　　α——过剩空气系数，本计算中取 1.8；

ΔN、ΔS、ΔCl——分别为 N、S、Cl 元素焚烧前后的变化量；

β_N、β_S、β_{Cl}——分别为排放的 N、S、Cl 元素转化为 NO_x、SO_2、HCl 的转化率。

本研究中根据文献结果，取 $\beta_N = 100\%$、$\beta_S = 100\%$、$\beta_{Cl} = 85\%$，计算各样品焚烧尾气中 HCl、NO_x、SO_2 的理论排放浓度。计算结果见表 8-12。

表 8-12　各样品燃烧后大气污染物浓度理论计算值

样品名称	过剩空气系数 1.8（mg/m³）			折算为 11% O_2 的干烟气		
	HCl	NO_x	SO_2	HCl	NO_x	SO_2
煤粉	9.45	322.51	736.36	8.22	274.13	633.27
原生垃圾	18.48	157.59	185.78	16.08	133.95	159.77
垃圾直接 RDF-5	17.79	147.37	185.15	15.48	125.26	159.23
5%ZY2 制备 RDF-5	4.13	109.21	135.62	3.59	93.15	116.63

从表 8-12 中可以看出：经过理论计算，在未经尾气处理的情况下，垃圾制成衍生燃料后，其尾气中 NO_x、SO_2、HCl 污染物的排放浓度比垃圾单独焚烧得到显著降低，尤其是添加固氯剂后，3 类污染物的排放浓度分别降低 77.65％、30.70％、77.67％。

第九章 处置垃圾 RDF 对水泥窑的影响

第一节 不同 RDF 入窑方式

一、RDF-2 入窑方式

（一）RDF-2 特性

（1）RDF-2 外观

根据第七章的介绍，RDF-2 为将城市生活垃圾中去除金属和玻璃，粗碎通过 152mm 的筛后得到的可燃固体废弃物，其粒径平均为 150mm 以上。RDF-2 的外观图片如图 9-1 所示。

图 9-1　RDF-2 外观

（2）RDF-2 的理化特性

RDF-2 的理化特性见表 9-1。

表 9-1　RDF-2 理化特性

类别	物理特性（%）			干基热值（kcal/kg）	含氯量（%）	重金属（mg/kg）				
	可燃物	不燃物	含水率			Cd	Hg	As	Pb	Cr
含量	65.01	34.11	45.18	1821.85	0.28	0.09	1.08	9.51	77.01	73.54

从表 9-1 可以看出：经过 RDF-2 加工后，含水率进一步降低，热值升高，可以直接入窑焚烧，但入窑的 RDF-2 中仍然含有 30％左右的不燃物，会影响焚烧状况和炉温的变化。

RDF-2 中，重金属以 Pb、Cr 含量为高，均在 85mg/kg 以上。另外，Hg 含量为 1.34×10^{-6}，远远高于煤炭中的 $(0.1 \sim 0.5) \times 10^{-6}$。因此，采用垃圾作为水泥窑替代燃料时，要特别关注尾气中的重金属 Hg、Pb 含量。

新型干法水泥生产中，原燃料中氯含量较高是影响其窑系统稳定运行的因素之一，极易引起窑尾系统的结皮和堵塞。陈腐垃圾筛上物含氯量为 0.28％左右，远远超过水泥入窑生料安全含量的 0.015％，因此，将垃圾直接入窑焚烧时，窑况运行监测尤其重要。

（二）RDF-2 入窑方式

根据 RDF-2 的粒径，RDF-2 可选择的入窑方式有两种：直接入窑方式和间接入窑方式。

（1）直接入窑方式

RDF-2 可以直接入窑，入窑点选择分解炉。

工艺：在窑尾空地建设 RDF-3 储仓，采用螺旋输送的方式将垃圾 RDF-3 送入分解炉，同时对分解炉进行改造，为方便投料及防止漏风和热量损失设置三层气动锁风闸。

分解炉改造示意图如图 9-2 所示。

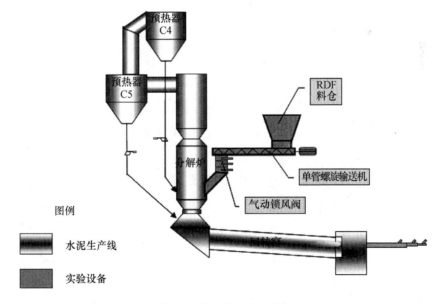

图 9-2　分解炉改造示意图

（2）间接入窑方式

根据第八章的分析，结合水泥生产的特点，RDF-2 间接入窑可以采用气化后入窑的形式，气化后的底渣作为水泥生料配料，可以实现固体废物零填埋。

气化可以采用在线方式，也可以采用离线方式。

① 在线方式：以部分三次风作为气化剂，将固体废物气化后产生的高温可燃气提供给分解炉，气化过程中产生一定量的可燃性气体，如 H_2、CO、C_nH_m 等，随着气化炉的过剩空气经气体输送管道送入水泥窑分解炉内，既可以为分解炉提供部分热量实现燃料替代，也可以实现固体废物气化过程中产生的气体污染物的彻底处置。气化炉渣直接进入窑系统并参与配料而对熟料质量和产量产生影响。

②离线方式：以少量自然空气作为气化剂，将固体废物气化后产生的高温可燃气提供给分解炉，气化过程中产生一定量的可燃性气体，如 H_2、CO、C_nH_m 等，随着气化炉的过剩空气经气体输送管道送入水泥窑分解炉内，既可以为分解炉提供部分热量实现燃料替代，也可以实现固体废物气化过程中产生的气体污染物的彻底处置。气化炉渣经过 800℃ 以上的处理，排出气化炉系统之后可作为混合材料用于水泥厂的生产，避免大块炉渣直接进入窑系统并参与配料而对熟料质量和产量产生影响。

二、RDF-3 入窑方式

（一）RDF-3 特性

（1）RDF-3 外观

根据第七章的介绍，RDF-3 为将城市生活垃圾中去除金属和玻璃，粗碎通过 50mm 的筛后得到的可燃固体废弃物，其粒径平均为 50mm 以上。RDF-3 的外观图片如图 9-3 所示。

图 9-3　RDF-3 外观

（2）RDF-3 的理化特性

RDF-3 的理化特性见表 9-2。

表 9-2 RDF-3 理化特性

类别	物理特性（%）			干基热值 （kcal/kg）	含氯量 （%）	重金属（mg/kg）				
	可燃物	不燃物	含水率			Cd	Hg	As	Pb	Cr
含量	81.89	18.11	22	2821.85	0.31	1.06	1.34	8.7	85.2	86.4

从表 9-2 可以看出：与 RDF-2 相比，RDF-3 的可燃物比率升高，含水率进一步降低，热值升高，重金属含量略有升高，更利于直接入窑焚烧。

（二）RDF-3 入窑方式

根据 RDF-3 的粒径，RDF-3 可选择的入窑方式有两种：直接入窑方式和间接入窑方式。

（1）直接入窑方式

RDF-3 可以直接入窑，入窑点选择分解炉、烟室、三次风入口均可。

（2）间接入窑方式

与 RDF-2 对比，RDF-3 粒径较小，间接入窑可以采用固定床气化后入窑的方式，也可以采用循环流化床气化后入窑的形式，气化后底渣作为水泥生料配料，可以实现固体废物零填埋。

三、RDF-4 入窑方式

（一）RDF-4 特性

（1）RDF-4 外观

根据第七章的介绍，RDF-4 为将城市生活垃圾中去除金属和玻璃，破碎通过 1.83mm 的筛后得到的可燃固体废弃物，其粒径平均仅为 1mm 以上。RDF-4 的外观图片如图 9-4 所示。

图 9-4 RDF-4 外观

（2）RDF-4 的理化特性

RDF-4 的理化特性见表 9-3。

表9-3　RDF-4 理化特性

类别	物理特性（%）			干基热值（kcal/kg）	含氯量（%）	重金属（mg/kg）				
	可燃物	不燃物	含水率			Cd	Hg	As	Pb	Cr
含量	90.87	2.01	10	3098.65	0.33	1.28	1.36	8.90	88.4	89.1

从表 9-3 可以看出：与 RDF-3 相比，RDF-4 的可燃物比率升高，含水率进一步降低，热值升高，重金属含量略有升高，更利于直接入窑焚烧。

（二）RDF-4 入窑方式

根据 RDF-4 的粒径，RDF-4 可选择直接入窑方式。直接入窑方式以燃烧器喷入为主，也可选择分解炉或烟室投加的方式。

根据欧洲的经验，在燃烧器喷入 RDF-4，需要对燃烧器改造多通道，示例如图 9-5 所示。

左侧标注（自上而下）：外部空气通道、粉碎燃料通道、天然气通道、液态燃烧喷枪管道
右侧标注（自上而下）：打散空气通道、固态替代燃料通道、切向风道、冷却空气通道

图 9-5　多通道燃烧器

四、RDF-5 入窑方式

（一）RDF-5 特性

根据第七章的介绍，RDF-5 为将城市生活垃圾中去除金属和玻璃等不燃物，粉碎、干燥、加工成型后得到的可燃固体废弃物，其制备出的形式多样，有柱状、蜂窝状、卵球状等，以柱状较为多见。部分 RDF-5 的外观形状如图 9-6 所示。

图 9-6　部分 RDF-5 的外观形状

（二）RDF-5 入窑方式

由于 RDF-5 为三维形态，燃烧特性相比于二维的 RDF-2,3,4 降低，因此，不适合直接入窑，更适合采用气化后入窑的方式。

第二节　二维 RDF 对水泥窑的影响

中国的水泥窑协同处置生活垃圾，加工成 RDF-4 的几乎没有，一般都是制备成 RDF-2 或 RDF-3 入窑。因此，本节以混合的 RDF-2,3 为物料（统称为二维 RDF，以区别于 RDF-5），探索协同处置 RDF-2,3 对水泥窑的影响。

一、实验设计

（一）物料

（1）物料处理

将原生垃圾破碎，筛分至粒径为 100mm 左右，成为二维 RDF，采用人工投加的方式投加到水泥窑分解炉。物料照片如图 9-7 所示。

（2）物料氯含量检测

采用 XRF、离子色谱及手工滴定三种方法，检测 RDF 中的氯含量，测试结果见表 9-4。

图 9-7　实验物料

表 9-4　氯含量检测结果（mg/kg）

方法	样品编号									
	1	2	3	4	5	6	7	8	9	10
XRF	429	280	168	257	193	578	235	232	379	240
离子色谱法	1580	1300	1020	1070	888	1090	1120	2320	1290	1380
人工滴定法	5400	4208	3897	4612	1211	3834	3670	4591	6156	4487

从表 9-5 可以看出：垃圾中的氯含量检测，以 XRF 最低，以人工滴定法最高。

（二）水泥窑工艺

实验依托的水泥窑工艺见表 9-5。

表 9-5　水泥窑概况

产能	回转窑	分解炉	预热器	收尘器
3500t/d	φ4.3×66m 新型干法窑	TSD 分解炉	五级	袋收尘

实验依托的水泥窑满足《水泥窑协同处置固体废物污染防治技术政策》中关于熟料产量、生产工艺、尾气处理等硬件设施的要求。

（三）实验设计

将二维垃圾 RDF 打包，采用电梯提升至分解炉，提升量 2 包/次，间隔时间 12min。在分解炉平台增加一个方锥形二维垃圾 RDF 料仓，采用 4300mm×800mm 螺旋铰刀输送进入分解炉，螺旋铰刀的功率为 15kW，转速为 13r/min。分解炉与垃圾料仓之间设置双层气动闸板阀，间隔距离 400mm，开合间隔时间 28s。

分解炉平台设备布置如图 9-8 所示。

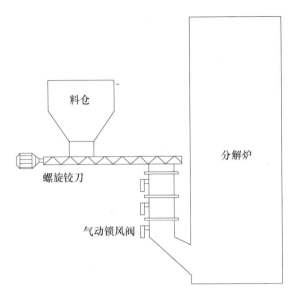

图 9-8　本实验分解炉平台设备布置

（四）工艺流程

本实验采用的工艺流程为：

筛上物进厂→电梯→下料平台→拆包→中间仓→铰刀→闸板阀→分解炉

（五）投加方式

以 2t/h 的速率采用人工投加方式投加到 RDF 料仓。现场的实验照片如图 9-9 所示。

图 9-9　现场实验照片

二、二维 RDF 入窑焚烧对烟气性质的影响

(一) 常规污染物

水泥窑排放的废气中主要有 N_2、CO_2、O_2、H_2O、NO_x、SO_x、CO 以及少量有机化合物（包括二噁英类污染物）。目前 CO_2、NO_x 和气相有机化合物是受环保关注的重点。垃圾焚烧后，除以上污染物之外，还有 HCl、HF、Cd、Pb、Sb、Se、Sn、Hg 等重金属，以及二噁英及多环芳香族化合物等。

分解窑添加垃圾二维 RDF 后，水泥窑烟气中的污染物实测浓度和排放速率见表 9-6。

表 9-6 水泥窑烟气中的污染物实测浓度和排放速率

项目		TSPs	HCl	HF	SO₂	NOₓ	CO
实测浓度 (mg/m³)	煤	4.3	0.25	0.08	<3	643	691
	煤+垃圾	8.2	1.1	2.03	13.7	541.7	1208
排放速率 (kg/h)	煤	1.71	0.096	0.03	—	255	271
	煤+垃圾	2.94	0.39	0.73	2.18	194.7	434.7

从表 9-6 可以看出：从分解窑投放二维 RDF 后，除 NO_x 实测浓度和排放速率均显著下降外，水泥窑烟气中 TSPs、HCl、HF、SO_2、CO 污染物实测浓度和排放速率均显著上升，而且波动很大，说明：人工投加喂料方式不合理，造成垃圾焚烧不完全，造成 CO 极显著上升，而 CO 含量的增加是 NO_x 实测浓度和排放速率显著下降的主要成因。而且，由于垃圾中含有一定量的灰土，造成尾气中 TSPs 实测浓度和排放速率显著增加。

(二) 重金属污染物

在饲喂垃圾前和饲喂 2h 后，分别测定烟气中的重金属 Cd、Hg、As、Pb、Cr 含量。饲喂垃圾前后，窑尾烟气中的各重金属排放浓度见表 9-7。

表 9-7 水泥窑烟气中的重金属实测浓度 (mg/m³)

	Hg	Cr	Cd	As	Pb
煤	1.3×10^{-3}	3.0×10^{-4}	3.0×10^{-6}	6.1×10^{-5}	4.6×10^{-4}
煤+垃圾	2.2×10^{-2}	9.0×10^{-3}	9.0×10^{-6}	3.4×10^{-3}	2.5×10^{-2}

从表 9-7 中可看出：饲喂垃圾前后，虽然水泥窑尾气中重金属 Cd 的排放浓度增加了 2 倍，Hg、Cr 的排放浓度分别增加了 16 倍和 29 倍，As、Pb 的排放浓度增加了 50 倍左右，但仍远远低于欧盟 2000/76/Ec 规定的排放浓度限值。

(三) 垃圾入窑对烟气量增加的理论计算

焚烧垃圾作为替代燃料进入水泥窑焚烧对熟料煅烧系统气体量的影响较大，主要表现在垃圾中水分的挥发和焚烧产生的烟气量与煤燃烧产生的烟气量的差别。

(1) 垃圾燃烧产生的烟气量计算

垃圾的低位热值：3400kcal/kg；

每千克垃圾燃烧生成的废气量：$1.01 \times 3400/1000 + 1.65 = 4.676$（$Nm^3/kg$）

每小时垃圾的燃烧量：2000kg

每小时垃圾燃烧产生的烟气量（标况）：$4.676 \times 2000 = 9352$（Nm^3/h）

（2）垃圾替代的燃煤量计算

每小时垃圾燃烧释放的热量：$3400 \times 2000 = 6800000$（kcal/h）

煤的低位热值：5621kcal/kg 煤

每小时替代燃煤量：$6800000/5621 = 1210$（kg）

每千克煤燃烧生成的废气量：$0.89 \times 5621/1000 + 1.65 = 6.653$（$Nm^3/kg$ 煤）

每小时煤燃烧产生的烟气量（标况）：$6.653 \times 1210 = 8048$（Nm^3/h）

（3）垃圾燃烧后实际增加的烟气量

每小时实际增加的烟气量：$9352 - 8048 = 1304$（Nm^3/h）

根据实验时的熟料产量、熟料热耗、原材料和煤粉工业分析进行热工计算的结果，预热器出口的标况烟气总量为 214958 Nm^3/h。

增加的烟气量占预热器出口废气量的百分比：$1304/214958 = 0.61\%$。

以垃圾替代燃煤煅烧水泥熟料，仅使系统排放废气量增加 1% 以下。对于现有熟料煅烧系统，在保持产量不变的情况下，各部分风速将增加不大，窑尾排风机能力可控。但是，若要提高垃圾的替代量，应该改变垃圾的前处理方式，提高垃圾热值，降低垃圾水分，进而降低窑尾的烟气排放量。

三、二维 RDF 入窑焚烧对水泥工艺的影响

焚烧垃圾作为替代燃料进入水泥窑焚烧对熟料煅烧系统的影响主要是垃圾的加入导致该系统物料平衡和热平衡的变化以及由垃圾带入的有害成分对水泥煅烧的影响。

分解窑添加垃圾后，分解窑工况如图 9-10 所示。

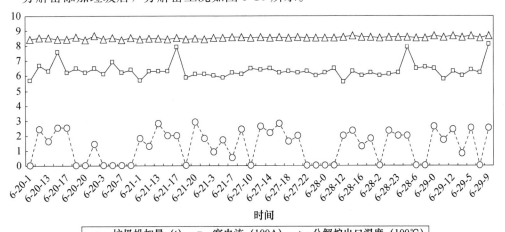

图 9-10 添加垃圾对水泥工况的影响

从图 9-10 可以看出：窑电流及分解炉出口温度等主要工艺参数均正常，无较大幅度的波动，说明：2t/h 的垃圾投加量对分解窑系统的影响较小，窑头喂煤量和窑投料量均能保持稳定，但由于垃圾为人工投加，投加量波动较大，导致实际操作中分解炉喂煤量调整较为频繁。

四、二维 RDF 入窑焚烧对产品性能的影响

（一）对热生料的影响

添加垃圾 RDF 后，水泥热生料中有害元素的变化见表 9-8。

表 9-8　水泥热生料中有害元素的变化

项目	K_2O	含氯量	SO_3
煤	1.972	0.364	0.95
煤＋垃圾	2.627	0.515	0.943

从表 9-8 可知：入窑热生料中的 S 元素无明显变化，而 K、Cl 的含量显著升高，在平均喂料 2t/h 的情况下，热生料中的 Cl 元素含量增加了 0.15％，但因筛上物的喂料量少，时间短，整个数值在导致窑严重结皮（Cl＞1.8％，SO_3＞2.5％）的范围以下。说明：二维 RDF 从分解炉进入时，由于分解炉里有大量新生态活性较高的 CaO 和过渡性熟料矿物，可能对有害物质的不良作用有抑制效应。

国外多用橡胶或塑料替代燃料，替代率可高达 70％，其 Cl 含量远高于生活垃圾，尚能正常生产。可见，水泥生产焚烧生活垃圾，S、Na、K、Cl 的限值应进一步深刻认识和研究。

（二）对熟料的影响

（1）对熟料物理特性的影响

添加二维 RDF 后，水泥熟料的物理特性见表 9-9。

表 9-9　水泥熟料的物理特性

项目	抗压强度（MPa）		抗折强度（MPa）		标准稠度需水量（％）	细度	初凝（h：m）	终凝（h：m）	比表面积（cm^2/g）
	3d	28d	3d	28d					
煤＋垃圾	28.9	54.2	5.8	8	25.5	2.5	135	165	3460
煤	29	54.6	6	8	25.6	2.5	112	150	3540

添加垃圾后烧制的水泥熟料，其抗压强度、抗折强度、标准稠度需水量、比表面积均有所降低，但差异不显著；但初凝时间和终凝时间有所升高。

（2）对熟料 fCaO 的影响

熟料中的 fCaO 测定结果如图 9-11 所示。

添加垃圾后，熟料饱和比显著下降，这是因为 RDF 中含有一定量的灰土所致，而灰土中 SiO_2 在分解炉内的湍流效应下，与生料充分分散并混入热生料中，导致熟料饱

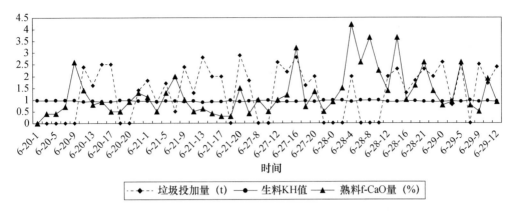

图 9-11　添加垃圾对水泥熟料中 f CaO 的影响

和比下降。按水泥生产的经验看，每增加 1% 的灰土，熟料 KH 会下降 0.01，所以，可通过调节生料配比，提高生料 KH 来消除陈腐垃圾中的渣土对熟料煅烧的影响。

从图 9-11 可以看出：水泥熟料中的 f-CaO 含量波动很大，说明煤配比不均匀，这与煤波动结果相一致。

五、垃圾替代燃料的节煤效果

（一）替代燃料的理论计算

利用垃圾的热量节省燃料，垃圾的焚烧量以生产单位熟料焚烧多少垃圾表示。用带分解炉的新型干法水泥窑焚烧生活垃圾时，一般为了保证熟料的煅烧温度，窑头用热值大于 24000kJ/kg 的燃料，目前国内的生活垃圾即使经过分选前处理也很难满足这个要求，则节省的燃料仅是分解炉用的燃料。窑炉用燃料比一般为 6∶4，这样，生活垃圾提供给熟料烧成的热量不超过熟料热耗的 60%。由于分解炉也需要相当的热量和热稳定性，而生活垃圾热值变化大，因此，生活垃圾很难 100% 供给分解炉的热量。

若生活垃圾热值为 10000kJ/kg，有效利用率为 85%，提供给分解炉所需热量的 1/3～2/3，熟料热耗 3011kJ/kg，那么，生产每吨熟料需要焚烧生活垃圾量为：

$$3011 \times 60\% \times (1/3 \sim 2/3) \div 10000 \div 85\% = 0.07 \sim 0.14 （t）$$

可替代热值 24000kJ/kg 的煤量为：

$$(0.07 \sim 0.14) \times 10000 \div 24000 = 0.03 \sim 0.06 （t）$$

即：1t 热值为 10000kJ/kg 的垃圾可替代热值 24000kJ/kg 的煤量为 0.42t。

（二）替代煤炭的实际效果

添加二维垃圾 RDF 后，水泥窑喂煤量变化如图 9-12 所示。

从图 9-12 可以看出：当垃圾投加量为 2t/h 时，分解炉和五级筒的出口温度出现小幅上升，整体上看焚烧垃圾期间的用煤量明显比不烧的时候低，即：添加垃圾使得整体喂煤量下调，且可以稳定在正常的范围内，说明垃圾的燃烧速度很快，没有造成滞

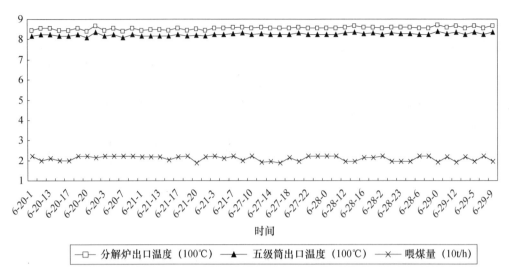

图 9-12　水泥窑喂煤量变化

后燃烧，而且垃圾燃烧产生了一部分热量，总体能耗略有下降，但喂煤量的调整较为频繁，这是因为人工间歇式投加垃圾容易造成喂料缺乏持续性和稳定性。

垃圾检测热值在 2500kcal/kg 以上，理论计算生产 1t 垃圾能够替代 0.42t 煤粉，实际试验中，由于喂煤秤读数不准确、垃圾投料量不均匀、系统出现漏风等因素，实际燃料替代效果略低于理论计算的结果，初步统计垃圾焚烧所达到的有效热值至少是 1500kcal/kg。因此，对于性质、粒径不均匀的垃圾类可燃废物，采用气化、连续进窑焚烧方为理想方式。

第三节　RDF-5 对水泥窑的影响

一、气化参数设计要点

根据本章第一节的分析，RDF-5 由于三维状态、燃烧性能低、密度大，应选择气化入窑的方式。气化参数设计的要点为：

（1）为增加可燃气体的产生量，气化炉炉温应为 700℃ 以上；

（2）气化后的烟气应以最短距离进入水泥窑分解炉，并且外加保温材料，这样不仅可以减少热损失，而且可防止烟气冷凝过程中生成焦油；

（3）烟气在分解炉的停留时间应在 3s 以上，以防止二噁英生成。

二、物料选择

选择卵球状的 RDF-5 作为本次实验的物料。卵球状 RDF-5 的制备设备如图 9-13 所示。

图 9-13　卵球状 RDF-5 的制备设备

三、工艺说明

（1）垃圾进场后送往气化炉车间的垃圾接收坑，并通过行车垃圾抓斗将垃圾倒运至垃圾储存库。

（2）在气化炉运行时，垃圾储存库内的垃圾经行车垃圾抓斗抓取后送往气化炉的喂料设备——步进式给料机。

（3）垃圾在步进式给料机内经 7 个可以交替、往返运动的推板，被送至气化炉的垃圾喂料锁风竖井。

（4）喂料锁风竖井总体高度达到 5m，利用垃圾在竖井中形成的料柱，实现可靠锁风，防止气化炉内的气化气体外溢。

（5）喂料锁风竖井内的垃圾经由垃圾双辊给料机，被喂入垃圾气化炉内，进行气化。

（6）气化炉炉体可以围绕炉体中心旋转，以便于垃圾在炉内均匀布料。垃圾气化后的底渣经炉底的出渣机排出，可送往水泥粉磨车间作为磨制水泥的混合材料。

（7）气化介质采用自然空气，通过一台高压离心鼓风机将空气从气化炉体的底部鼓入气化炉内。根据鼓入风量不同，垃圾气化的程度不同，气化后的气体中可燃成分比例和气体温度不同。

（8）垃圾气化后的气体由气化炉出口经气体输送管道送往水泥窑系统窑尾分解炉内进一步燃尽，释放出的热量用于分解炉内碳酸盐的分解。

四、对水泥窑的影响

（一）对窑况的影响

RDF-5 经气化进入分解窑焚烧后，分解窑工况如图 9-14 所示。

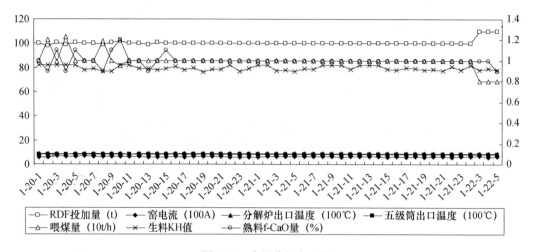

图 9-14　水泥分解窑工况

从图 9-14 可以看出：RDF-5 经气化进入分解窑焚烧后，分解窑电流、分解炉出口温度、五级筒出口温度、生料 KH 值等主要工艺参数均正常，无较大幅度的波动。说明：RDF-5 经气化后再焚烧的处理方式对分解窑系统的影响较小，窑头喂煤量和窑投料量均能保持稳定。

（二）对熟料的影响

水泥熟料性质测定结果见表 9-10。

表 9-10　水泥熟料的物理特性

项目	抗压强度（MPa）		抗折强度（MPa）		标准稠度需水量（%）	细度	初凝（h：m）	终凝（h：m）	比表面积（cm²/g）
	3d	28d	3d	28d					
煤＋垃圾	28.9	54.2	5.8	8	25.5	2.5	135	165	3460
煤	29.1	54.9	5.9	8	25.5	2.5	135	164	3440

添加固体废物后烧制的水泥熟料，其抗压强度、抗折强度、标准稠度需水量、比表面积、初凝时间和终凝时间等与未添加相比，几乎没有差异。说明：RDF-5 气化入窑的方式，对水泥窑工况和产品影响较小。

第四节　RDF-5 重金属挥发特性

垃圾焚烧过程中影响重金属迁移特性的因素有很多，如：单个金属的特性、垃圾给料中重金属元素的出现方式和分布形式、垃圾组成（氯、硫、水、碱金属等）、运行环境（焚烧炉内物理化学气氛、垃圾在炉内停留时间）、垃圾的混合程度、烟气净化手段等。本节以垃圾 RDF-5 中的重金属为研究对象，探索温度、焚烧及垃圾中特殊组分对不同重金属的影响。

一、实验方法

（一）实验设计

将用垃圾加工成的 RDF-5 放入图 8-7 所示的装置焚烧，为避免空气中杂质的影响，采用纯 O_2、CO_2、N_2 模拟空气。将焚烧温度分别设定为 $500\sim900℃$，将焚烧时间分别设定为 10min、30min、60min，测定焚烧后残渣中的重金属含量以及吸收液中的重金属浓度，分析重金属迁移机制。

（二）测试方法

焚烧残渣中重金属的测定方法和检测仪器参照第八章。气体中的重金属利用吸收法测定。

二、不同重金属的熔沸点

文献中的研究结果表明，重金属及其不同化合物形态在不同温度下的熔沸点特性差异较大，见表 9-11。

表 9-11　不同重金属的高温熔沸点（℃）

重金属	熔点	沸点	氧化物	氯化物
Hg	−39	357	500	熔点：276 沸点：302 升华：300
Cd	320.9	765（767）	沸点：1559 分解：950 升华：900	熔点：570 沸点：960
Pb	327	1620	熔点：886 沸点：1516	熔点：501 沸点：950
Zn	419	907	升华：1800	熔点：283 沸点：732
As	808	603（615）	氧化亚砷升华：218	熔点：−16 沸点：130
Cr	1857	2672（2200）	熔点：1377 沸点：3000	熔点：83
Cu	1083	2595（2300）	熔点：1326	熔点：620
Ni	1555	2837（2900）	NiO 熔点：1990 NiO₂ 熔点：1980	熔点：1001

很多学者认为，在垃圾焚烧过程中，金属本身的特性是决定重金属分布最重要的因素。垃圾焚烧后所释放出来的重金属，除了汞以气态形式挥发外（几乎所有的汞都

是以气态离开燃烧区域），其余的几种重金属均以残渣形态存在于底灰或飞灰上，组成颗粒基体或者依存于飞灰表面。从表 9-11 中可以看出：重金属本身的特性决定了其高温挥发能力。8 种重金属单质熔点由高到低排序依次为：Cr＞Ni＞Cu＞As＞Zn＞Pb＞Cd＞Hg；8 种重金属单质沸点由高到低排序依次为：Ni＞Cr＞Cu＞Pb＞Zn＞Cd＞As＞Hg。

除 Cr 和 As 外，对于同一种重金属来说，其氧化物的熔点要高于其氯化物和单质的熔点。

三、温度对垃圾 RDF-5 中重金属挥发的影响

（一）不同温度下气相重金属的浓度

为了考察垃圾常见重金属在焚烧环境中的迁移转化规律，将垃圾中各重金属（Zn、Cu、Ni、Pb、Cd、Cr、Hg、As）浓度均设定为 100g/kg（干物质）。实验样品为 10g 垃圾 RDF-5（干物质）。为了保证重金属在 RDF-5 样品中的均匀分布，实验过程中重金属均以硝酸盐的形式加入（砷以砷酸钠形式加入）。

室温下保持气体流量为 $0.6m^3/h$，垃圾 RDF-5 在 500～900℃焚烧温度下持续加热 60min 后，气相重金属浓度测定结果见表 9-12。

表 9-12　不同温度下气相重金属浓度测定结果（mg/m³）

温度	Zn	Cu	Ni	Pb	Cd	Cr	As	Hg
500℃	7.31	1.22	1.19	1.66	4.05	1.26	12.61	165.25
600℃	18.33	1.66	1.56	2.89	21.99	1.31	18.71	165.23
700℃	45.88	5.66	2.03	18.98	43.66	2.89	46.66	165.33
800℃	98.45	13.89	2.89	36.66	89.89	3.12	101.23	165.12
900℃	120.55	14.55	3.26	76.34	113.68	4.23	121.66	165.45

从表 9-12 可以看出：垃圾 RDF-5 在 500℃的焚烧温度下，6 种重金属在气相中均有分布，随着焚烧温度的升高，除 Hg 外，6 种重金属在气相中的浓度显著增加，但温度对不同重金属的影响有所差异：Zn、Pb、Cd、Cu、As、Cr 的挥发高峰均在 700℃以上，当焚烧达到 900℃以上时，除 Hg 外，所有重金属在气相中的浓度均达到最大值，且 6 种重金属在气相中浓度分布从高到低依次为：Hg＞As＞Zn＞Cd＞Pb＞Cu＞Cr＞Ni。

从表 9-11 可知：Hg 氯化物的沸点最低，为 302℃，Hg 单质的挥发温度为 357℃，Hg 氧化物的沸点最高，为 500℃，因此，当焚烧温度为 500℃时，垃圾 RDF-5 中的 Hg 已经全部挥发到气相中。

（二）不同温度下残渣重金属含量

垃圾 RDF-5 在 500～900℃焚烧温度下持续加热 60min 后，焚烧残渣中的重金属浓度测定结果见表 9-13。

表 9-13　不同温度下残渣重金属浓度（mg/g）

温度	Zn	Cu	Ni	Pb	Cd	Cr	As	Hg	残渣（g）
500℃	24.32	25.12	24.55	25.12	24.66	25.01	23.55	0.21	3.89
600℃	24.95	26.89	27.01	26.99	23.99	27.14	24.03	0.24	3.56
700℃	21.23	27.06	28.09	25.86	21.04	28.23	20.89	0.23	3.39
800℃	12.06	28.89	29.12	23.01	13.16	29.14	11.08	0.28	3.31
900℃	8.99	29.79	32.03	17.11	10.11	31.99	8.34	0.24	3.02

从表 9-13 可以看出：垃圾 RDF-5 在 500～900℃ 焚烧温度下持续加热 60min 后，Hg 在残渣中的残留量很少，说明几乎全部挥发到气相中，与表 9-12、表 9-13 的结果相吻合。随着焚烧温度的升高，重金属 Zn、Pb、Cd、As 在残渣中的浓度显著减少，但温度对不同重金属的影响有所差异：当温度从 700℃ 升到 800℃ 时，焚烧残渣中 Zn、Pb、As 的含量极显著下降，当温度从 800℃ 升到 900℃ 时，焚烧残渣中 Cd 的含量极显著下降。说明：垃圾 RDF-5 中 Zn、Pb、As 的挥发高峰为 700℃ 以上，低于表 9-11 中的重金属挥发温度，这可能是氯等元素存在的影响。

（三）不同温度下残渣重金属残留率

RDF-5 在 500～900℃ 焚烧温度下持续加热 60min 后，残渣中的重金属残留率如图 9-15 所示。

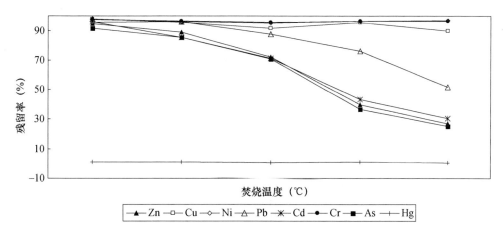

图 9-15　残渣中的重金属残留率

从图 9-15 可以看出：垃圾 RDF-5 在焚烧温度较低时（500℃），除 Hg 全部挥发外，其他 7 种重金属也有少量挥发，随着温度的升高，所有重金属的残留率均持续降低，降低速率较快的重金属依次是：As、Zn、Cd、Pb。温度对不同的重金属的挥发特性的影响程度是有所不同的，对于 As、Zn、Cd，温度在 800℃ 以上时，其在残渣中的残留量极显著下降，温度升高到 900℃ 时，Pb 在残渣中的残留量极显著下降，当温度在 500～900℃ 范围内变化时，对重金属 Ni 和 Cr 的影响较小。8 种重金属在 800℃ 以上时的挥发性由强到弱依次为：Hg＞As＞Zn＞Cd＞Pb＞Cu＞Cr＞Ni。

四、氯对垃圾 RDF-5 中重金属挥发的影响

在焚烧过程中，垃圾成分中氯的存在使大多数重金属的挥发都有不同程度的增加。从表 9-11 也可看出，金属氯化态的沸点通常低于氧化态，当垃圾内无机氯或有机氯含量较多时，燃烧过程就有氯的存在，一定条件下与重金属反应生成颗粒小、沸点低的氯化物而加剧了重金属的挥发，使其由底灰向飞灰或由飞灰向烟气的迁移增加。

垃圾中的氯元素主要包括两种：有机氯与无机氯。有机氯主要存在于塑料中，尤其以 PVC 中含量较高。无机氯主要存在于厨余垃圾的盐分中，以 NaCl 为主要代表。因此，本研究采用添加 PVC 与 NaCl 的形式，探索不同氯源和不同添加量对重金属迁移的影响。

垃圾 RDF 中的重金属挥发的明显界限是 800℃，而且，一般垃圾焚烧炉的温度也是 800℃左右，因此，本研究选取 800℃作为研究参照温度，在垃圾中分别加入垃圾总量的 5％的 PVC 与 NaCl，探索添加不同氯源对垃圾 RDF 中的重金属挥发的影响。

（一）不同氯源对重金属挥发的影响

（1）气相中的重金属浓度

在垃圾 RDF-5 中分别加入垃圾总量的 5％的 PVC 与 NaCl 后，在 800℃温度下，重金属在气相中的浓度测定结果如图 9-16 所示。

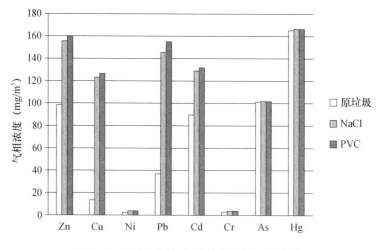

图 9-16　添加氯对气相中的重金属浓度影响

从图 9-16 中可以看出，与对照相比，无论有机氯还是无机氯的加入，对于所研究的 8 种重金属元素，在气相中的浓度都有增加，重金属 Zn、Cu、Pb、Cd 在烟气中浓度的增加量达到了极显著，无机氯的增加比率分别为 57.56％、786.54％、297.93％、43.13％，有机氯的增加比率分别为 62.75％、813.53％、323.13％、46.99％，因此，添加氯极显著地促进了重金属 Zn、Cu、Pb、Cd 的挥发，且有机氯挥发的影响高于无机氯，即 PVC 对重金属挥发特性的影响大于 NaCl。

（2）残渣中的重金属浓度

在垃圾 RDF-5 中分别加入垃圾总量的 5％的 PVC 与 NaCl 后，在 800℃温度下，重金属在残渣中的含量测定结果见表 9-14。

表 9-14　不同温度下残渣重金属浓度（mg/g）

	Zn	Cu	Ni	Pb	Cd	Cr	As	Hg	残渣（g）
对照	12.06	28.89	29.12	23.01	13.16	29.14	11.08	0.28	3.31
NaCl	2.11	7.94	29.81	3.79	6.93	29.63	11.77	0.02	3.29
PVC	1.19	7.41	30.46	2.15	6.43	30.29	12.07	0.01	3.22

从表 9-14 中可以看出，与对照相比，无论有机氯还是无机氯的加入，除 Ni、Cr、As 外，其他 5 种重金属元素 Zn、Cu、Pb、Cd、Hg 在残渣中的含量都极显著减少，其中：无机氯的减少比率分别为 82.50％、72.52％、83.53％、47.34％、92.85％，有机氯的减少比率分别为 90.13％、74.35％、90.66％、51.14％、96.43％，因此，添加氯极显著地促进了重金属 Zn、Cu、Pb、Cd、Hg 的挥发，且有机氯挥发的影响高于无机氯，即 PVC 对重金属挥发特性的影响大于 NaCl。

（3）残渣中的重金属残留率

在垃圾 RDF-5 中分别加入垃圾总量的 5％的 PVC 与 NaCl 后，在 800℃温度下，重金属在残渣中的残留率如图 9-17 所示。

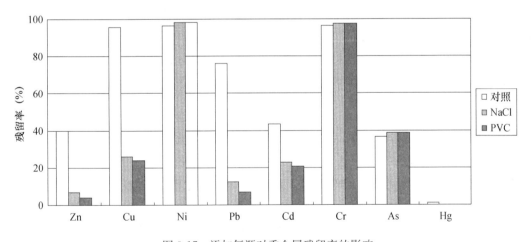

图 9-17　添加氯源对重金属残留率的影响

从图 9-17 可以看出，在垃圾 RDF-5 中分别加入垃圾总量的 5％的 PVC 与 NaCl 后，在 800℃温度下，与对照相比，无论有机氯还是无机氯的加入，除 Ni、Cr、As 外，其他 5 种重金属元素在残渣中的残留率都显著减少，添加无机氯后，Zn 的残留率从对照的 39.91％降为 6.93％，Cu 的残留率从对照的 95.62％降为 26.12％，Pb 的残留率从对照的 76.16％降为 12.47％，Cd 的残留率从对照的 43.56％降为 22.80％，Hg 的残留率从对照的 0.093％降为 0.07％；添加有机氯后，Zn 的残留率从对照的 39.91％降为 3.86％，Cu 的残留率从对照的 95.62％降为 23.87％，Pb 的残留率从对照的 76.16％

降为 6.93%，Cd 的残留率从对照的 43.56% 降为 20.72%，Hg 的残留率从对照的 0.093% 降为 0.03%。因此，有机氯对重金属挥发的影响大于无机氯，尤其是对难挥发重金属 Cu 的影响更大。

（二）不同氯含量对重金属挥发的影响

近年来，随着城市生活垃圾组成结构的不断变化，垃圾中塑料的含量呈明显增加的趋势，垃圾焚烧炉中氯含量也逐年增加。为了进一步考察高氯含量下垃圾焚烧时重金属的迁移特性，试验又模拟焚烧温度为 800℃时，在垃圾 RDF-5 中分别添加 1%、5%、10% 的 PVC 后重金属的挥发特性。

（1）气相中的重金属浓度

在垃圾 RDF-5 中分别加入垃圾总量 1%、5%、10% 的 PVC 后，在 800℃ 温度下，垃圾 RDF 中的重金属在气相中的浓度测定结果如图 9-18 所示。

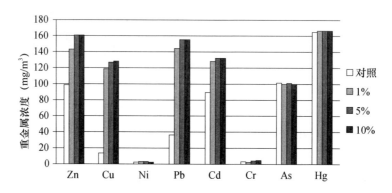

图 9-18　不同氯含量对气相中的重金属浓度的影响

从图 9-18 可以看出：在垃圾 RDF-5 中分别加入垃圾总量 1%、5%、10% 的 PVC 后，在 800℃ 温度下，除 Hg 和 As 外，垃圾 RDF 中的重金属在气相中的浓度比对照均有显著增加，尤其以重金属 Zn、Cu、Pb、Cd 在气相中的浓度增加更为显著，添加 1% PVC 后，重金属 Zn、Cu、Pb、Cd 在气相中的浓度增加量分别是 45.11%、755.14%、293.02%、42.41%；添加 5%PVC 后，重金属 Zn、Cu、Pb、Cd 在气相中的浓度增加量分别是 62.75%、813.53%、323.13%、46.99%；添加 10%PVC 后，重金属 Zn、Cu、Pb、Cd 在气相中的浓度增加量比添加 5%PVC 略有增加，但差异不显著。当氯含量增加到一定程度时，难挥发重金属 Ni、Cr 在气相中的浓度比对照增加了 30% 左右，由此可以看出有机氯对重金属的挥发特性有很大的影响，尤其在高氯含量下，对难挥发重金属的影响较明显。

（2）残渣中的重金属浓度

在垃圾 RDF-5 中分别加入垃圾总量 1%、5%、10% 的 PVC 后，在 800℃ 温度下，重金属在残渣中的含量测定结果见表 9-15。

表 9-15 不同温度下残渣重金属浓度（mg/g）

	Zn	Cu	Ni	Pb	Cd	Cr	As	Hg	残渣（g）
对照	12.06	28.89	29.12	23.01	13.16	29.14	11.08	0.28	3.31
1%	2.07	7.89	29.88	3.87	7.06	30.11	12.00	0.01	3.27
5%	1.19	7.41	30.46	2.15	6.43	30.29	12.07	0.01	3.22
10%	1.14	7.25	31.02	2.11	6.40	30.48	12.56	0.01	3.17

从表 9-15 中可以看出，在垃圾 RDF-5 中分别加入垃圾总量 1%、5%、10% 的 PVC 后，与对照相比，除 Ni、Cr、As 外，其他 5 种重金属元素 Zn、Cu、Pb、Cd、Hg 在残渣中的含量都极显著减少，其中：添加 1%PVC 后，重金属 Zn、Cu、Pb、Cd、Hg 在残渣中的减少比率分别为 82.83%、72.69%、83.18%、46.35%、96.43%；添加 5%PVC 后，重金属 Zn、Cu、Pb、Cd、Hg 在残渣中的减少比率分别为 90.13%、74.35%、90.66%、51.14%、96.43%；添加 10%PVC 后，重金属 Zn、Cu、Pb、Cd 在残渣中的减少比率比添加 5%PVC 略有减少，但差异不显著，即：有机氯对重金属的挥发特性有很大的影响，尤其在 5% 左右的添加量。

（3）残渣中的重金属残留率

在垃圾 RDF-5 中分别加入垃圾总量 1%、5%、10% 的 PVC 后，在 800℃温度下，重金属在残渣中的残留率计算结果如图 9-19 所示。

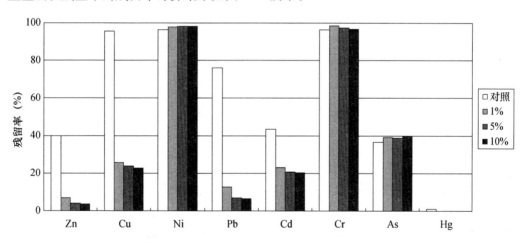

图 9-19 不同氯含量对残渣中的重金属残留率的影响

从图 9-19 可知：随着 PVC 含量的增加，焚烧后残渣中重金属残留率均呈减少的趋势，尤其是重金属 Zn、Cu、Pb、Cd，残留率与对照相比，差异极显著。添加 1%PVC 与添加 5%PVC 相比，差异显著，但添加 10%PVC 与添加 5%PVC 相比，差异不显著。

（三）机理分析

许多学者的研究表明：金属氯化态的挥发压力通常都高于氧化态，金属氯化态的沸点通常都低于氧化态。当垃圾给料中无机氯（厨余垃圾中的氯盐）或有机氯（塑料、车胎等）含量较多时，燃烧过程中就有氯的存在，一定条件下与重金属反应生成粒径小、沸点低的氯化物而加剧了重金属向烟气和飞灰中散布，其原因被认为是氯的参与延迟了金属化合物凝结过程，并且降低了露点温度，如：对于 Pb，峰值粒径由无氯时的 $0.2\mu m$ 减为有氯时的 $0.08\mu m$。也有学者认为烟气中高浓度的 HCl（$10^2 \sim 10^3 \, mg/m^3$）会对金属产生挥发影响。

五、水分对垃圾 RDF-5 中重金属挥发的影响

（一）水分对重金属挥发的影响

（1）重金属在气相中的浓度

在装置中通入 20％和 40％的水分，在 800℃下焚烧，分析不同水分对重金属在气相中浓度的分布影响，测定结果如图 9-20 所示。

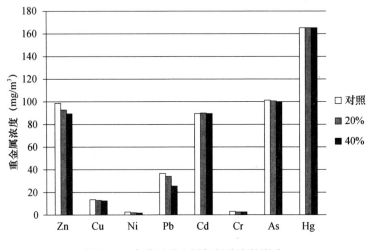

图 9-20　水分对重金属气相浓度的影响

由图 9-20 可知，垃圾 RDF-5 中水分增加时，重金属的挥发特性出现减小的趋势，但影响的程度都较小，其中 Pb、Zn 在气相中的浓度随水分含量的增加减小略明显，水分变化对 Cu 的影响较小，而对 Hg、Cd、Ni、Cr 几乎没有影响。

（2）水分对残渣中重金属浓度的影响

在装置中通入 20％和 40％的水分，在 800℃下测定残渣中重金属含量，结果见表 9-16。

表 9-16　不同温度下残渣重金属浓度（mg/g）

	Zn	Cu	Ni	Pb	Cd	Cr	As	Hg	残渣（g）
对照	12.06	28.89	29.12	23.01	13.16	29.14	11.08	0.28	3.31
20％	13.18	29.32	29.13	23.56	13.24	29.39	11.25	0.29	3.35
40％	13.65	29.38	29.17	24.98	13.41	29.56	11.32	0.25	3.38

从表 9-16 可以看出：垃圾 RDF-5 中水分增加时，重金属在残渣中的含量出现增加的趋势，但幅度都较小，其中 Pb、Zn 在残渣中的含量随水分增多而增加略明显，水分变化对 Cu 的影响较小，而对 Hg、Cd、Ni、Cr 几乎没有影响。

（3）水分对重金属残留率的影响

在装置中通入 20％和 40％的水分，在 800℃下计算残渣中重金属残留率，如图 9-21 所示。

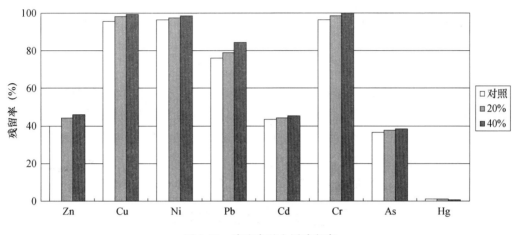

图 9-21　残渣中重金属残留率

从图 9-21 可知：当垃圾 RDF-5 中水分增加时，重金属在残渣中的残留率出现增加的趋势，但幅度都较小，差异不显著。

（二）机理分析

垃圾中水分的变化会对燃烧系统中氯及重金属种类产生影响。有学者指出：在恒定焚烧温度 950℃时，增加垃圾中的水分含量，将减少飞灰中含铅量，使铅由氯化态转为氧化态。而另外一种情形下，维持恒定的空气流，提高垃圾给料中水分，即降低燃烧温度，将使飞灰中重金属含量增加，金属由氧化态转向氯化态。同时他还指出，Cd 和 Hg 不受垃圾中水分含量多少的影响，Cd 在到达饱和温度时完全冷凝到飞灰中，而 Hg 则以气态排出烟囱。对于金属 Cr，由于 Cr 多为液体或固体形式，水分的变化对其影响甚微，而含钠量的变化，则因为其与钠有很高的亲和力形成 Na_2CrO_4 而可以影响很大。另外的研究还表明，焚烧炉中适量的水分有助于净化设备颗粒的捕集。

六、钙基吸附剂对 RDF-5 中重金属挥发的影响

（一）钙基吸附剂对重金属挥发的影响

（1）气相中的重金属浓度

在垃圾 RDF-5 中分别加入 5％的 $CaCO_3$ 和 CaO，800℃气相中的重金属浓度如图 9-22 所示。

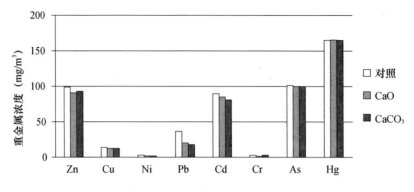

图 9-22　钙基吸附剂对气相中重金属浓度的影响

从图 9-22 可以看出：在垃圾 RDF-5 中分别加入 5％的 $CaCO_3$ 和 CaO 后，重金属的挥发特性均出现减小的趋势，其中，添加 5％的 CaO 后，气相中的重金属 Zn、Cr 浓度降低显著；添加 5％的 $CaCO_3$ 后，气相中的重金属 Pb、Cd、Ni 浓度降低显著。

（2）残渣中的重金属浓度

在垃圾 RDF-5 中分别加入 5％的 $CaCO_3$ 和 CaO，在 800℃下焚烧，研究吸附剂对重金属迁移的影响。气相中的重金属浓度测定结果见表 9-17。

表 9-17　不同温度下残渣重金属浓度（mg/g）

	Zn	Cu	Ni	Pb	Cd	Cr	As	Hg	残渣（g）
对照	12.06	28.89	29.12	23.01	13.16	29.14	11.08	0.28	3.31
CaO	12.76	27.66	28.01	25.14	13.15	28.45	11.08	0.27	3.49
$CaCO_3$	12.45	27.41	28.45	28.45	14.68	27.64	11.08	0.27	3.51

从表 9-17 可以看出：在垃圾 RDF-5 中分别加入 5％的 $CaCO_3$ 和 CaO 后，重金属在残渣中的残留量均出现增加的趋势，其中，添加 5％的 CaO 后，重金属 Zn、Cr 在残渣中的含量显著降低，添加 5％的 $CaCO_3$ 后，重金属 Pb、Cd、Ni 在残渣中的含量显著降低。

（3）残渣中重金属残留率

在垃圾 RDF-5 中分别加入 5％的 $CaCO_3$ 和 CaO，在 800℃下焚烧，重金属残留率计算结果如图 9-23 所示。

由图 9-23 看出，在垃圾 RDF 中分别加入 5％的 $CaCO_3$ 和 CaO 后，重金属的挥发特性出现减小的趋势，其中，CaO 对重金属 Zn、Cr 的吸附效果较好；$CaCO_3$ 对 Pb、Cd、Ni 的吸附效果较好。水泥窑 $CaCO_3$ 和 CaO 为主要基质，可以很好地抑制烟气中的重金属 Pb、Cd、Ni 的排放。

（二）机理分析

垃圾中的氯元素在高温受热时绝大部分转化为 HCl，钙化物与 HCl 发生酸碱中和反应，该反应为放热反应，反应热为 -261.94 kcal/mol。其反应方程式如下：

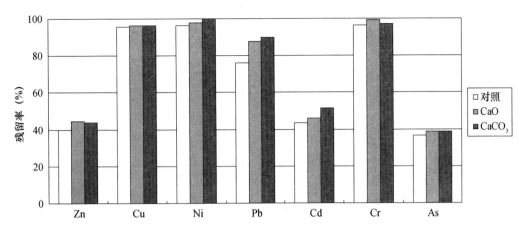

图 9-23　吸附剂对重金属残留率的影响

$$Ca(OH)_2 \longrightarrow CaO + H_2O$$

$$CaCO_3 \longrightarrow CaO + CO_2$$

$$CaO + 2HCl \longrightarrow CaCl_2 + H_2O$$

添加在燃料中的 CaO 与 HCl 反应后，氯元素以 $CaCl_2$ 的形式存在于灰渣中，达到了固氯的目的。

第五节　垃圾处置过程中的二噁英控制

一、二噁英形成机理与控制方法

（一）二噁英形成机理

二噁英实际上是二噁英类物质（Dioxins）的一个简称，它指的并不是一种单一物质，而是结构和性质都很相似的众多同类物或异构体的两大类有机化合物的总称，全称分别是多氯代二苯并二噁英（polychlorinated dibenzo-p-dioxin，PCDDs）和多氯代二苯并呋喃（polychlorinated dibenzofuran，PCDFs）。它们的结构式如图 9-24 所示。

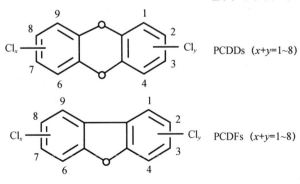

图 9-24　二噁英结构示意图

根据苯环上的氯取代数目不同，二噁英有 210 种不同的物质，其中 PCDDs 有 75 种，PCDFs 有 135 种。

二噁英是无色无味的脂溶性物质，熔点较高，极难溶于水，可以溶于大部分有机溶剂，所以非常容易在生物体内积累。二噁英非常稳定，自然界的微生物和水解作用对二噁英的分子结构影响较小，因此，环境中的二噁英很难自然降解消除，是一种典型的持久性有机污染物，致癌性和高毒性突出。1995 年，美国环境保护局公布的对 PC-DD/Fs 的重新评价结果中指出，PCDD/Fs 不仅具有致癌性，还具有生殖毒性、内分泌毒性和免疫抑制作用，特别是其具有环境雌激素效应，可能造成男性雌性化。在 2001 年 5 月签署的《关于持久性有机物的斯德哥尔摩公约》中，二噁英被列为首批采取全球控制行动的 12 种化合物之一。

自然界中，森林火灾、火山喷发等一些自然过程也会产生少量二噁英，但 90％以上的二噁英还是来源于人类活动，包括生活垃圾焚烧、化工生产、燃料燃烧等。根据《斯德哥尔摩公约》，下列工业来源类别具有相对较高的形成和向环境中排放二噁英的潜在性：废物焚烧炉（包括城市生活废物、危险性或医疗废物、下水道中污物的多用途焚烧炉）、燃烧危险废物的水泥窑、以元素氯或可生成元素氯的化学品为漂白剂的纸浆生产、冶金工业中的热处理过程（包括钢铁工业的烧结工厂以及锌、铝、铜的再生生产等）。

自 1977 年 Olive 等在荷兰阿姆斯特丹的城市垃圾焚烧飞灰中发现氯化二苯并二噁英开始，对垃圾焚烧炉中二噁英的形成和排放机理的研究已有 20 多年，然而，对二噁英的生成机理并未研究透彻。目前普遍接受的燃烧过程中二噁英的排放来源有 3 种主要机理。

（1）从原生垃圾中来。原生垃圾中自身含有二噁英类物质，在焚烧过程中未被破坏，存在于燃烧后的烟气中。

（2）在燃烧过程中产生。含氯前体物包括聚氯乙烯、氯代苯和五氯苯酚等，在燃烧中通过重排、自由基缩合、脱氯或其他分子反应等过程会生成二噁英，这部分二噁英在高温燃烧条件下大部分也会被分解。

（3）在燃烧尾部烟气中再合成。在燃烧过程中，燃料不完全燃烧产生了一些与二噁英结构相似的环状前驱物（氯代芳香烃），在较低温度（250～600 ℃）下，这些前驱物在固体飞灰表面发生异相催化反应合成二噁英，即飞灰中残碳、氧、氢和氯等在飞灰表面催化合成中间产物或二噁英，或气相中的前驱物在飞灰表面与不挥发金属及其盐发生多种反应，生成表面活性氯化物，再经过多种复杂的有机反应生成吸附在飞灰颗粒表面上的二噁英。

二噁英在标准状态下呈固态，熔点为 303～305℃。二噁英极难解溶于水，易溶解于脂肪。常温下，在水中的溶解度仅为 7.2×10^{-6} mg/L。在二氯苯中的溶解度高达 1400mg/L，所以它容易在生物体内积累，并难以被排出。二噁英在 705℃ 以下时相当稳定，高于此温度即开始分解。另外，二噁英的蒸汽压很低，在标准状态下低于 $1.33 \times 10^{-8} Pa$。

（二）二噁英控制方法

根据二噁英在垃圾焚烧发电过程中的产生机理，控制垃圾焚烧工艺中二噁英的形成源、切断二噁英的形成途径以及采取有效的二噁英净化技术是防治二噁英污染最为关键的问题，因此可以从"燃烧前、燃烧中和燃烧后"三个环节对其实现全面控制。

（1）燃前垃圾预处理

氯是二噁英生成必要条件，重金属在二噁英生成中起催化剂作用，所以垃圾焚烧前，应进行燃前预处理。燃前垃圾预处理主要是采用人工与机械相结合的方法，实现垃圾分选。垃圾分选主要是分选出垃圾中可回收再利用的组分，如金属、玻璃和硬塑料（聚氯乙烯）等，同时将不宜入炉焚烧的组分如尘土、砖头、瓦块和石头等分选出来单独填埋或作建筑材料，也可将垃圾中的有机物质分选出来作为堆肥原料，最后将可燃物料入炉燃烧。通过预处理可有效实现垃圾组分的综合利用，同时提高锅炉燃烧效率和运行稳定性，更重要的是，预处理去除原生垃圾中的聚氯乙烯，有利于减少会导致二噁英生成的氯的来源。

（2）改进燃烧技术

① 选用合适的炉膛和炉排结构，使垃圾在焚烧炉中得以充分燃烧，而衡量垃圾是否充分燃烧的重要指标之一是烟气中 CO 的浓度，CO 的浓度越低说明燃烧越充分，烟气中比较理想的 CO 指标是低于 $60 mg/m^3$。

② 控制炉膛及二次燃烧室内，或在进入余热锅炉前烟道内的烟气温度在 850℃ 以上，烟气在炉膛及二次燃烧室内的停留时间不小于 2s，烟气中含氧量不少于 6%，并合理利用 3T（Temperature，Turbulence，Time）技术，即提高炉温、增强湍流、延长气体停留时间，使燃烧物与氧充分搅拌混合，造成富氧燃烧状态，减少二噁英前驱物的生成。

③ 缩短烟气在处理和排放过程中处于 300～500℃ 温度域的时间，控制余热锅炉排烟不超过 250℃。

④ 抑制 HCl、CuO 和 $CuCl_2$ 的产生，尽量不燃烧含氯塑料及其他含氯化工产品，不使 Cu 氧化。

⑤ 掺煤燃烧可以抑制二噁英的生成。研究表明，煤燃烧产生的 SO_2 的存在能抑制二噁英的形成，一方面是当 SO_2 存在时，SO_2 和 Cl_2、水分反应生成 HCl，从而减少氯化作用，进而抑制了二噁英的生成；另一方面，SO_2 与 CuO 反应生成催化活性小的 $CuSO_4$，从而降低了 Cu 的催化活性，降低催化形成二噁英的可能性。

（3）从烟气中脱除二噁英

① 采用烟气净化装置：湿法除尘器可有效地脱除二噁英，其主要原因在于湿法除尘器中的水带走了烟气中所携带的吸附有二噁英的微小飞灰颗粒。陈彤等的实验表明，

在垃圾焚烧流化床锅炉系统中运用湿法除尘器可有效地脱除烟气中的二噁英，但湿法除尘的废水和水中的废渣仍需进一步处理。

② 活性炭吸附：活性炭由于具有较大的比表面积，所以吸附能力较强，不但能吸附二噁英类物质，还能吸附 NO_x、SO_2 和重金属及其化合物。其工艺主要由吸收、解吸部分组成，目前有两种常用方法，一种是在布袋除尘器之前的管道内喷入活性炭，另一种是在烟囱之前附设活性炭吸附塔。一般控制其处理温度为 130～180℃，吸附塔处理排放烟气的空速一般为 500～1500h^{-1}。将废弃活性炭送入焚烧炉高温焚烧可以处理掉被吸附的二噁英，但活性炭中的 Hg 会回到烟气中，需要通过其他方法脱除。这种烟气脱除二噁英的方法通过调节活性炭的量和温度可以达到较高的二噁英脱除率，但活性炭的消耗增加了运行费用。

③ 化学处理：可在烟气中喷入 NH_3 以控制前驱物的产生；或者，喷入 CaO 以吸收 HCl。这两种方法已被证实有相当大的去除二噁英能力。另外，SO_2 的存在能抑制二噁英的形成。

④ 烟气急冷技术：燃烧炉尾部烟气温度一般为 200～300℃，二噁英在 300℃左右形成的速率最高，如果对烟气温度进行迅速冷却，从而跳过二噁英易生成的温度区，可大大减少二噁英的形成。

⑤ 催化分解：一些催化剂，如 V、Ti 和 W 的氧化物在 300～400℃可以选择性催化还原（SCR）二噁英。

⑥ 电子束照射：使用电子束让烟气中的空气和水生成活性氧等易反应性物质，进而破坏二噁英的化学结构。日本原子能研究所的科学家使用电子束照射烟气的方法分解、清除其中的二噁英，取得了良好效果。

二、水泥窑处置垃圾中的二噁英分布

（一）地点及工艺

（1）实验地点选择

目前，国内外水泥窑尚无三维 RDF-5 的应用案例，大多采用协同处置二维 RDF 的技术路线，因此，选择具有代表性的原生垃圾气化入窑＋RDF 直接入窑工艺中的二噁英排放作为研究对象，通过对工况的分析，探索二噁英控制技术。

试验在北京某水泥企业进行。该企业协同处置垃圾的工艺流程如图 9-25 所示。

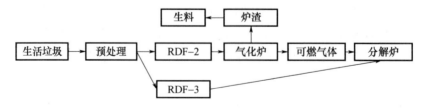

图 9-25　试验企业的协同处置垃圾工艺流程

协同处置垃圾的工艺流程为：生活垃圾经过破碎、筛分、磁选等预处理后，制备成 RDF-2 和 RDF-3。RDF-2 进入气化炉，气化炉采用贮存池的换风气体作为一次风，气化后产生的可燃气体进入分解炉。RDF-3 直接进入分解炉进行焚烧处理。协同处置垃圾产生的废气与未处置之前一样，分别经一级预热器（C1）—窑尾余热锅炉—增湿塔—生料磨—袋除尘—窑尾烟囱排放。窑头的废气与未处置之前一样，分别经窑头余热锅炉—袋除尘—窑头烟囱排放。

（2）温度参数

标定该协同处置各节点中的温度参数，结果见表 9-18。

表 9-18 协同处置垃圾中的温度参数（℃）

序号	设施名称	处置垃圾前		处置垃圾后	
		进口	出口	进口	出口
1	气化炉	—	—	25	770
2	分解炉	880	880	830	880
3	一级预热器	440	370	450	400
4	窑尾余热锅炉	365	240	400	248
5	增湿塔	239	234	245	239
6	生料磨	220	100	222	101
7	窑尾袋除尘	200	105	220	103
8	窑尾烟囱	105	102	103	100
9	熟料	1005	80	1005	80
10	窑头余热锅炉	490	148	388	135
11	窑头袋除尘	188	125	145	108
12	窑头烟囱	123	110	105	100

（二）采样及检测

（1）采样点选择

结合二噁英的形成特点和水泥窑工艺参数，选取<400℃的低温区域作为采样点，分别采集固体和气体样品。固体样品采样点包括：一级预热器出口、窑尾余热锅炉及增湿塔、生料磨、窑尾袋除尘、熟料、窑头余热锅炉、窑头袋收尘等 7 个。另外，为了研究二噁英的排放，增加气化炉出口、窑尾烟囱出口、窑头烟囱出口 3 个点的气体检测。采样点布置如图 9-26 所示。

（2）样品检测方法

固体样品采集直接在生产线上取样并放在棕色试剂瓶中保存。应用等速采样技术进行气体样品的采集（USEPA Method 23），并及时转移到冰箱，在分析前保持低温避光状态。

二噁英测定采用同位素稀释高分辨气相色谱-高分辨质谱联用仪（HRGC-HRMS）

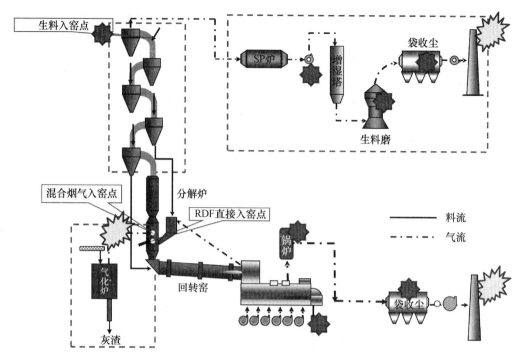

图 9-26　采样点布置

法。采用 Agilent 6890N 气相色谱与 Waters Autospec Ultima 高分辨质谱联用对 PC-DD/Fs 进行测定，色谱柱采用 Agilent DB-5MS（60m×0.25mm i.d. × 0.25μm）熔融石英毛细管色谱柱。GC 进样口温度为 270℃，载气为高纯氦气，流速为 1.0 mL/min，采用无分流进样方式，进样量为 1μL，程序升温条件为：150℃保持 3min，以 20 ℃/min升到 230℃，保持 18 min，然后再以 5℃/min 升到 235℃，保持 10min，最后以 4℃/min升到 320℃，保持 3 min。质谱用全氟煤油（PFK）校正和调谐，在分辨率大于 10000 的条件下进行检测，电子轰击源（EI）能量设定为 35eV，离子源温度为 270℃。数据采集为选择离子监测（SIM）模式。

半挥发性有机物的检测方法按照 GB 5085.3—2007 附录 K《固体废物 半挥发性有机化合物的测定 气相色谱/质谱法危险废物鉴别标准》进行。挥发性有机物按照 HJ 643—2013《固体废物 挥发性有机物的测定 顶空/气相色谱-质谱法》进行检测。

（三）结果分析

（1）窑尾区域固体样品中的二噁英含量分析

处置垃圾前后，4 个窑尾区域的固体样品中的二噁英含量对比如图 9-27 所示。

处置垃圾后，窑尾区域所有采样点的二噁英浓度均有增加，尤其是锅炉回灰、生料磨、及窑尾袋收尘回灰，但这些增量均为 pg 数量级。处置垃圾的水泥生产线窑尾各工艺节点 PCDFs 值明显高于 PCDDs 值，PCDDs 与 PCDFs 的比值小于 1，说明处置垃圾时，窑尾 PCDD/Fs 的形成以 de novo 合成占主导地位。

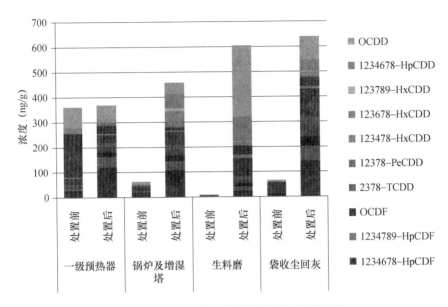

图 9-27　窑尾区域的固体样品中的二噁英含量

（2）窑尾区域固体样品中的二噁英与氯含量相关性

同时检测窑尾各固体样品中的氯含量，二噁英含量与氯含量的相关性如图 9-28 所示。

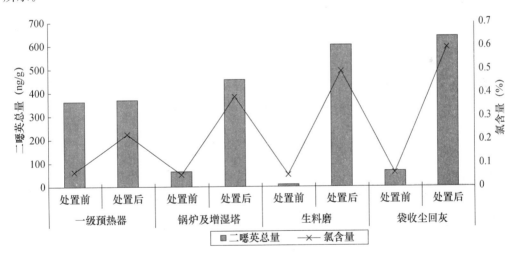

图 9-28　窑尾二噁英含量与氯含量的相关性

从图 9-28 可以看出：处置垃圾后，氯离子含量与 PCDD/Fs 浓度趋势基本一致。而未处置垃圾时，由于该采样条件下生料中带入的 PCDD/Fs 含量较高，因此在窑尾区域的 PCDD/Fs 一部分为反应形成的，另一部分为原材料带入的，而原材料带入的与氯离子含量相关性较差，因此在窑尾区域氯离子含量与 PCDD/Fs 浓度趋势一致性较差。

（3）窑头区域固体样品中的二噁英含量分析

处置垃圾前后，3 个窑头区域的固体样品中的二噁英含量对比如图 9-29 所示。

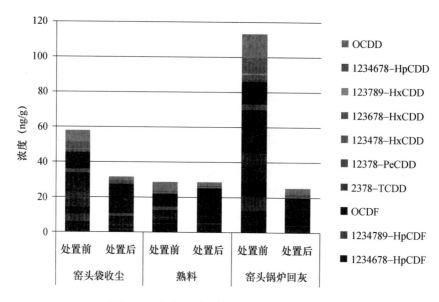

图 9-29 窑头区域固体样品中的二噁英含量

处置垃圾后，除熟料外，窑头区域的袋收尘回灰及锅炉回灰的二噁英浓度有所降低，尤其是锅炉回灰，这可能是增加了窑尾拉风，导致窑头灰量减少的缘故，但这些减少的量均为 pg 数量级。

（4）窑头区域固体样品中的二噁英与氯含量相关性

同时检测窑头各固体样品中的氯含量，二噁英含量与氯含量的相关性如图 9-30 所示。

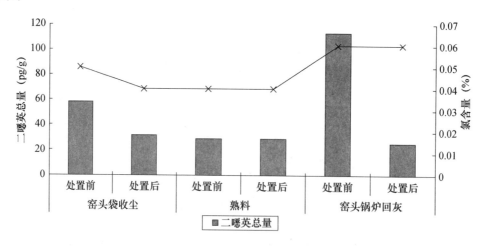

图 9-30 窑头二噁英含量与氯含量的相关性

从图 9-30 可以看出：处置垃圾前后，氯离子含量与 PCDD/Fs 浓度趋势一致性较差。即：在窑头区域，二噁英浓度基本与协同处置垃圾的关系不大。

（5）气体样品中的二噁英含量分析

三个气体采样点的平均二噁英浓度如图 9-31 所示。

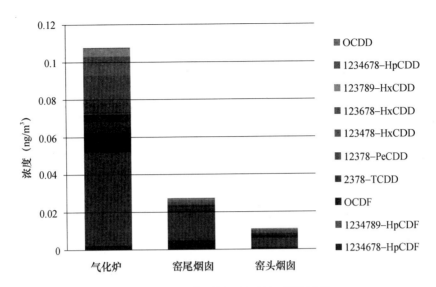

图 9-31　三个气体采样点的平均二噁英浓度

从图 9-31 可以看出：气化炉出口烟气中的二噁英含量较高，超过了国家排放标准限值，这与理论研究的结果一致。该废气中的二噁英应以高温气相生成为主，即垃圾气化燃烧时，由于缺氧，生成含碳的不完全燃烧产物，垃圾中的有机氯和部分无机氯会以 HCl 的形式释放出来，含碳的不完全燃烧产物与含氯的烟气在高温下通过聚合反应生成 PCDD/Fs。但该废气直接进入分解炉进行了再次焚烧处理，没有外排。

三、协同处置垃圾二噁英形成机理

根据对北京某水泥厂协同处置垃圾二噁英的分布特性、氯离子相关性等研究，可以得出水泥窑协同处置垃圾二噁英的形成和抑制机理。主要体现在以下几个方面：

（1）协同处置垃圾的水泥生产线窑尾二噁英类浓度较高，具备二噁英类的形成条件，存在二噁英的形成过程，二噁英类的浓度与窑尾温度及氯离子含量密切相关。且 PCDD 与 PCDF 的比值小于 1，二噁英的形成机理以 denovo 反应为主。窑头二噁英浓度较低，基本不具备二噁英类的形成条件。

（2）窑尾各工艺节点二噁英含量较高，说明窑尾锅炉、增湿塔和窑尾袋收尘等系统均可以将吸附有二噁英的粉尘颗粒收集下来，随生料喂料返回到烧成系统中，有效避免了窑尾生成二噁英类的排放。

（3）物料带入的氯会引起窑尾，尤其是一级预热器出口二噁英浓度增加。

（4）协同处置垃圾与未处置垃圾相比，窑尾 PCDD/Fs 质量浓度和毒性当量均高于未处置垃圾时，垃圾处置引起水泥生产投料量、温度等工艺参数变化，从而导致窑尾各工艺节点二噁英升高。

（5）生料磨对吸附 PCDD/Fs 粉尘颗粒具有稀释作用，可有效降低带入窑尾袋收尘的 PCDD/Fs 浓度。生料磨关会导致窑尾袋收尘回灰中二噁英含量增加。

（6）水泥窑协同处置垃圾尾气排放符合国家相关标准。

四、协同处置垃圾二噁英控制技术

针对水泥窑协同处置固体废物二噁英形成和抑制机理的共性问题以及对二噁英形成关键因素，从窑操作和窑系统改进两个层面分别提出减少二噁英排放的技术措施。

（一）窑系统操作改进措施

窑系统操作层面改进措施主要是针对降低一级预热器出口温度以及窑尾氯含量两方面进行。通过窑系统操作，可以在不增加水泥厂成本的基础上实现减少二噁英含量，可操作性强，如果水泥厂协同处置废弃物时出现窑尾烟气排放二噁英超标，可重点关注以下几个方面：

（1）及时检测 CO 和 O_2 含量，判断燃烧程度，调整一次风、二次风和三次风的比例，保证分解炉内煤粉和废弃物充分燃烧；

（2）检测入窑废弃物和各种原材料、燃料中的氯含量，及时跟踪检测窑尾增湿塔回灰、窑尾余热发电锅炉回灰、窑尾袋收尘中的氯含量，做出对比分析；

（3）在保证石灰石分解率的前提下，适当降低分解炉出口的烟气温度，减少氯挥发。

（二）窑系统改造措施

窑系统改造以水泥企业的节能降耗、提升固体废物处置为前提，对水泥企业来说，虽然需要增加一定的投入，但实现节能降耗也是水泥企业的需求。

窑系统改造的具体措施包括：

（1）合理提高分解炉炉容，改善喷煤管和入窑废弃物的位置，延长煤粉及废弃物在分解炉内停留时间；

（2）优化生料、煤粉、废弃物、三次风四者之间的匹配关系，提高煤粉和废弃物的燃烧效率；

（3）根据热工计算结果，优化改进生料进入预热器系统上升管道的位置和撒料装置，提高生料在预热器系统中的换热效率；

（4）增加氯离子旁路放风装置，减少系统中氯的循环富集造成的结皮堵塞；

（5）增加六级预热器，将烟气快速冷却至200℃以下，避免二噁英再次合成；

（6）根据小试的研究结果，可以增加以 TiO_2 为载体的 SCR 装置，在降低氮氧化物的同时实现二噁英的催化降解。

第十章　国内外协同处置垃圾的案例

第一节　国外协同处置垃圾的案例

欧盟特别重视循环经济和可持续发展，其节能环保技术也一直处于世界前沿。欧洲境内的水泥企业多紧邻住宅区、商业区，却丝毫感觉不到噪声和粉尘等困扰，厂区内绿草如茵，树木茂密，真正称得上"花园式工厂"。水泥生产采用DCS控制与检测机器人相结合，自动化程度很高，各工序基本上实现了无人操作。由于进行过技术改造，所以仍然可以看到湿法窑、立波尔窑、悬浮预热器窑、预分解窑、新型干法窑等多种窑型，各类窑型都能做到达标排放。

欧洲水泥企业对生产过程管理和产品质量控制精益求精。欧洲环境和质量标准体系逐年更新，虽然自动化程度世界领先，但各水泥企业的生产工艺流程也随之不断优化，为生产高品质产品和达到各项环境指标提供了可靠保证。

为了推动欧洲水泥企业的技术进步，欧洲水泥协会于1999年12月出版了 *BEST AVAILABLE TECHNIQUES FOR THE CEMENT INDUSTRY*（简称BAT），BAT是水泥窑处置固体废弃物和氮氧化物减排技术的指导性文件，收录了水泥企业可以应用的成熟技术，并随着科技发展每4年更新一次。

一、处置模式

国外水泥厂协同处置生活垃圾均采用了厂外预处理＋水泥厂协同处置的技术路线。

（一）厂外预处理

欧洲有许多专业的固体废弃物预处理工厂，将有一定热值的固体废弃物加工成适合水泥厂处置的RDF，每个水泥厂均对RDF有明确的验收标准，只有合格的RDF才能由水泥窑处置。由于经过预处理后，固体废物的热值、品质均匀性等都有了较大幅度的提高，降低了水泥企业处置的技术难度，加上还有一定数量的处置补贴费用，因此，水泥企业都很有积极性。

（1）预处理工厂

制备RDF的预处理工厂如图10-1所示。

图 10-1　预处理工厂

（2）RDF 运输车辆

运输 RDF 的车辆照片如图 10-2 所示。

图 10-2　RDF 运输车辆

（二）水泥窑协同处置

水泥窑接收 RDF 后，采用以下几种方式协同处置：

（1）直接入分解炉

从分解炉的底部加入燃料或替代燃料，在缺氧的条件下进行第一次缺氧燃烧，具有还原性的可燃气和未燃烧的替代燃料随着上升的气流与三次风相遇，发生第二次燃烧。这是大多数水泥厂普遍采用的方式，优点是不需要额外的大型设备，工艺控制也较简单。缺点是对替代燃料的品质要求较高，且处理量受到限制，这也是许多水泥厂的燃料替代率达不到 60％的原因之一（图 10-3）。

图 10-3　直接入分解炉 RDF

（2）从主燃烧器喷入窑头

可用于窑头燃烧器处置的替代燃料的热值和细度要求较高，通常使用的是干化的污泥和较细小的 RDF（图 10-4）。

（3）气化后入分解炉

采用专用的气化设备将替代燃料气化成可燃气后，可燃气进入分解炉进行二次燃烧，这是 CEMEX 集团水泥厂最具特色的技术。

CEMEX 集团水泥厂使用循环流化床气化炉（CFB），对替代燃料的水分可以放宽到 30％，热值达到 3000kcal/kg 即可使用，并且可以不使用 SNCR 即可达到 500mg/m³ 的氮氧化物减排指标。由于循环流化床的无故障运行时间为水泥回转窑的 90％左右，因此，该厂也配备了 SNCR 装置，用于在循环流化床检修期间保证氮氧化物达标排放（图 10-5）。

图 10-4　入主燃烧器 RDF

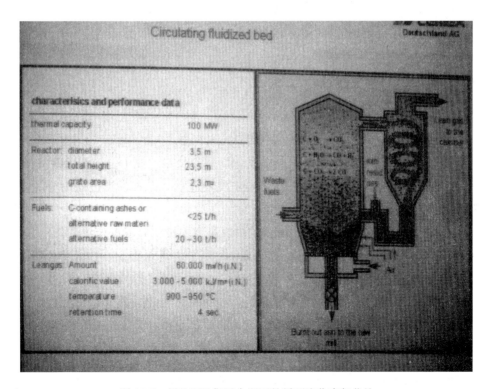

图 10-5　CEMEX 集团水泥厂的循环流化床气化炉

（三）代表企业

欧洲协同处置生活垃圾的代表企业有：意大利水泥厂、CEMEX 集团吕德斯多夫水泥厂、海德堡集团水泥厂、豪西盟水泥集团下属水泥厂等。

二、技术亮点

（一）政府、企业、协会紧密配合，标准与技术指导同步推动企业技术进步

（二）大量使用替代燃料

欧洲大多数水泥厂的燃料替代率在 60％以上，最高的达到 80％左右。替代燃料的使用，不仅利于水泥窑的氮氧化物减排，而且可以节省煤、天然气等不可再生资源，对于水泥企业的节能降耗也大有裨益。

水泥厂用来替代燃料的固体废弃物包括：生活垃圾、废旧轮胎、动物尸体、污泥、庭院垃圾、秸秆等。欧洲有许多专业的固体废弃物预处理工厂，将有一定热值的固体废弃物加工成适合水泥厂处置的垃圾衍生燃料（RDF），每个水泥厂均对 RDF 有明确的验收标准，只有合格的 RDF 才能由水泥窑处置。由于经过预处理后，固体废物的热值、品质均匀性等都有了较大幅度的提高，降低了水泥企业处置的技术难度。

（三）广泛使用低氮燃烧器

低氮燃烧器不但可以使用传统的煤粉，还可以燃烧天然气、燃油和替代燃料。虽然低氮燃烧器本身对氮氧化物减排贡献不大，仅为 10％～30％，但其多通道的设计为在窑头使用替代燃料提供了方便。

（四）普遍采用燃料分级燃烧技术

燃料分级燃烧是脱硝的有效手段，其效率可高达 30％～50％。

（五）全部配备了选择性非催化还原（SNCR）装置

SNCR 是在欧洲水泥界普遍采用的氮氧化物减排技术，技术已趋于成熟，在 BAT 文件中有详细的说明。对于新型干法水泥窑来说，适宜 SNCR 的温度段为分解炉，因此，SNCR 技术均是将氨水和尿素液化后通过高压喷嘴喷入分解炉内的。为了提高 SNCR 的氮氧化物减排效果，需要根据分解炉内温度的波动对喷氨位置进行动态调整，动态精确控制的喷氨机制使得在氨氮比为 1.4 时就能达到 60％左右的脱硝效率，氨逃逸指标也在 30mg/Nm³ 的范围内。

由于目前欧洲普遍实行的氨逃逸指标标准是 500mg/Nm³，燃料替代率高的水泥厂即使不使用 SNCR 也可达到，因此 SNCR 装置只是偶尔运行，仅作为应急设施使用。

（六）欧洲水泥协会正在组织 SCR 工业试验

由于 SCR 用于水泥窑的氮氧化物减排技术尚未成熟，欧洲水泥协会正在组织进行工业实验。据介绍，实验按照两个技术路线进行：

① 高尘布置，在除尘器之前 300～400℃的温度区间内布置催化剂，由于粉尘含量高、碱金属含量高（在处置固体废物的水泥厂还有重金属含量高的问题），在防止催化剂堵塞和催化剂中毒方面有较高的技术难度，目前主要是考察在如此恶劣的条件下验证高温催化剂的抗磨损、抗中毒能力和低温催化剂脱硝效率，从而判断技术的可行性。

② 低尘布置，即在布袋除尘器后布置催化剂，该处的粉尘含量在 $10mg/m^3$ 以下，其影响可以忽略不计，但此处温度仅为 200℃左右，需要通过烟气再热技术将气体的温度加热到 300℃以上。虽然低尘布置的方案有利于延长催化剂的使用寿命，但能耗较高，对于利润偏低的水泥企业来说，运行成本是一个不能回避的问题。

三、值得借鉴之处

目前我国水泥企业生产总量巨大，新型干法水泥生产线条数达到 1700 多条。虽然新型干法水泥生产技术已是较先进水平，但与欧洲相比还有较大差距，要想取得更大的进步，必须做到在提高新型干法生产的水泥比例的同时，加强技术研发和信息化建设。为此，需要在如下几个方面努力：

（1）科学管理和规范化操作，提高自动化水平；

（2）加大节能新产品（如立磨、篦冷机、回转窑等）的技术研发和投入；

（3）加强环境保护意识，脱除多种污染物（粉尘、氮氧化物、氨、重金属等）；

（4）强化城市市政设施功能，提高可替代燃料（生活垃圾、废旧轮胎、工业可燃垃圾等）的利用和废弃物（污泥、尾矿、废渣、城市垃圾）利用率。

第二节　国内协同处置垃圾的案例

一、处置模式

国内水泥厂协同处置生活垃圾共有四种技术路线：厂外预处理＋水泥窑协同处置、气化炉＋水泥窑协同处置、分选＋水泥窑协同处置、热盘炉＋水泥窑协同处置。

（一）厂外预处理＋水泥窑协同处置

（1）企业自建预处理工厂＋水泥窑协同处置

采用此技术路线的是以华新水泥为代表的水泥企业。华新水泥在武汉陈家冲垃圾填埋场旁边建设了垃圾生物干化及 RDF 制备的预处理工厂，制备的 RDF 送至华新各水泥厂协同处置。预处理工厂包括六大系统：检测接收、生物及物理干化、机械分选、生物除臭、渗滤液处理、入窑焚烧。该技术系统可对高水分、高有机质、低热值的国内普通生活垃圾进行合理分类处理，产生低含水率的垃圾衍生燃料（RDF）和其他可利用的组分。垃圾干化发酵过程完全在封闭负压空间进行，生活垃圾中发酵产生的恶臭气体被引风机抽到生物净化装置，经过生物吸附净化后达到去除气味的目的。垃圾干化过程中产生的渗滤液经收集后，通过在垃圾预处理工厂内自建污水处理厂进行处理并达标排放。垃圾干化后被筛选分类出来的不可燃部分在水泥原料粉磨粉碎过程中得到处理。

预处理工厂的部分照片如图 10-6 所示。

图 10-6　华新 RDF 制备

（2）政府进行预处理＋水泥窑协同处置

采用此技术路线的是以拉法基水泥为代表的企业。在贵州，政府的垃圾处理企业将垃圾生物干化及 RDF 制备后，按照拉法基的要求，将制备的 RDF 送至拉法基水泥厂协同处置。

预处理工厂为原垃圾处理厂。垃圾在处理厂经过生物干化、破碎、筛分等预处理后，制备成满足水泥厂需要的 RDF。预处理工厂的部分照片如图 10-7 所示。

图 10-7 拉法基 RDF 制备

（二）气化炉＋水泥窑协同处置

（1）循环流化床气化炉＋水泥窑协同处置

采用此技术路线的是以海螺水泥为代表的水泥企业。

安徽海螺集团与日本川崎公司共同研发水泥窑和气化炉结合的处置城市生活垃圾技术（CKK 系统技术）。利用铜陵海螺两条 5000t/d 的水泥生产线，建设规模为日处理城市生活垃圾 600t（2×300 t/d 处理线），年处理生活垃圾总量为 19.8 万 t。2010 年 4 月 10 日第一套 300 t/d 垃圾处理系统正式建成投运。该套系统基于我国城市生活垃圾未分选的实际，对城市生活垃圾不用分拣，通过垃圾收集车运输到负压密封的垃圾坑内进行储存，用行车进行搅拌和均化，在破碎后继续用行车进行搅拌和均化并将垃圾输送至供料装置，定量送入气化炉中气化焚烧。投入炉内的垃圾与炉内高温流动的介质（流化砂）充分接触，一部分通过燃烧向流动介质提供热源，另一部分气化后形成可燃气体送往水泥窑分解炉内进一步燃烧，经分解炉、预热器处理及废气处理系统净化后排出。同时，垃圾中的不燃物在流动介质中沉降，移动到炉底部时从垃圾中进行分离排出，掺入到水泥生料中或作为混合材料掺入到水泥中。该技术在贵定海螺盘江水泥有限责任公司进行了推广，于 2012 年 11 月点火运行，垃圾日处理量 200t。

气化炉原理如图 10-8 所示。

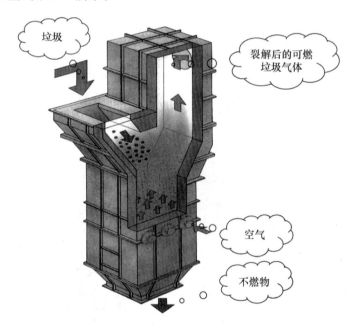

图 10-8　气化炉原理

（2）旋转固定床气化炉＋水泥窑协同处置

采用此技术路线的是以北京金隅水泥为代表的水泥企业。

气化炉采用了离线运行的炉型，借助少量自然空气作为气化剂，将固体废物气化后产生的高温可燃气提供给分解炉，对分解炉的运行情况影响较小，可以直接调节燃料用量和三次风用量来调节分解炉温度（当窑系统高温风机无富裕能力时，应同时对篦冷机余风排出量进行调整）。也可以通过对窑系统进行改造，通过降低系统阻力、提高系统的拉风能力等技术措施来减少或消除气化炉气化过程中由系统外带入的自然空气对窑系统烟气平衡的影响。

气化炉渣是经过 1100～1200℃ 高温熔融的，其中的重金属等有害成分实现了有效的固化，排出气化炉系统之后可作为混合材料用于水泥厂的生产，避免大块炉渣直接进入窑系统并参与配料而对熟料质量和产量产生影响。

工艺图如图 10-9 所示。

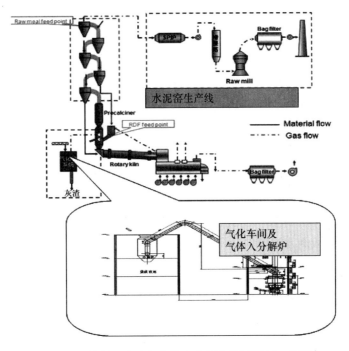

图 10-9　旋转固定床气化炉＋水泥窑协同处置工艺图

① 垃圾进场后送往气化炉车间的垃圾接收坑，并通过行车垃圾抓斗将垃圾倒运至垃圾储存库。

② 在气化炉运行时，垃圾储库内的垃圾经行车垃圾抓斗抓取后送往气化炉的喂料设备——步进式给料机。

③ 垃圾在步进式给料机内经 7 个可以交替、往返运动的推板，被送至气化炉的垃圾喂料锁风竖井。

④ 喂料锁风竖井总体高度达到 5m，利用垃圾在竖井中形成的料柱，实现可靠锁风，防止气化炉内的气化气体外溢。

⑤ 喂料锁风竖井内的垃圾经由垃圾双辊给料机，被喂入垃圾气化炉内，进行气化。

⑥ 气化炉炉体可以围绕炉体中心旋转，以便于垃圾在炉内均匀布料。垃圾气化后的底渣经炉底的出渣机排出，可送往水泥粉磨车间作为磨制水泥的混合材料。

⑦ 气化介质采用自然空气，通过一台高压离心鼓风机将空气从气化炉体的底部鼓入气化炉内。根据鼓入风量不同，垃圾气化的程度不同，气化后的气体中可燃成分比例和气体温度不同。

⑧ 垃圾气化后的气体由气化炉出口经气体输送管道送往水泥窑系统窑尾分解炉内进一步燃尽，释放出的热量用于分解炉内碳酸盐的分解。

（3）L型垃圾焚烧炉＋水泥窑协同处置

采用此技术路线的是以黄河同力水泥为代表的水泥企业。

黄河同力水泥有限责任公司于2011年利用5000 t/d水泥熟料回转窑生产线，在现有厂区内新建日处理城市生活垃圾350t示范项目，年处理洛阳市和宜阳县城市生活垃圾11.55万t。

生活垃圾由市政垃圾车密封运输进厂，经计量后送至密封垃圾储坑内。用抓斗起重机喂入垃圾破碎机，破碎后的垃圾回到储坑内；再次经抓斗起重机喂入板式喂料机（均匀喂料）、皮带机送入L型垃圾焚烧炉内焚烧。利用水泥窑系统三次风管引入900℃以上热风，作为L型垃圾焚烧炉焚烧垃圾的热源。垃圾焚烧后产生的高温烟气返回三次风管进入分解炉、预热器、SP余热锅炉，经原有的窑尾废气处理系统排入大气。为防止垃圾储存和输送过程中产生的臭气外泄，储存车间和输送皮带廊全部采用封闭负压结构，由风机抽吸臭气串连入篦冷机一室风机送入水泥窑内烧掉。垃圾产生的渗滤液由专用水泵送入L型焚烧炉内烧掉。垃圾焚烧后产生的灰渣经储存库、喂料机、皮带机送入原料磨，成为水泥原料。

（三）分选＋水泥窑协同处置

采用此技术路线的是以中材水泥为代表的水泥企业。

2012年5月，由中材国际负责研发设计的水泥窑协同处置垃圾示范线在溧阳天山水泥公司投产运行，城市生活垃圾日处理量450t。其技术路线为城市生活垃圾由市政环卫部利用现有垃圾运输车直接运送到综合处理厂，经大件分拣、初步破袋后进入滚筒筛进行破袋、打散和筛分；筛分后的筛上物主要有塑料、纸张、织物、厨余等，筛下物中一般含有渣土、玻璃、陶瓷、塑料碎片等。然后，对滚筒筛的筛上物进行风选、粗破、振动分选等，将其中可燃物分选出；剩余的渣土、厨余与滚筒筛筛下物混合后喂入密度风选机，将可能含有的小片薄膜塑料分选出。分选出的小片薄膜塑料与筛上物分选出的可燃物一起打包送至水泥厂堆放区储存；分选出的砖石、玻璃陶瓷、土类物料送至水泥厂原料系统作为替代原料；分选出的厨余物，掺入发酵抑制剂，经混合、成型后也进入水泥厂原料系统。其中，进入水泥厂堆放区储存的可燃物经过破碎后，即可输送至窑头，通过NC-7型可替代燃料燃烧器进行燃烧利用。

分选工厂的部分照片如图10-10所示。

（四）热盘炉＋水泥窑协同处置

采用此技术路线的是以华润水泥为代表的水泥企业。

经过机械生物法预处理的垃圾在热盘炉内焚烧，产生的烟气进入分解炉，残渣进入回转窑。热盘炉与水泥厂分解炉组成一体，垃圾、三次风和部分预热生料一起进入热盘炉内充分燃烧。热盘炉内温度为1050℃，分解炉内温度为860～900℃，固体停留时间3～45min，气体停留时间＞5s（鹅颈管），整个焚烧过程发生在热盘炉内，最大程度上减少废弃物焚烧对分解炉产生的冲击，热利用率100％，热替代率13％～20％，

图 10-10　中材垃圾分选厂

废弃物焚烧时产生的热量全部得以利用。

热盘炉的工艺原理如图 10-11 所示。

脱水后的垃圾由行车抓斗送至喂料仓，再经密封式计量给料机以及管状皮带机输送至热盘炉焚烧系统进行焚烧处理。热盘炉喂料管道上设置三道锁风阀防止漏风，三道锁风阀下加装 WLS 双管无轴横向旋转下料装置，双重锁风，减少漏风系数。在系统断电或者人为操作的时候，安全闸板阀会立即关闭。溜子角度大于 $55°$，以防物料堆积。所有分料阀和闸板阀都设有耐火材料。垃圾进入热盘炉汇集高温三次风及部分热生料，在炉膛内进行充分焚烧。热盘炉产生的高温气体、废料的焚烧灰分、生料和小颗粒的烧结渣等均进入分解炉，少量的较大颗粒的烧结渣则由窑尾上升烟道中落下进

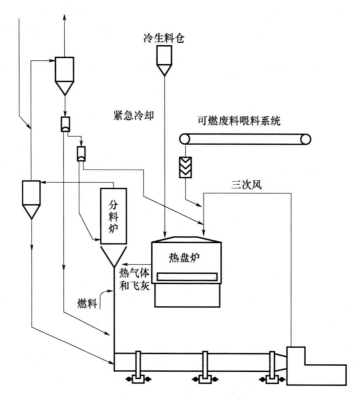

图 10-11　热盘炉工艺原理

入回转窑内，再经过回转窑系统煅烧成水泥熟料，重金属有害元素被固溶在熟料里，焚烧后的烟气（含有未燃尽的有机成分等）被送入水泥窑的分解炉，经过分解炉继续对有机成分进行分解或裂解，达到有毒有机物彻底分解。

二、技术亮点

（1）水泥窑协同处置生活垃圾已研发出多种技术路线；各种技术路线均有优缺点，实际应用中应取长补短；

（2）生活垃圾的 RDF 制备技术成为研究热点；

（3）水泥窑协同处置生活垃圾作为垃圾处理技术的一个有效补充，其处置量逐年提升。

三、需要完善之处

（1）RDF 预处理工厂环境空气有待改进；

（2）目前尚无主燃烧器入窑的 RDF 制备技术；

（3）没有将协同处置生活垃圾与脱硝技术有机结合；

（4）应进一步加大新技术研发和投入，提高燃料替代率。

参考文献

［1］肖争鸣，李坚利. 水泥工艺技术［M］. 北京：化学工业出版社，2011.

［2］蒋建国. 固体废物处置与资源化［M］. 北京：化学工业出版社，2007.

［3］李卫明. 城市生活垃圾分类评价、收费标准与卫生处理技术规范实用手册［M］. 北京：北京科大电子出版社，2005.

［4］Caruth D，Klee A J. Analysis of solid waste composition：statistical technique to determine sample size［M］. U. S：Department of Health，Education and Welfare，Public Health Service，1969.

［5］Bindu N，Lohani S M Ko. Optimal sampling of domestic solid waste［J］. Journal of Environment Engineering，1998，114（6）：1479-1483.

［6］李国学. 固体废物处理与资源化［M］. 北京：中国环境科学出版社，2005.

［7］聂永丰. 三废处理工程技术手册：固体废物卷［M］. 北京：化学工业出版社，2000.

［8］Lars M J. Guidance note on leachate management for municipal solid waste landfills［M］. The World Bank，1999.

［9］世界银行. 城市指标：城市垃圾处理［J］. 城市时代（中文版），1999，11：55-62.

［10］Bai R，Sutanto M. The practice and challenges of solid waste management in Singapore［J］. Waste Management，2002，22（5）：557-567.

［11］Boyle C A. Solid waste management in New Zealand［J］. Waste Management，2000，20（7）：517-526.

［12］Techobanoglous G，Theisen H，Vigil S. Integrated solid waste management：engineering principles and management issues［M］. McGraw-Hill，New York，USA，1993，282-283.

［13］Sawell S E，Hetherington S A，Chandlev A J. An overview of municipal solid waste management in Canada［J］. Waste Management，1996，16（5-6）：351-359.

［14］Hartonstein H U，Horvay M. Overview of municipal waste incineration industry in west Europe（based on the German experience）［J］. Journal of Hazardous Materials，1996，47（1-3）：19-30.

［15］朱锦. 新加坡垃圾收费对上海的启示［J］. 环境卫生工程，2006，14（5）：19-21.

［16］周扬胜. 新加坡的环境机构与环境基础设施［J］. 世界环境，2001，1：11-13.

［17］王建清. 荷兰垃圾管理的变革与经验——荷兰城市环境基础设施与管理（垃圾管理篇）［J］. 建设科技，2007，13：18-19.

［18］Xiao Yi，Bai Xuemei，Ouyang Zhiyun，et al. The composition，trend and impact of urban solid waste in Beijing［J］. Environmental Monitoring and Assessment，2007，135（1）：21-30.

［19］Chen L Y，Zhong S S，Pan Z S，et al. Composition and treatment strategies of municipal solid waste of Hongkong, Guangzhou, Foshan and Beijing [J]. Environmental Science, 2000 (3): 58-61.

[20] Yuan H, Wang L A, Su, F W, et al. Urban solid waste management in Chongqing: Challenges and opportunities [J]. Waste Management, 2006, 26 (9): 1052-1062.

[21] Zhou C H, Lu M X, Wu W W. On prediction of municipal solid waste classification in Beijing [J]. Journal of Safety and Environment, 2004, 4 (5), 37-40.

[22] 李里，曹雪. 城市生活垃圾无害化资源化处理 [J]. 现代农业科技, 2008, 5: 232-234.

[23] 吴信才，等. 地理信息系统原理与方法 [M]. 北京: 电子工业出版社, 2002.

[24] Daskalopoulos E, Badr O, Probert S. An integrated approach to municipal solid waste management [J]. Resources, Conservation and Recycling, 1998, 24 (1): 33-50.

[25] Daskalopoulos E, Badr O, Probert S D. Municipal solid waste: a predicionmethodology for the generation rate and composition in the European Union countries and the United States of America [J]. Resources, Conservation and Recycling, 1998, 24 (2): 155-166.

[26] Everett J W, Maratha S, Dorairai R, et al. Curbside colletion of recyclables I: route time estimation model [J]. Resources, Conservation and Recycling, 1998, 22 (3-4): 177-192.

[27] Bartelmus P, Tardos A. Integrated environmental and economic accounting method and applications [J]. Journal of Offical Statistics-Stockholm, 1993, 9 (1): 179-188.

[28] Miranda M L, Aldy J E. Unit pricing of residential municipal solid waste: lessons from nine case study communities [J]. Journal of Environmental Management, 1998, 52 (1): 79-93.

[29] Abu Qdais H A, Hamoda M F, Newham J. Analysis of residential solid waste at generation sites [J]. Waste Management and Research, 1997, 15 (4): 395-406.

[30] Parfitt J P, Flowerdew R. Methodological problems in the generation of household waste statistics—An analysis of the United Kingdom's National Household Waste Analysis Programme [J]. Appcied Geography, 1997, 17 (3): 231-244.

[31] Finnveden G. Methodological aspects of life cycle assessment of integrated solid waste management systems [J]. Resources, Conservation and Recyling, 1998, 26: 173-187.

[32] Hong S. The effects of unit pricing system upon household solid waste management: the Korean experience [J]. Journal of Enviromental Management, 1999, 57 (1): 1-10.

[33] 理查德·D. 宾厄姆，等. 美国地方政府的管理——实践中的公共行政 [M]. 九洲, 译. 北京: 北京大学出版社, 1997.

[34] 施阳. 北京市垃圾问题的现状及对策 [J]. 环境科学研究, 1998, 11 (3): 45-46＋61.

[35] 陈鲁言，覃有钧. 香港、广州、佛山和北京市政垃圾的成分比较及处理策略 [J]. 环境科学, 1997, 18 (2): 58-62.

[36] 王维平. 中国城市垃圾对策研究 [J]. 自然资源学报, 2000, 15 (2): 28-32.

[37] 徐成，杨建新，王如松. 广汉市生活垃圾生命周期评价 [J]. 环境科学学报. 1999, 19 (6): 631-635.

[38] 刘凤枝，刘潇威. 土壤和固体废弃物监测分析技术 [M]. 北京: 化学工业出版社, 2007.

[39] 陈镜泓，李传儒. 热分析及其应用 [M]. 北京: 科学出版社, 1985.

［40］刘富业．利用建筑垃圾制作生态透水砖研究［D］．广州：广东工业大学，2012．

［41］刘兰，马瑞强．透水性混凝土的研制［J］．新型建筑材料，2007，34（10）：16-19．

［42］曲金星．水分对城市生活垃圾热解气化特性影响的实验研究［D］．杭州：浙江大学，2007．

［43］闫振甲，何艳君．免烧砖生产实用技术［M］．北京：化学工业出版社，2009．

［44］蒋建国，杜雪娟，杨世辉，等．城市污水厂污泥衍生燃料成型的研究［J］．中国环境科学，2008，28（10）：904-909．